U0670731

火炸药技术系列专著

高聚物粘结炸药及其性能

Polymer Bonded Explosives and Their Properties

严启龙　聂福德　杨志剑　编著

国防工业出版社

·北京·

图书在版编目(CIP)数据

高聚物粘结炸药及其性能 / 严启龙等编著．—北京：国防工业出版社，2020.5

ISBN 978-7-118-12056-1

Ⅰ．①高…　Ⅱ．①严…　Ⅲ．①高分子添加剂混合炸药—介绍　Ⅳ．①TQ564.4

中国版本图书馆 CIP 数据核字(2020)第 030648 号

※

国防工業出版社出版发行

(北京市海淀区紫竹院南路 23 号　邮政编码 100048)

三河市腾飞印务有限公司印刷

新华书店经售

*

开本 710×1000　1/16　**印张** 22¼　**字数** 390 千字

2020 年 5 月第 1 版第 1 次印刷　**印数** 1—2000 册　**定价** 120.00 元

国防书店：(010)88540777　　发行邮购：(010)88540776

发行传真：(010)88540755　　发行业务：(010)88540717

致　读　者

本书由中央军委装备发展部**国防科技图书出版基金**资助出版。

为了促进国防科技和武器装备发展，加强社会主义物质文明和精神文明建设，培养优秀科技人才，确保国防科技优秀图书的出版，原国防科工委于 1988 年初决定每年拨出专款，设立国防科技图书出版基金，成立评审委员会，扶持、审定出版国防科技优秀图书。这是一项具有深远意义的创举。

国防科技图书出版基金资助的对象是：

1. 在国防科学技术领域中，学术水平高，内容有创见，在学科上居领先地位的基础科学理论图书；在工程技术理论方面有突破的应用科学专著。

2. 学术思想新颖，内容具体、实用，对国防科技和武器装备发展具有较大推动作用的专著；密切结合国防现代化和武器装备现代化需要的高新技术内容的专著。

3. 有重要发展前景和有重大开拓使用价值，密切结合国防现代化和武器装备现代化需要的新工艺、新材料内容的专著。

4. 填补目前我国科技领域空白并具有军事应用前景的薄弱学科和边缘学科的科技图书。

国防科技图书出版基金评审委员会在中央军委装备发展部的领导下开展工作，负责掌握出版基金的使用方向，评审受理的图书选题，决定资助的图书选题和资助金额，以及决定中断或取消资助等。经评审给予资助的图书，由中央军委装备发展部国防工业出版社出版发行。

国防科技和武器装备发展已经取得了举世瞩目的成就，国防科技图书承担着记载和弘扬这些成就，积累和传播科技知识的使命。开展好评审工作，使有限的基金发挥出巨大的效能，需要不断摸索、认真总结和及时改进，更需要国防科技和武器装备建设战线广大科技工作者、专家、教授，以及社会各界朋友的热情支持。

让我们携起手来，为祖国昌盛、科技腾飞、出版繁荣而共同奋斗！

国防科技图书出版基金

评审委员会

国防科技图书出版基金
2018 年度评审委员会组成人员

前　言

炸药作为含能材料家族的重要成员之一，其蕴藏的化学能可在微秒内释放出来，能量释放功率可达 $10^{11} \sim 10^{12}$ W 量级。鉴于高能炸药广泛的军民用途，且在其分子设计和制备、配方设计和工艺、能量释放和做功过程中涉及复杂的物理化学问题，该研究领域越来越受到国内外科研人员的重视，由此相关技术也得到了长足发展。炸药分为单质炸药和混合炸药，但武器系统中最终使用的都是混合炸药，而不是单质炸药。换言之，混合炸药是含能材料在武器中应用的最终载体和输出形式，其重要性不言而喻。混合炸药涉及的学科是集表界面基础科学研究、材料工程应用研究和工艺技术研究为一体的综合学科。而且，炸药的成型密度、安全、力学、储存性能在很大程度上由高聚物及功能添加剂决定。混合炸药的性能可通过配方设计进行调节，最主要调节的即是混合炸药配方及微结构两个方面。在混合炸药中，高聚物粘结炸药具有能量密度高、安全性能和力学性能优异等特点，军事应用广泛。在高聚物粘结炸药科学技术领域，近些年国内外涌现了一大批高水平的专利和论文成果。高聚物粘结炸药设计制备的基本思想是要以应用平台对其技术指标要求为前提的，综合考虑其他性能要求，突出重点、兼顾一般。在现代武器用高聚物粘结炸药的配方设计中，要将安全性放在重要地位，重点降低其易损性，提高其在现代战争环境下的生存能力。作为高能钝感炸药或低易损性炸药工程化应用的典范，高聚物粘结炸药在战斗部装药及核武器起爆中起到了关键的作用。美国洛斯阿拉莫斯国家实验室早在 1947 年率先研发出了高聚物粘结炸药，其采用的是聚苯乙烯粘结剂。然而，除了《军用混合炸药》等极少数相关专著，国内外至今未见针对高聚物粘结炸药的专门论著出版，由此作者萌生了撰写本书的想法。

不同的武器系统领域对炸药的性能要求是不同的。从应用效能角度考虑，对其基本性能要求主要包括能量、密度、安全性、安定性、力学性能和存储性能等。此外，还要考虑研制配方的工艺性、经济性、环保等方面的要求。本书从高聚物粘结炸药的配方设计、制备工艺技术、性能测试和评估等方面着重总结了作者及其课题组在高聚物粘结炸药领域的最新研究成果。这些成果所涉及的炸药配方中聚合物基体主要有碳氢聚合物、氟聚物、热塑性弹性体和高氮聚合物等。

高能单质炸药填料主要有 TATB、RDX、HMX、BCHMX、CL-20、FOX-7、LLM-105 和 NTO 等,采用的制备工艺主要有压装和浇注(熔铸炸药基本不涉及高聚物)。在高聚物粘结炸药性能评估方面着重介绍了爆轰性能、安全性能、存储老化性能、力学性能和低易损性等。涉及的性能评价手段包括高聚物粘结炸药的分子结构和材料界面表征、爆轰性能测试、热分析、机械感度和静电火花感度测试、冲击波感度测试、抗压/抗拉强度分析、动态力学性能评估、加速老化试验、易损性评估和分子动力学模拟等。

第 1 章综合介绍了高聚物粘结炸药的概念及特点、高聚物粘结炸药的分类、高聚物粘结炸药的性能与测试方法,以及高聚物粘结炸药的命名规则。第 2 章重点介绍了高聚物粘结炸药的配方设计,包括按照聚合物种类、炸药填料种类、工艺助剂和制备工艺方法等方面开展的配方设计工作。第 3 章介绍了高聚物粘结炸药的制备工艺,主要包括高聚物粘结炸药的原材料预处理方法、压装型高聚物粘结炸药和浇注固化型高聚物粘结炸药的制备过程等。第 4、5、6 章则重点介绍了炸药热物理化学性能及其评估方法,主要包括热化学和热物理的理论基础,以硝胺类高聚物粘结炸药为典型研究对象,分析了其炸药填料和聚合物结构对热物理特性、分解动力学和物理模型等参数的影响规律。第 7 章介绍了高聚物粘结炸药热反应性评估。第 8 章总结了高聚物粘结炸药的安全性,包括安全性评估方法、低易损性测试标准和现有高聚物粘结炸药的安全性数据。第 9 章介绍了高聚物粘结炸药的力学性能,从力学性能评估方法到改善力学性能的主要技术途径分别进行了分析。最后第 10 章重点介绍了高聚物粘结炸药的爆轰性能,包括最新的测试方法、爆轰参数与配方的关系、安全性能与爆轰性能的关联性等。

本书的出版离不开专家学者、业内同仁和朋友亲人给予的帮助与支持。中国兵器工业集团首席科学家赵凤起研究员、中国兵器工业集团第 204 研究所张晓宏研究员和捷克含能材料专家 Svatopluk Zeman 教授对本书的起草和构思给予了极大的鼓励,并提出了诸多宝贵意见。中国工程物理研究院化工材料研究所何冠松和巩飞艳副研究员,以及西北工业大学航天学院何伟、吕杰尧、曹成凯、郭佳豪和刘晓康等同学在本书部分章节校对方面提供了较大帮助。国防工业出版社肖志力编辑等在初稿评审、终稿校对和排版方面付出了艰辛的劳动,在此表示诚挚的谢意。

由于作者水平有限,且准备时间仓促,难免存在错误和不当之处,敬请广大读者批评指正。

编著者

2020 年 2 月

目　　录

CONTENTS

第1章　绪　　论

1.1　高聚物粘结炸药的概念及特点

根据炸药的组成，可将炸药分为单质炸药和混合炸药两大类。在军事应用中，混合炸药由于能够弥补单质炸药在品种、成型工艺、性能调控、成本等方面的不足，选择性和适应性更高，因而在武器装药中起着至关重要的作用。目前，绝大多数武器用装药均为混合炸药。从特点上看，混合炸药属于一种高填充复合材料，涉及介观、宏观尺度的含能材料科学。

高聚物粘结炸药是混合炸药的一种，它是指以一种或多种高能炸药为主体，加入高聚物粘结剂，同时可能含有增塑剂、钝感剂等功能型添加剂制成的一类炸药复合物。其中，高能炸药的含量占比较高。例如，在非含铝的混合炸药中，压装型高聚物粘结炸药中高能炸药含量一般为90%~97%，而浇注型的高聚物粘结炸药中，高能炸药含量一般为80%~90%。高聚物粘结炸药具有成型密度高、爆轰能量高、安定性和力学性能良好、药柱均匀、内部孔隙少，同时安全性能优异等特点，被广泛应用于武器装药。

高聚物粘结炸药是在第二次世界大战后，伴随着高分子材料科学的发展而逐渐发展起来的，能够解决当时熔铸炸药存在的许多问题。以B炸药为例，它是由40%的三硝基甲苯（TNT）和60%的高能炸药黑索今（RDX）组成的熔铸炸药，是当时弹药装药中最重要的一类炸药，广泛应用于炮弹、榴弹、破甲弹、底凹弹、航弹、导弹战斗部、水中兵器和火箭增程弹等装药。但铸装B炸药却存在着渗油、收缩、空洞、发脆和膨胀等缺点。因此，人们开始研究以塑料（如聚苯乙烯）作为粘结剂和钝感剂的混合炸药。这种炸药既保持了高能特性，又很好地利用了高分子材料易于成型和加工的特点，应用前景广阔，在当时被称为塑料粘结炸药（Plastic Bonded Explosive）。美国洛斯阿拉莫斯国家实验室（LANL）最早开始了这方面的研究工作，并由James和Smith在1947年研制了第一个塑料粘结炸药，配方组成为92RDX/6PS/2DOP，并投入生产和使用，后来被命名为PBX-9205。我国于20世纪60年代初开始该项研究，并由董海山院士研制出我国首个塑料粘结炸药——改性1105（后改名为PBX-1105和JH-9105等），并成功用于我国核武器主装药。20 世纪 60 年代,随着高分子化学的迅猛发展,越来越多高聚物可成为 PBX 用粘结剂、增塑剂的选择,且品种不仅限于塑料类,还陆续出现了橡胶类、聚酯类、聚醚类、树脂类、聚酰胺类等一些新型的高分子材料。因此,塑料粘结炸药也逐渐发展成高聚物粘结炸药(Polymer Bonded Explosive, PBX)。长期以来,随着单质炸药,以及粘结剂、增塑剂、降感剂等功能添加剂的不断发展,高聚物粘结炸药的研究和应用也取得了长足的进展。根据不同性能的需求,世界各国先后开发了数千种不同的高聚物粘结炸药配方,并广泛应用于常规武器、核武器等各种战斗部装药。

1.2 高聚物粘结炸药的分类

高聚物粘结炸药品种多样,有多种分类方法。按照不同的成型、制造工艺,可主要分为压装型炸药、浇注型炸药、塑性炸药和挠性炸药等。根据所应用的战斗部类型,可分为杀爆类、破甲类、侵彻类和水下用炸药等。按照爆炸性能,可分为高爆速类、高爆热类、高爆压类、低爆速类炸药等。按照特殊用途的功能特点,可分为耐热炸药、抗过载炸药、高强度炸药、低易损性炸药、弹性炸药和黏性炸药等。按是否含有金属燃料,可分为含铝炸药、含其他高能金属炸药、非含铝炸药等。

1.2.1 按制造工艺分类

压装型高聚物粘结炸药,也称为造型粉压装炸药,是先将炸药与粘结剂、功能添加剂通过一定制备工艺复合,制备成炸药造型粉,通过压制成型的方式获得高密度炸药件,再通过机械加工的方式获得所需构型的炸药部件。为便于压制成型,所使用的粘结剂一般为热塑性高分子材料,如含氟粘结剂、聚氨酯和聚丙烯酸酯等。

压装型高聚物粘结炸药由于高能炸药含量高(一般为 90%~97%),粘结剂和功能型添加剂含量少,同时成型密度高(可达到理论密度的 96%~99%),因而具有非常高的爆轰能量。自高聚物粘结炸药问世以来,世界各国核武器用主装药均为压装型混合炸药,如美国的 PBX-9404、PBX-9501、PBX-9502、PBX-9503、LX-17,我国的 JH-9105(PBX-1105)、JO-9159、JOB-9003 等炸药(其配方及性能见表 1-1)。常规武器中,破甲战斗部等对装药的能量要求高,因此其装药一般均为压装型炸药。美国劳伦斯利弗莫尔国家实验室(LLNL)研制的高能炸药配方 LX-14、LX-19 也是典型的压装型混合炸药,用于聚能战斗部、炮弹、子母弹等。其中,CL-20 基高能配方 LX-19 的炸药密度达 1.92g/cm^3,爆速达 9104m/s,爆压达 41.5GPa。

表 1-1　典型压装型 PBX 配方的组成及性能

炸药代号	研制单位	配方组成/%(质量)	密度/(g/cm^3)	爆速/(m/s)
PBX-9404	美国 LANL	94HMX/3NC/3TEF	1.840	8800
PBX-9501	美国 LANL	95HMX/2.5Estane/2.5BDNPA/F	1.840	8830
PBX-9502	美国 LANL	95TATB/5Kel F800	1.900	7710
PBX-9503	美国 LANL	15HMX/80TATB/5Kel F800	1.900	7880
LX-17	美国 LLNL	92.5TATB/7.5Kel F800	1.908	7630
JH-9105	中国	95.6RDX/3.9 粘结剂/0.5 钝感剂	1.745	8548
JO-9159	中国	95HMX/4.3 粘结剂/0.7 钝感剂	1.860	8862
JOB-9003	中国	87HMX/7TATB/4.2 粘结剂/1.8 钝感剂	1.849	8712
LX-14	美国 LLNL	95.5HMX/4.5Estane	1.833	8837
LX-19	美国 LLNL	95.8CL-20/4.2Estane	1.920	9104

浇注型高聚物粘结炸药又称为热固性炸药,是以热固性高聚物为粘结剂,添加增塑剂、降感剂等功能助剂而制成的混合炸药,具有良好的低易损性、热安定性、机械强度和加工性能。其制造和成型工艺较为简单,适合于内部形状复杂的弹体及大型弹体装药。此类炸药装填于弹体后,炸药与弹壁结合良好,不易与弹壳分离,有利于提高弹药发射过程中的安全性,广泛应用于各类常规武器弹药装药。表 1-2 列举了部分定型浇注混合炸药配方的组成及性能。

表 1-2　部分定型浇注混合炸药配方组成及性能

炸药代号	配方组成/%	密度/(g/cm^3)	爆速/(m/s)
PBXN-101	82HMX/18 成型用聚酯树脂	1.670	7980
PBXN-102	59HMX/23Al/18 成型用聚酯树脂	1.800	7510
PBXN-109	64RDX/20Al/16HTPB	1.840	6080
PBXN-110	88HMX/12HTPB	1.680	8300
PBXN-111	20RDX/43AP/25Al/12 HTPB	1.800	5640
PBXN-113	45HMX/35Al/20HTPB	1.790	8490
AFX-757	25RDX/33Al/30AP/12HTPB	1.840	6080
DLE-C038	90CL-20/10HTPB	1.821	8730
DLE-C050	74HMX/15Al/11HTPB	1.776	7590
DLE-C051	89HMX/11HTPB	1.705	7890

由于浇注型炸药在固化前需要具有一定的流动性，因此炸药固相含量不宜太高，一般炸药占比为80%~90%。若固含量超过90%，则药浆流变性降低，影响制造工艺质量。因此，同类型的浇注型混合炸药一般能量低于压装型混合炸药。浇注炸药常用的主炸药一般为高能硝胺炸药，如RDX和HMX，目前定型配方有数百种，也有涉及CL-20、PETN、FOX-7等主炸药。为提升爆轰威力，配方中还可添加铝粉(Al)或高氯酸铵(AP)。浇注型炸药中常用的高聚物粘结剂包括端羟基聚丁二烯(HTPB)、不饱和聚酯、环氧树脂、聚氨酯、端羟基聚醚(HTPE)等，其中HTPB的使用最为广泛。常用于HTPB基浇注炸药的增塑剂包括己二酸二辛酯(DOA)、癸二酸二辛酯(DOS)、邻苯二甲酸二丁酯(DBP)，以及复合增塑剂AI等。这些增塑剂与HTPB具有较好的相溶性，使得成型药柱具有良好的力学性能。

除压装型和浇注型两种主要的成型方式外，高聚物粘结炸药还包括塑性炸药和挠性炸药。塑性炸药的特点是在较宽的温域条件下(如-40~60℃)，具有较好的塑性和柔软性，其组成主要包括高能炸药、热塑性弹性体和机油等。塑性炸药中使用最为广泛的高聚物粘结剂为聚异丁烯，同时配方中还使用了较多增塑剂。最常见的塑性炸药为美国的C炸药，以RDX为基的C炸药系列包括C、C-2、C-3、C-4等几种。其中，C-4炸药含有91%的RDX、2.1%的聚异丁烯、5.3%的增塑剂DOS以及1.6%美国10号机油。塑性炸药易捏制成不同形状，便于携带和伪装，且机械感度低、爆轰性能良好，因此使用范围很广，在反坦克破甲弹、水中兵器弹药、排雷、开路等方面具有广泛的应用。

挠性炸药具有一定的挠性和韧性，容易成型，也称为橡皮炸药，其主要由猛炸药和高聚物(如天然橡胶、合成橡胶、合成树脂等)组成。典型的配方如LX-02，由73.5%的PETN、17.6%的异丁橡胶、6.9%的乙酰柠檬酸三丁酯和2.0%的二氧化硅组成。挠性炸药易于制成不同形状(如管状、片状、棒状、带状)，低温力学性能和爆炸性能优异，有多种用途，如制成导爆索，也可用于地质勘探、深井采油等。

值得一提的是：按成型工艺分，熔铸炸药与压装型炸药、浇注型炸药一样，均是混合炸药中最为重要的一类炸药。但熔铸炸药主要以一种可熔融相炸药为载体(如TNT、DNAN、TNAZ)，并以另一种高能炸药(如RDX、HMX、NTO)为主炸药，是通过先熔融，再冷凝固化而制成的混合炸药。熔铸炸药中一般不含高聚物粘结剂，因此不属于本书高聚物粘结炸药重点关注的范畴。近年来发展的熔铸炸药中，有部分配方中添加了少量高聚物作为增塑剂等功能助剂，但其用量很少，且目前定型的炸药配方也较少。因此，本书将主要论述压装型和浇注型高聚物粘结炸药。

1.2.2 按其他方式分类

如前所述,除成型工艺外,高聚物粘结炸药还有多种不同的分类方式。根据所使用的聚合物粘结剂基体种类,可将其进行分类,如氟橡胶基炸药、聚氨酯基炸药、HTPB基炸药等。根据炸药填料的不同,也可将其进行分类,如典型的低/钝感炸药配方,包括TATB基、LLM-105基、FOX-7基、NTO基等,典型的高能炸药RDX基、HMX基、CL-20基和TKX-50基等。当前,高聚物粘结炸药配方的高能化设计中,采用的典型高能炸药填料为CL-20。CL-20是第三代含能材料,由Nielsen于1987年合成,其能量输出比HMX高10%~15%。美国研制了系列基于CL-20的炸药配方,其配方组成和基本性能在后面有列举(表2-5),包括LX-19、RX-39-AA/AB、PBXC-19、PBXCL-1、PBXCLT-1、RX-49-AE、PATHX-1、PATHX-2、PATHX-3、PAX-11、PAX-12、PAX-22、PAX-29、PBXW-16和DLE-C038等。

按照应用范畴分类,高聚物粘结炸药又可分为反坦克导弹、鱼雷、水雷、航空炸弹和核武器用炸药等。

1.3 高聚物粘结炸药的性能与测试

1.3.1 安定性与相容性

高聚物粘结炸药的安定性是指在一定条件下,炸药保持其物理、化学和爆炸性质不发生超过允许范围变化的能力,一般可分为物理安定性和化学安定性。物理安定性主要是指炸药的相态、晶型、吸湿性、挥发性、形稳性等物理性质的保持能力,以及延缓炸药发生渗油、老化、机械强度降低的能力;化学安定性主要是指炸药保持热分解、水解、氧化、自催化反应等化学性质不变的能力。在安定性中,研究最多的为热安定性,其他还包括气氛安定性等。混合炸药热安定性的测试方法较多,其基本原理是测定试样在一定条件下的质量变化或能量变化,如真空安定性试验(VST)(测定气态分解产物体积)、热失重分析法(TGA)、差热分析法(DTA)、扫描差示量热仪法(DSC)、气相色谱法等。例如,国军标GJB 772A—97方法501.1中,炸药在100℃下加热,以每克炸药48h放出的气体量判断其安定性,平行试验三次,放气量若小于3.0mL/(100℃/48h),则表示热安定性良好。高聚物粘结炸药的相容性是指炸药与配方中其他组分如粘结剂、降感剂、增塑剂等功能型添加剂混合或接触时,所构成的系统与各组分相比,在一定的时间和条件下,其物理、化学和爆炸性质发生变化的情况。具体的定义是:炸

药和添加剂在共混后所组成的混合物热分解速率与原来单一炸药与添加剂热分解速率之和对比的变化程度,可用以下通式表示:

$$R=C-(A+B) \tag{1-1}$$

式中:R 为炸药、其他组分共熔后热分解量的变化;C 为混合物的热分解量;A、B 分别为炸药、其他组分各自的热分解量。相容性是衡量火炸药能否安全使用的重要指标之一,也是配方设计的基本前提和首要考虑因素。通常,将混合炸药中各组分之间的相容性称为内相容性,而把炸药制品与接触材料(如弹壁、包覆层、油漆等)的相容性称为外相容性。若炸药的相容性不好,会使得炸药的安定性下降、感度增加、储存寿命降低。炸药相容性的测试方法包括真空热安定性法、热分析法和气相色谱法。所测得混合炸药与各组分变化量差值越小,相容性越好。

1.3.2 安全性能

高聚物粘结炸药的安全性能主要是指炸药的感度,即炸药在外界刺激作用下发生爆炸的难易程度。炸药的感度包括机械感度(如撞击感度、摩擦感度以及滑道、跌落等大型感度)、冲击波感度、静电感度、热感度、火焰感度、枪击感度、激光感度等。影响高聚物粘结炸药感度的因素较多,最主要的因素为所使用的主体炸药本身的感度,以及所使用的降感剂和粘结剂的含量。例如,含有氨基的炸药分子(如 TATB、FOX-7、LLM-105 等)通常感度较低,而只含有硝基为致爆基团的硝胺炸药(CL-20、HMX 等)则感度较高。石蜡和石墨等作为优良的降感剂,对安全性能改善具有良好效果。此外,粘结剂及降感剂的包覆结构,主体炸药的纯度、晶体品质、粒度大小以及装药密度等因素都会影响炸药的感度。高聚物粘结炸药的感度均有较为成熟的测试方法及相关测试标准。

鉴于现代化战争中武器弹药意外爆炸将导致的灾难性后果,弹药的安全性能受到广泛关注。而安全性能更优的炸药配方,是影响弹药系统安全性的最根本、最重要因素。多年来,炸药安全性能的提升是混合炸药配方设计的永恒核心主题,美国海军在 20 世纪 80 年代提出钝感弹药(IM)概念并取得了长足发展。相比于单质炸药、熔铸型混合炸药,高聚物粘结炸药的安全性能更为优异。由于混合炸药的安全性取决于炸药组分及结构,在配方设计时可优先选择本质上不敏感的含能组分,如 TATB、NTO、FOX-7、LLM-105 等。同时,通过包覆惰性材料起到缓冲、润滑、吸热等效果,是降低高聚物粘结炸药配方感度的最有效途径。

根据炸药安全性高低,常见的高聚物粘结炸药安全分类包括敏感炸药、低感炸药、低易损炸药、钝感炸药等。针对不同安全等级,世界各国也制定了相应的炸药安全标准。其中,安全等级最高的为美国能源部(DOD)建立的钝感炸药(IHE)安全标准,它包含了11项安全性能指标,如表1-3所列。IHE安全指标是针对核武器用炸药提出,其11项鉴定试验方法所涉及的试样覆盖了整个炸药寿命周期的各种形态,从原材料到成型试件,如造型粉、成型炸药件。试验方法的模拟性也较强,几乎包含了从一般生产、运输、使用可能遇到的各种异常情况,也包括从基础试验到工程应用可能遇到的各种意外情形。迄今为止,只有TATB基的高聚物粘结炸药配方如美国的PBX-9502、LX-17和我国的JB-9014能完全满足IHE指标要求。其他低感炸药包括LLM-105、DAAF等,均是潜在的IHE炸药分子,有望在未来做出满足IHE指标要求的炸药配方。除IHE外,针对常规武器用装药,美国率先提出并发展了IM标准,是指炸药需要满足6项安全性指标要求,具体见表1-4。IM标准也是安全等级很高的标准,仅次于IHE。此外,我国也发展了一些炸药安全性标准,如行业内广泛使用的传爆药8项安全性指标、中国工程物理研究院近年来提出的安全弹药(RM)分级标准等。

表1-3　美国能源部IHE鉴定指标

序号	测试项目	内容
1	落锤撞击试验	感度与苦味酸铵相当或更低
2	摩擦试验	潘太克斯摩擦仪,10发无反应
3	火花试验	最小值0.25J时无反应
4	无约束燃烧试验	TB 700-2试验方法,不爆炸
5	隔板试验	改进的卡片隔板试验,苦味酸铵50%爆炸隔板厚度时不发生反应,或1.5GPa冲击波动下不发生反应
6	爆轰(雷管)试验	TB 700-2试验方法,不爆炸
7	烤燃试验	大型一维热爆炸试验,除有压力释放外无其他任何反应
8	大型跌落(Spigot)试验	120英尺落高无反应(1英尺≈0.3m)
9	滑道试验	标准尺寸球坯,14°~15°试验角,20英尺落高无反应
10	苏珊试验	最小333m/s速度下,相对释放能量小于或等于TNT的10%
11	枪击试验	5.56mm、12.7mm口径子弹射击时无剧烈反应

表1-4　美国IM鉴定指标

序号	测试项目	内容
1	快速烤燃试验	当主装药被席卷于大火中时,不爆炸或无剧烈反应
2	慢速烤燃试验	缓慢加热到反应,主药柱不爆炸或无剧烈反应
3	子弹撞击试验	12.7mm口径M2型穿甲弹以(850±60)m/s撞击试件,反应剧烈程度不高于燃烧反应

(续)

序号	测试项目	内容
4	碎片撞击试验	反应剧烈程度不高于燃烧反应
5	殉爆试验	任何受主弹药不发生爆轰反应;对于有容器储存的军械,其他容器中的受主武器弹药不应发生爆轰反应
6	成型装药射流撞击试验	采用 Rockeye 型成型装药,在成型射流撞击作用后,不发生爆轰反应。对于战斗状态的试件,其达标条件应根据系统的易损性和 THA 确定

1.3.3 爆轰性能

高聚物粘结炸药的爆轰性能是指炸药在发生爆炸后所释放的能量,用以完成毁伤和做功任务。衡量炸药爆轰性能的特征参数有爆速 v_D、爆压 p、爆热 Q、爆温 T、爆容 V,以及驱动、做功能力(如圆筒比动能、格尼能)等。高聚物粘结炸药的爆轰性能水平与装药的密度成正比,且影响权重很大。

爆轰性能中,爆速是指药柱直径达到或超过临界直径时,爆轰波在炸药中稳定传播的速度,爆速是炸药爆轰性能最重要的参量之一,在很多文献中均列出实测或计算的爆速值,代表所制备的单质炸药或混合炸药的能量水平。爆速可以通过状态方程、经验公式进行计算,也可通过计时法、高速摄影法、导爆索法进行试验测定。相比于其他爆轰性能而言,爆速无论是理论计算,还是试验测试,所得结果都相对更加精确。爆压是指炸药在爆炸时爆轰波阵面的压力,也称为 C-J 压力,可采用经验公式进行理论计算,或采用试验方法(如锰铜压力计法、自由面速度法、水箱法、电磁法)进行测定。一般而言,高聚物粘结炸药的爆压与炸药装药密度的平方成正比。

爆热也是衡量混合炸药毁伤威力的另一个重要指标,是指单位质量的炸药在爆炸反应时释放出的热量,分为定容爆热和定压爆热。以爆热弹测试所得的为定容爆热,根据炸药及其爆轰产物的标准生成焓,通过盖斯定律计算所获得的为定压爆热。通常,爆热理论计算所得结果误差较大,采用不同仪器进行试验测定,其结果也存在一定波动。对于高聚物粘结炸药而言,提高爆热值有一些明确的技术途径。例如,添加高热值的活性金属(如 Al、Mg)或可燃剂硼,可显著提升炸药爆热水平。再如,通过改善混合炸药的氧平衡,如添加一定量 AP,也是改善炸药爆热常见的方式。

炸药的爆温是指炸药爆炸时所释放出的能量将爆轰产物加热到的最高温度,爆温越高,气体产物温度越高,做功能力越强。爆温具有一定实际意义,例如,在有可燃性气体和粉尘的矿山爆破时,希望爆温控制在 2000~2500℃,以防止瓦斯爆炸。军事用途中,鱼雷、水雷等往往希望获得尽可能高的爆温,而枪炮等发射药则爆温不宜过高,以免烧蚀枪炮管体。爆温实际测定难度较大,可通过理论估算得到。而爆容也称为比体积,是指单位质量炸药爆炸时生成的气态产物在标准状态下(0℃,101.325kPa)的体积。爆容与炸药的做功能力有着密切的关系,可根据公式计算,也可通过试验进行测定。

此外,还常用做功能力来衡量炸药的爆轰性能。例如,核武器中常用炸药的圆筒比动能($R-R_0=19$mm)来表达炸药的能量水平,常规武器用金属化炸药中常用格尼能(格尼系数)来表达炸药的金属加速能力。

1.3.4　力学与工艺性能

除爆轰、安全性能外,炸药的力学性能也是一项重要的应用参数。弹药装药要求炸药具有良好的力学性能,以保障在其制造、运输、储存和使用过程中具备良好的机械强度。炸药的力学性能主要包括抗压性能、抗拉性能、抗剪切性能、蠕变性能、抗温度冲击性能等。涉及的物理参量主要包括强度、模量和应变。根据承受作用方式的不同,又可将其分为炸药的静态力学性能和动态力学性能。

一般而言,炸药属于一种偏脆性材料,尤其是对于高聚物粘结炸药而言,它是一种高填充复合材料,其固态炸药含量占比高。相对熔铸炸药,尽管所使用的高聚物赋予了高聚物粘结炸药相对良好的力学性能,但仍然存在一定不足。对混合炸药的断裂损伤机制研究结果表明,界面脱粘是混合炸药损伤的早期和首要破坏模式,会诱导炸药发生拉伸断裂,最终会以拉应力的形式产生损伤和裂纹。近年来,混合炸药在作用力加载下的损伤和破坏机制以及如何通过炸药的配方设计来改善炸药的力学性能等方面受到越来越多科研人员的关注。

高聚物种类及其本征力学性能、炸药填料的晶体刚度,对高聚物粘结炸药的力学性能都有着至关重要的作用。除炸药的配方组成外,高聚物粘结炸药的装药密度、环境温度、炸药颗粒状态、所使用的高聚物粘结剂分子量等因素都会对高聚物粘结炸药的力学性能产生影响。一般而言,随着高聚物粘结炸药装药密度的增加,高聚物粘结炸药的抗压强度、抗拉强度、剪切强度均有不同程度的提升。对于大部分高聚物粘结炸药而言,其力学性能在高聚物玻璃化转变温度 T_g 前后变化较大。随着温度的升高,高聚物粘结炸药的力学强度一般逐渐降低。采用溶剂-非溶剂重结晶所得到的高品质炸药(如RS-HMX、RS-RDX),相比于普通炸药颗粒而言,所形成的高聚物粘结炸药压缩力学强度明显提高。但由于其表面光滑,炸药与高聚物界面作用变弱,因此拉伸强度会有所降低。

高聚物粘结炸药力学性能的测试方法包括静态力学性能测试和动态力学性能测试。测试项目很多,包括硬度试验、压缩试验、拉伸试验、疲劳试验、磨损试验、冲击试验、断裂韧性试验、高温力学试验、弯曲试验等。在静态力学性能测试中，可采用圆柱形的药柱和加工出的哑铃型炸药件分别进行标准的压缩和拉伸力学测试试验。由于炸药哑铃件的加工较为烦琐，也常采用巴西圆盘试验对炸药的拉伸力学性能进行间接测试。Williamson 等采用巴西圆盘试验研究了塑性粘结炸药 EDC37（配方：91% HMX 和 9% NC/K10）的温度相关破坏模式，并采用 SEM 观测到了炸药裂纹扩展路径微观图，研究发现 EDC37 的拉伸性能明显依赖于温度。高聚物粘结炸药的动态力学性能测试方法主要包括动态力学分析（DMA）、霍普金森压杆试验（SHPB）等。Blumenthal、Goudreau 分别采用 SHPB 对 PBXN-110 和 PBXW-113 的动态力学性能进行了研究。总体上看，现有的动态试验技术与数据处理方法还有待完善，以适应高聚物粘结炸药这一脆性材料的动态试验研究。高聚物粘结炸药在动态加载、复杂应力状态下的试验研究，特别是低速撞击情况下的研究还有待加强。同时，在试验中利用一些非接触测量方法如散斑、云纹、高速摄影等测试手段，有利于对试样的细观形态进行实时观测。

高聚物粘结炸药的工艺性能主要指炸药在造型粉或药浆制备、成型、机加过程中的性能，对实际应用有重要意义。例如，压装型高聚物粘结炸药在造粒过程中，粘结剂的包覆致密度、造型粉颗粒形态等，都对所得造型粉产品的松装密度有重要影响，进而影响其后续应用性能。浇注型高聚物粘结炸药在制备过程中的药浆流变特性，同样是一项重要的工艺性能，对所得炸药件的品质具有直接影响。成型性能是指炸药通过压制、浇注成为炸药件形状的能力，成型密度越高，炸药的爆轰能量则越高。对于压装型高聚物粘结炸药而言，一般要求炸药的成型密度达到 96%以上，才能够满足使用要求。通过炸药颗粒级配、提升压制压力、采用复压方式、使用预热压制、带压后处理等技术手段，都可以在一定程度上提升成型密度。尤其是预热压制，在压装型高聚物粘结炸药中广泛使用，一般预热温度设定在高于粘结剂的软化点即可实现高密度成型。高聚物粘结炸药的机加性能是指在机械加工成所需形状炸药件的过程中，炸药可被加工（如切削、打磨和抛光）的能力。具有良好机加性能的高聚物粘结炸药加工所得到的炸药件无崩落、表面光滑、无外观缺陷、不发生吸水或密度降低等现象。从应用角度考虑，要求高聚物粘结炸药易加工成型，且工艺尽可能简单、稳定、可靠、安全和低成本。

1.3.5 储存与老化性能

炸药的储存性能是指炸药在储存期内能经受外界环境条件的变化，而保持其理化性能不发生显著变化的能力，与安定性相似。炸药的储存性能是其重要的应用性能之一,可储存的时间越长,则武器弹药报废、更换的频率越低,即可节省大量的军费开支。高聚物粘结炸药的储存性能主要取决于炸药、高分子材料和功能添加剂这些主要成分。一般而言,高聚物粘结炸药的储存性能良好,氟橡胶粘结剂,如美国的 Kel F800、Viton A 和我国的 F2311、F2314 等,都因具有良好的储存和抗老化性能,而广泛应用于高聚物粘结炸药中。对于高聚物粘结炸药而言,在储存性能方面需要重点关注其密度的变化以及部分特殊组分的改变。压装型高聚物粘结炸药由于实际成型密度往往高达理论密度的 98%,炸药部件内部存在一定应力,在储存过程中,可能会受到外界环境变化的影响(如高低温交替、振动、湿度或光照)而导致炸药密度逐渐降低。以 TATB 为例,研究表明,由于 TATB 晶体存在各向异性膨胀的特性,在环境温度变化时 TATB 基高聚物粘结炸药会产生不可逆的尺寸长大现象,其线膨胀系数约为 $67\times10^{-6}K^{-1}$。NTO、TKX-50、AP 等可溶于水的炸药,在高聚物粘结炸药中有一定吸湿性。部分炸药如 BTF、HNS、TATB 等,在长时间光照条件下,炸药的颜色及性能也会发生一定变化。还有一些组分,如 TNT,在制成混合炸药后的储存过程中,TNT 可能会发生一定程度的升华、组分迁移等,这些都对炸药的储存性能有一定影响。

高聚物粘结炸药的老化效应包括体积膨胀、增塑剂迁移、粘结剂老化、力学性能下降以及材料的不相容性等。加速老化的环境因素主要有热、外部应力、低剂量辐射、气氛等。国内外学者针对高聚物粘结炸药的老化性能已开展了大量研究。由于高聚物粘结炸药在真实储存环境下的老化过程缓慢,研究人员通常采用加倍刺激条件来实现加速老化性能研究。在高聚物粘结炸药的储存、老化研究方面,研究人员也十分关注炸药的蠕变特性。对于武器装药而言,从材料改性方面提升炸药的储存和抗老化性能是一个方面,除此以外,还需从总体部署上统筹考虑科学的武库管理。美国于 2014 年起在武库维护与管理计划(SSMP)报告中提出武库现代化战略构想:“3+2”战略(3 种可互用弹头型号+2 种可互用空间武器型号),采用了新的安全和安保特征,最近又明确提出后续延寿计划(LEP)。

炸药的储存性能直接决定了其环境适应性。炸药环境适应性表现在其制备、运输、储存、使用过程中所处的不同环境下,保持其本身理化性能不变的能力。环境适应性(包括温度、外作用力、湿度、振动、辐照、电子束等外部环境)是一个相对较大的概念,与炸药的安全、力学、储存及老化性能等均直接相关。在武器服役的过程中,高聚物粘结炸药构件既是完成爆轰能量输出的主要功能件,也是关键的结构件,是战斗部中相对薄弱的承力环节之一。

新形势下武器系统将面临各种复杂作战环境,如高温-低温交变环境且温度区间大,在外界力-热环境下,高聚物粘结炸药材料的力学行为决定了炸药构件的易损性和形稳性,也影响炸药的安全性,从而决定了武器的安全性和可靠性。例如,在超高速飞行器平台及侵彻武器中,由于飞行弹道处于临近空间,高超声速巡航导弹、侵彻战斗部装药需承受严苛的温度环境和力学环境。一方面,炸药随着温度变化而产生温度梯度,由于装药各部位不均匀热膨胀而产生热应力,可能会导致装药损伤和开裂;另一方面,装药的力学性能还要面对战斗部高低频振动、过载等考验。

在高聚物粘结炸药抗力热环境适应性设计方面,首先,提升导热系数是增强炸药抗力热环境适应性的关键途径之一。从材料复合化改性入手,在炸药基体不变的情况下,通过添加高导热填料,是提高炸药导热性能最简单和快捷的路线。常用的金属、无机非金属及碳材料等导热填料中,碳系材料特别是碳纳米材料(如石墨烯)导热系数高、重量轻、比表面积大,是复合材料中最有潜力的一类导热填料。其次,从提升炸药配方力学性能的角度出发,碳纳米材料增强炸药配方导热系数的同时,也会对炸药产生增强增韧的协同效果,有助于炸药配方抗力热环境适应性的提升。同时,也可采用表界面改性手段(如加入偶联剂),以增强炸药与粘结剂界面的相互作用,提升力学性能,提高炸药环境适应性。总之,提升炸药部件环境适应性的军事需求大、挑战高。增强高聚物粘结炸药的导热性能和力学性能,可协同提升炸药面临复杂力热环境时的抗热应力断裂能力,提高环境适应性,有助于延长武器的安全使用寿命。

1.3.6 抗过载性能

现代战场环境复杂多变,混合炸药的抗过载设计能够有效提升武器弹药的寿命,在受到意外刺激时能降低炸药的易损性,尤其对于侵彻、破甲战斗部装药而言具有十分重要的意义。炸药的抗过载性能是指在外界强动态载荷条件下能够保持装药安定性且具备功能爆炸的性能。高聚物粘结炸药配方的抗过载设计思路与钝感化设计思路具有一定相似性,即提升过载条件下炸药的安全性能。抗过载炸药配方首先需要具有较低的感度,包括应力波作用、高速撞击时的感度,其次需要炸药配方具有良好的抗高速冲击动力学性能,在冲击载荷下不易产生损伤。

美国针对钻地武器应用需求,开发了系列抗过载炸药配方 PBXN-109、AFX-757、PBXIH-135、PBXW-125、PAX-3、PAX-28。其中,PBXN-109 配方组成为 RDX/Al/PB=64/20/16,该配方产品具有良好的力学性质、热性质、相容性和爆炸性能,能够通过除殉爆试验以外的所有 IM 试验,取代 Tritonal 应用于 BLU-109、BLU-113 和 BLU-116 的 GBU-24 及 GBU-28 等钻地战斗部。AFX-757 炸药具有较高的爆炸能量,配方组成为 RDX/AP/HTPB/DOA/其他 = 25/30/33/

4.44/7.56,且通过了所有 IM 试验和危险分类试验,用于 BLU-113 战斗部装药。PBXIH-135 是美国海军钝感弹药高能炸药项目的研究成果,属于浇注成型温压炸药,其主要成分包括 HMX、Al 粉和 HTPB 粘结剂,具有良好的爆炸性能、耐受性能和低易损性,全面通过了钝感弹药的标准考核。通过对 HMX 进行颗粒级配和钝感处理,可大幅降低炸药的机械感度,侵彻过程中弹体保持完好,内部装药未燃未爆。

综上所述,用于侵彻战斗部的抗过载炸药主要有三个特点:①强调钝感特性,特别是对高速撞击过载钝感,这样才会在侵彻目标时不发生早炸或爆燃;②强调爆破/破片性能好,有相当高的超压,使战斗部进入目标后能够发挥最大的毁伤效力;③便于装药,因为侵彻钻地弹大多数是大口径的,装药量大。当然其他性能也要兼顾,但首要考虑的是保证战斗部能穿透目标后再爆炸,在能抗过载的前提下炸药能量越高越好。

1.4　高聚物粘结炸药的命名规则

1.4.1　美国的命名

美国的高聚物粘结炸药主要根据研制机构来命名。例如,LX 系列是劳伦斯利弗莫尔国家实验室(LLNL)研制的炸药配方。按照规定,只有符合下列三个条件的炸药配方才能给以 LX 系列代号:①已编写适用于该配方的制造工艺说明;②关于该配方的化学、物理、爆轰和感度等性质的评价比较健全;③该配方已有良好的应用基础。LX-04、LX-10、LX-14、LX-17、LX-19、LX-21、LX-22 等炸药均为高聚物粘结炸药。在配方命名中,有时也再后缀一位数字,表示该配方原材料规格和制造工艺上的一些变化。例如,当 LX-04 产品的炸药颗粒度发生改变时,配方就命名为 LX-04-1。RX 系列也是 LLNL 研制的配方,与 LX 系列不同的是,这类配方不但种类繁多,而且都没有进入工业化生产阶段。它们主要是用于基础配方研究,如 RX-55-AB(LLM-105 基炸药)、RX-39-AB(CL-20 基炸药)。

洛斯阿拉莫斯国家实验室(LANL)的高聚物粘结炸药配方命名中,属于高聚物粘结炸药系列的配方必须已达到批量生产或大规模生产的阶段,并以高聚物粘结炸药外加四个数字构成,前两个数字表述炸药含量。例如,PBX-9205 是 LANL 在 1947 年研制成的第一个高聚物粘结炸药,含有 92%的 RDX,PBX-9404 则含有 94%的 HMX,PBX-9501 含有 95%的 HMX,而 PBX-9502 含有 95%的 TATB,PBX-9503 含有 80%的 HMX 和 15%的 TATB,炸药总含量为 95%。此外,

PBXN、PBXI、PBXW、PBXC 等代号均是 LANL 的炸药配方代号,如 PBXN-109、PBXW-115、PBXC-129 等。其中,N 表示美国海军武器中心最终鉴定合格的产品,I 表示美国海军武器中心初步鉴定合格的产品,W 和 C 分别表示在美国 White Oak 和 China Lake 这两个试验场试制的炸药。

美国空军研究的系列炸药代号为 AFX,如 AFX-757 是由 25% RDX、33% Al、30% AP 和 12% HTPB 组成,通过了所有 IM 试验和危险分类试验,用于高速钻地战斗部装药。PAX 系列是美国匹克汀尼兵工厂研制的炸药,如 PAX-11、PAX-29 均是 CL-20 基压装含铝炸药。DLE 系列是美国 ATK 公司研制的炸药,如含有 CL-20 的 DLE-C038、含有 TEX 的 DLE-C053 等。此外,美国早期还有 A、B、C 等系列命名的炸药:A 系列炸药主要为 RDX 基压装型炸药,包括 A、A-2、A-3、A-4 等;B 系列炸药主要是 RDX 和 TNT 基熔铸炸药,最经典的如 B 炸药;C 系列主要是 RDX 基 PBX 炸药,如著名的 C-4 炸药,其应用比较广泛。

1.4.2 欧洲的命名

英国高聚物粘结炸药的配方主要依据粘结剂类型进行记录和分类。其命名均采用前缀 CPX(Composite Polymer Explosive),并按照下列方式进行命名:CPX 1~CPX 99 为传爆药配方,CPX 100~CPX 199 为含 AP 的炸药配方,CPX 200~CPX 299 为聚酯和聚醚基炸药配方,CPX 300~CPX 399 为 HTPB 基炸药配方,CPX 400~CPX 499 为采用含能粘结剂的炸药配方,CPX 500~CPX 599 为压装炸药配方。例如,英国皇家军械公司引入含能粘结剂 Poly NIMMO 和 K10,开发了 CPX412、CPX413、CPX450、CPX455、CPX458、CPX459、CPX460 等一系列 NTO 基钝感浇注固化高聚物粘结炸药。

法国的炸药主要由 EURENCO 和 SNPE 两家公司研制生产,其炸药命名主要为字母 B 加上四个数字组成,如浇注高聚物粘结炸药 B2214、B2248、B2267 和 B2268 等。法国最常使用的硬目标侵彻弹的主炸药是 B2214,其主要成分包括 12% HMX、72% NTO、16% HTPB,爆速为 7495m/s,并成功解决了能量与感度的平衡问题,达到了 IM 标准。而 B2514 炸药是一种典型的温压炸药,由 22% RDX、40% Al、14% HTPB、24% AP 组成,在爆炸时对于有限空间目标可形成极具毁伤性的高压脉冲效果。

德国的炸药主要由欧洲宇航防务集团(EADS)和 ICT 研究所研制,EADS 研制的炸药以字母 KS 加数字代号命名,如 KS-22,由 67% RDX,18% Al 和 15% HTPB 组成,其主要面向坚固目标摧毁。ICT 研究所研制的炸药配方命名规则为字母 GHX 加上数字代号构成,如 GHX-82、GHX-85、GHX-118,这些都是 RDX 基的含铝炸药。瑞典的混合炸药主要由瑞典国防研究所(FOI)研制,典型的有

FOI-2~FOI-5系列FOX-7基炸药。捷克的Explosia军工厂生产塞母叮系列取合物炸药(Semtex),主要包括Semtex 1A、Semtex 1H、Semtex 10、Semtex S 30和Semtex 10 SE等。其中Semt是捷克工厂所在地Pardubice的一个小镇,ex代表炸药,因此塞母叮是以地名为主体命名的系列高聚物粘结炸药。

1.4.3 我国的命名

我国军用混合炸药主要依据国军标GJB 169—1986《军用混合炸药命名规则》来命名。定型混合炸药配方一般由字母加数字构成。第一个字母代表的是炸药的类型,其中:“聚”代表高聚物粘结炸药,代号为J;“熔”代表熔铸炸药,代号为R;“固”代表浇注固化炸药,代号为G。其他字母则代表炸药的成分,其中:RDX简写为“黑”,代号H;HMX简写为“奥”,代号为O;TNT简写为“梯”,代号为T;TATB简写为“苯”,代号为B;含铝炸药中的铝粉代号为L。我国炸药配方命名中的尾缀数字编号,各个不同单位根据自身需要进行编号命名,不拘一格,比较灵活。

举例而言:聚奥-9159(JO-9159)是以HMX为基的压装炸药;聚奥苯-9003(JOB-9003)是以HMX和TATB为基的压装炸药;聚苯-9014(JB-9014)是以TATB为基的压装炸药;固黑-925(GH-925)是以RDX为基的浇注固化炸药;熔黑梯-902(RHT-902)是以RDX和TNT为基的熔铸炸药。值得一提的是,随着用于PBX的单质炸药种类越来越多,由于缩写类似,这种命名方式在一定程度上也具有了挑战。例如,DAAF、DAAzF、LLM-208、CL-14、CL-18、CL-20、FOX-7、FOX-12等炸药,无论是英文名字,还是中文缩写,都存在一定程度的重叠,如何让这些炸药的命名既规范统一,又便于理解,是未来需要进一步统筹考虑的一项工作。

我国在研炸药配方的命名无统一规律,各研究机构根据自身情况,命名方式十分灵活,如PBX-2、PBX-6等。

1.4.4 其他国家的命名

世界各国的炸药命名规则总体上均由字母加上数字组成,字母往往与研究机构的名称相关。澳大利亚的炸药主要由国防科技组织(DSTO)研制,其命名规则为ARX加四个数字构成,如ARX-2020、ARX-3001、ARX-3006,这些都是RDX基高聚物炸药。日本的炸药主要由日本Kayaku公司和日本国防研究机构研制:日本Kayaku公司研制的炸药包括PBXK-C1101、PBXK-C1107、PBXK-C3102等,是以HMX、CL-20为基的高能炸药;日本国防研究机构研制的配方包括HAL-10、HAL-15、HAL-25等,都是HMX基的含铝炸药。韩国国防研究院研制的炸药以 DXD 加数字命名，如 DXD-01、DXD-09、DXD-59、DXD-70、DXD-102 等，这些均是 RDX 或 HMX 基的高能炸药。

1.5 高聚物粘结炸药的发展新方向

高聚物粘结炸药的配方设计是含能材料应用的核心环节，其研究内涵仍然十分丰富。高能化和钝感化是当前高聚物粘结炸药研制的主线，基于武器弹药的性能需求，新型高性能高聚物粘结炸药配方不断涌现，综合性能也不断得到优化。高聚物粘结炸药的未来发展方向，主要可概括为以下几个方面：

(1) 高能量密度化。混合炸药能量输出的提升强烈依赖于新型单质炸药的发展，因此，炸药的高能量密度化将侧重新型高能炸药的应用。目前，笼形化合物、高氮化合物、全氮化合物等成为炸药高能化研究热点，能量更高的材料探索包括聚合氮、金属氢等。含能粘结剂、含能增塑剂在一定程度上也能增加混合炸药的能量，但其增加幅度较为有限，且容易带来安全、力学等其他性能方面的问题。同时，通过功能化的设计如高活性金属的利用，研制温压炸药、组合效果炸药等，也是实现高聚物粘结炸药高能化的另一重要途径。

(2) 全面钝感化。炸药安全性能的提升在未来依然是首要重点研究方向，通过研究本质安全性优异的新型单质炸药、开发新型降感剂和先进的材料处理与包覆技术、以结晶调控和含能共晶为手段，都是改善炸药安全性的有效途径。基于钝感化的研究思路，研制满足钝感炸药要求的炸药配方，并将其全面替代现有武器弹药中的炸药，可提升武器系统的本质安全性。

(3) 更强环境适应性。现代战争中，武器装药将面临新的复杂作战环境，如超高速侵彻弹药的高速飞行和侵彻过载。因此，未来炸药的发展将更多考虑如何在不同外界力、热等冲击作用下，体现出更好的综合环境适应性，维持炸药件的力学强度和结构稳定性，保持良好的安定性和热稳定性，以确保炸药在运输、储存、飞行和侵彻时的安全性与可靠性。

(4) 绿色化。尽管当前炸药的绿色化制备报道并不多，但将成为未来研究的一个新方向，高聚物粘结炸药在配方设计时，炸药、功能助剂、溶剂等材料的选择上将更多考虑低毒性、易于降解、环保等因素，在制备工艺上逐步实现绿色化。同时，将致力于开发废弃、退役炸药的回收和再利用。

(5) 先进混合炸药理论设计。相比于传统混合炸药研制，未来的炸药配方设计更加注重理论设计和性能预估，强调针对性的性能提升技术途径的选择与优化，将传统的试错法研究模式向科学设计、定制式过渡，从而大量减少配方正交试验环节和性能测试，缩短研制周期并大幅降低研制成本。

(6) 装药结构持续优化。武器战斗部的威力、安全性能不仅与炸药的配方有关,还与装药结构密切相关。例如,美国在反坦克导弹战斗部装药中添加了一些能改变爆轰波传播方向的隔板,其威力大幅增加。美国等国家研制的一些新型装药结构,如串联空心装药、多锥空心装药、斜置空心装药等,都对战斗部性能的改进有积极意义。因此,装药结构的优化设计也是高聚物粘结炸药未来的重要发展方向之一。

参考文献

[1] 杨志剑,刘晓波,何冠松,等. 混合炸药设计研究进展[J]. 含能材料,2017,25(1):2-11.

[2] 黄亨建,董海山,张明. B 炸药的改性研究及其进展[J]. 含能材料,2001,9(4):183-186.

[3] 孙业斌,惠君明,曹欣茂. 军用混合炸药[M]. 北京:兵器工业出版社,1995.

[4] Lundberg A W. High explosives in Stockpile Surveillance Indicate Constancy[J]. Science and Technology Review,1996,7(3):12-17.

[5] Markhoffman D. Fatigue of LX-14 and LX-19 Plastic Bonded Explosives[J]. Journal of Energetic Materials,2000,18(1):1-27.

[6] 欧育湘. 炸药学[M]. 北京:北京理工大学出版社,2014.

[7] Simpson R L,Urtiew P A,Ornellas D L,et al. CL-20 Performance Exceeds that of HMX and its Sensitivity is Moderate[J]. Propellants,Explosives,Pyrotechnics,1997,22(5):249-255.

[8] Nair U R,Sivabalan R,Gore G M,et al. Hexanitrohexaazaisowurtzitane(CL-20) and CL-20-based formulations(review)[J]. Combustion,Explosion and Shock Waves,2005,41(2):121-132.

[9] Koch E C. Insensitive munitions[J]. Propellants, Explosives, Pyrotechnics, 2016, 41(3):407.

[10] Powell I J. Insensitive Munitions-design Principles and Technology Developments[J].Propellants,Explosives,Pyrotechnics,2016,41(3),409-413.

[11] Yang Z,Li J,Huang B,et al. Preparation and Properties Study of Core-shell CL-20/TATB composites[J]. Propellants,Explosives,Pyrotechnics,2014,39(1):51-58.

[12] Yang Z,Ding L,Wu P,et al. Fabrication of RDX,HMX and CL-20 Based Microcapsules Via in Situ Polymerization of Melamine-formaldehyde Resins with Reduced Sensitivity[J]. Chemical Engineering Journal,2015,268:60-66.

[13] Ma Z,Gao B,Wu P,et al. Facile,Continuous and Large-scale Production of Core-shell HMX@ TATB Composites with Superior Mechanical Properties by a Spray-drying Process[J]. RSC Advances,2015,5(27):21042-21049.

[14] Yang Z,Gong F,Ding L,et al. Efficient Sensitivity Reducing and Hygroscopicity Preventing of Ultra-fine Ammonium Perchlorate for High Burning-rate Propellants[J]. Propellants, Explosives,Pyrotechnics,2017,42(7):809-815.

[15] Li Y,Yang Z,Zhang J,et al. Fabrication and Characterization of HMX@TPEE Energetic Microspheres with Reduced Sensitivity and Superior Toughness Properties[J]. Composites Science and Technology,2017,142:253-263.

[16] 田勇,韩勇,杨光成. 钝感高能炸药几点认识与思考[J]. 含能材料,2016,24(12):1132-1135.

[17] Agrawal J P. Some New High Energy Materials and Their Formulations for Specialized Applications[J]. Propellants,Explosives,Pyrotechnics,2005,30(5):316-328.

[18] Koch E C. Insensitive High Explosives II:3,3′-Diamino-4,4′-azoxyfurazan(DAAF)[J]. Propellants,Explosives,Pyrotechnics,2016,41(3):526-538.

[19] Cuddy M F,Poda A R,Chappell M A. Estimations of Vapor Pressures by Thermogravimetric Analysis of the Insensitive Munitions IMX-101,IMX-104,and Individual Components[J]. Propellants,Explosives,Pyrotechnics,2014,39(2):236-242.

[20] 王鹏,何卫东,魏晓安. 填充介质对火药装药爆轰性能的影响[J]. 含能材料,2017,25(9):767-772.

[21] 舒远杰,霍冀川. 炸药学概论[M]. 北京:化学工业出版社,2011.

[22] Zhou Z,Chen P,Duan Z,et al. Study on Fracture Behaviour of a Polymer-bonded Explosive Simulant Subjected to Uniaxial Compression Using Digital Image Correlation Method[J]. Strain,2012,48(4):326-332.

[23] Drodge D R,Williamson D M. Understanding damage in Polymer-bonded Explosive Composites[J]. Journal of Materials Science,2016,51(2):668-679.

[24] Lin C,Liu J,He G,et al. Effect of Crystal Quality and Particle Size of HMX on the Creep Resistance for TATB/HMX Composites[J]. Propellants,Explosives,Pyrotechnics,2017,42(12):1410-1417.

[25] Lin C,He G,Liu J,et al. Construction and Non-linear Viscoelastic Properties of Nano-structure Polymer Bonded Explosives Filled with Graphene[J]. Composites Science and Technology,2018,160:152-160.

[26] Lin C,Tian Q,Chen K,et al. Polymer Bonded Explosives with Highly Tunable Creep Resistance Based on Segmented Polyurethane Copolymers with Different Hard Segment Contents[J]. Composites Science and Technology,2017,146:10-19.

[27] Lin C,Gong F,Yang Z,et al. Bio-inspired Fabrication of Core@Shell Structured TATB/Polydopamine Microparticles via in Situ Polymerization with Tunable Mechanical Properties[J]. Polymer Testing,2018,68:126-134.

[28] 温茂萍,唐维,周筱雨,等. 基于圆弧压头巴西试验测试脆性炸药拉伸性能[J]. 含能材料,2013(4):490-494.

[29] 庞海燕,李明,温茂萍,等. PBX 巴西试验与直接拉伸试验的比较[J]. 火炸药学报,2011,34(1):42-44.

[30] Grantham S G,Siviour C R,Proud W G,et al. High-strain rate Brazilian Testing of an Explosive Simulant Using Speckle Metrology[J]. Measurement Science & Technology,2004,15(9):1867.

[31] 李玉斌,郑雪,沈明,等. TATB 基 PBX 的热膨胀系数研究[J]. 火炸药学报,2003,26(1):23-25.

[32] Singh A,Kumar M,Soni P,et al. Mechanical and Explosive Properties of Plastic Bonded Explosives Based on Mixture of HMX and TATB[J]. Defence Science Journal,2013,63(6):622-629.

[33] 周红萍,何强,李明,等. 长期热老化下一种 PBX 的拉伸性能和蠕变性能(英文)[J]. 含能材料,2016,24(9):826-831.

[34] 涂小珍,沈明,郑春,等. 热老化及辐照对 TATB 基 PBX 热膨胀性能的影响[J]. 含能材料,2016,24(6):614-617.

[35] Lin C,Liu J,Huang Z,et al. Enhancement of Creep Properties of TATB-based Polymer-bonded Explosive Using Styrene Copolymer[J]. Propellants,Explosives,Pyrotechnics,2015,40(2):189-196.

[36] 李尚昆,黄西成,王鹏飞. 高聚物粘结炸药的力学性能研究进展[J]. 火炸药学报,2016,39(4):1-11.

[37] Vadhe P P,Pawar R B,Sinha R K,et al. Cast Aluminized Explosives(review)[J]. Combustion,Explosion,and Shock Waves,2008,44(4):461-477.

[38] 李媛媛,高立龙,李巍,等. 抗过载炸药装药侵彻安全性试验研究[J]. 含能材料,2011,18(6):702-705.

[39] 王晓峰. 军用混合炸药的发展趋势[J]. 火炸药学报,2011(4):1-4.

第 2 章　高聚物粘结炸药的配方设计

2.1　高能炸药填料

2.1.1　硝胺类高能填料

炸药配方设计的基本思想是以武器的战术技术指标要求为前提，综合考虑炸药的其他性能要求，突出重点，兼顾常规性能。在现代武器用炸药的设计要将安全性放在重要地位，降低易损性，提高在现代战争环境下的生存能力。不同武器不同弹种，对炸药的性能要求也不同。从应用角度考虑，对炸药的基本要求包括高能量密度、高安全性和安定性、优良的力学性能、长期储存性能等。此外，还要考虑所选定配方的工艺性、经济性、环保等方面的要求。一般情况下，由于各项指标之间存在着矛盾，很难获得全部指标都很理想的炸药配方。尤其是能量与安全之间、使用效能与经济性之间、产品质量与工艺特性之间等都存在着矛盾。因此，设计者只有根据使用要求，在确保主要性能的前提下，通过综合权衡和调整，完成配方设计。对于炸药的主要组分，近年发展迅速，在诸多含能材料专著中进行了详细讨论，在此就不再赘述。对于高聚物粘结炸药的配方设计，TATB 和硝胺炸药填料仍占主流。图 2-1 所示为常见的氮杂环硝胺化合物的分子结构。在硝胺化合物中，RDX、HMX 和 CL-20 研究最为广泛，TEX 和 TNAD 是钝感硝胺炸药，而 TNAZ 熔点较低，比较适用于熔铸炸药。下面就以典型的高聚物粘结炸药为主线，简要论述配方设计及应用发展现状。

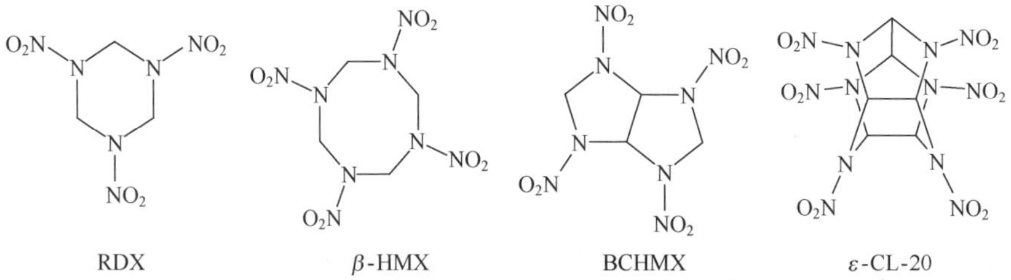

RDX　　β-HMX　　BCHMX　　ε-CL-20

图 2-1　本书所涉及的主要氮杂环硝胺的分子结构

RDX是目前最重要的军用高爆炸药,其地位仅次于硝化甘油。RDX通常与其他炸药、油或蜡混合形成高能混合炸药。BCHMX是一种相对较新的双环氮杂硝胺,一般由两步法合成。而HMX则是一种已实现规模化生产的能量更高的固体炸药,HMX基PBX可用来引爆核裂变反应,HMX也可以作为推进剂的高能氧化剂。CL-20是高能材料的一个突破,具有更优异的性能,其特征信号低、燃速高。室温下CL-20有不同晶型(表2-1)。其中ε-CL-20密度最高,结构最为稳定,是目前广泛研究和应用的一种晶型。

表2-1 不同晶型CL-20的晶体结构参数

晶体	α-CL-20	β-CL-20	γ-CL-20	ε-CL-20	RS-ε-CL-20
晶系	正交晶系	正交晶系	单斜晶系	单斜晶系	单斜晶系
Z	8	4	4	4	4
V/nm^3	2.9823(5)	1.4638(5)	1.5175(4)	1.4242(0)	1.4242(0)
$\rho_c/(g/cm^3)$	1.992	1.989	1.918	2.044	2.044
$\rho_m/(g/cm^3)$	1.952	1.983	1.918	2.035	2.035
VoD/(m/s)	9380	9380	9380	9660	—
注:Z为晶胞中的分子数;V为晶胞的体积;ρ_c为理论密度;ρ_m为实际密度;VoD为爆速					

除了单质硝胺炸药填料以外,含能共晶可以发挥各组成硝胺分子的优势,形成更好的用作高能钝感炸药填料。共晶是基于分子间相互作用的超分子的主要类型之一。分子间相互作用通常指的是氢键、范德华力和卤素键的效应。结晶可以在不改变化学结构的情况下,对炸药的晶体密度进行调整。炸药分子形成共晶,会使物理和化学性质得到改善,此外,由于粒子的大小和表面结构的变化,共晶体炸药分子间的相互作用可在很大程度上降低感度。共晶有两种类型:一种是含能分子与惰性分子形成的共晶;另一种是两种或多种含能分子形成的共晶,如TNT/CL-20、CL-20/HMX、CL-20/BTF和HMX/NMP等。目前,实现均匀共晶的工业级制备还比较难,因此尚未见共晶可靠的实测爆轰参数。

2.1.2 钝感高能填料

高效毁伤能力和高生存能力是现代武器追求的主要目标。要实现这些目标,作为武器能量载体的含能材料必须满足高能量密度、低易损和高环境适应性等要求。因此,在保证安全的同时提高能量始终是含能材料研发的一个主要目标。近年来,国内外合成了一系列低感(钝感)高能炸药,如3-硝基-1,2,4-三唑-5-酮(NTO)、4,10-二硝基-2,6,8,12-四氧杂-2,10-二氮杂异伍兹烷

(TEX)、1,1-二氨基-2,2-二硝基乙烯(FOX-7)、2,6-二氨基2,5-二硝基吡嗪-1-氧化物(LLM-105)等。具备钝感含能材料基本特性的化学结构较多,这里仅给出几个突出的例子(图2-2)。

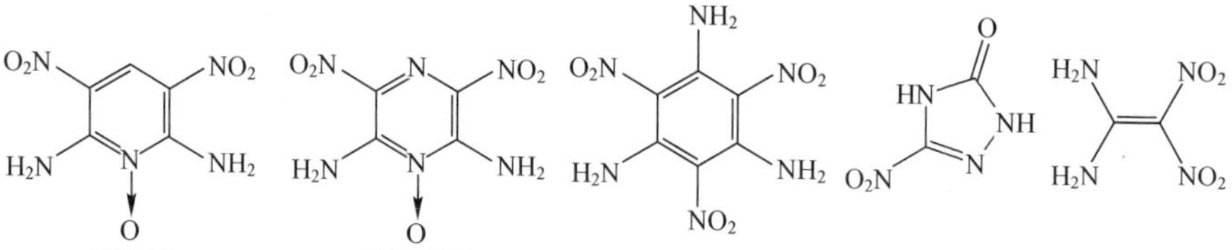

ANPyO　LLM-105　TATB　NTO　FOX-7

图2-2　近年比较热门的钝感含能材料

TATB作为最传统的钝感炸药,具有芳香环的基本结构,是目前耐热且钝感的炸药典范和参照标准。较新的钝感含能材料的代表有2,6-二氨基-3,5-二硝基吡嗪-1-氧化物(LLM-105)和2,6-二氨基-3,5-二硝基吡啶(ANPZ),它们分别由Pagoria和Ritter等发明。LLM-105密度为1.92g/cm^3、分解温度为354℃。ANPyO的密度则为1.878g/cm^3、熔融分解温度高于340℃。NTO也可以通过简单的两步法合成,它已应用于诸多新型高能炸药,尤其是将这些钝感炸药与HMX或RDX等高能炸药联合使用效果更佳。

最近报道的有应用前景的钝感炸药还有FOX-7、FOX-12和TKX-50,FOX-7密度为1.89g/cm^3。除了这些已经展开工程化应用研究的钝感含能材料外,科研人员还在致力于发展更多低成本、绿色新型的钝感含能化合物。比较有代表性的是氨基胍和杂环氨基胍盐(图2-3)。此类化合物的撞击感度都明显高于RDX,尤其是TAG_2-DNAAT和DAODH-AT,它们的感度达到了40J以上,且理论爆速均超过RDX。此外,国内外还合成了以四嗪、四唑类为代表的钝感高氮含能化合物。这类含能材料具有较高的生成热,且不含(或少含)硝基,气体生成量及能量都较高,因此感度也较RDX低,是一类高能低特征信号新型钝感含能材料。其典型代表有3,6-二氨基均四嗪-1,4-二氧化物($DATZO_2$)和偶氮四唑胍盐(GZT)等。

除了三唑、四唑化合物外,美国爱达荷大学Shreeve课题组近期发表了钝感含能材料的最新研究成果。他们通过氮氧化物(N—O)分子设计,成功制备了3,3′-二硝胺基-4,4′-偶氮呋咱及其富氮盐,并通过光谱和元素分析确认了其分子结构。采用过氧化一硫酸钾作为氧化剂对偶氮呋咱环上的氮进行氧化来获得高能钝感分子结构。这类钝感含能材料密度高、热稳定性适中,撞击和摩擦感度及爆轰性能均优于RDX。爆轰性能甚至达到HMX的水平。其中,3,3′-二硝胺基-4,4′-偶氮呋咱在173K时的最高晶体密度达2.02g/cm^3(298K时实测密度

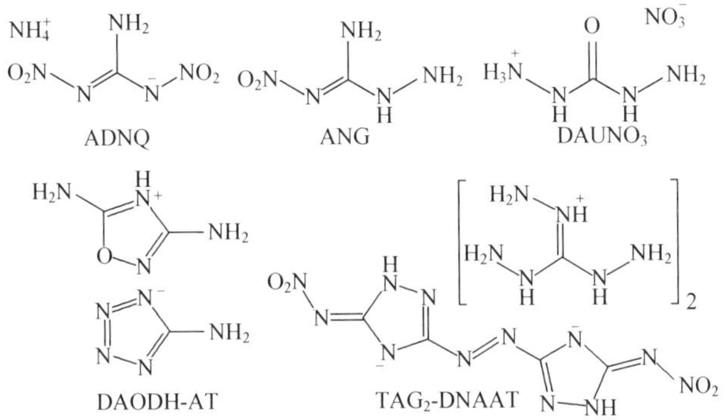

图 2-3　典型的氨基胍钝感含能离子盐，二硝基胍氨（ADNQ），氨硝基胍（ANG），硝酸二硝基脲（$DAUNO_3$），三氨基胍二硝胺三唑（TAG_2-DNAAT）和二氨基-二恶唑-5-氨基四唑（DAODH-AT）

为 1.96g/cm^3），是目前为止报道的氮氧化物的最高密度。还有一个比较有应用前景的化合物是它的羟铵盐，且存在四种不同类型的 N—O 基团，其中一种的爆轰性能优于 HMX 和 CL-20。在二氨基三呋咱环氮氧化物（见图 2-4）的基础结构上，也可合成三呋咱环并联的硝基化合物，如 3,4-双(4-硝基-1,2,5-噁二唑-3-基)-1,2,5-噁二唑-1-氧化物和 3,4-二(硝基呋咱基)氧化呋咱(BNFF)。

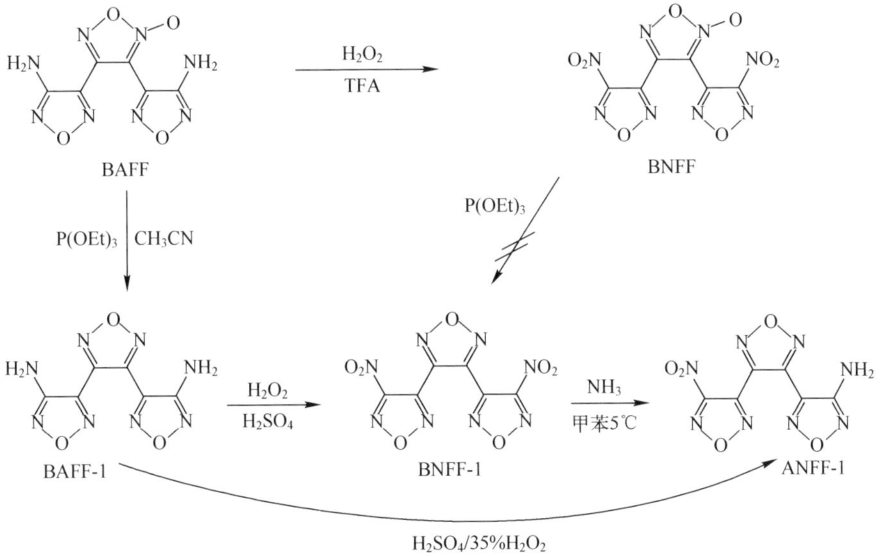

图 2-4　钝感硝基或氨基并三呋咱环含能化合物

美国劳伦斯实验室在 BAFF 和 BNFF 的基础上进一步合成了 ANFF-1 和 BNFF-1，它们具有更高的安全性能，可用作钝感弹药。ANFF-1 密度比 TNT 略高(1.782g/cm^3)且熔点更低(100℃),也可用作熔铸炸药的新型氧化剂。作为同系物,BNFF 实测摩擦感度为 0/10(36kg 压力、0.64mm×0.57mm×0.43mm,BAM 标准)。小尺度安全测试表明,两个样品从三氯甲烷中重结晶后具有相近的粒径分布和撞击感度,实测撞击感度(特性落高 H_{50})均大于 177J(2.5kg 落锤)。

最近,Shreeve 课题组又合成了一类新型含能三唑呋咱吡嗪有机盐。红外光谱和 NMR 谱分析、元素分析、热分析和单晶 X 射线衍射试验结果表明,1,2,3-三唑并[4,5-E]呋咱[3,4-b]吡嗪-6-氧化物有机盐的氢原子与吡嗪环的氮相连,且此类有机盐的三唑环上氮原子带负电。因而这类新含能材料具有高密度、高热稳定性和生成热,与 RDX 爆轰性能相当,最重要的是比较钝感。一般而言,硝基等含能基团引入到稠环化合物后即可用作高能炸药。稠环化合物具有良好的热化学和物理性质。将稠环上 N 原子氧化后得到的 N—O 键结构是提高密度和性能的有效途径。为了不断寻求高性能、低感度绿色含能材料,一般选择高氮稠环化合物作为母体结构。呋咱吡嗪环就是构筑平面缩聚独特的含能化合物分子的很好母体。此外,这些化合物结构上显示出生物活性,可用作抗菌剂、除草剂和植物生长调节剂等领域。在用作含能材料的同时又可以作为生物用途,一举两得。

呋咱基氮氧化物的衍生离子化合物也是重要的钝感材料。南京理工大学杨红伟等近来成功合成了四唑呋咱联合离子盐。通过 4-甲酰基-3-甲基呋咱与 1,5-氨基四唑缩合反应得到 4-(1-氨基-5-氨基四唑基)-甲胺-3-甲基呋咱(a1)且收率较高。用 100%硝酸硝化即可获得 4-(1-氨基-5-硝胺四唑基)甲胺-3-甲基呋咱(a2)。a2 的富氮盐可以基于 1-氨基-1,2,3-三唑(a3)、4-氨基-1,2,4-三唑(a4)和 3-氨基-1,2,4-三唑(a5)获得。它们的结构分别得到 IR、拉曼光谱、NMR 和元素分析的验证。研究发现,a5 的分解温度为 183℃,而 a3 和 a4 热稳定性较差,分别在 139℃和 164℃开始分解。离子盐 a1~a5 的生成热、爆轰参数和撞击感度的都是通过理论计算与实验相结合的方法获得。而离子盐 a3~a5 实测撞击感度为 20~32J,比 RDX 高得多。a2 静电火花感度较高(约 50mJ),其余离子盐如 a3、a4、a5 比较钝感,其静电感度分别为 500mJ、750mJ 和 600mJ。除了呋咱环外,吡唑环也是钝感含能材料的基础。北京理工大学最近合成出一系列双吡唑化合物,它们具有高氮钝感的特点。鉴于多硝基双吡唑家族显著的综合性能(较高的爆轰性能,优异的安全性,以及低毒性),多硝基双吡唑有望成为新一代耐热钝感含能材料。几乎所有双吡唑硝基化合物的撞击感度都接近 TATB,有的热稳定性接近 HNS(T_d = 316℃)。这些化合物的热稳定性、撞击感度、密度和爆轰性能都接近或者优于 RDX。尤其是 a5 性能全面:爆速(8760~8981m/s)、爆热(7551kJ/kg)和爆炸威力(A = 1712kJ/g),都超过了

RDX，且分解温度高于 HMX（T_d = 297℃），毒性明显低于 TNT。它有望成为新一代的耐热、钝感、耐环境冲击的高能量密度材料。

除了上述吡唑化合物外，北京理工大学最近也尝试合成了几种硝基苯酚三嗪盐，其感度较 RDX 低，且爆轰性能与之相当。例如，三硝基苯酚具有一定的酸性，可以用作阴离子。通过与四唑哌嗪双环阳离子 b1 结合可生成三种盐 b2、b3、b4。从图 2-5 可以看出，离子盐 b2 和 b3 的感度较低，而 b4 的感度则与 PETN 相当，不适用于钝感弹药。从上面的研究成果可以看出，提高含能材料本质安全性的主要方法是引入多氨基结构和对杂环上的 N 原子氧化后得到 N—O 键。对于氨基化合物如 TATB 等的研究已经比较成熟，它们感度低但能量密度一般。因而后者是保证能量降低感度的更有效手段。*N*-氧化物的合成在钝感含能化合物的开发中得到了广泛的应用。一方面，*N*-氧化物的 N—O 键的键能较高，孤对氧的存在使它具有双键特征。另一方面，杂环 *N*-氧化物的形成会改变整个分子的电荷分布、增强环系统的芳香性，从而稳定整个分子结构。图 2-6 所示为 *N*-氧化物与未氧化的结构对比。其中，比较 4,4′-二硝基-3,3′-偶氮呋咱（DNAzBF）（理论爆速为 8733m/s，密度为 1.85g/cm^3）与 *N*-氧化物化合物 4,4′-二硝基-3,3′-二氧化偶氮呋咱（DDF），后者表现出高密度和优异爆轰性能（计算爆速达 10000m/s，密度为 2.02g/cm^3）。2,6-二氨基-3,5-二硝基吡嗪（ANPZ）的密度约为 1.84g/cm^3 且爆速仅为 7892m/s，而 2,6-二氨基-3,5-二硝基吡嗪-1-氧化物（LLM-105）的爆速则明显提高到 8516m/s（1.92g/cm^3）。

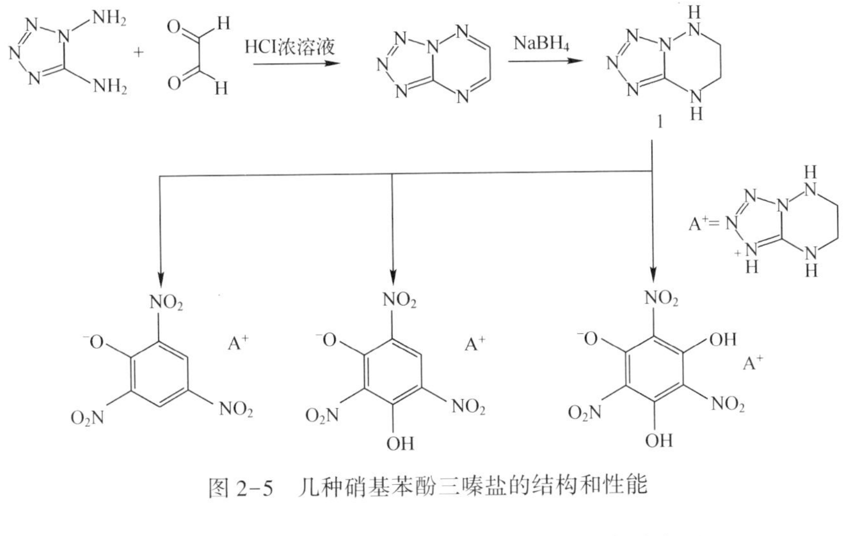

HCl浓溶液
$NaBH_4$
1
A^+=
NO_2
^-O
A^+
O_2N
NO_2
OH

图 2-5　几种硝基苯酚三嗪盐的结构和性能

Shreeve 课题组采用一步法合成了一系列钝感高能密度氨基 1,2,4,5-四嗪 N-氧化物。四嗪 N-氧化物的密度比四嗪前驱体明显提高。这些化合物的爆轰

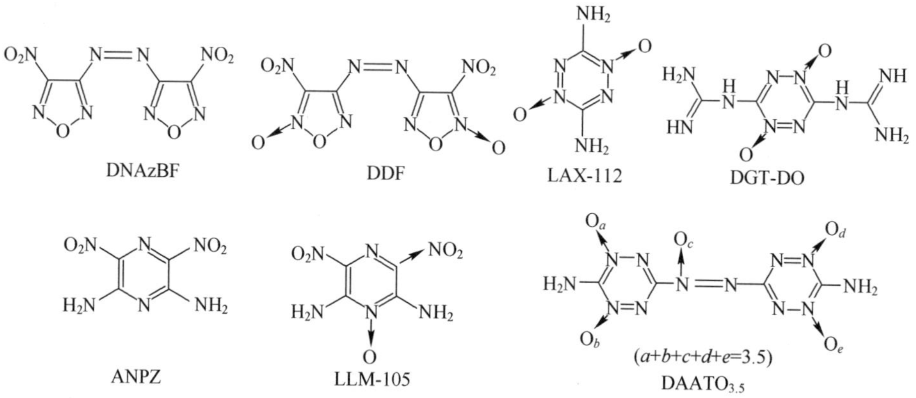

DNAzBF　DDF　LAX-112　DGT-DO

ANPZ　LLM-105　$(a+b+c+d+e=3.5)$ $DAATO_{3.5}$

图 2-6　几种典型的 N-氧化物钝感化合物与其母体结构对比

性能均优于 TNT、RDX，有的甚至优于 HMX。目前，FOX-7、FOX-12、NTO、TATB 等的合成与应用研究已经进入工程化阶段（FOX-7、LLM-105 和 NTO 主要用于固体推进剂）。在新型钝感含能材料发展方面，西安近代化学研究所开展了一些 N-氧化物的合成研究，如氨基偶氮四嗪的氮氧化物和 NTO 胍基脲离子盐等。同时，西北大学也开展了一些四唑三唑环铅盐等钝感化合物的研究工作。这些化合物不仅钝感，且分解温度较高（部分达到 318 ℃以上）。但总体而言，我国对新型钝感含能化合物开创性工作不足，且发展速度明显落后于德国和美国，还无法满足对钝感弹药发展的迫切需求。

2.1.3　共晶化改性高能填料

现有含能材料能量与安全性间存在固有矛盾，采用新型合成技术和传统晶体改性技术均不能有效解决该矛盾。含能材料的性能与其分子结构密切相关，若能从分子水平上对含能材料分子进行有序修饰和调控，形成均一化的共晶体，有望制备出具有预定结构和预期性能的含能材料。将两种性质不同的炸药结合成一个单一有序的共晶体，是弥补单质炸药缺陷并赋予其优异性能的重要途径。共晶的制备方法有多种，如传统的溶剂挥发法、冷却结晶法、研磨法和溶剂-非溶剂法等。溶剂挥发法是将共晶各组分按照化学计量比溶解于溶剂中，随着溶剂的缓慢挥发得到共晶。溶剂挥发法制备共晶主要是针对溶解度随温度变化不大的物质，该方法能够有效控制结晶的形貌和尺寸大小，但耗时较长。冷却结晶法是将原料晶体溶解于一种溶剂中，然后利用降温冷却的方法使溶液达到过饱和状态，从而进一步使溶质分子结晶析出并长大。研磨法一般分为干磨法和溶液辅助研磨两种。干磨法是将一定比例的两种或两种以上组分混合均匀后，利用研钵或球磨机将混合成分经过一段时间的处理制备共晶。溶液研磨法是将少量的溶剂添加到制备晶体的混合体系中,在含有溶剂的情况下研磨混合体系。该方法避免了溶剂的过量使用,很少有副产物生成且不需考虑各组分的溶解度问题,体系组成简单,原子利用率高,但不能有效控制结晶形貌。

溶剂-非溶剂法是根据物质的溶解度原理,先把物质溶解于某一溶剂,对溶液进行搅拌等一系列必要的操作,然后加入非溶剂将物质以结晶析出包覆在其他物质表面的一种方法。其中溶剂、非溶剂均针对所制备的晶体而言。由于溶剂-非溶剂法中物质是溶解于溶剂中的,一般只需对溶液进行操作,就可改变溶质重新析出后的形态或性状,比直接对物质进行操作方便、简单和安全。由于含能材料对热、电、摩擦、冲击波和撞击等刺激十分敏感,出于安全性考虑,一般情况下含能材料共晶都用溶液体系制备,而不采用研磨法等非溶液体系进行制备。

目前,基于非共价键的跨尺度协同,中国工程物理研究院化工材料研究所成功合成了 BTF、CL-20 和 AP 系列新型共晶,深入分析了共晶与单相结晶的竞争机理,筛选了具有高能低感特性的共晶炸药,有效降低了 AP 的吸湿性,为共晶炸药的设计和制备提供了新思路。他们利用溶剂蒸发法制备得到了 BTF 与 CL-20、三硝基苯胺(TNA)、三硝基苯甲胺(MATNB)、TNT、三硝基苯(TNB)、间二硝基去(DNB)、二硝基芸甲醚(DNAN)和三氮杂环丁烷(TNAZ)八种新型 BTF 基共晶炸药,共晶中两组分的摩尔比均为 1:1。单晶解析表明此类共晶具有相似的晶体结构,共晶的形成主要是依靠 BTF 缺电性六元环与多硝基炸药富电性硝基之间的 p-π 堆积作用形成了构成共晶的重复单元,然后这种重复单元又进一步利用相邻分子间的氢键相互作用以及 BTF 自身的 π-π 相互作用连接在一起,共同构成了超分子晶体。对部分 BTF 共晶的性能测试和分析发现,形成共晶后熔点、密度和安全性能均发生了明显的改善。由敏感炸药 BTF 与钝感炸药 TNT、TNB 以及 TNP 所形成的共晶与 BTF 自身相比具有较好的安全性,尤其是 BTF/TNB 共晶的感度优于 RDX,且其密度更高,是一种综合性能优异的共晶炸药。

卫春雪等利用理论模拟了 HMX 与 TATB 形成共晶的结构模型,以及溶剂对 TATB 晶习的影响。结果表明,在共晶结构中 HMX 与 TATB 分子间的作用力主要是氢键和范德华作用力,TATB 分子更易进入 HMX 自由能低的晶面,通过分子间的氢键作用得到结构稳定的共晶而使得 HMX 更为钝感。沈金朋等在室温下利用溶剂-非溶剂方法制备了 HMX/TATB 共晶炸药,测试了共晶炸药的撞击感度。结果表明,含 10% TATB 的 HMX/TATB 共晶炸药撞击感度明显低于单质 HMX。共晶结构经拉曼光谱、太赫兹时域光谱、X 射线粉末衍射表征,表明 HMX

中的硝基与 TATB 中氨基之间可以形成三种类型的 N—O…H 氢键，依靠氢键相互作用结合形成共晶，与之前分子动力学理论模拟方法设计的 HMX/TATB 共晶结构相吻合。杨宗伟等用溶剂挥发法制备了 CL-20 与 TNT 的共晶炸药，晶体结构表征显示 CL-20 与 TNT 以 1∶1 以氢键结合成正交共晶体系。其爆速较 CL-20 有所下降而远高于 TNT 及 TNT 与 CL-20 的同比混合物，熔点比 TNT 提高了 50℃，共晶撞击感度较 CL-20 下降了 87%，有效改善了原料炸药的性能。在此基础上，为提高共晶的产率，他们进一步改进制备工艺，在乙酸乙酯和 CL-20、TNT 的混合溶液中加入一定量的糊精，产率可达 85%，得到的共晶产物表征结果与之前相差不大，爆速可达到 8426m/s，同时满足了低感度的要求。

朱顺官等对 TNT 系列共晶化合物进行了分子设计理论计算。王玉平等利用溶剂挥发法合成了 CL-20 与 1,3-二硝基苯（DNB）共晶。单晶结构分析显示共晶体系由 CL-20 与 DNB 以物质的量比 1∶1 结合而成，为正交晶系，且共晶中 DNB 分子以错位方式面对面平行排列，整个晶体结构较之 CL-20 与 TNT 的共晶体系更为密实，密度显著提高。他们未对共晶的爆炸性能进行测试，只是预测其感度比 CL-20/TNT 共晶更低。中国工程物理研究院化工材料研究所还采用溶剂挥发共结晶的方式，成功制备出 CL-20/TNT、CL-20/DNB、CL-20/对苯醌和 CL-20/己内酰胺系列共晶炸药（图 2-7）。共晶的形成和粒度明显不同于原料组分，表明通过共结晶不但可修饰晶体形貌，还可调控晶体尺寸。借助 X 射线单晶衍射分析并确认该类共晶均以 1∶1 的比例结合，通过分子间 CH—O 氢键和 NO_2/π 键的相互作用形成。进一步分析形成共晶前后晶体间相互作用力的变化情况，获得了炸药共晶分子间相互作用的形式和规律，并且发现由一个氢键受体和两个氢键给体，形成的环状闭合结构，“手拉手”在空间无限延伸形成 CL-20 与醌类共晶，对指导其他 CL-20 共晶结构的理论设计具有重要意义。

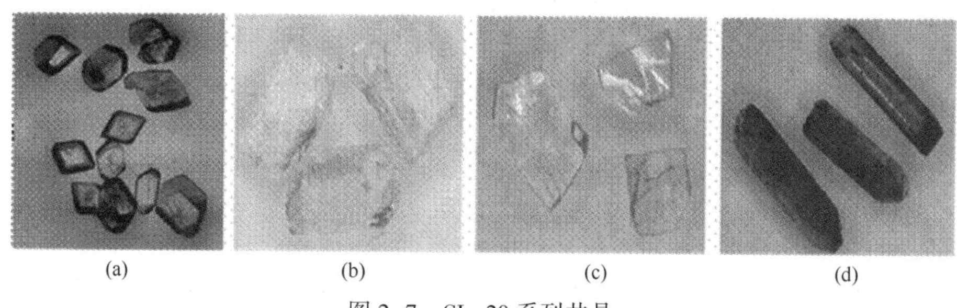

图 2-7　CL-20 系列共晶

（a）CL-20/TNT；（b）CL-20/DNB；（c）CL-20/对苯醌；（d）CL-20/萘醌。

郭长艳等用溶剂挥发法合成了 BTF 与 TNT、TNB、TNP、ATNP、TNA、MATNB 及 TNAZ 等种炸药的共晶（前已述及），Zhang 等利用粉末 X 射线衍射进行了表征,但并无有力的证据表明七种体系均形成了共晶,后来将炸药种类精简到 TNT、TNB、TNA、MATNB 和 TNAZ 等五种,并得到了有效的单晶数据,结果显示它们均能与 BTF 以摩尔比 1∶1 形成共晶。共晶的形成主要受 p-π 堆积作用、π-π 堆积作用和氢键作用影响。感度试验表明,BTF 与 TNT、TNB 形成的共晶感度较 BTF 有大幅下降,获得了感度低于 RDX 但爆炸性能与 RDX 相近的新型炸药。此外,郭长艳等还制备了物质的量比为 5∶1 的 CL-20/CPL(己内酰胺)共晶,对产物做了单晶 X 射线衍射等系列表征,结果显示共晶由两种分子间强烈的氢键作用形成,具有较低的感度但熔点和密度均较低,仍有待改善。值得注意的是,这一共晶体系的制备必须在低湿度空气条件下进行,否则空气中的水分会强烈影响结晶过程,导致 CL-20 单晶的形成而非 CL-20/CPL 共晶。陈杰等利用溶剂-非溶剂法制备了 HMX/AP 共晶。单晶衍射结果显示 HMX 分子与 AP 分子间的氢键是共晶形成的基础,溶解度测试结果表明共晶在 26℃ 下溶解度仅为 0.034g/(100mL),说明吸湿性得到了改善。林鹤等采用分子动力学模拟研究了 HMX/FOX-7 共晶炸药形成的可能性,根据最终模拟出的 HMX/FOX-7 结构模型,进行结合能和 XRD 图谱计算,证明不同共晶模型的 XRD 衍射峰位置和强度均有别于单组分 HMX 或 FOX-7,说明晶胞参数发生了相应的改变,并直接影响到共晶的形成。他们并没有进行实验制备,仅模拟研究了 HMX/NTO 共晶炸药形成的可能性,结果显示二者可以形成热力学稳定的共晶。陈鹏源等制备了三种 HMX 共晶,包括两种苦味酸共晶和 1-硝基萘的共晶。理论研究表明它们与 HMX 形成的共晶结合能较大、热稳定性好,且共晶的带隙较大,说明感度较低。

DSC 分析测试发现,CL-20 共晶的熔点和分解温度较原料组分发生明显变化。如 CL-20、TNT 和 CL-20/DNB 共晶的熔点均在 130℃,较原料 TNT 的 81℃ 和 DNB 的 95℃ 均有大幅度提高。撞击感度测试表明 CL-20 与低感的 TNT 和 DNB 形成共晶后,其特性落高达 55cm,是纯 CL-20 的 3 倍左右,表明有效降低了 CL-20 的感度,有望用于新型钝感弹药之中。对共晶炸药的爆轰性能进行理论预测,CL-20、DNB 共晶的爆速为 8434m/s,较 DNB 提高 44%以上。由此可以看出,通过共晶手段可以有效调控炸药的理化、安全和爆轰性能,从而为炸药的结构与性能本质调控提供科学依据和技术支撑。

近年来,密歇根大学 Matzger 等围绕共晶含能材料也开展了一系列工作。2010 年 Landenberger 等将蒽、二苯并噻吩等 17 种非含能有机芳香分子与 TNT 分别合成为共晶体系。对制备的共晶进行表征,发现共晶大部分性质介于两组分之间,偶有异常性质超出此范围。共晶形成的机理研究表明 π 电子给体与受体之间的 π-π 相互作用是共晶形成的主要驱动力,即 TNT 苯环上碳原子形成

大 π 键,由于环上侧硝基具有强吸电子作用,苯环处于缺电子态。因此,对蒽、二苯并噻吩等富电子环产生静电引力,从而由类似这样的 $\pi-\pi$ 相互作用形成共晶。在此共晶形成过程中,氢键的作用体现则比较少,只在 TNT 与氨基苯甲酸等的结合中体现。这项研究的对象是 TNT 与其他非含能物质的共晶,为其他含能材料的共晶原理与技术提供了参考。Landenberger 还对 HMX 与不同化合物所形成共晶的构象进行了研究,结果表明在形成共晶时,HMX 主要有三种构象,在某种共晶中 HMX 具体以哪种构象存在,由电子云分布特性和与之形成共晶的物质特性所决定。另外,表征结果显示 HMX 的共晶较之单质 HMX 在感度上有明显降低,实现了性能的优化。Onas 等合成了 CL-20 和 TNT 摩尔比为 1:1 的含能共晶,分析表明,其形成机理主要是由硝基氧原子和 C—H 键上氢原子的氢键作用。对共晶表征结果显示,密度近似于 CL-20 而远高于 TNT,感度则远低于 CL-20。随后,Bolton 制备了 CL-20 和 HMX 摩尔比为 2:1 的含能共晶,性能检测显示其爆速比四种晶型中爆炸性能最优异的 β-HMX 还要高,且感度与之相近(远低于 CL-20),表明这种共晶可以作为 β-HMX 的有效替代物。

Matzger 等为了证明卤素原子与硝基的相互作用同样适用于含能共晶的合成,利用 DADP 与 TATB 的两种卤素化衍生物 TCTNB(氯化物)、TBTNB(溴化物)分别试验,发现它们同样可以合成共晶,且共晶中的相互作用仍为 DADP 中富电子的过氧基团上的氧原子与缺电子的硝基化芳香环之间的静电作用力,芳环的卤代没有影响这种相互作用力的产生,而且卤素的取代明显提高了共晶物的密度,从而提高了含能化合物的综合性能,这也为共晶含能材料的研究提供了一个新的方向。值得注意的是同为 TATB 的卤化物,TCTNB 与 DADP 的共晶较易合成且稳定,而 TBTNB 与 DADP 的共晶则只能通过动力学生长的途径合成且产物易自发转化。有人对 TNT 与 CL-20 共晶体系中分子间相互作用进行了进一步研究,分析结果表明,这一共晶体系中主要有三种相互作用力:一是 CL-20 硝基氧原子与 TNT 芳环氢之间的氢键作用;二是 TNT 的缺电子芳环与 CL-20 富电子硝基之间的相互作用;三是 TNT 与 CL-20 中一系列硝基之间的相互作用力。由此证明氢键并非共晶形成的唯一动力。对共晶进行的系列性能表征证实了共晶较之单组分性能的提高。David 等制备了 CL-20 与二甲基甲酰胺、1,4-二氧杂环己烷、六甲基膦酰胺和 γ-丁内酯的共晶。结果表明,共晶材料的感度明显下降,且 CL-20 的分子构型在去溶剂化后发生了明显改变。他们结合研究结果提出了一种新的共晶应用方向,即可以用作晶型筛选。

共晶在含能材料领域中的应用才刚起步,尚处于探索阶段。现有共晶炸药的研究体系仍比较单一,制备出的很多共晶都缺少单晶衍射数据,且存在着表征手段少、形成机理不明等问题。将其他领域对于共晶形成和设计的机理应用到含能共晶的合成,可以尝试利用氢键、π-π 堆积作用等非键分子间相互作用力自组装形成共晶。同时考虑到含能材料的特殊性,在现有成熟的共晶技术基础上加以完善和改进,积极探寻适合制备含能共晶的安全高效且实用性强的方法,推进共晶形成的基础理论研究,从原子分子层面对共晶的形成加以模拟和设计。总之,共晶技术在含能材料领域的应用前景广阔,利用共晶技术对现有的单质高能炸药加以改性,制备出高能钝感新型炸药填料,对高能低易损性 PBX 发展有重要的意义。

2.1.4 混合或复合高能填料

复合含能材料的制备工艺均基于氧化剂与燃料的复合(组装),常规制备采用氧化剂与燃料的物理混合,而纳米结构复合含能材料的制备基于氧化剂与还原剂的纳米级组装,可采用溶胶-凝胶、骨架合成、溶液结晶、凝胶修复等方法,并结合其他技术措施(如超声分散等)达到目的。当前主要对由氧化剂和燃料组成的纳米结构复合物进行了全方位的研究和探索,制备出 MIC(各种金属氧化物与纳米铝的复合物)、RF(间苯二酚-甲醛缩聚物)-AP 纳米级复合物、纳米 Fe_2O_3等多种纳米复合含能材料。2014 年,Bahrami 研究团队研究了化学组成和厚度对溅射 Al/CuO 多层纳米复合材料的反应活性和燃烧性能的影响,证明了该材料性能的可调节性和武器系统集成的潜力。Staley 研究组采用不同配比的 NC 作为粘结剂,制备了高性能纳米铝热剂推进剂。

最近,为了减少 B_2O_3和 H_3BO_3的无定形硼粉末表面上的酸性杂质和改善硼粉的效率,可采用 NaOH 溶液修饰非晶硼。在 Al/B 二元纳米复合材料的基础上,通过加入 Fe_2O_3高能球磨制备 Al/B/Fe_2O_3的纳米复合含能材料,并通过正交试验优化高能球磨的参数。结果表明,硼颗粒表面上的 B 元素含量增加了 15%。随着 Al/B/Fe_2O_3复合物中硼含量的增加,放热也增大。除了高能球磨法以外,Gao 等采用溶胶-凝胶、湿浸渍和溶剂-反溶剂法,制备了一种新型 AP/Al/Fe_2O_3三元纳米铝热剂。通过扫描电子显微镜、氮吸附-解吸试验、X 射线衍射和 DSC 试验研究表明,AP 和纳米 Al 均匀分散于 Fe_2O_3凝胶孔中,从而大幅提高比表面积($84.7g^{-1}$)。Al/Fe_2O_3纳米铝热剂对 AP 的热分解有极大催化作用,AP 的加速分解使得铝热反应增强。西南科技大学以细菌纤维素为原料成功合成了 NBC,并在此基础上添加高能炸药 RDX 制备了 NBC/RDX 纳米复合含能材料。他们研究了系统研究反应温度、反应时间、硝硫混酸比、固液比对 NBC 含氮量的影响,发现硝硫混酸比是影响 NBC 含氮量的主要因素。在此基础上采用溶剂-非溶剂法制备出了 NBC/RDX 纳米复合含能材料。观察发现,NBC/RDX 纳米复合含能材料呈纤维相互交织的立体网状结构,RDX 则在网状 NBC 纤维上沉积生长,晶粒度皆在 100nm 以下,且随着复合材料中 RDX 含量增加,其晶粒度呈增大趋势。NBC 拥有较高分解活化能使得产品不易发生分解,安定性能优异。陈国平等以正硅酸乙酯为前驱物、硝酸为催化剂,应用溶胶凝胶法制备出了 RDX/AP/SiO_2复合含能材料。结果表明,RDX/AP/SiO_2复合材料是以 SiO_2为凝胶骨架,AP 与 RDX 进入凝胶孔洞而形成的,使得 AP 分解温度大幅提前,几乎与 RDX 同时分解,且分解热提高了 603.7J/g。主要因为 RDX 分解时释放的 NO_2等气体能促进 AP 的分解,同时 AP 分解提供的氧能使 RDX 分解产物进一步分解。

王瑞浩等采用溶胶-凝胶法、结合超临界 CO_2流体干燥技术,制备了含 85% RDX 的 Fe_2O_3/Al/RDX 含能复合材料,其粒度为 50~150nm。对复合物样品和原料 RDX 撞击感度和摩擦感度测试结果表明,样品的特性落高比原料 RDX 提高 27.7cm,其爆炸百分数降低了 88%。压装密度为 1.55g/cm^3时实测爆速为 7185m/s,是一种理想的钝感高能纳米复合炸药。吴志远等采用溶胶-凝胶法配制一定比例的 SiO_2溶胶,形成凝胶的同时滴加 RDX 的丙酮溶液,用玻璃基片提拉干燥得到 RDX 与 SiO_2质量比为 4:1 的复合膜,探讨了温度和溶胶陈化时间对膜质量的影响。结果表明:在温度恒定并且粘结剂含量一定时,溶胶陈化时间越短,所得薄膜较平整且厚度越小,但黏性越小干燥后易脆裂;RDX/SiO_2复合膜中 RDX 和 SiO_2分布均匀,且组分含量可调,在微型火工品中具有潜在应用价值。除了一般的纳米复合材料外,还有很多其他类型的纳米复合材料,比较典型的有核-壳型复合材料。总之,纳米复合含能材料研究范围的拓展和深入,将使特种 PBX 的可选组分更加丰富。

2.2 高分子粘结剂和增塑剂

2.2.1 惰性聚合物

PBX 中粘结剂起的主要作用包括对混合炸药各组分的粘结、改善成型工艺与力学性能,也在一定程度上改善安全性能等。其应具备的主要特点包括:①与炸药及其他组分具有良好的相容性;②对炸药及功能组分具有良好的粘结性能;③具有良好的溶解、成型、加工及力学性能;④密度尽可能高,在冲击下具有一定缓冲能力,利于炸药安全性;⑤来源广泛、成本适宜、供货稳定。

增塑剂是指能够降低高聚物玻璃化转变温度并可增加其塑性的添加剂,一般是高沸点的液态有机酯,可改善炸药的韧性和低温性能。增塑剂包括硝酸酯类、芳香族硝基化合物类、硝基缩醛类、酯类、烃类等。增塑剂的主要特点包括:

①与炸药、粘结剂体系相容;②挥发性低、不易发生迁移;③溶解性较好,能聚高聚物粘结剂互混互溶。基于这些特点,国内外主流武器用炸药配方中,粘结剂大部分还是采用传统的惰性聚合物体系。

惰性聚合物,包括惰性粘结剂和增塑剂,是指高聚物分子中本身不具有含能基团,在炸药爆轰过程中对能量输出贡献相对较小的高分子材料。压装型 PBX 中,常见的热塑性高聚物如聚氨酯、聚乙酸乙烯酯、聚甲基丙烯酸甲酯和丁酯、聚丙烯酸甲酯和丁酯、聚乙烯、聚苯乙烯、乙酸纤维素、乙酸丁酸纤维素、聚乙烯醇缩丁醛、聚酰胺、聚丙烯腈、丙烯酸乙酯与苯乙烯的共聚物、氯乙烯与乙酸乙烯的共聚物等,均属于惰性粘结剂。压装 PBX 中常用的增塑剂为丙烯腈-苯乙烯共聚物(As)。常见的橡胶及其弹性体有聚异丁烯、聚异戊二烯、丁苯橡胶、丁腈橡胶、硅橡胶等,也属于惰性粘结剂。一般认为,氟橡胶对爆轰能量具有一定贡献,属于含能粘结剂的一种。在浇注型 PBX 中,最为广泛使用的 HTPB 即为典型的惰性粘结剂。惰性增塑剂包括已二酸二辛脂、壬二酸二辛酯(DON)、邻苯二甲酸二乙酯(DEP)、邻苯二甲酸二丁酯、甘油乙酸酯(TA)等。

2.2.2　含能聚合物

尽管粘结剂、增塑剂等在炸药配方中所占比例不高,但其能量特性对炸药的能量水平却有着重要的影响。使用含能粘结剂和含能增塑剂能够提升炸药配方能量,从而可在相同能量水平的配方设计中适当减少炸药填料的含量,有利于对安全性能进行调控。新的含能粘结剂与增塑剂品种不断出现,且部分在配方中已获应用。

一般而言,含能粘结剂或增塑剂分子中具有含能基团,如硝基($—NO_2$)、硝酰氧基($—ONO_2$)、叠氮基($—N_3$)、氟(F)等。因此,含能粘结剂一般可根据含能基团进行分类,包括叠氮聚醚类、硝酸酯聚醚类、聚磷氮烯类和偕二硝基类等。其中:叠氮聚醚类由于分子中含有叠氮基,对炸药的爆轰能量输出具有较大贡献;硝酸酯聚醚类含能粘结剂感度较低,力学性能和低温性能优异;聚磷氮烯类是目前能量密度最高的一类含能粘结剂,玻璃化转变温度较低。多年来,研究人员陆续开发了聚醚类、聚硝酸酯类、环氧树脂类、聚硫化物类、聚氨酯类等多种含能粘结剂,如聚叠氮缩水甘油醚(GAP)、硝化端羟基聚丁二烯(NHTPB)、聚-3-硝酸酯甲基-3-甲基氧丁环(Poly-NIMMO)、聚缩水甘油醚硝酸酯(Poly-GLYN)、硝化环糊精聚合物(Poly-CDN)等。而用于炸药配方的含能增塑剂主要包括双(2,2-二硝基丙基)缩甲/乙醛(BDNPF/A),*N*-丁基硝氧乙基硝胺(BuNENA)等。

世界各国研制了较多基于含能粘结剂的混合炸药,如:法国的 B3003、

B3017、B3021、B3103、B3110;英国的 CPX 412、CPX 413、CPX 450、CPX 458、CPX 459、CPX 460;韩国的 DXD-19;瑞典的 GD-5;日本的 PBXK-C3101、PBXK-C3102 等。表 2-2 列出了部分含能粘结剂、增塑剂配方的组成及性能,其中有些配方已经工程化应用。含能粘结剂或增塑剂的使用能够改善配方能量输出,以 PBXN-111 配方(RX/Al/AP/HTPB=20/25/43/12)为例,如用 GAP 替代 HTPB,配方爆热值能提升约 1400kJ/kg。Anderson 等研究发现对于典型含铝炸药而言,使用含能粘结剂替代惰性粘结剂,炸药配方的氧平衡获得改善,爆速提升 10% 以上,同时 Al 的反应活性大幅增加。

表 2-2 采用含能粘结剂、增塑剂的炸药配方

代 号	配方组成①	密度/(g/cm^3)	爆速/(m/s)
B 3003	HMX/NC-NG=80/20	1.810	—
B 3017	NTO/EB=74/26	1.75	7780
B 3021	RDX/NTO/EB=25/50/25	1.77	8100
B 3103	HMX/Al/EB=51/19/30	—	7810
CPX 412	NTO/HMX/PolyNIMMO/K10=50/30/10/10	1.66	7200
CPX 413	NTO/HMX/PolyNIMMO/K10=45/35/10/10	1.70	8150
CPX 450	NTO/HMX/Al/PolyNIMMO/K10=40//20/20/10/10	1.85	7762
CPX 458	NTO/HMX/Al/PolyNIMMO/K10=30//30/20/10/10	1.85	7676
CPX 459	NTO/HMX/Al/PolyNIMMO/K10=20//40/20/10/10	1.86	7761
CPX 460	NTO/HMX/Al/PolyNIMMO/K10=27.5//27.5/25/10/10	1.88	6420
DXD-19	PETN/HyTemp-4454/BDNPA/F/CAB	1.52	7210
GD-5	40% NTO/HMX/PGA/BDNPA/F=40/43/7/10	—	8035
PBXK-C3101	CL-20/EB=81/19	1.83	8650
PBXK-C3102	CL-20/EB=82/18	1.84	8700
① EB: Energetic Binder,即含能粘结剂			

在炸药配方应用中,部分含能粘结剂、添加剂存在相容性差和力学性能不达标的问题,需要进一步改善。由于含能基团的存在,能量的提升伴随着安全性能下降,在配方设计时需要进行权衡。近年来,含能粘结剂、含能增塑剂的研究仍在持续开展,这些含能组分与炸药组分相容性较好,可通过高分子氢键等与炸药形成一定的相互作用。用于炸药配方后,可对炸药形成良好包覆,在降低炸药感度、改善力学性能等方面具有良好效果。

2.2.3 常见高聚物粘结炸药基体

聚合物炸药的基础除了炸药填料之外,决定其力学性能的是聚合物基体。一般聚合物基体由聚合物和其他微量添加剂组成。这里举例说明几种常见的

聚合物炸药基体,也是本书所涉及的几种聚合物基体。第一种比较传统的基体为 C4 基体,它包含质量分数分别为 25%的聚异丁烯(PIB),59%的癸二酸二辛酯和 16%的润滑油 HM46。一般高聚物粘结炸药中包含 9%(质量)的 C4 基体。

Formex P1 由 75%(质量)含量的丁苯橡胶和 25%的耐磨油塑化而成,其组成与 Semtex 1A 相似,在聚合物中的含量约为 15%。Semtex 10 由 75%(质量)的丁腈橡胶和 25%的惰性邻苯二甲酸二辛酯塑化而成,高聚物粘结炸药中 Semtex 10 基体的含量通常为 13%左右。氟橡胶 Viton A 是偏氟乙烯和六氟丙烯的共聚物,氟含量为 66%,密度为 1.78~1.82g/cm^3,该聚合物的含量通常为 9%左右。氟橡胶 Fluorel 基体是一种通过四氟乙烯、偏氟乙烯和六氟丙烯的共聚物,并加入芳香化合物提高其力学性能的聚合物,该氟聚物的氟含量为 68.6%(密度 1.86g/cm^3),上述聚合物和增塑剂的分子结构如图 2-8 所示。

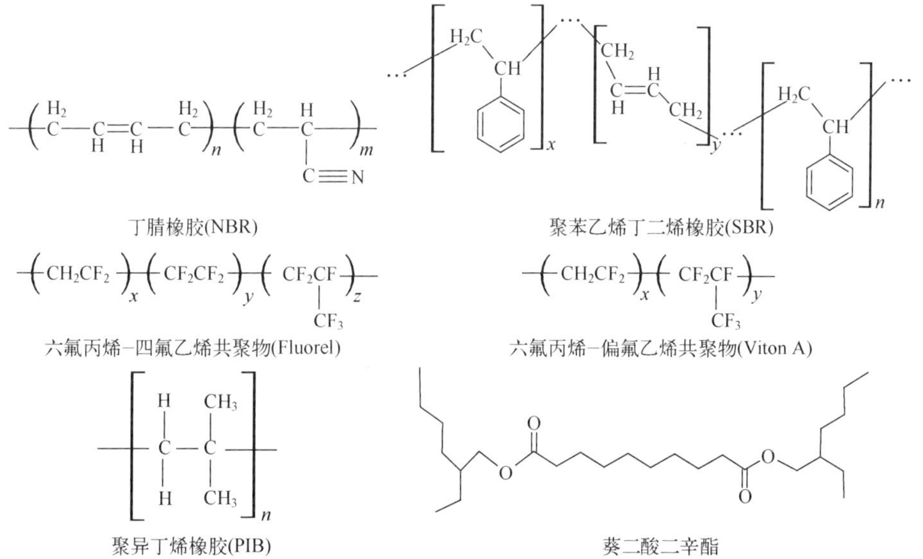

图 2-8　典型粘结剂和塑化剂的分子结构

2.3　高聚物粘结炸药功能添加剂

2.3.1　降感剂

降感剂是指用于改善炸药安全性能的一种或多种功能添加剂,一般主要指能降低炸药机械感度的添加剂。在高聚物粘结炸药中,高分子粘结剂在外界作用下本身具有一定缓冲形变、润滑和吸热的作用，因此具有一定的降感效果，但其降感程度有限。为实现敏感炸药的高效降感，往往需要在炸药配方中加入少量的降感剂。一般而言，降感剂具备的特点有：①与炸药、粘结剂体系相容性良好；②较小的硬度或摩擦系数、良好的塑性；③良好的吸热能力。

降感剂主要包括蜡类、石墨类、硬脂酸(SA)、含能降感剂、化学降感剂等。这些惰性物质在配方中的引入，能够起到吸热、冲击缓冲、滑移等作用，有利于抑制炸药热点的形成和传播，从而降低炸药感度。蜡类是最早使用的降感剂，蜡类物质具有熔点低、吸热性好、硬度小等优点，对炸药的降感效果最为显著，在配方中应用十分广泛。常用的品种有石蜡、地蜡、蜂蜡、卤蜡、褐煤蜡等。近期，美国陆军将牌号为 Indramic 800N、180-W 和 5999A 的三种微晶蜡用于 B 炸药降感，并用于手榴弹装药，安全性能优异。同时 B 炸药的脆性、易缩孔、渗油等问题也获得了部分改善。

石墨类降感剂由于具有层状结构，主要通过润滑、导热实现降感，除常用的普通石墨外，其他一些功能碳材料诸如膨胀石墨、石墨烯(氧化石墨烯)、碳纳米管等也在炸药配方中获得应用。与石墨类似，硬脂酸熔点低且具有润滑作用，在高能物质中常用作钝感剂、润滑剂。北京理工大学研究了石蜡和硬脂酸作为复合降感剂对 CL-20 炸药的降感效果。化学降感剂主要是指能够与炸药初期分解产物发生化学反应，抑制炸药进一步反应，从而达到降感效果的一类物质。

从配方能量角度考虑，石蜡、石墨、高聚物等降感剂属于惰性物质，大量使用会导致炸药能量降低。为此，研究人员开展了系列含能降感剂的包覆降感研究，主要是采用低感度的炸药包覆于敏感炸药的表面，通过形成核-壳型结构，降低感度同时，尽可能维持炸药的高能量水平。例如，采用钝感炸药 TATB 包覆 CL-20、HMX，采用 NTO 包覆 HMX，采用 TNT 包覆 HMX、RDX 等，均可实现较好的降感效果。值得注意的是，包覆层的均匀性、致密程度和界面孔隙对炸药感度有重要影响。即使形成了较好的核-壳型包覆结构，但由于包覆层不够致密、颗粒界面存在大量孔隙，在外界冲击下容易形成热点，达不到降感效果，如 Nandi 等采用 TATB 包覆 HMX 后，撞击感度反而有所升高。

从现有的包覆降感策略来看(图 2-9)，由于核-壳型包覆结构的构建，降感效果明显优于普通机械混合。而通过对炸药进行一定表面修饰再包覆，或使用少量高聚物对包覆层进行固化、孔隙填充，能够有效改善炸药表面包覆致密程度，减少包覆层颗粒间孔隙，进一步提升降感效果。例如，采用高分子单体原位聚合包覆的方法，可使得包覆层致密程度和机械强度大大增加，因此使用较少含量的高聚物即可实现高效降感。此外，如果将惰性材料通过内掺杂、外包覆相结合的形式引入，通过精细调控炸药颗粒内部组分分布和微结构，则可实现多层次降感，将其应用于 CL-20 基高能配方，爆速达 9100m/s，撞击感度和摩擦感度均为 0%。总之，采用物理手段对炸药进行预先降感处理，是炸药配方钝感化关键有效的技术途径之一。基于表面包覆的降感关键在于所选惰性材料是否具有吸热、缓冲、滑移等作用，其效果取决于炸药表面的包覆程度，包覆后界面的孔隙量。

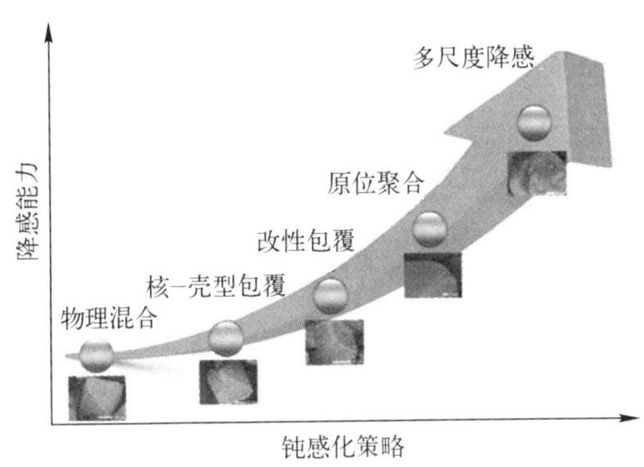

图 2-9　不同炸药包覆降感策略的降感能力

2.3.2　金属燃料添加剂

不同金属燃烧热值图如图 2-10 所示。由图可知，非金属 B，金属 Be、Al、Li 具有较高的热值，金属 Al 还具有较高的密度（2.7g/cm^3）。由于这些高活性金属具有较高燃烧热，将其用于炸药配方，能够显著提升弹药对目标的毁伤威力。

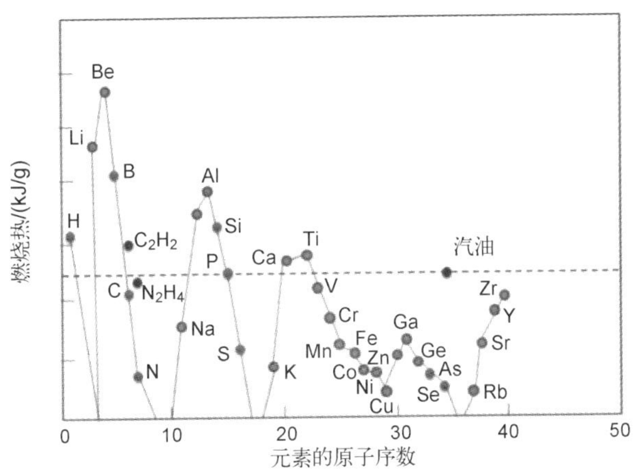

图 2-10　不同金属燃烧热值（1cal=4.19J）

早期发展的燃料空气炸药(FAE)配方中主要含有可燃液体和高活性金属粉(Al、Mg),在作用范围内转化的毁伤能量远高于传统炸药。近年来,同样应用高活性金属的温压炸药(TBX)受到广泛关注,已成为标志性的新型武器之一。温压炸药富含高活性金属,兼具高能炸药和 FAE 的特点,具有较高的总冲量和较长的作用时间,能够同时产生高温高压、耗氧窒息等毁伤效果。温压炸药配方中通常包括高能炸药、可燃金属颗粒、氧化剂、粘结剂等成分。其中,燃料是决定和影响温压炸药性能的关键成分,通常为可燃性金属或合金粉(如 Al、Al-Mg、Al-B 和 Ti-B 等)。研究表明,温压炸药的配方组成、作用过程和爆炸功效都明显区别于常规含铝炸药。含铝炸药配方的中 Al 含量通常不超过 20%,这是因为其中的 Al 主要与炸药爆炸的气体产物反应,需要与炸药之间保持一定的化学平衡。而温压炸药配方中 Al 含量通常更高,它主要与目标周围空气中的氧气反应,由高温产物进行二次点火产生的温压效果显著。

典型的温压炸药配方包括美国研制的 PBXIH-18(含 HMX、Al、DOA)和 PAX-3(含 HMX、Al、BDNPA/F、CAB)、法国研制的 B2514(含 RDX、Al、AP、HTPB)、瑞士研制的 DPX-6(含 HMX、Al、Hytemp、DOA)等。其中,PBXIH-18 已通过美国海军认证,具有 6000 加仑(1 加仑 = 3.79L)的工程化生产线,并在 LAW M72-ASM 肩射武器中得到应用,对于打击地下、隧道内目标具有很高杀伤威力。PAX-3 则用于先进多功能武器,B2514 对有限空间目标极具毁伤性的高压脉冲效果,DPX-6 则已用于缩小口径反结构弹药。温压炸药配方设计时,不能仅考虑化学反应热力学,还应基于炸药爆炸化学反应的动力学特征进行设计。温压炸药配方中宜使用含不同颗粒尺寸分布的金属粉,从而有利于多重反应的进行。此外,温压炸药中的金属颗粒应该具有合适的反应动力学特征,这要求金属颗粒容易被高温气体产物点燃,具有合适的燃烧反应速度,并在配方中具有一定抗氧化性。因此,温压炸药中一般需要对金属粉进行包覆预处理,以提升其抗氧化能力。同时,改善可燃性金属的表面性质,或通过增加颗粒的比表面积,能够提高金属颗粒的反应活性。如果采用反应性的金属间化合物作为燃料颗粒,通过反应性组分之间的化学反应,释放大量的化学能,可进一步有效提升温压炸药配方的输出性能。

增强爆破炸药(增爆炸药,EBX)由于具有金属驱动和高爆两个效果,也被称为协同效应炸药。其配方通常由高能炸药、金属燃料(如 Al)和粘结剂组成,其反应包括三个阶段:高能炸药爆炸、爆炸气体产物无氧膨胀、燃料及爆炸气体产物燃烧反应。在整个过程中,燃料及爆炸气体产物可以持续与空气中的氧气发生反应,从而大幅度增强爆炸冲击效果(图 2-11)。欧洲含能材料公司(EURENCO)研制的 B2258A(含 RDX、AP、Al 和 HTPB)、B3108A(含 HMX、Al 和聚酯)就是两个典型的增爆炸药配方,其产品已经成为增爆导弹战斗部的主装药。美国匹克汀尼兵工厂研制的 PAX-29(15% Al、77% CL-20、3.2% CAB 和 4.8% BDNPA/F)、PAX-30(77% HMX、15%Al 和 8%粘结剂)和 PAX-42(77% RDX,15% Al 和 8% 粘结剂)也是典型的压装型增爆炸药配方,其金属驱动能力相当于或优于 LX-14,显示出良好的爆炸增强效应,不足之处在于这三个配方安全性能还有待改善。研究人员对配方的组成及工艺性能进行了调整和优化,获得了感度明显改善,而爆炸性能得以保持的炸药配方只有 PAX-50。通过工艺处理保持 Al 粉的高活性,所获得的具有协同效应的炸药配方可应用于多功能战斗部以及具有高爆性能要求的战斗部。

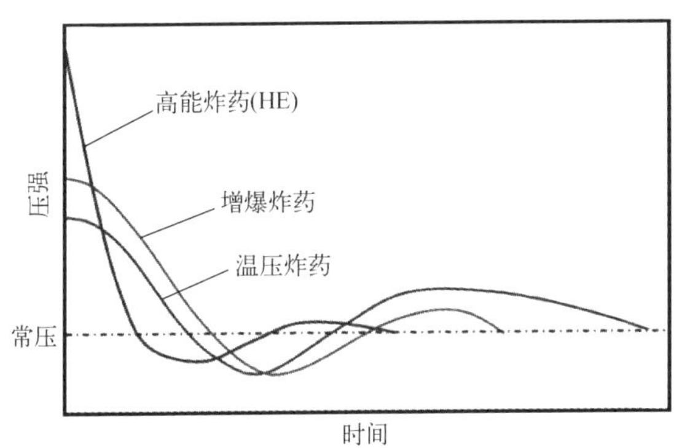

图 2-11　普通高能炸药、温压炸药及增爆炸药爆压随时间变化曲线

2.3.3　其他功能组分

为了满足高聚物粘结炸药的某些特殊性能需求,提高其综合性能,有时需要添加一些其他功能组分。例如,添加表面活性剂可以降低液体的表面张力,改善炸药颗粒表面的浸润性能,增强表面包覆效果。同时,表面活性剂在炸药中使用,还可防止团聚。纳米炸药引入 PBX 配方时,添加表面活性剂可抑制纳米炸药的团聚。金韶华等研究了表面活性剂对 CL-20 基 PBX 的降感作用,发现卵磷脂效果较好。目前,用于 PBX 中的表面活性剂包括聚乙烯醇(PVA)、聚氧乙烯脱水山梨醇单月桂酸酯(Tween)、聚乙烯基吡咯烷酮(PVP)、脱水山梨醇油酸酯(Span)、卵磷脂、十二烷基苯磺酸钠、二(2-乙基-己基)磺基琥珀酸酯钠(AOT)等。

为了改善炸药的导热性能,增强炸药在高、低温交变条件下的环境适应性,需要添加一些导热型功能组分。碳系材料,特别是碳纳米材料导热系数高、质量小、比表面积大,是复合材料中最有潜力的一类导热填料,如石墨烯、碳纳米管等。尽管高导热金属如 Ag 和 Au 的添加也能在一定程度上改善炸药的导热性能,但碳纳米材料不仅可以提升 PBX 的导热能力,也与炸药、粘结剂等组分相容性良好,且制备工艺性能良好,实用性强。炸药其他功能组分还包括防老化剂、染色剂、抗吸湿剂、去静电剂、增强剂等。加入这些助剂,可以实现炸药某种特殊功能,拓展其应用范围。

2.4 高聚物粘结炸药的设计原则

如前所述,PBX 中通常包含主体炸药、高分子粘结剂、降感剂、增塑剂、其他功能添加剂等,每种组分所起作用不同,但功能上的协同效应对配方设计而言十分重要。炸药配方的能量、安全性、力学性能、成本等难以兼得,需要综合匹配设计。因此,一个炸药配方可能在定型后很长时间内仍然需要不断改进和发展。

混合炸药配方总体设计原则如图 2-12 所示,为满足武器弹药应用需求,从炸药配方设计的策略而言:一是不断应用新的单质炸药,从其本征性能特点出发开展配方设计研究,挖掘应用潜力;二是研究新型功能助剂,包括粘结剂、降感剂、增塑剂、其他添加剂等,将其用于改善炸药性能;三是通过对混合炸药内部微结构进行适当调控、改进炸药配方制备工艺等实现配方性能优化和应用。

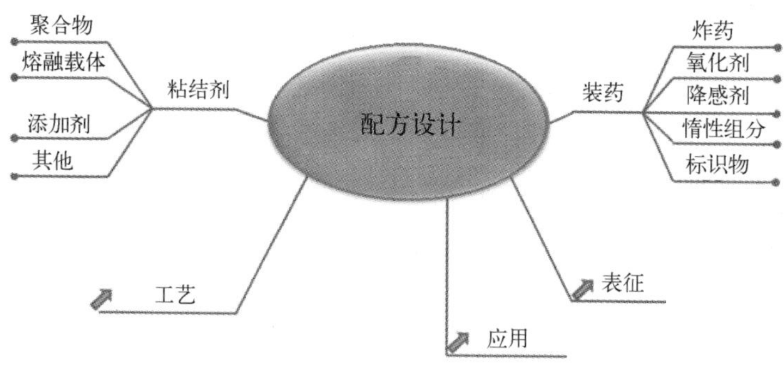

图 2-12 配方设计总体原则

高聚物粘结炸药的具体设计原则主要是结合武器装药技术指标需求而制定的,大致包括以下几个方面:

(1) 相容性设计。相容性是炸药制备和应用的基本前提,必须保证每一种组分之间均是相容的,才可进行选择使用。

(2) 能量密度设计。根据装药技术指标要求,确定炸药的品种和含量。混合炸药的理论密度可由每种组分的理论密度计算而得,理论密度乘以相对密度即炸药的实际密度。对高能混合炸药而言，往往需要以硝胺类炸药如 CL-20、HMX、RDX 为基来实现高能量密度；高爆热炸药则往往需要添加铝粉等高活性金属材料。混合炸药的爆速、爆压可通过经验公式进行理论计算，而爆热一般计算误差相对较大。

（3）安全性设计。根据炸药感度技术指标要求，包括降感剂组分、含量的设计，以及 PBX 内部微结构的设计。降感剂的添加对混合炸药感度的影响一般难以通过理论计算进行预测，需要通过实验验证，并不断在配方设计中迭代优化。

（4）成型与力学性能设计。在成型方面，通过炸药颗粒级配、优化粘结剂组成等设计可改善炸药的成型性能。根据武器装药对力学性能的需求，通过改变高聚物粘结剂的分子序列结构，以及添加一些增塑剂、增韧剂、增强剂，可改善炸药的力学性能。

（5）特殊功能设计。如果温压炸药中使用了铝等高活性金属，有时为了进一步提升含铝炸药的威力，可在配方中添加一定量的高效氧化剂，调节炸药配方的氧平衡，使铝粉在爆轰过程中发挥最大的热效应。

2.5　高聚物粘结炸药的配方及应用

2.5.1　传统高聚物粘结炸药

炸药及其装药技术是武器战斗部核心技术之一，是实现高效毁伤的重要基础。高能 PBX 已广泛应用于反坦克导弹战斗部、水雷、鱼类、激光制导航空炸弹和核战斗部的起爆装置中。我国已于 20 世纪 60 年代成功研发该类炸药，并逐步在部分型号武器中应用。目前，PBX 炸药仍处于全面发展阶段。作为新型高能炸药，PBX 的安全性能是影响其实际应用的关键技术指标。安全性能包括化学安定性、相容性、热稳定性、感度（撞击感度、摩擦感度、冲击波感度和静电火花感度）和易损性（子弹射击、快速烤燃、慢速烤燃等），而易损性一般针对整体装药。PBX 主要由高能炸药填料和聚合物基体经过混合、塑化或压装成型来制备。高能炸药填料最初是以 PETN、TATB、RDX 和 HMX 等常见炸药为主，部分配方也可引入铝粉等金属填料；聚合物基体主要采用 NBR、Viton A 和 SBR 等。正在研发的主要高能钝感 PBX 的填料包括二硝酰胺铵（ADN）、FOX-7、FOX-12、NTO 和 CL-20 等；新型聚合物基体包括硅橡胶（甲基乙烯基硅橡胶、甲基苯基乙烯基硅橡胶、氟硅和腈硅橡胶）和含能聚合物（GAP、PolyBAMMO 和 PolyNIMMO）等。

美国洛斯阿拉莫斯实验室于1947年首先开发出PBX,采用的是聚苯乙烯粘结剂。1952年,他们发展了以RDX为填料的PBX产品,采用邻苯二甲酸增塑聚苯乙烯为基体。由于其安全性能和热稳定性较好,PBX从此走上快速发展道路,出现了各种新型聚合物基,如氟聚物、聚氯乙烯(PVC)和端羧基聚丁二烯(CTPB)等。当前PBX配方中最常使用的聚合物是聚氨酯,尽管合成了诸多新型炸药填料,RDX仍然以其卓越的性价比占据市场主流。下面将以硝胺炸药为例,简叙近年来开发和应用的PBX配方。首先从含RDX的配方开始,它目前主要用于替代TNT,在军民领域都已广泛应用。RDX是多种塑料粘结炸药主要组分,RDX的民用还包括焰火、建筑拆迁、燃料加热等。RDX也通常与HMX等混合使用,以提高其性价比,这样的配方已用于至少75种炸药产品中(部分著名产品见表2-3)。

表2-3 典型基于RDX的PBX配方

名称	组　分	性　能	典型应用
C-4	RDX与塑化剂混合	中等爆速	第二次世界大战
Semtex H	SBR增塑的RDX/PETN混合炸药	中等爆速	第二次世界大战和海湾战争
Comp. A	石蜡熔铸RDX	低吸湿、优异存储性能	开矿、2.75英寸和5英寸火箭弹
Comp. B	RDX、TNT和石蜡,如59.5% RDX;39.5%的TNT和1%的石蜡	爆轰性能优异	开矿、火箭弹等
Comp. C	RDX与惰性增塑剂混合;如C3:77% RDX;3%特屈儿;4% TNT;1% NC;5% MNT和10% DNT;C4:91% RDX;2.1%聚异丁烯;1.6%机油和5.3%的2-乙基己基葵二酸	优异的塑性、宽温度适应性	聚能装药战斗部
PBX 9007	RDX 90%;聚苯乙烯9.1%;DOP 0.5%;树脂0.4%	—	用途不明
PBX 9010	RDX 90%;Kel-F 3700 10%	高爆速	核武器
PBX 9205	RDX 92%;聚苯乙烯6%;DOP 2%	—	用途不明
PBX 9407	RDX 94%;FPC461 6%	—	用途不明
PBX 9604	RDX 96%;Kel-F 800(偏二氧三氟乙烯共聚物)4%	—	用途不明
PBXN-106	RDX;聚氨酯橡胶	—	海面武器
PBXN-3	RDX 85%;尼龙	—	阵风导弹
PBXN-109	RDX 64%;Al20%;HTPB 7.35%;己二酸二辛酯7.35%;异佛尔酮二异氰酸酯(IPDI) 0.95%	—	海面武器
注:1英寸=2.54cm			

在此类炸药中，RDX 通常与其他炸药或燃料混合作为填料使用，包括 PETN、液压油或石蜡的混合物，如目前最常见的商业 PBX 有 Semtex-H（改性塞母丁炸药，原 Semtex 炸药仅含 PETN）。该炸药具有储存稳定性高、爆轰性能优异的特点，是一类理想的军用炸药。RDX 还可以与增塑剂和聚异丁烯混合得到 C4 炸药。如表 2-3 所列，以 RDX 和 TNT 为填料的传统军用炸药包括 A 炸药、B 炸药和 C 炸药，所用的聚合物基体包括单硝基苯、石蜡、二硝基甲苯和聚异丁烯。然而，随着高能 PBX 的发展，RDX 已完全取代 TNT，而聚苯乙烯、偏二氟乙烯-三氟氯乙烯的共聚物、聚氨酯橡胶和尼龙等都是其常用粘结剂。

2.5.2　以高能 HMX 和 CL-20 炸药为填料的高聚物粘结炸药

HMX 具有高熔点，对于含 HMX 的 PBX 配方，其能量相对较高。聚四氟乙烯粘结的 HMX 在 20 世纪六七十年代即开发用于枪炮和月球地震试验。过去几十年已广泛研究含 HMX 的炸药和推进剂配方。由于与 HMX 军事用途的相关信息有限，只能从公开文献获得少量配方数据。表 2-4 列举了一些基于 HMX 的 PBX 配方及用途。主要有 EDC、LX、PBX9 和 PBXN 四个系列，其中 LX 系列以美国劳伦斯实验室命名，得到了世界各国的广泛关注和研究。常用于 HMX 的聚合物基体包括 Viton A、双-(2-氟-2,2-二硝乙基)(FEFO)、双(2,2-二硝基)缩醛(BDNPA)和聚氨酯嵌段共聚物(Estane)。实际上，Estane 5702-F1 和 5703-F1 都是 ABA 型嵌段共聚物结构，其中嵌段 A 包含脂族/芳族聚氨酯链段，而嵌段 B 则包括脂肪族聚酯链段。这里 5702 和 5703 聚合物的明显区别是它们含有不同的抗凝结剂(5702 含有硬脂酸钙而 5703 则使用羟基硅酸镁)。

表 2-4　基于 HMX 的 PBX 一些典型配方

名称	组　分	性　能	典型应用
EDC-29	95% β-HMX 和 5% HTPB	—	英式武器
EDC-37	91% HMX/NC 和 9%聚氨酯橡胶	—	用途不明
LX-04-1	85% HMX 和 15% Viton-A	高爆速	核武器
LX-07-2	90% HMX 和 10% Viton-A		
LX-09-0	93% HMX，4.6% BDNPA 和 FEFO 2.4%	高爆速	核武器
LX-09-1	93.3% HMX，4.4% BDNPA 和 2.3% FEFO		
LX-10-0	95% HMX 和 5% Viton-A	高爆速	取代 LX-09
LX-10-1	80% HMX 和 20% Viton-A	—	用途不明
LX-11-0	94.5% HMX 和 5.5% Viton-A	高爆速	核武器
LX-14-0	95.5% HMX，4.5% Estane 与 5702-Fl	—	用途不明

（续）

名称	组　分	性　能	典型应用
PBX 9011	90% HMX,10% Estane 与 5703-Fl	高爆速	核武器
PBX 9404	94% HMX,3% NC 和 3% CEF	高爆速	核武器
PBX 9501	95% HMX,2.5% Estane,2.5% BDNPA-F	高爆速	用途不明
PBXN-5	95% HMX、5%氟聚物	—	海军武器
PBXN-9	92% HMX,2% HYTEMP 4454,6%的己二酸二辛酯	—	多用途
X-0242	92% HMX 与 8%聚合物	—	多用途
HHD	96% HMX;1% Hy Temp;3% DOA	1.79g/cm^3,8792m/s	用途不明
HHT	66.8-72.1% HMX;20% HTPB	8.03~8.11k/ms	多用途
HTX	32%HMX;48%TEX	1.56g/cm^3	用途不明
PBXIH-135	HMX/Al/HTPB	1.68g/cm^3	用途不明
PBXIH-135EB	HMX/Al/PCP-TMETN	1.79g/cm^3	用途不明
PBXIH-136	HMX/Al/AP/PCP-TMETN	2.03g/cm^3	用途不明
HAS-4EB	HMX/Al/PCP-TMETN	1.73g/cm^3	用途不明
PBXIH-18	HMX/Al/Hytemp/DOA	1.92g/cm^3	用途不明
HAS-4	HMX/Al/HTPB	1.65g/cm^3	用途不明

作为 HMX 的同系物，双环 HMX(BCHMX)可通过连续两步法合成，它的理论密度为 1.86g/cm^3、理论最大爆速 9050 为 m/s、爆压和爆热分别为 37GPa 和 6518MJ/kg，有取代 RDX 的潜力。研究表明，BCHMX 在 Semtex H 炸药中替代 PETN 后可获得新型高聚物粘结炸药 Semtex 10。其摩擦感度降低、爆轰参数和热稳定性增强，而撞击感度没有变化。C4 基体(癸二酸二辛酯和油性物质塑化的聚异丁烯)、Viton A、Semtex 10 基体(惰性增塑剂塑化的丁腈橡胶)都已成功应用于含 BCHMX 的高聚物粘结炸药。比 HMX 性能更优异的炸药填料是 CL-20，它作为新一代高能材料已经成为研究热点。CL-20 的高密度(ρ>2.0g/cm^3)和高生成热(ΔH_f=100kcal/mol)，使得其威力比 HMX 还高 20%左右。

实验研究表明，CL-20 比现有含能组分(TNT、RDX 和 HMX)能量输出大得多，如果采用特殊惰性聚合物，其冲击波感度可满足工程化应用要求。但是，高纯 CL-20 的感度及安全性仍然是推广应用的瓶颈问题，工业级 CL-20 撞击感度一般为 2.0~4.5J。CL-20 有多种晶型，其中 α-、β-、ε-和 γ-是常压下存在几种晶型。这几种晶型的撞击感度也不尽相同。据文献报道：ε-晶型为 13.2J、α-型为 10.1J、β-型为 11.9J，而 γ-型则为 12.2J。然而，目前可以通过控制 CL-20 晶体的形貌,降低其杂质和缺陷来降低其感度。如最近报道的降感 rs-ε-CL-20,其感度可达 12J 以上。问题是这种 RS-ε-CL-20 与极性塑化剂不相容,在制备 PBX 的工艺过程中容易发生转晶,从而恶化其热稳定性和感度。

CL-20 的高能低特征信号的特点引起了更多研究兴趣,目前正通过纳米化的手段来解决诸多工艺问题,并降低其危险性,尤其是纳米级 CL-20。CL-20-PBX 的密度和爆速高于 HMX-PBX,但基于工业级别 CL-20 的 PBX 感度较高(撞击感度低于 4J),仅比 PETN 基 PBX 撞击和摩擦敏感度稍低。如果可以忽略高生产成本,它极有可能广泛替代 HMX 用于军用炸药和推进剂。目前正在探索低成本 CL-20 合成方法,要想达到与 HMX 接近的成本还需要一些时间。目前开发出的 CL-20 基 PBX 的主要配方见表 2-5,它们的爆速比相应的 HMX 配方高 12%~15%。HTPB 和 GAP 都可作为 CL-20 浇注型 PBX 的粘结剂,而热塑性弹性体(TPE)如 Estane/乙烯乙酸乙烯酯可用于压装 PBX。聚乙二醇酯(PGA)和 GAP 通常采用双二硝基正式/缩醛(BDNPF/A)以及三羟甲基乙基三硝酸酯(TMETN)为增塑剂。Mezger 等拟采用 85%~90%的 CL-20 以替代在当今最广泛使用的 HMX 基 PBX LX-14。经过一段时间改进,CL-20 基 PBX 有望应用于自锻弹头(EFP)。Eiselle 和 Menke 报道了 CL-20 为基础的系列配方,证实了其在高度加速制导战术导弹(HVMS 或 HFKs)中的应用前景。

表 2-5　含 CL-20 的 PBX 配方及性能

代　号	配方组成	密度和爆轰性能
CLD-1	96% CL-20;1% Hy Temp;3% DOA	1.901g/cm^3;9.02 km/s
RX-39-AA 或 AB	95.5%~95.8% CL-20 与 Estane	1.942g/cm^3;9.21km/s
PBXC-19	95% CL-20;5% EVA	1.896g/cm^3;9.083 km/s
PATHX-1	88%~95% CL-20;Estane	1.868~1.944g/cm^3;8.89~9.37km/s
PATHX-2	92%~95% CL-20;Estane	1.869~1.923g/cm^3;8.85~9.22km/s
PATHX-3	85%~94% CL-20;Estane	1.871~1.958g/cm^3;8.91~9.50km/s
LX-19	95% CL-20;Estane	1.959g/cm^3;9.44km/s
PBXCLT-1	49%~70%CL-20;48%~27% 含能填料;HNJ;3% 聚合基体 PVB	1.835g/cm^3;8.79km/s
PBXCL-1	97% CL-20;3% PVB	1.921g/cm^3;9.10km/s
CHT	66.8%~72.1% CL-20;20% HTPB	1.648~1.710g/cm^3;
CTX	32%CL-20;48%TEX	1.595g/cm^3

（续）

代　　号	配 方 组 成	密度和爆轰性能
PAX-11	CL－20/Al/CAB/BDNPF/A ＝ 79/15/2.4/3.6	2.023g/cm^3；8870km/s
PAX-29	CL－20/Al/CAB/BDNPF/A ＝ 77/15/3.2/4.8	2.002g/cm^3；8770km/s
DLE-C038	CL-20/HTPB+PL-1＝90/10	1.821g/cm^3；8730km/s
注：Hy、Temp 和 PVB 是粘结剂的商标；DOA 为葵二酸二辛脂；Estane 为芳香族聚酯（聚氨酯-MDI）；EVA 为乙烯-乙酸乙烯酯；TEX 为 4,10-二硝基-2,6,8,12-四氧-4-,10-重氮杂环-[5,5,0,5.9,3.11]十二烷		

高能炸药填料的钝感化技术也是重要的研究方向之一。TNAZ 是一种低熔点高能炸药，可以作为 RDX 替代品用于熔铸炸药和 PBX，也可取代 TNT 用于浇注型 PBX。它能量高但比 HMX 钝感，合成方法简单经济。与 CL-20 相似，由于其分子结构的特殊性，其具有高爆速的同时感度并不高。作为富氮化合物，TNAZ 可熔融成型，且在熔点以上热稳定性很好。赵风起等研究了其热分解动力学，并推导了其分解机理。此外，它与推进剂和 PBX 惰性组分及高能组分相容性好，所组成的配方理论爆速较高。但研究发现，TNAZ 的工程化应用还存在诸多难题。TNAZ 的高挥发性极大地限制了其在军用炸药和推进剂中的应用。Sučeska 等研究了 TNAZ 升华和蒸发过程的热物理性质和动力学，限制其应用的主要技术瓶颈包括复杂的制备工艺与容易发生多晶转变。

2.5.3 低感度高聚物粘结炸药的配方及应用

为改善武器综合性能，PBX 除了通过使用上述高能化合物增加爆速和毁伤威力外，钝感化也是主要目标之一。因此，有必要采用更钝感的炸药组分，这就催生了诸多钝感化合物的发展，但目前仅有 TATB 广泛应用到核武器型号配方中。TATB 的高热稳定性有利于它在军事和民用领域使用，耐热性也是钝感炸药必备的条件之一。TATB 还可用于生产重要化工中间体乌洛托品苯，该化合物可以用来合成铁磁有机盐和新型环状分子如 1,4,5,8,9,12-六氮杂苯并菲（HAT）。

事实上，由于 TATB 能量相对较低，通常都与高能炸药混合后应用于 PBX，以获得具有优异综合性能的钝感炸药。通过研究 TATB 与 Kel-F 800 的界面粘结性能及受溶剂的影响规律，Hallam、Kolb 和 Pruneda 发现聚合物基体一般不能改善 TATB 的表面性能而提高粘结强度。为了增强聚合物与 TATB 晶体之间的相互作用力，尝试了各种溶剂混合 TATB 与 Kel-F 800，Pruneda 等也进行了类似的实验。此外,Shorky 等发现 TATB/Kel-F800 的质量比为 90:10 时综合性能最好。他们还研究了在 5%的 Kel-F800 为粘结剂时,TATB 与 HMX 粒度对爆轰性能的影响。不同的温度下(298K 和 323K),粒径对炸药挠性的影响非常小。常见的 TATB 基 PBX 配方见表 2-6。

表 2-6　基于 TATB 的 PBX 典型配方与应用领域

名称	配　　方	性　　能	典型应用
LX-15	95% HNS;5% Kel-F 800	—	用途不明
PBS-9501	2.5% Estane, 2.5% BDNPA - F,95%	堪比 PBX 9501	用途不明
PBX-9502	95% TATB,5% Kel-F 800	钝感	核武器、钝感战斗部
PBX-9503	80% TATB,15% HMX,5% Kel-F 800	—	用途不明
XTX-8003	PETN 80%;20%Sylgard 182 (硅橡胶)	高爆速,可挤出成型	美国核武器(W68,76)
LX-17-0	92.5% TATB with 7.5% Kel-F 800	不敏感	美国核武器(W83,84,87,89)

从表 2-6 可知,只有劳伦斯利弗莫尔实验室的 LX-17 和洛斯阿拉莫斯实验室的 PBX-9502 基于 TATB,属于钝感弹药范畴。LX-17 是通过替换 LX-15 配方中的 HNS 得到的。Traver 等研究了含超细 TATB 的 LX-17 炸药挠性和冲击波感度,所建立的模型与实验数据基本吻合。最近发表的报道中,采用超小角度 X 射线散射技术研究了包括 Kel-F 800 在内的不同粘结剂对超细 TATB 在 218~343K 温度循环老化性能的影响。发现高玻璃化转变温度、TATB 与粘结剂附着力以及润湿对减少缺陷增长很有效。TNT、RDX、HMX 和 TATB 基 PBX 已经被广泛工程化应用,含有新型含能材料如 CL-20、NTO、FOX-12 和 BCHMX 的 PBX 还在实验室设计阶段。

2.5.4　高聚物基温压炸药及应用

温压炸弹是美国国防部降低防务威胁局在 2002 年 10 月组织海军、空军、能源部和工业界专家,利用两个月时间突击研制的,并成功应用于阿富汗战场。温压炸弹爆炸时能产生持续的高温、高压,并大量消耗目标周围空气中的氧,打击洞穴和坑道目标效果显著。除去用温压炸弹打击洞穴、坑道和掩体等狭窄空间目标外,美国海军陆战队还计划利用便携式温压炸弹打击城市设施,包括建筑物和沟道等。温压炸弹采用固体炸药,而且爆炸物中含有氧化剂,固体炸药以气雾剂形式散开,形成爆炸粒子云后引爆。由于微小炸药颗粒的爆炸力极强,因此,温压炸弹的爆炸效果比任何常规爆炸物更强劲、更持久。据报道,温压炸弹在有限空间中爆炸时的杀伤效应比开放区域中高出 50%~100%。温压炸弹爆炸产生的冲击波和超压,既能大面积杀伤有生力量,又能摧毁无防护或只有软防护的武器和电子设备。爆炸在洞穴和地道中产生的气流对关键的设备和系统有显著的破坏能力。通过这种方法破坏的关键设备,使其产生"功能损伤",即发挥的效能有限甚至失效。温压炸弹主要是用来杀伤有限空间(洞穴和山洞)内的敌人,在洞穴和山洞内引爆后,氧气被迅速耗尽,爆炸带来的高压与冲击波席卷洞穴,彻底杀死洞内人员。同时不毁坏洞穴保持洞口完好无损。

温压炸弹自 20 世纪 80 年代问世以来越来越受到重视,已经在 20 世纪 80 年代的阿富汗战争以及车臣战争和伊拉克战争中一展身手,研制国家也从俄美两国逐渐扩大到保加利亚、英国、瑞士等多个国家。美国海军武器中心印第安纳分部(NSWC IHD)与托雷防御系统公司(TDS)合作开发了适用于单兵武器的侵彻反洞穴温压战斗部 M-72 LAW 系统。温压炸药经历了由采用环氧丙烷、戊烯或己烷等纯液体燃料,到液体燃料与金属的混合燃料(如铝粉、镁粉、镁铝合金粉等以及添加含能材料如硝基甲烷、硝酸异丙酯),再到采用 RDX 敏化和增强爆炸威力的发展历程。现役温压炸弹由于添加了铝、硼、硅、钛、镁或锆等金属粉末,引爆时这些固体燃料会呈颗粒状在空中散开,产生剧烈燃烧,向四周辐射大量的热,温度会在极短时间内由数百摄氏度急剧升高至上千度,且持续作用时间是等量凝聚炸药的多个数量级,因此温压武器也被誉为"亚核武器"。

温压炸药的毁伤能力必须根据目标特点通过配方设计进行调节,以制造不同的毁伤效果。例如:俄罗斯的温压炸药主要用于打击战斗人员或轻型装甲车辆,尤其关注高温燃烧效果;美国的温压炸药则主要用于打击坚固和深埋目标,尤其关注高冲击波效果以及钝感特性。美国还开发了用于摧毁生化制剂的温压炸药,这是利用其高温燃烧效果。因此,温压炸药配方的设计必须重点从两个方面进行考虑:①根据需要达到的毁伤效果,明确燃料颗粒应该主要参与什么阶段的反应,以及应该有多少燃料颗粒参与反应。温压炸药中的燃料主要是与空气中的氧气发生反应,与炸药爆炸的气体产物之间的反应基本上可以忽略。②依据目标特点来设定不同的毁伤效果,如高压效果,或高温效果,或高温高温组合效果,需要明确目标区域/空间可供燃料颗粒发生反应的氧气的量。

温压炸药能否实现预期毁伤反应,主要取决于金属燃料颗粒的比表面特征和反应动力学特征。一方面,温压炸药应该使用不同颗粒尺寸分布的金属粉,这样才有利于发生多重反应。如果所有金属粉都具有相同的尺寸,反应就可能呈现两种不同的情形:①高温气体的温度持续下降,不能辅助金属颗粒实现燃烧反应；②高温气体使全部金属颗粒同时点燃，燃烧反应快速发生并快速结束，使整个爆炸过程迅速终止，不能实现最大化的破坏效果。因此，温压炸药中的金属颗粒应该具有合适的粒度组合。另一方面，温压炸药中的金属颗粒应该具有合适的反应动力学特征。这涉及几个应该考虑的问题：①金属颗粒是否易于被炸药爆炸的高温气体产物点燃，并与空气中的氧气发生反应。例如，硼颗粒的反应动力学特征就使其难以发生持续的燃烧反应，因而需要利用其他方法（如与 Al 或 Ti 制成合金颗粒）来促进反应的速度和深度。②金属颗粒是否具有合适的燃烧反应速度和效率。这个问题的解决方案一般是在配方中添加氧化剂或燃速促进剂。③金属颗粒在温压炸药配方中是否具有足够的稳定性，特别是抗氧化性能。例如，人们使用铝包覆镁颗粒，就是利用铝氧化层的惰性特征来保持燃料颗粒的能量。此外，燃料颗粒的尺寸分布对于冲击抛撒效果的影响也是需要考虑的，如颗粒飞散距离、颗粒与空气的混合情况等。综上所述，温压炸药的关键技术主要就在于可燃性金属颗粒的颗粒特征和反应动力学特征。因此，金属燃料颗粒的设计和制造，以及其反应动力学特征的改进和优化就成为温压炸药的关键技术。

代表性的温压炸弹为 BLU-118B 温压弹。BLU-118B 温压炸弹使用与洛克希德·马丁公司生产的 BLU-109 炸弹相同的钻地战斗部，不同的是用在有限空间内杀伤力更强的温压炸药替代了高能炸药。此炸药由美国海军水面武器中心研制，可用于雷声公司的重 910kg 的 GBU-24 激光制导炸弹、波音公司的 GBU-15 光学制导炸弹和 AGM-130 空舰导弹。波音公司生产的 F-15E 战斗机被指定为投掷温压炸弹的主要作战平台。BLU-118B 既可以垂直投放在洞穴和地道的入口处而后引爆，也可以在垂直投放后刺穿防护物在洞穴和地道内部爆炸。BLU-118B 长 2.5m、直径为 0.37m，内部填充爆炸物重 250kg，其战斗部使用 FMU-143J/B 引信来起爆。改进的 FMU-143 引信使用新型传爆药，并具有 120ms 的起爆时延。BLU-118/B 战斗部填充的炸药可以选用 PBXIH-135（美国海军研制的一种新式钝感聚合粘结炸药）、HAS-13 或 BLU-109 炸弹目前使用的固体燃料空气炸药（SFAE）。标准高能炸药（CHE）的特点是撞击敏感，而钝感高聚炸药需要更高的温度和更强烈的撞击才能发生爆炸。与标准高能炸药相比，钝感高聚炸药可在较长的时间内释放能量。

据报道，美国现役 BLU-118/B 温压炸药由奥克托今炸药、铝粉和聚氨酯混合而成，他们还在研制新一代内卤氧化剂和铝粉固体燃料空气炸药，它比 PBXIH-135 性能更加优越。其初始版本是美国曾在 2001 年阿富汗战场中用过的，被称为“滚球”（Daisy Cutter）或 Big Blue 的巨型温压炸弹 BLU-82B。其重达 6.75t、弹长 3.6m、直径 1.37m、壳厚 6.35mm、装药达 5715kg（硝酸铵、铝粉和聚苯乙烯的稠状混合物）。温压炸药的主要成分为高能炸药颗粒、液态敏化剂、高热值金属粉(片状铝粉厚度约 0.5μm,长度约 10μm 扁平多刺,比表面积大)以及含能聚合物等。另外,含铝温压炸药中还含有助能剂、润滑剂和活性保护剂等。

温压药剂中一般加入高能炸药作为敏化剂,常用的高能炸药如 RDX 的爆轰温度为 3380℃,TNT 的爆轰温度为 2877℃。而铝粉在空气中的发火点为 800℃以上,快速彻底的燃烧需要高达 1750℃的点火温度,铝粉从点燃到燃烧的整个过程中均需要保持高温环境。由此,RDX 和 TNT 完全满足这一要求。另外,为了提高敏化剂 RDX 的有效性,常常使用超细 RDX,其在爆轰感度、爆速、做功能力等方面都优于工业级别的 RDX。为了使铝粉点燃更加可靠,燃烧更加充分,还需要加入活化剂,活化剂较为理想的选择是 AP,其爆燃点较低(450℃),能为铝粉前期的充分燃烧提供持续能量。由于爆热随铝粉的加入量先增后减,试验表明,铝粉含量为 35%时爆热最大。例如:RDX/AP/Al 温压药剂,通过对其爆速、爆热、燃烧热的综合研究发现,当 AP/Al 比值为 1.2~1.5 时爆热最大,此时的燃烧热也较大,氧平衡为 12%~20%。考虑到配方中还会加入粘结剂、钝感剂等物质(大多是惰性可燃物质),且药剂在反应过程中能吸收空气中的氧参与反应,因而 AP/Al 比值可适当降低。药剂总氧平衡控制在 35%~40%即可,此时 AP/Al 比值为 1/1.3~1/2。在进行药剂配方设计时,需综合考虑各方面因素,使药剂的毁伤潜能能够得到最大的发挥,同时根据战斗部对目标毁伤的要求,兼顾药剂的其他性能。

参考文献

[1] Rice S F, Simpson R L. The Unusual Stability of TATB: A Review of the Scientific Literature [R]. LLNL, UCRL-LR-103683, 1990.

[2] Pagoria F, Mitchell A R, Schmidt R D, et al. Amination of Electrophilic Aromatic Compounds by Vicarious Nucleophilic Substitution: US 6069277[P]. 2000-05-30.

[3] Ritter H, Licht H. Review of Energetic Materials synthesis[J]. J. Heterocycl. Chem, 1995, 32:585-590.

[4] Basal A R, Zbarsky V L, Zhilin V F. About Some Features of Synthesis NTO[C]//INTERNATIONAL ANNUAL CONFERENCE - FRAUNHOFER INSTITUT FUR CHEMISCHE TECHNOLOGIE. Berghausen; Fraunhofer-Institut fur Chemische Technologie, 1999, 2001: 73-73.

[5] Zhang J, Shreeve J M. 3,3'-Dinitroamino-4,4'-azoxyfurazan and its Derivatives: an assembly of Diverse N-O Building Blocks for High-performance Energetic Materials[J]. Journal of the American Chemical Society, 2014, 136(11): 4437-4445.

[6] 周文静,张皋,刘子如. DNTF、TNT和DNTF-TNT低共熔物在RDX中的结晶动力学研究[J]. 含能材料,2008,16(3):267-271.

[7] Sinditskii V P,Burzhava A V,Sheremetev A B,et al. Thermal and Combustion Properties of 3,4 - Bis (3 - nitrofurazan - 4 - yl) furoxan (DNTF) [J]. Propellants, Explosives, Pyrotechnics,2012,37(5):575-580.

[8] Li C,Liang L,Wang K,et al. Polynitro-substituted Bispyrazoles:a New Family of High-performance Energetic materials[J]. Journal of Materials Chemistry A,2014,2(42):18097-18105.

[9] Boneberg F,Kirchner A,Klapötke T M,et al. A Study of Cyanotetrazole Oxides and Derivatives Thereof[J]. Chemistry-An Asian Journal,2013,8(1):148-159.

[10] Wei H,Gao H,Shreeve J M. N-cxide 1,2,4,5-tetrazine-based high-performance Energetic materials[J]. Chemistry-A European Journal,2014,20(51):16943-16952.

[11] 罗义芬,周群,王伯周,等. 高能氧化剂N-氧化-3'3-偶氮-双(6-氨基-1,2,4,5-四嗪)合成与性能[J]. 含能材料,2014 (1):7-11.

[12] 黄新萍,常佩,王伯周,等.3-硝基-1,2,4-三唑-5-酮胩基脲盐的合成与表征[J].含能材料,2014,22(2):192-196.

[13] Gao W,Liu X,Su Z,et al. High-energy-density Materials with Remarkable Thermostability and Insensitivity:Syntheses,Structures and Physicochemical Properties of Pb (Ⅱ) Compounds with 3-(tetrazol-5-yl) Triazole[J]. Journal of Materials Chemistry A,2014,2(30):11958-11965.

[14] 孙婷,肖继军,赵锋,等.CL-20/DNB共晶基PBXs相容性、界面作用和力学性能的MD模拟[J].含能材料,2015,23(4):309-314.

[15] Sun T,Xiao J J,Liu Q,et al. Comparative Study on Structure,Energetic and Mechanical Properties of a ε-CL-20/HMX Cocrystal and its Composite with Molecular Dynamics Simulation[J]. Journal of Materials Chemistry A,2014,2(34):13898-13904.

[16] Zhou J H,Chen M B,Chen W M,et al. Virtual Screening of Cocrystal Formers for CL-20 [J]. Journal of Molecular Structure,2014,1072:179-186.

[17] Wei C,Huang H,Duan X,et al. Structures and Properties Prediction of HMX/TATB Co-crystal[J]. Propellants,Explosives,Pyrotechnics,2011,36(5):416-423.

[18] Shen J P,Duan X H,Luo Q P,et al. Preparation and Characterization of a Novel Cocrystal explosive[J]. Crystal Growth & Design,2011,11(5):1759-1765.

[19] Yang Z,Li H,Huang H,et al. Preparation and Performance of a HNIW/TNT Cocrystal Explosive[J]. Propellants,Explosives,Pyrotechnics,2013,38(4):495-501.

[20] 杨宗伟,张艳丽,李洪珍,等. CL-20/TNT共晶炸药的制备,结构与性能[J]. 含能材料,2013,20(6):674-679.

[21] Wang Y,Yang Z,Li H,et al. A Novel Cocrystal Explosive of HNIW with Good Comprehensive properties[J]. Propellants,Explosives,Pyrotechnics,2014,39(4):590-596.

[22] 郭长艳,张浩斌,王晓川,等.7 种 BTF 共晶的制备与表征[J].含能材料,2012,20(4):503-504.

[23] Zhang H, Guo C, Wang X, et al. Five energetic cocrystals of BTF by Intermolecular Hydrogen Bond and π-stacking Interactions[J]. Crystal Growth & Design,2013,13(2):679-687.

[24] Guo C,Zhang H,Wang X,et al. Crystal Structure and Explosive Performance of a New CL-20/Caprolactam Cocrystal[J]. Journal of Molecular Structure,2013,1048:267-273.

[25] 陈杰,段晓惠,裴重华. HMX/AP 共晶的制备与表征[J]. 含能材料,2013,13(4):409-413.

[26] 林鹤,张琳,朱顺官,等. HMX/FOX-7 共晶炸药分子动力学模拟[J]. 兵工学报,2012,33(9):1025-1030.

[27] Li Z,Matzger A J. Influence of Coformer Stoichiometric Ratio on Pharmaceutical Cocrystal Dissolution:Three Cocrystals of Carbamazepine/4-aminobenzoic Acid[J]. Molecular Pharmaceutics,2016,13(3):990-995.

[28] Bennion J C, Vogt L, Tuckerman M E, et al. Isostructural Cocrystals of 1,3,5-Trinitrobenzene Assembled by Halogen Bonding[J]. Crystal Growth & Design,2016,16(8):4688-4693.

[29] Matzger A. Crystalline Explosive Material:U.S.Patent 0305150A1,[P]. 2012.

[30] Landenberger K B,Matzger A J. Cocrystal Engineering of a Prototype Energetic Material:Supramolecular Chemistry of 2,4,6-trinitrotoluene[J]. Crystal Growth & Design,2010,10(12):5341-5347.

[31] Landenberger K B,Bolton O,Matzger A J. Two Isostructural Explosive Cocrystals with Significantly Different Thermodynamic Stabilities [J]. Angewandte Chemie International Edition,2013,52(25):6468-6471.

[32] Bolton O,Matzger A J. Improved stability and Smart-material Functionality Realized in an Energetic Cocrystal[J]. Angewandte Chemie International Edition,2011,50(38):8960-8963.

[33] Bolton O,Simke L R,Pagoria P F,et al. High Power Explosive with Good Sensitivity:a 2:1 Cocrystal of CL-20:HMX[J]. Crystal Growth & Design,2012,12(9):4311-4314.

[34] Li H,Shu Y,Gao S,et al. Easy Methods to Study the Smart Energetic TNT/CL-20 co-crystal[J]. Journal of Molecular Modeling,2013,19(11):4909-4917.

[35] Aldoshin S M,Aliev Z G,Goncharov T K,et al. Crystal Structure of Cocrystals 2,4,6,8,10,12-hexanitro-2,4,6,8,10,12-hexaazatetracyclo [5.5. 0.0 5.9. 0 3.11] dodecane with 7H-tris-1,2,5-oxadiazolo (3,4-b:3′,4′-d:3″,4″-f) azepine[J]. Journal of Structural Chemistry,2014,55(2):327-331.

[36] Millar D I A,Maynard-Casely H E,Allan D R,et al. Crystal Engineering of Energetic Materials:Co-crystals of CL-20[J]. CrystEngComm,2012,14(10):3742-3749.

[37] 张安帮,曹耀峰,马宇,等. 含能共晶堆积结构的理论研究[J]. 含能材料,2015,23(9):848-857.

[38] 安亭,赵凤起,肖立柏.高反应活性纳米含能材料的研究进展[J].火炸药学报,2010,33(3):55-62.

[39] 申连华,李国平,罗运军,等.高能球磨法制备 Al/B/Fe_2O_3纳米复合含能材料[J].固体火箭技术,2014,37(02):233-237.

[40] Gao K, Li G, Luo Y, et al. Preparation and Characterization of the AP/Al/Fe_2O_3 Ternary Nano-thermites[J]. Journal of Thermal Analysis and Calorimetry, 2014, 118(1):43-49.

[41] 陈国平,陈人杰,李国平,等. 溶胶-凝胶法制备 RDX/AP/SiO_2复合含能材料[J].固体火箭技术,2010,33(6):667-669,674.

[42] 王瑞浩,张景林,王金英,等.纳米复合 Fe_2O_3/Al/RDX 的制备与性能测试[J]. 含能材料,2011,19(6):739-742.

[43] 吴志远,胡双启,张景林,等. 溶胶-凝胶法制备 RDX/SiO_2膜[J]. 火炸药学报,2009,32(2):17-20.

[44] 严启龙,张晓宏,齐晓飞,等. 纳米核-壳型含能复合粒子的制备及应用研究进展[J]. 化工新型材料,2011,39(11):36-38,70.

[45] 崔庆忠,刘德润,徐军培. 高能炸药与装药设计[M]. 北京:国防工业出版社,2016.

[46] Agrawal J P. Some New High Energy Materials and Their Formulations for Specialized Applications[J]. Propellants, Explosives, Pyrotechnics: An International Journal Dealing with Scientific and Technological Aspects of Energetic Materials, 2005, 30(5):316-328.

[47] Anderson P E, Cook P, Davis A, et al. The effect of Binder Systems on Early Aluminum Reaction in Detonations[J]. Propellants, Explosives, Pyrotechnics, 2013, 38(4):486-494.

[48] Bellan A B, Hafner S, Hartdegen V A, et al. Polyurethanes based on 2,2-Dinitropropane-1,3-diol and 2,2-bis (azidomethyl) propane-1,3-diol as potential energetic binders[J]. Journal of Applied Polymer Science, 2016, 133(40).

[49] Shee S K, Reddy T S, Banerjee S, et al. Poly (2-methyl-5-vinyl tetrazole)-poly (3-nitratomethyl-3-methyl oxetane) blend: An insensitive Energetic Binder for Propellant and Explosive for Mulations[J]. Journal of Polymer Materials, 2015, 32(4):461.

[50] Ma M, Shen Y, Kwon Y, et al. Reactive Energetic Plasticizers for Energetic Polyurethane Binders Prepared Via Simultaneous Huisgen Azide-alkyne Cycloaddition and Polyurethane Reaction[J]. Propellants, Explosives, Pyrotechnics, 2016, 41(4):746-756.

[51] Tang Y, Shreeve J M. Nitroxy/azido-functionalized Triazoles as Potential Energetic Plasticizers[J]. Chemistry-A European Journal, 2015, 21(19):7285-7291.

[52] 池俊杰,邢校辉,赵财,等. 钝感剂在含能材料中的应用[J]. 化学推进剂与高分子材料,2015,13(1):20-26.

[53] Donegan M. Alternate waxes for composition B [C]//2016 Insensitive Munitions & Energetic Materials Technology Symposium. Nashville, USA, 2016: 18794.

[54] Yan Q L, Gozin M, Zhao F Q, et al. Highly Energetic Compositions Based on Functionalized carbon nanomaterials[J]. Nanoscale, 2016, 8(9): 4799-4851.

[55] Li R, Wang J, Shen J P, et al. Preparation and Characterization of Insensitive HMX/graphene oxide composites [J]. Propellants, Explosives, Pyrotechnics, 2013, 38 (6): 798-804.

[56] Wang D X, Chen S S, Jin S H, et al. Investigation into the Coating and Desensitization Effect on HNIW of Paraffin Wax/stearic Acid Composite System[J]. Journal of Energetic Materials, 2016, 34(1): 26-37.

[57] Yang Z, Li J, Huang B, et al. Preparation and properties study of core-shell CL-20/TATB composites[J]. Propellants, Explosives, Pyrotechnics, 2014, 39(1): 51-58.

[58] Huang B, Hao X, Zhang H, et al. Ultrasonic Approach to the Synthesis of HMX@ TATB Core-shell Microparticles with Improved Mechanical Sensitivity[J]. Ultrasonics Sonochemistry, 2014, 21(4): 1349-1357.

[59] Jung J W, Kim K J. Effect of Supersaturation on the Morphology of Coated Surface in Coating by Solution Crystallization[J]. Industrial & Engineering Chemistry Research, 2011, 50(6): 3475-3482.

[60] An C, Wang J, Xu W, et al. Preparation and Properties of HMX Coated with a Composite of TNT/energetic Material[J]. Propellants, Explosives, Pyrotechnics, 2010, 35(4): 365-372.

[61] An C, Li F, Song X, et al. Surface Coating of RDX with a Composite of TNT and an Energetic-polymer and its Safety Investigation[J]. Propellants, Explosives, Pyrotechnics, 2009, 34(5): 400-405.

[62] Nandi A, Ghosh M, Sutar V, et al. Surface coating of Cyclotetramethylenetetranitramine (HMX) Crystals with the Insensitive High Explosive 1, 3, 5 - triamino - 2, 4, 6 - trinitrobenzene (TATB)[J]. Central European Journal of Energetic Materials, 2012, 9(2): 119-130.

[63] Yang Z, Ding L, Wu P, et al. Fabrication of RDX, HMX and CL-20 Based Microcapsules Via in Situ Polymerization of Melamine-formaldehyde Resins with Reduced Sensitivity[J]. Chemical Engineering Journal, 2015, 268: 60-66.

[64] Zhu Q, Xiao C, Li S, et al. Bioinspired Fabrication of Insensitive HMX Particles with Polydopamine Coating[J]. Propellants, Explosives, Pyrotechnics, 2016, 41(6): 1092-1097.

[65] Simić D, Popović M, Sirovatka R, et al. Influence of Cast Composite Thermobaric Explosive compositions on air shock wave parameters[J]. Scientific Technical Review, 2013, 63(2): 63-69.

[66] Wei X, Wu X. Experimental Study of the Explosion of Aluminized Explosives in Air[J]. Central European Journal of Energetic Materials, 2016, 13(1): 117-134.

[67] Xing X L, Zhao S X, Wang Z Y, et al. Discussions on Thermobaric Explosives (TBXs)[J]. Propellants, Explosives, Pyrotechnics, 2014, 39(1): 14-17.

[68] Mohamed A K, Mostafa H E, Elbasuney S. Nanoscopic fuel-rich Thermobaric Formulations: Chemical Composition Optimization and Sustained Secondary Combustion Shock Wave Modulation[J]. Journal of Hazardous Materials, 2016, 301: 492-503.

[69] Lotspeich Erica. Manufacturing Process Technology for Explosive PBXIH-18[C]//2016 Insensitive Munitions & Energetic Materials Technology Symposium. Nashville, USA, 2016: 18806.

[70] 王晓峰,冯晓军. 温压炸药设计原则探讨[J]. 含能材料,2016,24(5):418-420.

[71] Elitzur S, Rosenband V, Gany A. Study of Hydrogen Production and Storage Based on Aluminum-water Reaction[J]. International Journal of Hydrogen Energy, 2014, 39(12): 6328-6334.

[72] Trzciński W A, Maiz L. Thermobaric and Enhanced Blast Explosives-properties and Testing methods[J]. Propellants, Explosives, Pyrotechnics, 2015, 40(5): 632-644.

[73] Türker L. Thermobaric and Enhanced Blast Explosives (TBX and EBX)[J]. Defence Technology, 2016, 12: 423-445.

[74] 金韶华,吴秀梅,王伟,等. 高分子包覆 ε-HNIW 方法对样品机械撞击感度的影响[J]. 安全与环境学报,2005,5(5):6-8.

[75] Nouguez B, Eck G. From Synthesis to Formulation and Final Application[J]. Propellants, Explosives, Pyrotechnics, 2016, 41(3): 548-554.

[76] Vadhe P P, Pawar R B, Sinha R K, et al. Cast Aluminized Explosives[J]. Combustion, Explosion, and Shock Waves, 2008, 44(4): 461-477.

[77] Singh H. Current Trend of R&D in the Field of High Energy Materials (HEMs)—an Overview[J]. Explosion, 2005, 15: 120-133.

[78] Liang Y, Zhang J, Jiang X. HMX Content in PBX Booster Measured by Visible Spectro-photometric Method[J]. Chin. J. Energ. Mater, 2008, 16: 531-534.

[79] Nouguez B, Mahe B, Vignaud P O. Cast PBX Related Technologies for IM Shells and warheads[J]. Science and Technology of Energetic Materials: Journal of the Japan Explosive Society, 2009, 70(5): 135-139.

[80] Gilardi R, Flippen-Anderson J L, Evans R. Cis-2,4,6,8-Tetranitro-1H,5H-2,4,6,8-tetraazabicyclo [3.3.0] Octane, the Energetic Compoundbicyclo-HMX'[J]. Acta Crystallographica Section E: Structure Reports Online, 2002, 58(9): 972-974.

[81] Klasovitý D, Zeman S, Růžička A, et al. Cis-1,3,4,6-Tetranitrooctahydroimidazo-[4,5-d] imidazole (BCHMX), its properties and initiation reactivity[J]. Journal of Hazardous Materials, 2009, 164(2-3): 954-961.

[82] Elbeih A, Pachman J, Trzciński W A, et al. Study of Plastic Explosives Based on Attractive Cyclic Nitramines Part I. Detonation Characteristics of Explosives with PIB Binder[J]. Propellants, Explosives, Pyrotechnics, 2011, 36(5): 433-438.

[83] Elbeih A, Pachman J, Zeman S, et al. Replacement of PETN by bicyclo-HMX in Semtex 10

[J]. Problemy Mechatroniki: Uzbrojenie, Lotnictwo, Inżynieria Bezpieczeństwa, 2010, 1: 7-16.

[84] Elbeih A, Pachman J, Zeman S, et al. Advanced Plastic Explosive Based on BCHMX Compared with Composition C4 and Semtex 10[J]. New Trends Res. Energ. Mater., Proc. Semin., 2011, 14: 119-126.

[85] 姜夏冰,焦清介,任慧,等.高聚物黏结 ε-HNIW 混合炸药的制备及其感度[J].火炸药学报,2011,34(3):21-24.

[86] 陈健,王晶禹,白春华,等.ε-HNIW 基传爆药的制备与表征[J]. 火炸药学报,2010,33(4):56-59.

[87] Krause H H. New Energetic Materials[J]. Energetic Materials, 2005, 13(3): 1-25.

[88] Chen H, Li L, Jin S, et al. Effects of Additives on ε-NIW Crystal Morphology and Impact Sensitivity[J]. Propellants, Explosives, Pyrotechnics, 2012, 37(1): 77-82.

[89] Elbeih A, Husarova A, Zeman S. Path to ε-HNIW with Reduced Impact Sensitivity[J]. Central European Journal of Energetic Materials, 2011, 8(3): 173-182.

[90] 陈华雄,陈树森,刘进全,等. 一种球形化的六硝基六氮杂异伍兹烷晶体及其制备方法:CN 101624394[P]. 2010.

[91] Bayat Y, Zeynali V. Preparation and Characterization of Nano-CL-20 Explosive[J]. Journal of Energetic Materials, 2011, 29(4): 281-291.

[92] Samudre S S, Nair U R, Gore G M, et al. Studies on an Improved Plastic Bonded Explosive (PBX) for Shaped Charges[J]. Propellants, Explosives, Pyrotechnics, 2009, 34(2): 145-150.

[93] Jalový Z, Zeman S, Sućeska M, et al. 1,3,3-trinitroazetidine (TNAZ). Part I. Syntheses and properties[J]. Journal of Energetic Materials, 2001, 19(2-3): 219-239.

[94] 张光全. 1,3,3-三硝基氮杂环丁烷(TNAZ)的工业合成现状及其应用进展[J]. 含能材料,2002,10(4):174-177.

[95] 熊存良,贾思媛,刘愆,等. 硝解 N-叔丁基-3,3-二硝基氮杂环丁烷硝酸盐制备 TNAZ[J]. 含能材料,2010,18(2):139-142.

[96] Ma H, Yan B, Li J, et al. Molecular Structure, Thermal Behavior and Adiabatic Time-to-explosion of 3,3-dinitroazetidinium picrate[J]. Journal of Molecular Structure, 2010, 981(1-3): 103-110.

[97] LiJ, Fan X Z, Fan X P, et al.Compatibility study of 1,3,3-trinitroazetidinewith Some Energetic Components and Inert Materials[J]. Journal of Thermal Analysis and Calorimetry, 2006, 85(3): 779-784.

[98] Liu M, Chen C, Hong Y. Empirical methods for Estimating the Detonation Properties of Energetic TNAZ Molecular Derivatives[J]. Journal of Theoretical and Computational Chemistry, 2004, 3(03): 379-389.

[99] Talawar M B, Singh A, Naik N H, et al. Effect of Organic Additives on the Mitigation of Vol-

ality of 1-nitro-3,3'-dinitroazetidine (TNAZ):Next Generation Powerful Melt Cast Able High Energy Material[J]. Journal of Hazardous Materials,2006,134(1-3):8-18.

[100] Yang G,Nie F,Huang H,et al. Preparation and Characterization of Nano-TATB Explosive [J]. Propellants,Explosives,Pyrotechnics,2006,31(5):390-394.

[101] Mitchell A R,Coburn M D,Schmidt R D,et al. Advances in the Chemical Conversion of Surplus Energetic Materials to Higher Value Products[J]. Thermochimica Acta,2002,384 (1-2):205-217.

[102] Tarver C M. Corner Turning and Shock Desensitization Experiments Plus Numerical Modeling of Detonation Waves in the Triaminotrinitrobenzene Based Explosive LX-17[J]. The Journal of Physical Chemistry A,2010,114(8):2727-2736.

第 3 章 高聚物粘结炸药的制备工艺

3.1 高聚物粘结炸药原材料预处理

3.1.1 高能炸药填料预处理

在高聚物粘结炸药制备前，为了实现制备工艺或达到一定的性能需要，有时需对高能填料进行预处理。例如：对炸药原材料进行重结晶以提高含能填料的晶体品质；采用球磨处理对含能颗粒进行细化和晶体棱角打磨；采用表面修饰对炸药进行预包覆处理；对铝粉进行预处理包覆以保持铝粉活性等。

炸药的感度不仅与分子结构特性相关，而且受到纯度、晶体内部物理微结构、粒度分布、晶体形貌等因素的影响。溶剂-非溶剂重结晶是改善炸药晶体品质最常用的技术策略之一。对炸药进行重结晶，能够有效提升炸药纯度和晶体密度，减少炸药杂质及晶体内缺陷，改善形貌、颗粒度及其分布，进而降低炸药的感度。由于高能硝胺类炸药（RDX、HMX、CL-20）感度偏高，因此国内外学者针对硝胺炸药的重结晶开展了大量研究，建立了大型的重结晶生产线，并实现了高品质炸药晶体在聚合物基炸药配方中的应用。

国外大量开展了溶剂-非溶剂法提升硝胺炸药品质研究，并将重结晶后的晶体产物称为降感硝胺炸药，如 I-RDX、I-HMX、VI-RDX、RS-RDX、RS-HMX、RS-CL-20，部分降感 RDX 形貌如图 3-1 所示。文献报道了 RDX 晶体尺寸、晶体表面状态、形貌以及晶体内部缺陷大小和数目对浇注炸药冲击转爆轰的影响。例如，Borne 和 Baillou 的研究表明，RDX 晶体内部空穴是引起爆炸的热点源，随着缺陷数量增加和尺寸增大，其冲击波感度也相应增高。因此，炸药晶体的品质对 PBX 的冲击波感度有明显的影响，使用较完整、缺陷少的单质炸药晶体可以降低压装、浇注炸药配方的冲击波感度。在此基础上，法国火炸药集团（SNPE）和欧洲含能材料公司大量将降感后的 RDX 用于浇注、压装炸药配方，如 B2258A、B2265A、B2268A 等，使得战斗部装药安全性能得到大幅改善。荷兰学者 Heijden 等研究了硝胺炸药（RDX、HMX、CL-20）的理化参数对冲击波感度的影响。发现晶体内在品质（密度、缺陷）、平均粒径、表面光滑度和晶体形状都对硝胺炸药冲击波感度有影响。其中晶体内在品质的影响最大,这就要求良好的结晶和后处理技术才能获得降感炸药。Lee 等研究了蒸发过程参数(蒸发速度、CL-20 浓度、温度)对 CL-20 晶体密度的影响。Krober 等采用降温重结晶法制备不同品质的钝感 HMX 时,发现在碳酸丙烯酯中效果最佳,所得晶体具有高密度、低感度特性。Johansen 等通过研究发现,不同制备方法得到不同晶体品质的 RDX 基炸药配方冲击波感度不同。其中,Chemring Nobel 公司制备的 RDX 冲击波感度较低,且产品在 60℃ 条件下处理 18 个月仍保持了低感度性能。RDX 晶体颗粒表面光滑,晶体杂质较少的高品质 RDX 具有较低的机械感度,类似的结果在 HMX、CL-20 的重结晶中也被观察到。

图 3-1　不同降感 RDX 扫描电镜图

(a) 法国 B 级;(b) 法国 A 级;(c) 荷兰;(d) 澳大利亚。

在降感 RDX 工业化方面,法国 SPNE 公司很早即取得了重要突破,目前已建成两条 I-RDX 生产线,产品稳定性良好,应用于水下炸药配方,具有较大的临界直径,对强脉冲撞击钝感。挪威 Dyno Nobel 是欧洲最大的 RDX 和 HMX 的生产商,改进其产品的结晶品质的工作已经有很长的历史。2003 年,Dyno Nobel 生产出 RS-RDX,并通过研究表明使用 RS-RDX 有利于通过殉爆试验和重碎片撞击试验。值得一提的是,Dyno Nobel 生产的 RS-RDX 是采用 Bachmann 法合成的。澳大利亚 ADI 生产了代号为 Grade A-RDX 的钝感 RDX,生产的 A 级 RDX 在配方 PBXW-115、PBXN-109 中显著降低了冲击波感度,增加了临界直径，降感效果与法国的 I-RDX 相似。美国在 2000 年利用法国 SPNE 的技术对其霍尔斯顿生产的 RDX 进行了钝化研究，启动了一项评价 SPNE I-RDX 的计划，所评估的炸药为 PBXW-108。

与 RS-RDX 的工业化相比，RS-HMX 的工业化生产单位较少。法国 EURENCO 发明了一种可大幅降低 HMX 感度的处理方法，RS-HMX 的降感效果已经在德国、法国和美国的政府实验室通过证实，完成了对含 85%和 90%HMX 配方的水隔板试验，结果表明：常规 HMX 替换为 RS-HMX 后，引起爆轰能量阈值从 28kbar 增加到大约 40kbar。挪威 Dyno Nobel 制备了不同粒径的 RS-HMX，并给出了含有 RS-HMX 的压装和浇注炸药的冲击波感度数据，结果发现，含 RS-HMX 与 RS-RDX 的配方冲击波感度在同一水平，相比较而言，RS-HMX 相对常规 HMX 的钝感效果比 RS-RDX 相对常规 RDX 更为明显。

我国也很早即开展了降感硝胺炸药的研究，明确提出了高品质炸药的概念，并积极开展了高品质炸药的工程化制备和应用技术研究。黄明、徐瑞娟等系统研究了降感 RDX、降感 HMX 的制备及其结构表征技术。李洪珍等系统研究了溶剂-非溶剂法制备降感 CL-20 技术，并发现重结晶后的 CL-20 冲击波感度显著降低。采用重结晶法可获得高品质 RDX、HMX 和 CL-20，其光学显微镜照片如图 3-2 所示。在重结晶后，所得硝胺炸药晶体颗粒分布均匀，内部杂质、晶体缺陷大量减少，有利于炸药的降感。齐秀芳等采用离子液体作为溶剂，重结晶制备了降感 HMX。花成等发现炸药晶体缺陷数量、尺寸对 PBX 冲击波感度有较大影响。晶体内部缺陷尺寸增大和数量越多，其冲击波感度也越高。因此探索炸药晶体内部缺陷调控技术，制备具有较少内部缺陷的炸药晶体，是提高炸药与武器安全性能的可行途径。在高品质炸药的应用方面，李明等研究了密闭准静态压缩法，为测定晶体品质提供了有效方法。李玉斌等研究了石蜡、聚氨酯材料对高品质 HMX 的包覆降感技术。

随着高品质炸药技术的发展，近年来也涌现了一些新的高品质炸药晶体制备技术。杨志剑等以微纳米炸药为原材料，采用溶剂热诱导的方式，通过炸药纳米晶的热介稳自组装，成功制备了 CL-20、HMX、TATB 和 LLM-105 等高品质炸药晶体，所得产物颗粒形貌均匀、粒径分布窄、撞击感度显著降低(图 3-3)。炸药纳米晶热介稳自组装机制及其组装动力学如图 3-4 所示，在溶剂和热的双重诱导下，微纳米炸药表面活化成热介稳态，团聚后发生界面融合组装，通过控制溶剂种类、添加一些表面活性剂，可对组装晶体的形貌和粒度进行一定调控。此外，由于该组装是静态条件下发生的颗粒自组装，无须搅拌，不涉及传质传热过程，可实现千克级批量制备。

炸药晶体的形貌对感度有较大的影响。一般而言，球形化程度越高的炸药

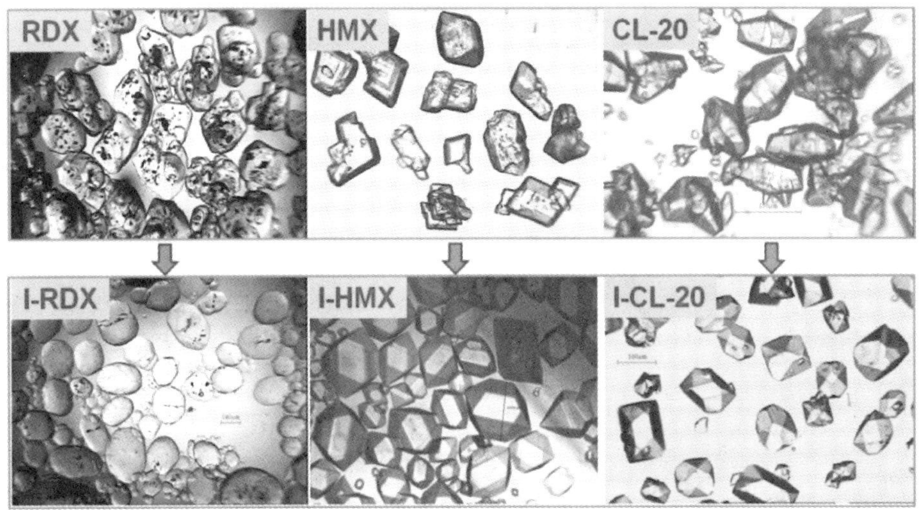

图3-2　中国工程物理研究院制备的高品质RDX、HMX和CL-20光学显微镜图

图3-3　采用热介稳自组装制备的高品质炸药SEM图
(a) CL-20;(b) HMX;(c) TATB;(d) LLM-105。

晶体,其感度越低。同时,球形化能在最大程度上实现炸药颗粒的级配,对浇注固化炸药中提升固含量具有重要的意义。因此,炸药粒子的球形化也是常见的预处理技术之一。通过在溶剂-非溶剂重结晶过程中加入一些晶形控制剂,可实现炸药晶体的球形化制备。

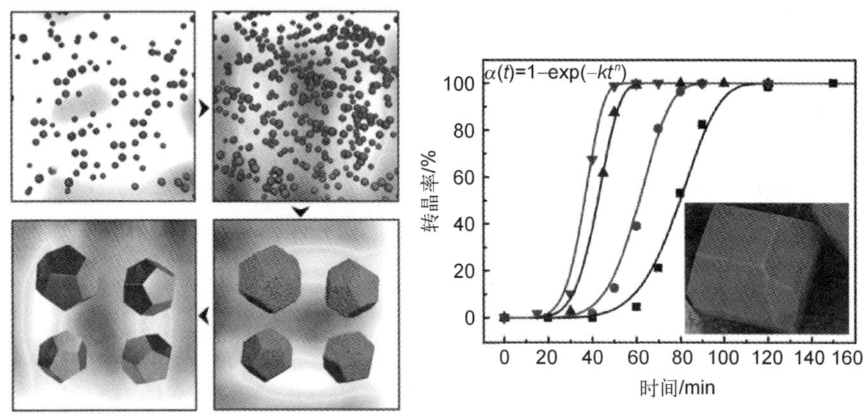

图 3-4　炸药纳米晶热介稳自组装机制及其组装动力学

此外,参照鹅卵石的形成过程,以溶剂为介质,在搅拌下进行物理打磨、去除晶体棱角,也可实现炸药晶体的球形化。杨志剑等采用混合溶剂机械打磨法,成功制备了粒径为 350μm 的大颗粒高度球形化 CL-20 晶体(图 3-5),并将其用于 CL-20 基浇注固化配方,实现了固含量为 90%的浇注配方制备。为实现炸药感度降低、在混合炸药制备中具有良好的工艺性能等目的,有时可对炸药填料进行表面修饰处理。例如,使用表面活性剂或键合剂对炸药颗粒进行预处理,已被广泛应用,该方法有利于改善炸药在后续制备工艺中的表面浸润性,提升包覆效果。杨志剑等使用(PVA)、聚氧乙烯脱水山梨醇单月桂酸酯(Tween-20)对 CL-20 进行表面修饰,在 CL-20 表面成功包覆了不同厚度的 TATB,形成了致密的核壳型包覆结构,对 CL-20 起到了很好的降感作用。此外,采用 PVA 在 RDX、HMX 和 CL-20 表面进行预修饰后,通过三聚氰胺-甲醛树脂的单体在炸药表面的原位聚合,成功制备了有利于高效降感的核壳包覆结构。

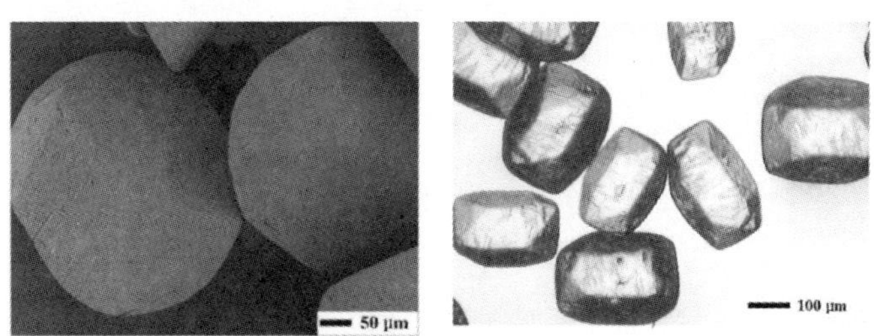

图 3-5　采用机械打磨法制备的大颗粒球形 CL-20 炸药晶体

表面修饰与包覆机理图如图 3-6 所示,PVA 起到两个关键的作用:一是作为表面活性剂,在水悬浮体系中对硝胺炸药表面起到浸润作用,利于表面包覆;二是在原位聚合过程中可进入树脂骨架,调节聚合高分子链段的柔性,进而利于降感。金韶华等研究了多种表面活性剂对 CL-20 基 PBX 的降感作用,发现卵磷脂具有较好的降感效果。在键合剂预处理炸药方面,借鉴在推进剂中的研究成果,国内开展了大量相关研究。潘碧峰等系统研究了树形分子键合剂与 HMX、CL-20 的相互作用,王保国等研究了配位键合剂 LBA-603 对 CL-20 感度的影响,李江存等研究了不同键合剂与 RDX 表界面作用。这些炸药的表面预处理手段,都对炸药应用性能的提升具有重要的意义。

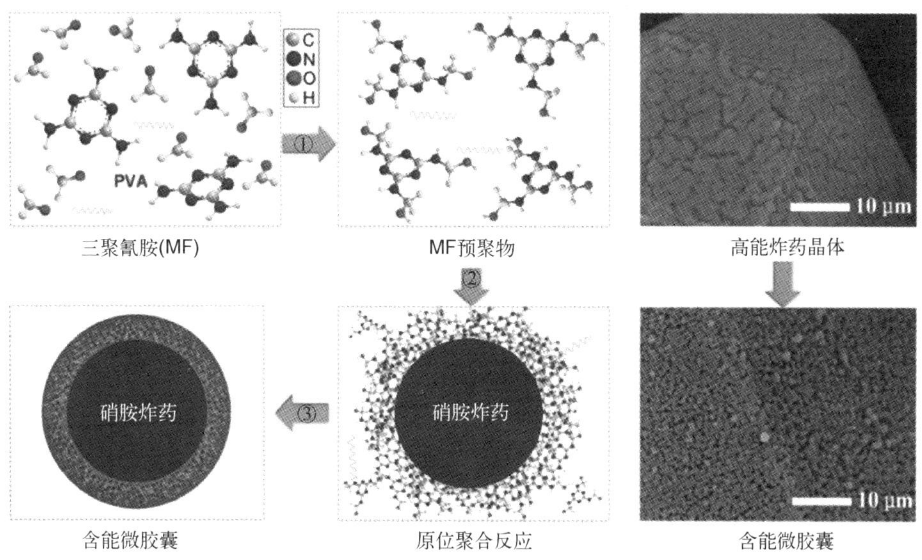

图 3-6　三聚氰胺-甲醛树脂在硝胺炸药表面的原位聚合包覆过程

近年来,炸药表面修饰处理的手段不断丰富,并逐渐发展了一种基于仿生界面设计的聚多巴胺(PDA)包覆炸药的新策略。贻贝类的生物通过分泌一种黏附蛋白,含有邻苯二酚基团的多巴(DOPA)和含有氨基基团的赖氨酸,能强力附着在几乎所有的有机和无机材料表面。其中的多巴胺能在金属、高分子等各种材料表面发生自聚合,通过共价键、π-π 共轭、氢键等在表面形成 PDA 包覆层。由于自聚合反应可在水溶液中进行,简单快速,避免了有机溶剂或其他处理方法对炸药晶体造成的损伤。因此,可采用 PDA 对各类含能材料,如 HMX、TATB、CL-20、Al 粉等进行表面包覆改性。

以 HMX 为例,通过对 PDA 包覆 HMX 的系统研究发现,PDA 可以在炸药表面形成完全包覆,并且包覆后晶体未破坏。此外,结果还表明,经过 PDA 预处理后的炸药晶体表面具有更好的抗电子击穿的能力。原子力显微镜(AFM)观察表明炸药晶体表面球形的PDA聚集体呈现多层紧密堆积,里层的PDA大约60nm,外层的大约300nm,如图3-7所示。将HMX炸药用溶剂原位溶解后,留下PDA外壳(图3-8),可观察到PDA外壳内层致密,机械强度高。采用SEM分析,PDA外壳的厚度大约是100nm。

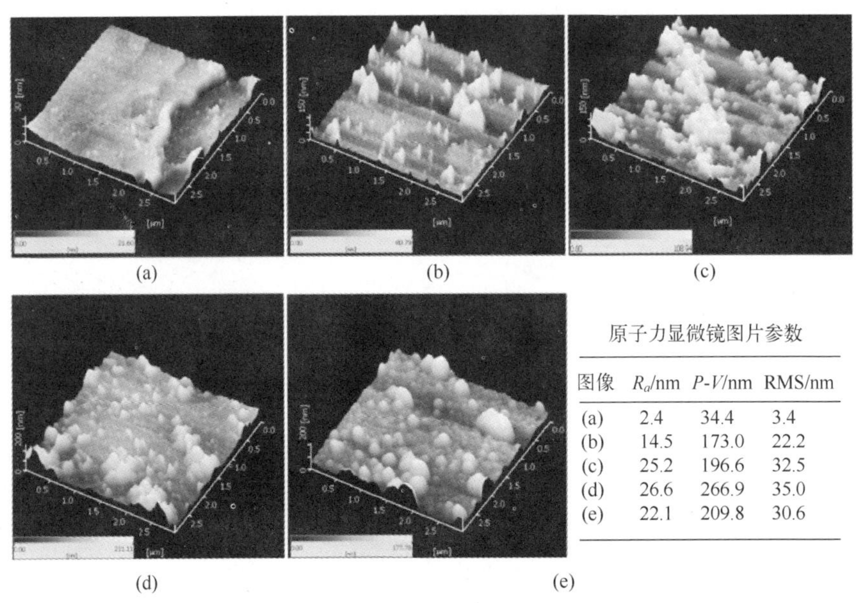

原子力显微镜图片参数

图像	R_a/nm	P-V/nm	RMS/nm
(a)	2.4	34.4	3.4
(b)	14.5	173.0	22.2
(c)	25.2	196.6	32.5
(d)	26.6	266.9	35.0
(e)	22.1	209.8	30.6

图3-7 PDA包覆前后HMX表面AFM照片

(a) HMX晶体表面;(b)~(e) 不同包覆时间的HMX/PDA表面((b) 0.5h;(c) 1h;(d) 3h;(e) 6h)。

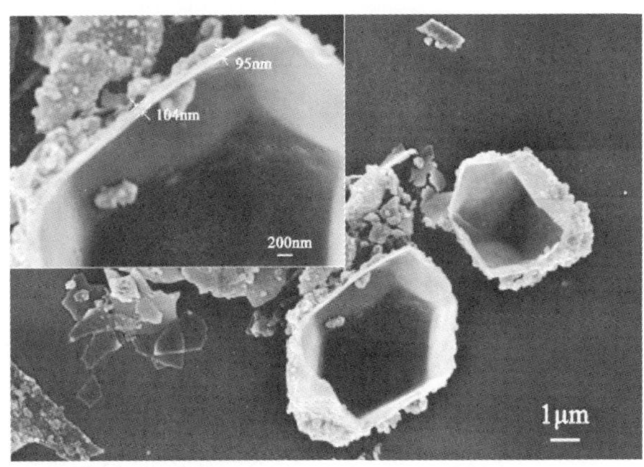

图3-8 将HMX刻蚀后的PDA壳层SEM照片(包覆量为0.5%)

研究发现,PDA 包覆对提升 HMX 的热稳定性具有显著的效果,仅采用 0.5%的 PDA 包覆,即可将 HMX 的转晶温度提高 27.5℃,对 HMX 的应用具有重要的意义。同时,研究还表明,PDA 包覆炸药还对增强界面、改善炸药力学性能,以及提升安全性能具有良好的效果。通过多种表征分析的结合,基本可明确炸药晶体表面 PDA 包覆的机理,如图 3-9 所示,即多巴胺分子氧化生成多巴胺苯醌,进一步通过 1,4- Michael 加成反应发生分子内环化,再氧化重排生成 5,6-羟基吲哚,并容易氧化生成 5,6-吲哚苯醌。在结构上:通过非共价键与炸药晶体表面相互作用,生成吸附层;通过多巴胺分子中的茶多酚与氧化产物对苯醌反应生成交联的高分子;这些交联的聚合物可以进一步组装成 PDA 聚集体沉积在炸药晶体表面,并通过 π-π 堆积、电荷转移和氢键作用等超分子相互作用,形成致密的 PDA 包覆层,进而提升炸药热稳定性,增强界面力学性能。

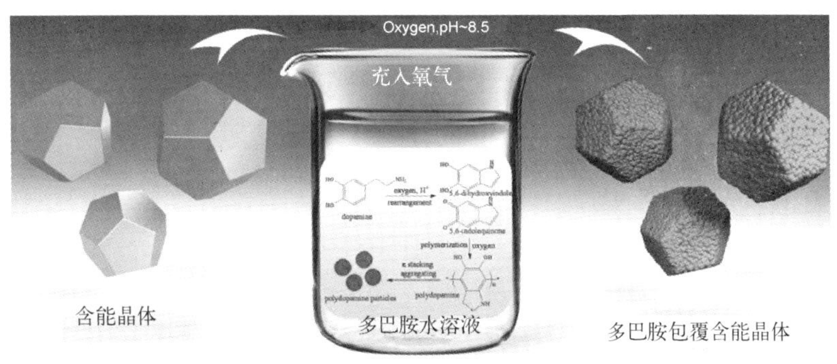

图 3-9　PDA 在炸药晶体表面氧化自聚合包覆机理

3.1.2　金属燃料添加剂预处理

对于聚合物基炸药填料的预处理而言,还有一类填料需要作特殊处理,即铝粉的预处理。铝粉的活性是影响其性能发挥的一个重要指标。如前所述,高威力含铝炸药中大量使用了铝粉,而铝粉是一种高活性金属,其表面易被氧化,亦可与热水发生析氢反应。因此,用于炸药配方的铝粉一般都要进行表面钝化处理,常见的处理方式是表面包蜡处理,或是包覆一层致密的金属或金属氧化物作为保护层。对于纳米级铝粉而言,表面钝化预处理更是保障其应用性能的最关键技术之一。

关于铝粉的表面钝化处理,国内外做了大量相关研究。目前国内对铝纳米粒子活性控制与稳定性尚缺乏系统的研究,纳米铝活性保护方法主要有表面吸附惰性气体原子或在储存容器填充惰性气体后进行密封保存。在空气中将纳米铝粉进行钝化处理,使其表面形成氧化物壳层,还可通过表面包覆处理技术在纳米铝粒子的表面包覆一层保护膜。表面包覆技术是保护纳米铝粉活性的一种有效方法，不但可以有效地解决团聚以及氧化问题，还可有效提高铝粉的燃烧效率，选用特殊的包覆物还可赋予铝粉新的功能。例如，碳包覆纳米铝粉不仅可以在低温时能保证活性铝不被氧化，而且在高温燃烧时还可以提供额外的燃烧能。镍包覆纳米铝粉可明显改善纳米粒子的团聚行为，同时由于铝与镍可反应生成金属间化合物，反应放出大量的热，缩短点火延迟时间，改善推进剂燃烧性能。聚合物包覆不仅能有效保护铝粉活性，还可以改变铝粉的表面电荷性质、功能化特性和表面化学反应特性，提高粒子的分散性，加快纳米铝粉能量释放速率。

铝粉表面包覆包括直接的物理包覆和化学包覆。曾有俄罗斯和德国的研究者合作对纳米铝粉进行钝化处理，希望能够保护铝粉表面不被氧化。所使用的物理包覆材料有油酸、硬脂酸、硝化纤维（NC）、无定形硼、镍、氟聚物和乙醇，并以在空气中处理的铝粉作为对比。结果表明，未保护的以及空气中钝化的铝粉在水溶液中的反应几乎没有诱导期，很快便被氧化，而经过有机材料包覆之后，铝粉在水中抗氧化能力大大提高。直接物理包覆存在的问题是，金属粒子本身容易团聚，在包覆过程中，由于粒子之间的作用，金属-金属粒子以及包覆材料之间各自成核，最终容易导致包覆不均匀。另一个改善铝粉与有机材料之间亲和性的方法是表面接枝等化学包覆方法。Dubois 等利用 Zigler-Natta 反应在超细金属铝和硼粉末表面原位聚合得到聚乙烯包覆的金属粒子。

通过有机物包覆的方法总体上可以提高铝粉在水中的稳定性，达到保护铝粉的目的，并提高铝粉与有机粘结剂的亲和性。但是，对于含能材料来说，还必须考虑到其燃烧或爆轰反应特性问题。用传统钝感的碳氢高聚物包覆铝粉会带来铝粉反应特性降低的问题。铝粉颗粒处于钝感的碳或碳氢体系中，在燃烧或爆轰时，钝感的包覆层将铝粉与氧化剂隔离开，而且这些包覆层原子还要与铝原子竞争有限的氧化剂，最终导致铝粉反应率较低。Anderson 等实验研究表明，在 HTPB/HMX/Al 浇注炸药（PBXM-114 以及 PBXN-113）中，在惰性气氛中，只有少量的铝参与反应。Carney 等利用时间分辨光谱技术，验证了在 PBXN-113 爆轰中的铝粉的反应活性问题。

总体上看，当前纳米铝粉的表面钝化，仍然是含能材料领域一大技术难题。最近，研究人员采用 GAP 对纳米铝粉进行包覆，设计思路及反应过程如图 3-10 所示，该方法实现了基于氰酸酯基-羟基 Click 反应的 GAP 含能壳层可控表面接枝。通过在 70℃ 的热水中测试发现，未经处理的铝粉投入水中后几分钟就被氧化，而经过表面接枝 GAP 的铝粉（Al-c）在 70℃ 热水中的反应则被明显抑制，因此可将其用于含铝炸药体系的水悬浮造粒。为了评价 GAP 接枝的铝粉在含铝炸药中应用的可能性，将经过 GAP 接枝的铝粉用于 HMX 基含铝炸药（70%

HMX/24.7%Al/4.5%F2314/0.8%石蜡)的水悬浮法制备中。结果表明,在造粒过程中,粘结剂对炸药和铝粉能很好的粘接。如图3-11所示,可以获得颗粒均匀的造型粉。进一步通过NaOH溶液中析氢法来表征造型粉中的金属铝含量,结果表明,HMX基含铝炸药造型粉中铝粉的活度几乎与原料中铝粉的活度相同,这说明在70℃水悬浮法造粒过程中,经过GAP改性的铝粉未发生氧化反应,从而很好地保持了铝粉活度。制备的HMX基含铝炸药的实测爆热值为7907J/g,质量爆热约1.93倍TNT当量。

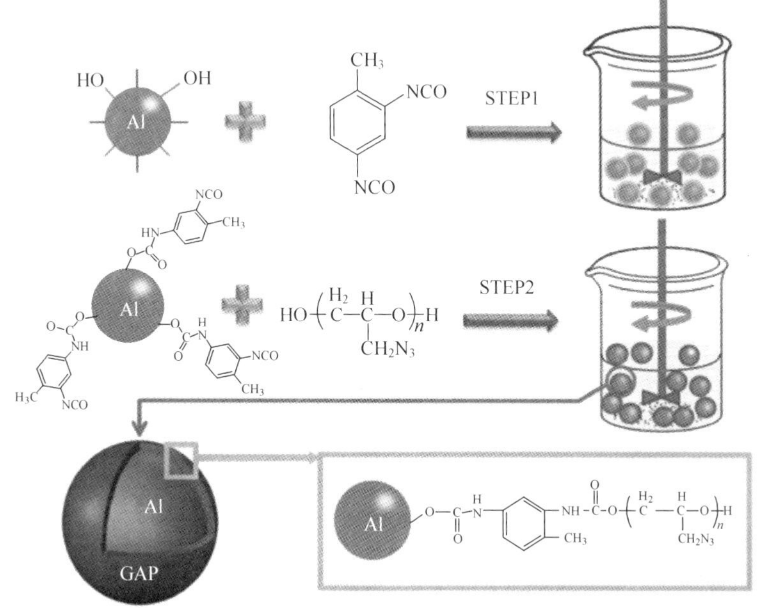

图3-10 采用GAP表面接枝包覆纳米铝粉过程示意图

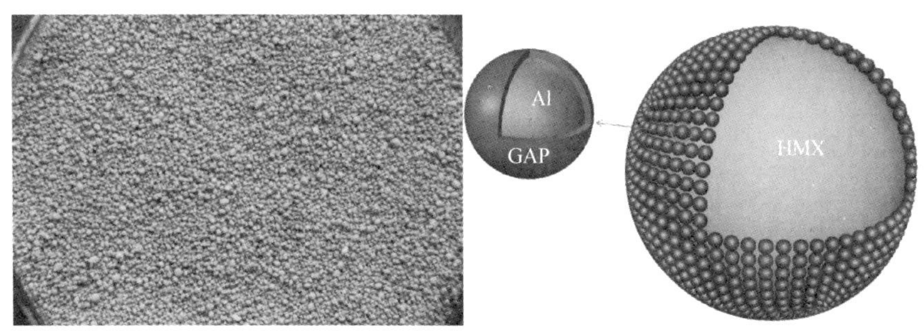

图3-11 水悬浮法制备的HMX基含铝炸药造型粉及包覆结构示意图

3.2 压装型高聚物粘结炸药的制备

3.2.1 造型粉的制备

压装型高聚物粘结炸药对造型粉的一般要求是包覆良好、颗粒密实、表面圆润、松装密度尽可能高。主要的制备工艺包括水悬浮造粒、溶剂悬浮造粒、挤出造粒、流化床造粒、喷雾造粒、共沉淀法造粒、熔融共混造粒等。

水悬浮造粒是将炸药悬浮于水体系中,加热至一定温度后,加入粘结剂溶液,通过施加真空处理去除溶剂,使得粘结剂在炸药表面包覆,并形成造型粉的过程。由于炸药属于易燃易爆品,出于安全的考虑,水悬浮造粒是目前压装型造型粉中使用最广泛的制备方式。

水悬浮造粒的工艺流程如图 3-12 所示,它是一种间歇式的制备方法。通常,制备一釜造型粉产品需要的时间为半小时至几小时。水悬浮造粒的一般步骤为:在造粒釜中加入蒸馏水后,将称好的炸药加入造粒釜中,待水浴温度达到设定温度后,开启真空,将粘结剂溶液匀速加入造粒釜炸药-水溶液中,随着粘结剂在炸药表面的润湿和铺展,当粘结剂溶液加入一定量时,出现造型粉颗粒,继续滴加至基本成粒,待粘结剂滴加完毕后,冷却出料。实验室级和工业级的水悬浮造粒后造型粉产品实物如图 3-13 所示。一般而言,造型粉颗粒形状为类球形,直径为 0.5~2mm。

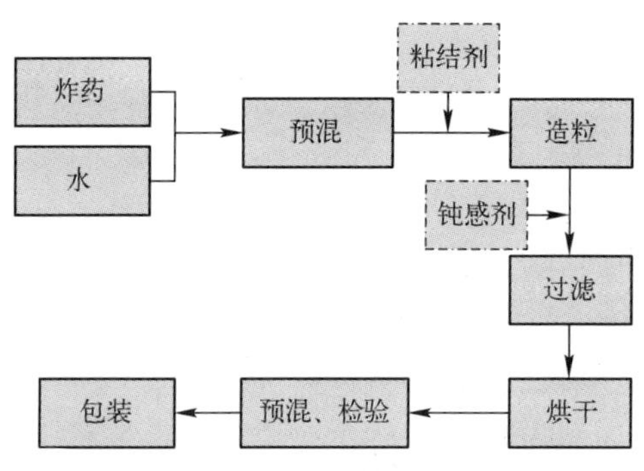

图 3-12 水悬浮造粒工艺流程

水悬浮法的特点是制备过程安全、生产周期较短、造型粉品质相对容易控制,同时也易于放大。经过多年发展,水悬浮造粒也衍生出了一些改进工艺,如反相淤浆造粒,是先将炸药与粘结剂溶液进行混合,进行淤浆处理,再加入水搅拌分散成粒,这种操作模式下能够有效改善炸药与高聚物的表界面作用,

图 3-13　实验室级和工业级水悬浮造粒后的造型粉产品实物

有利于制备更为密实的造型粉颗粒。溶剂悬浮造粒也与水悬浮造粒类似，根据炸药与高聚物的理化性能特点，以特定的有机溶剂替代水作为悬浮介质，有可能实现更好的表面包覆效果。金韶华等研究了挤出造粒法、溶液悬浮法、水悬浮法三种不同的造粒工艺对 CL-20 包覆及降感的影响，发现水悬浮法制备的 CL-20 基 PBX 机械感度最低。图 3-14 给出了普通水悬浮造粒和反相淤浆造粒过程的示意图。水悬浮造粒工艺尽管优点多、应用广，但也存在一定缺陷，如无法实现连续化生产，含铝炸药在水悬浮造粒过程中容易发生铝粉与热水的析氢反应等。

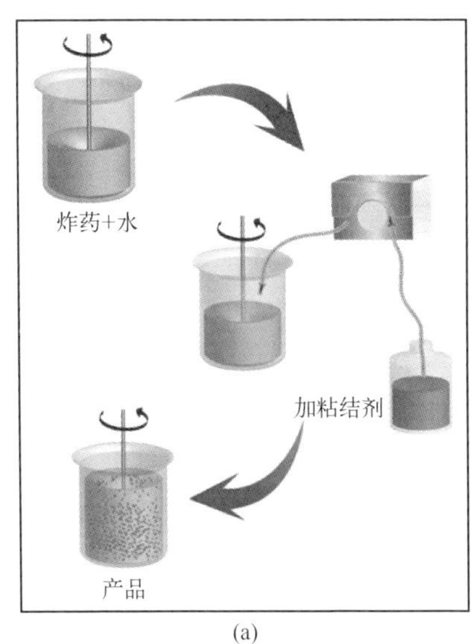

(a)

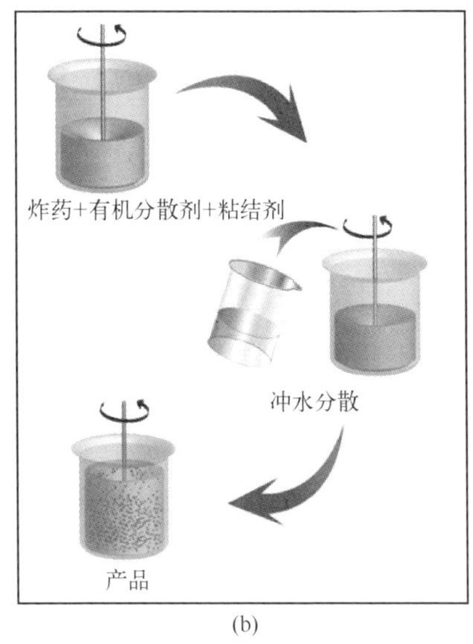

(b)

图 3-14　普通水悬浮造粒(a)和反相淤浆造粒(b)过程示意图

挤出造粒是另一种常见的压装 PBX 造粒方式，有时也称为捏合造粒，挤出造粒工艺流程图和造粒过程示意图分别如图 3-15 和图 3-16 所示。首先,将粘结剂溶解于一种不溶解炸药的溶剂中,再将其与炸药进行充分混合,进行捏合,使部分溶剂挥发,待整个物料形成膏团状后,再用适当的筛孔挤出,即可获得炸药造型粉颗粒。大型挤出造粒一般需要螺旋杆将混合炸药物料挤出,再通过离心滚圆机切割打断,过筛后获得所需粒径的炸药造型粉。

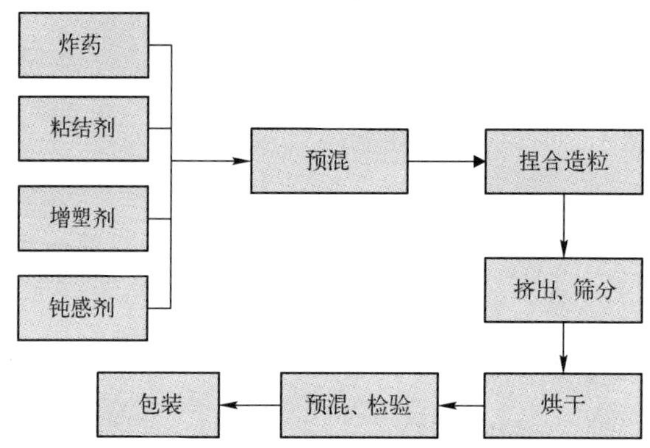

图 3-15 挤出造粒工艺流程

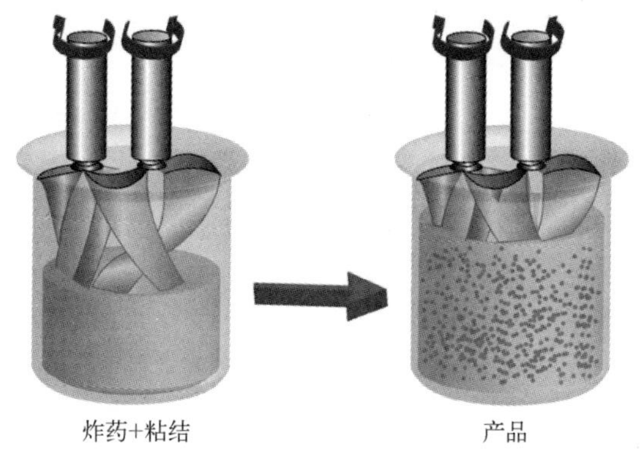

图 3-16 挤出(捏合)造粒过程示意图

法国发展了一种改进型的炸药挤出造粒工艺,改进的主要思路:①尽可能使用少的溶剂,甚至不用溶剂;②放大挤出制造的批量或连续实现挤出生产。改进后推进剂的多通道和连续化批生产模式示意图如图 3-17 所示。目前,已经完成了装置的搭建和试生产,工艺改进后,产能有 200%的提升,所需人力成本也降低了 66%,生产安全性也得到了提高。下一步的目标是把现在的半自动化生产线进一步改进为全自动化连续式生产线,并且将该装置推广,用于更多品种炸药和推进剂的生产。印度开发出连续式双螺杆挤出制造技术，可用于制备PBX、推进剂、温压炸药等，有效改善了复合炸药制造过程中的安全性和产能，传质传热效果更佳，产品质量也更加稳定。混合强度高，有利于难分散的纳米复合材料的混合，另外成本也可以降低(图3-18)。在替代传统间歇式反应器方面具有非常大的潜力。但是，出于安全的考虑，在制造前必须经过系统的安全评估。

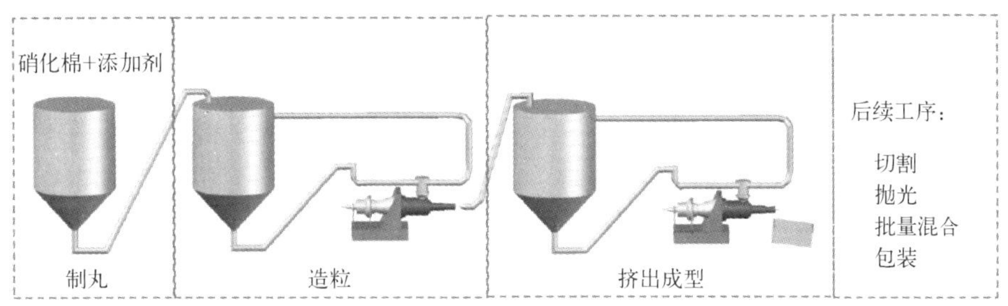

图3-17 法国Eurenco连续化推进剂生产模式示意图

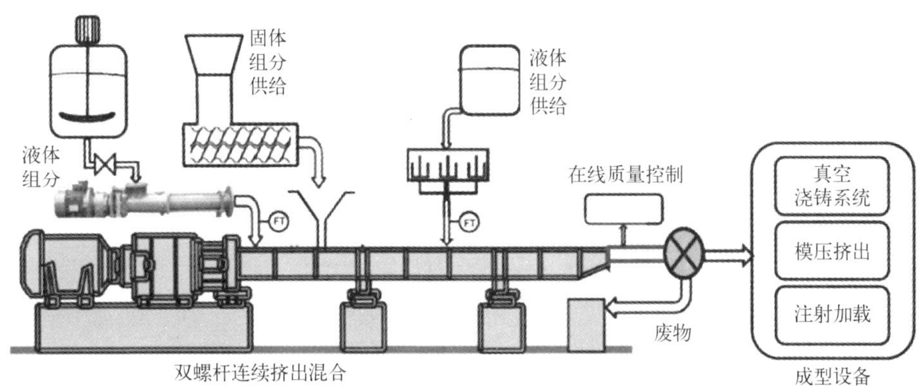

图3-18 印度连续式双螺杆挤出造粒工艺示意图

流化床造粒、喷雾造粒都属于连续化生产的造粒工艺，目前普遍应用于食品、医药领域，但在PBX领域目前应用还相对较少。德国ICT研究所将流化床技术用于炸药的包覆造粒工艺以及低感炸药核壳包覆降感(图3-19)，研究了ADN/GAP、AN/聚合物、HMX/FOX-7、HMX/FOX-12等产品的制备。采用了紫外照射固化技术，用于提高聚合物包覆层的机械强度。同时为提高生产过程安全性，采用了惰性气体保护。流化床造粒包覆过程中，还能对HMX等炸药棱角进行一定程度打磨，形成类球形化效果，从而降低机械感度。

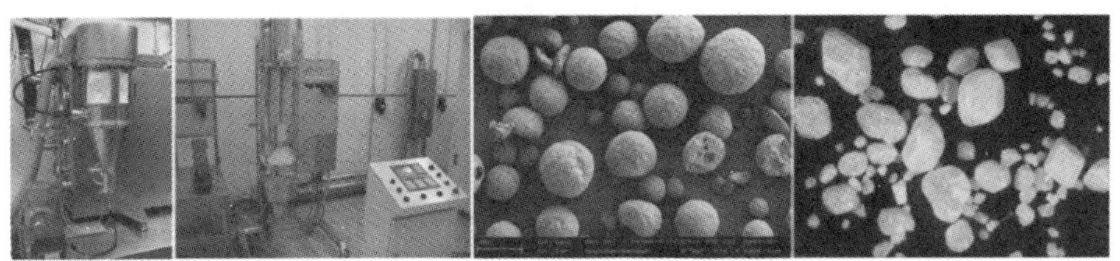

图 3-19 德国 ICT 研究所流化床造粒装置及炸药产品

3.2.2 压装成型工艺

PBX 的压装成型工艺主要包括单向模压、双向模压和等静压。其中,单向模压是最常用、应用范围最广的成型工艺,是将炸药造型粉颗粒或炸药粉末倒入不锈钢模具中,在压机上通过冲头施加压力,炸药颗粒进行破碎、重排,使松散的炸药在模具内压制成具有一定形状、尺寸和强度的药柱,再将其退模,即可获得所需炸药药柱。单向模压成型工艺流程如图 3-20 所示,成型过程示意图及典型的炸药药柱实物图如图 3-21 所示。

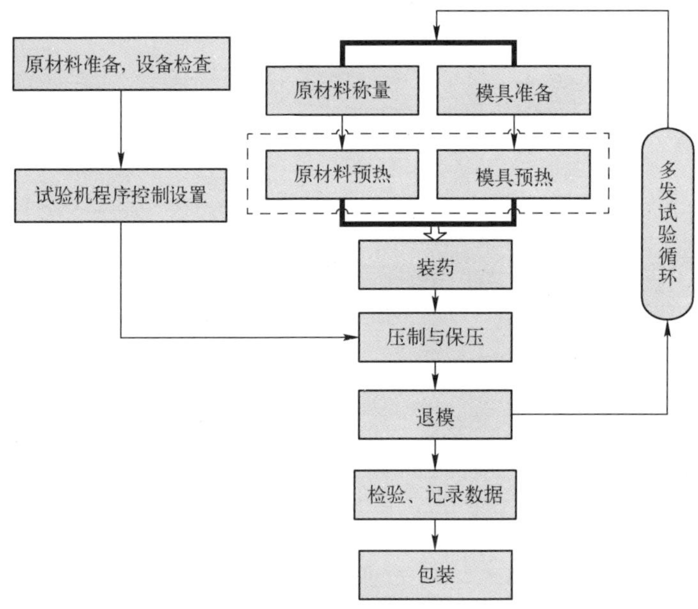

图 3-20 单向模压成型工艺流程

炸药造型粉的包覆效果、颗粒度,以及压制过程中的压力、保压时间,都对 PBX 的成型性能有一定影响。在一定范围内,压制压力越高,保压时间越长,则

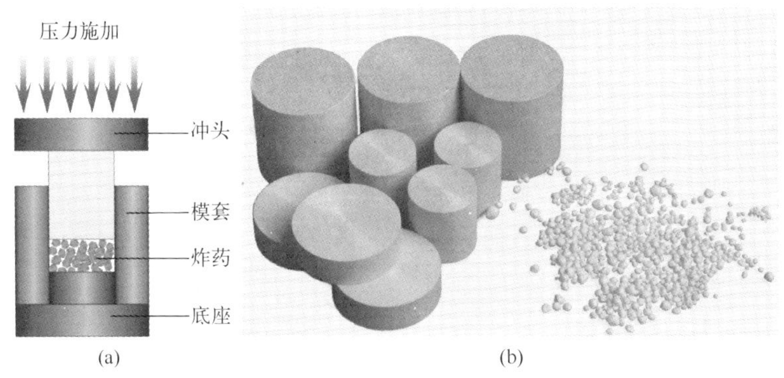

图3-21 模压成型过程示意图及典型的炸药药柱实物
(a)模压成型过程示意图;(b)典型的炸药药柱实物

成型密度越高。在模压压制中,为了获得较高的压制成型密度,往往需要对压制工艺进行一定设计。按照是否对PXB的造型粉进行加热预处理,可将模压压制分为冷压压制和热压压制。热压压制是指将PBX造型粉首先进行预热处理,处理温度要稍高于高聚物的软化点,使得高聚物充分软化,进而有利于炸药的成型。对于一般炸药造型粉而言,冷压压制成型后药柱的相对密度一般在85%~95%,而热压压制可使得成型相对密度达到98%以上。在热压工艺中,需要注意PBX中是否含有不适合该预热温度处理的组分,例如,石蜡的熔点偏低,TNT容易升华,在PBX中含有这些组分时,预热温度不宜过高。除预热压制外,复压也是一种常用的提升药柱密度的处理工艺。复压是指在压制中间的某一时间段,取消压力,再重新施加压力的过程。复压有利于炸药颗粒的进一步重排和破碎,对于提升药柱密度具有重要的意义。双向模压是指模具两端同时施加压力进行药柱压制,这种工艺所得药柱密度和均匀性相比于单向模压要好。

螺旋装药法是在第一次世界大战期间发展起来的一种装药方法,是利用螺旋装药机螺杆的旋转、输送作用将散粒状炸药压入弹内的一种装药方法。现在,这种方法主要用于装填中大口径榴弹、迫击炮弹、火箭弹等。其优点是自动化程度高、生产率高、工艺成熟,缺点是只能装填感度及杀爆威力较低的TNT炸药,其装药相对密度也低。尽管如此,由于螺旋装药法能有效解决弧形弹体的装药问题,且生产能力高,因此至今都在广泛使用。

在药柱压制工艺中,近年来也开发了一些新的压制工艺技术,如等静压、分步压装工艺技术。等静压成型效果好,可实现复杂形状炸药件的成型,减少原材料损耗。等静压成型最大的优势在于所压制的炸药件密度十分均匀,对于需要精确爆轰波形输出的战斗部而言,具有重要意义。在模套中的炸药在液体环境中均衡受力,不仅可提高装药的密度及均匀性,而且可以改善装药的内在质量、尺寸稳定性和力学性能,以满足新型战斗部装药结构的设计需求,提高武器弹药的毁伤效应和发射安全性。美国 LLNL 实验室很早即研究了 PBX 炸药 LX-14 的等静压成型工艺。

等静压采用的模具是可变形的软模套,装药后,对软模套进行抽真空排气。压制时,在一定温度和压力下对液压油介质施加压力,通过液压油介质均匀挤压橡胶模套中的物料,使物料均匀受力,以获得致密而均匀的产品。等静压技术按照成型温度分为冷等静压、温等静压和热等静压,温等静压的液体介质温度一般为 80~120℃,对于高聚物粘结炸药而言应用最广。与模压相比,尽管等静压得到的炸药件具有许多优点,但等静压也存在工艺相对复杂、成本较高、生产效率较低等缺点,进一步的工艺优化还在进行当中。值得一提的是,PBX 造型粉的品质,特别是松装密度,对模压成型来说影响较小,但对等静压成型最终炸药件的密度而言影响较大。造型粉颗粒越密实,松装密度越高,等静压所得的炸药件产品密度也越高。采用等静压和精密机加获得的炸药件实物如图 3-22 所示。

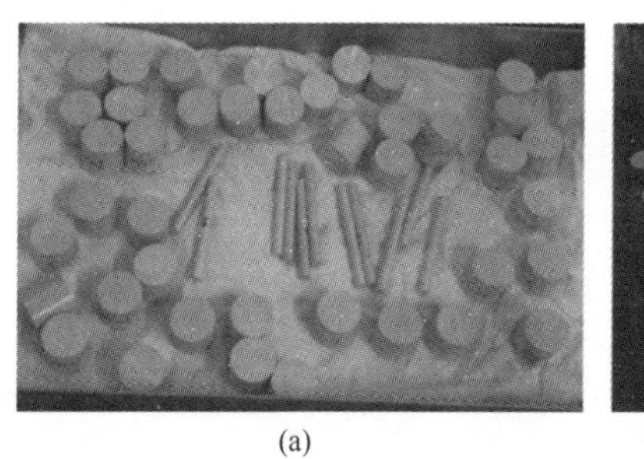
(a)

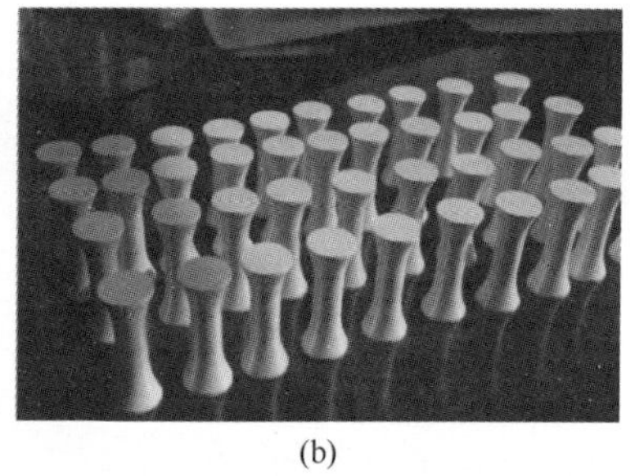
(b)

图 3-22 采用等静压和精密机加获得的短柱状、长柱状和哑铃状的炸药件实物
(a) 短柱状和长柱状;(b) 哑铃状

分步压装(捣装)工艺是一种先进的装药技术,能够装填高能炸药,该技术综合了螺旋装药与油压机压装的优点,广泛应用于大口径榴弹系列产品、火箭弹、导弹等战斗部装药。分步压装的工作原理是:螺旋杆在分步压装机压头带动下实现上下往复和旋转的复合运动,在运动过程中,不压药时(螺旋杆向上运动)螺旋杆旋转输药,压药时(螺旋杆向下运动)螺旋杆停转压药,通过螺旋杆不断输药和压药将炸药装满弹体,并使其达到预期的密度。研究表明,降低炸药的流散性,可提高局部装药密度。在流散性适宜的条件下,分步压装装药密度随堆积密度的增加而增加。分步压装药与传统的油压机压力装药相比,具有压药过程安全、高效,相对密度高且密度均匀的特点,具备柔性制造能力,可将高能混合

炸药广泛装填于中大口径炮弹中,装药密度高,装药质量好,且提高了弹药的发射安全性。

3.3　浇注固化型高聚物粘结炸药的制备

浇注固化型 PBX 主要由炸药、热固型高聚物和功能助剂组成,它是利用液态的高聚物或可聚合的单体粘结剂与高能炸药混合,在一定温度下浇注到弹体中,再经冷却固化,形成具有一定强度的炸药件。浇注炸药的特点是适于装填大型的和形状较复杂的产品,易于实现自动化,且装药力学性能好、能量水平和感度性能可调节范围大,因而成为先进弹药的首选装填方法。浇注 PBX 需要进行原材料性能优选、高真空度处理、高剪切力真空混药、振动浇注等特殊的工艺过程。PBXN 系列炸药是美国较早定型的浇注固化炸药,其中 PBXN-109 和 PBXN-111 的配方均为 RDX 基浇注型含铝炸药,PBXN-110、PBXN-113 均为 HMX 基浇注炸药,这几种炸药配方所使用的粘结剂均为 HTPB。目前我国浇注 PBX 已经推广应用在高性能、数量较少的导弹战斗部和小批量试验件的装药上。但浇注 PBX 装药工艺较复杂,投入设备较多,有较高的装药成本,实现连续化、自动化的生产技术难度较大,所以国内采用 PBX 浇注炸药装填炮弹的装药工艺研究和投入较少。目前国内浇注 PBX 的装药工艺大多为单元式操作方式,没有做到连续化装药,自动化程度相对较低。伴随钝感炸药的研究发展,国内在浇注 PBX 的装药成型工艺技术上也得到相应的研究和发展,目前浇注 PBX 主要以 HMX 或 RDX 为主炸药,以 HTPB、季戊四醇-丙烯醛树脂(123 树脂)、含能高聚物等为粘结剂,可根据需要添加铝粉、AP 等提升炸药爆热的组分,或添加键合剂、石蜡等功能组分。浇注 PBX 生产流程流程如图 3-23 所示。

伴随着钝感弹药的发展,国外新的浇注 PBX 配方中,含 NTO 的钝感炸药配方较多(表 3-1)。NTO 的唑环上有活泼氢,因而具有一定酸性($pK_a = 3.67$),在熔铸炸药中由于熔融炸药包覆作用,这种酸性对配方的影响不大,但在浇注 PBX 中这是影响 NTO 应用的最大障碍之一。国外对 NTO 基浇注 PBX 的研究非常深入,法国 SNPE 的研究最为成功,开发了 B 系列浇注固化配方。其较早开发的 B2214 极其钝感,通过对其改进而得到的 B2248 达到 EIDS 标准,但无法保证大弹药的不殉爆。随后 SNPE 采用含能增塑剂和惰性粘结剂的复配体系来粘结 NTO,成功开发出完全符合 EIDS 标准,并能保证大弹药不殉爆的 B3017,其爆速达到 7.78km/s。为了提高性能,采用 HMX 取代部分 NTO,制得同样符合 EIDS 标准并能保证大弹药不殉爆的 B3021,爆速达 8.05km/s。随着 I-RDX 的出现,NTO 基钝感浇注固化配方的研制更进一步,SNPE 开发了两种优异的 PBX

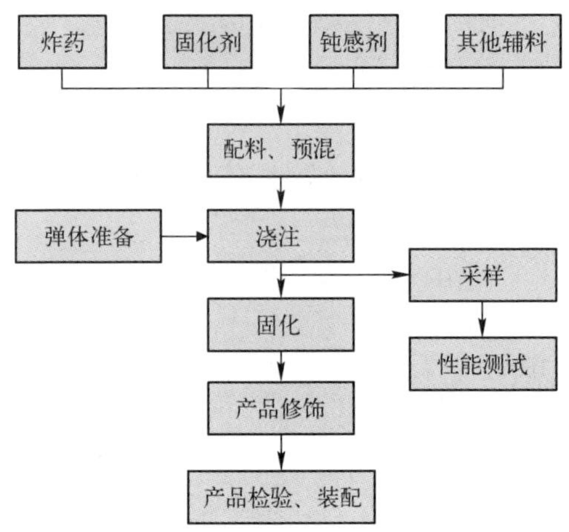

图 3-23 浇注 PBX 生产流程

配方 B2267A(I-RDX/NTO/HTPB)和 B2268A(I-RDX/NTO/AL/HTPB),密度分别为 1.65g/cm³、1.76g/cm³,爆速分别为 7680m/s、7440m/s,临界起爆直径为 30~36mm,力学性能良好,完全符合 EIDS 标准,应用于 155mm IM 弹药的聚能装药。

表 3-1 法国和美国研制的 NTO 基浇注固化 PBX

配方代号	NTO/%	RDX/%	HMX/%	AP/%	Al/%	粘结剂
B2214	72	—	12	—	—	16(HTPB)
B2233	31	—	6	28	10	15(HTPB)
B2245	8	12	—	43	25	12(HTPB)
B2248	46	—	42	—	—	12(HTPB)
B3017	74	—	—	—	—	26(含能)
B3021	50	—	25	—	—	25(含能)
PBXW-121	63	10	—	—	15	12(HTPB)
PBXW-122	47	5	—	20	20	13(HTPB)
PBXW-124	27	20	—	20	20	13(HTPB)
PBXW-125	22	20	—	20	26	13(HTPB)
PBXW-126	22	20	—	20	26	12 聚氨酯

美国海军也深入地研究了 NTO 为基的浇注固化 PBX,并定型了 PBXW-121、PBXW-122、PBXW-124、PBXW-125 和 PBXW-126 等多种含铝配方,不过具体性能没有详细的报道。美国 ATK 公司 2009 年报道了以 NTO/RDX/HTPB

的浇注固化炸药 DLE-C054，固含量高达 88%，通过调节 RDX 的粒度级配来调节黏度大小，爆速达到了 8.0km/s，完全满足 IM 标准需求。在 DLE-C054 基础上研制的含铝炸药配方 DLE-C067 的冲击波感度低于 DLE-C054，2012 年实现批量生产，有望应用于大弹药装药。

英国引入含能粘结剂 Poly-NIMMO 和 K10 开发了 CPX412、CPX413、CPX450、CPX455、CPX458、CPX460 等一系列 NTO 基钝感浇注固化 PBX。除了含有 NTO 的 PBX，国外还有一些应用了新的含能材料的 PBX 配方，如含有 CL-20 的 DLE-C038、含有 TEX 的 DLE-C053，以及一些含有 FOX-7 和 FOX-12 的探索研究配方。不过涉及这些新材料应用的炸药配方还较少。从装药材料性能来看，浇注 PBX 具有抗过载能力强、能量高、力学性能好、环境适应性好、抗意外事故能力强的特点，对冲击、枪击、殉爆、烤燃等意外环境条件可以达到钝感效应的优点，是 TNT 基熔铸炸药的升级换代产品，是未来常规兵器的主要装药品种。

在装药工艺上，浇注 PBX 需要经过混合、浇注和固化三个阶段。常见的浇注成型方法包括真空浇注、真空振动浇注、挤压成型和压力浇注法。其中，真空振动浇注是将液态的粘结剂与炸药、功能助剂混合均匀，浇注到弹体中，然后施加真空或振动处理，既可以去掉气炮，又可以使炸药填充到弹体每个角落，得到最终固化产品。真空振动浇注法工艺流程图如图 3-24 所示，采用真空振动浇注法，固含量可比普通的真空浇注法提高 2%~4%，且药柱更加均匀。

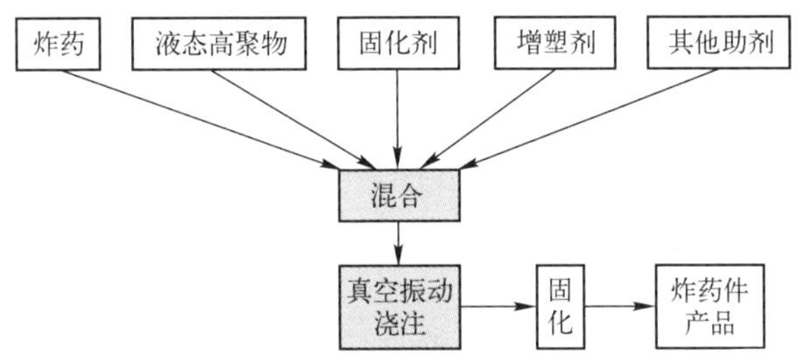

图 3-24　真空振动浇注法工艺流程

传统的浇注 PBX 工艺包括许多工艺过程，涉及投料、混合、浇注、固化、检验等环节。其中，浇注和固化的时间因素对于生产进度和产品质量具有重要的影响。一方面，由于固化剂和聚合物之间的反应，浇注时间必然存在一定的限制；另一方面，PBX 浇注完成以后，进入固化阶段，通过控制温度来满足装药的力学性能要求。如果调节配方粘结剂的组成，可以缩短固化的时间，但是，浇注时间也会相应缩短，这就可能影响工艺过程的质量。

在浇注工艺改进方面，近年来法国 EURENCO 的浇注 PBX 生产线有了一些创新性的变化。他们应用了“双组元”工艺技术，能够进行自动、连续、大批量生产。这种工艺的生产成本相对于传统熔铸和压装工艺没有明显的增加,而且产品质量稳定,炸药的密度均匀,孔隙率非常低。EURENCO 的双组元工艺克服了传统工艺中浇注时间和固化时间的局限问题。其原理是将炸药配方分成两个部分(组元),这两个组元可以在使用前单独储存数天。第一个组元包含聚合物、添加剂和炸药填料;第二个组元包含硫化剂和一部分增塑剂。通过一个特殊装置实现两个组元按照精确的比例进行混合,然后浇注到炮弹弹体中。在这个过程中,通过增加催化剂的百分含量,就可以显著地降低硫化时间,使混合物料在60℃条件下完全聚合的时间不超过24h。静态混合器是根据民用工业设备设计的。目前,这个全规模生产车间已经制造了数千发155mm IM炮弹、81mm IM迫击炮弹和122mm IM坦克炮弹,还可制造小口径和中等口径弹药,如成型装药、海军76mm炮弹等。

总体来看,国内浇注PBX成型设备能力需要加强,生产的工艺流程一般依靠对同一工序采用多次重复操作的办法来保证,需要人工参与,工序周转环节多、生产周期长,工艺过程中原材料利用率低,导致批生产的成本较高,形成连续有效的装药生产能力需要深入改善,工艺流程需合理优化。

参考文献

[1] Borne L, Mory J, Schlesser F. Reduced sensitivity RDX (RS-RDX) in pressed formulations: Respective effects of intra-granular pores, extra-granular pores and pore sizes[J]. Propellants, Explosives, Pyrotechnics, 2008, 33(1):37-43.

[2] van der Heijden A E D M, Bouma R H B. Crystallization and characterization of RDX, HMX, and CL-20[J]. Crystal Growth & Design, 2004, 4(5):999-1007.

[3] Lee M H, Kim J H, Park Y C, et al. Control of crystal density of ε-hexanitrohexaazaisowurzitane in evaporation crystallization [J]. Industrial & Engineering Chemistry Research, 2007, 46:1500-1504.

[4] Krober H, Teipel U. Crystallization of insensitive HMX [J]. Propellants, Explosives, Pyrotechnics, 2008, 33(1):33-36.

[5] Johansen O H, Kristiansen J D, Gjersoe R, et al. RDX and HMX with reduced sensitivity towards shock initiationRS-RDX and RS-HMX [J]. Propellants, Explosives, Pyrotechnics, 2008, 33(1):20-24.

[6] Urbelis J H, Swift J A. Solvent effects on the growth morphology and phase purity of CL-20 [J]. Crystal Growth & Design, 2014, 14(4):1642-1649.

[7] Ghosh M, Banerjee S, Khan M A S, et al. Understanding metastable phase transformation during crystallization of RDX, HMX and CL-20: experimental and DFT studies[J]. Physical

Chemistry Chemical Physics,2016,18(34):23554-23571.

[8] 黄明,李洪珍,徐容,等. 降感黑索今研究[J]. 含能材料,2006,14(6):492-492.

[9] 徐瑞娟,康彬,黄辉,等. 降感 HMX 性能表征[J]. 含能材料,2010,18(5):518-522.

[10] 李洪珍,徐容,黄明,等. 降感 CL-20 的制备及性能研究[J]. 含能材料,2009,17(1):125-125.

[11] Li H,Xu R,Kang B,et al. Influence of crystal characteristics on the shock sensitivities of cyclotrimethylene trinitramine,cyclotetramethylene tetranitramine,and 2,4,6,8,10,12-hexanitro-2,4,6,8,10,12-hexaazatetra-cyclo [5,5,0,03,1105,9] dodecane immersed in liquid[J]. Journal of Applied Physics,2013,113(20):203519.

[12] 齐秀芳,邓仲焱,王敦举,等. 离子液体存在下重结晶制备降感 HMX[J]. 含能材料,2013,21(1):1-6.

[13] 花成,黄明,黄辉,等. RDX/HMX 炸药晶体内部缺陷表征与冲击波感度研究[J]. 含能材料,2010,18(2):152-157

[14] Li M,Huang M,Kang B,et al.Quality evaluation of RDX crystalline particles by confined quasi-static compression method [J]. Propellants,Explosives,Pyrotechnics,2007,32(5):401-405.

[15] 李玉斌,黄亨建,黄辉,等. 高品质 HMX 的包覆降感技术[J]. 含能材料,2012,20(6):680-684.

[16] 聂福德. 高品质炸药晶体研究[J]. 含能材料,2010,18(5):481-482.

[17] Yang Z,Gong F,He G,et al. Perfect energetic crystals with improved performances obtained by thermally-metastable interfacial self-assembly of corresponding nanocrystals[J]. Crystal Growth & Design,2018,18(3):1657-1665.

[18] 安崇伟. 重结晶过程中 HMX 晶形影响因素与球形化工艺研究[D]. 太原:中北大学,2005.

[19] 徐容,李洪珍,黄明,等. 球形化 HMX 制备及性能研究[J]. 含能材料,2010,18(5):505-509.

[20] 杨志剑,徐容,丁玲,等. 六硝基六氮杂异戊兹烷炸药球形化的方法:CN103497070B[P]. 2013.

[21] Yang Z,Li J,Huang B,et al. Preparation and properties study of core-shell CL-20/TATB composites[J].Propellants,Explosives,Pyrotechnics,2014,39(1):51-58.

[22] Yang Z,Ding L,Wu P,et al. Fabrication of RDX,HMX and CL-20 based microcapsules via in situ polymerization of melamine-formaldehyde resins with reduced sensitivity[J]. Chemical Engineering Journal,2015,268:60-66.

[23] 金韶华,吴秀梅,王伟,等. 高分子包覆 ε-HNIW 方法对样品机械撞击感度的影响[J]. 安全与环境学报,2005,5(5):6-8.

[24] 潘碧峰,罗运军,谭惠民. CL-20 与树形分子键合剂的粘附性能研究[J]. 含能材料,2004,12(4):199-202.

[25] 王保国,张景林,彭英健. 配位键合剂-603对亚微米CL-20撞击感度的影响[J]. 火炸药学报,2008,31(4):39-42.

[26] 李江存,焦清介,任慧,等. 不同键合剂与RDX表界面作用[J]. 含能材料,2009,17(3):274-277.

[27] Gong F,Zhang J,Ding L,et al. Mussel-inspired coating of energetic crystals:A compact core-shell structure with highly enhanced thermal stability[J]. Chemical Engineering Journal,2017,309:140-150.

[28] He G,Yang Z,Pan L,et al. Bioinspired interfacial reinforcement of polymer-based energetic composites with a high loading of solid explosive crystals[J]. Journal of Materials Chemistry A,2017,5(26):13499-13510.

[29] He G,Liu J,Gong F,et al. Bioinspired mechanical and thermal conductivity reinforcement of highly explosive-filled polymer composites[J]. Composites Part A:Applied Science and Manufacturing,2018,107:1-9.

[30] Lin C,Gong F,Yang Z,et al. Bio-inspired fabrication of core@shell structured TATB/polydopamine microparticles via in situ polymerization with tunable mechanical properties [J]. Polymer Testing,2018,68:126-134.

[31] Zhu Q,Xiao C,Li S,et al. Bioinspired fabrication of insensitive HMX particles with polydopamine coating[J]. Propellants,Explosives,Pyrotechnics,2016,41(6):1092-1097.

[32] 肖春,祝青,谢虓,等. PDA包覆铝粉及其在HTPB中的分散稳定性[J]. 火炸药学报,2017,40(3):60-63.

[33] Sippel T R,Son S F,Groven L J. Aluminum agglomeration reduction in a composite propellant using tailored Al/PTFE particles[J]. Combustion and Flame,2014,161(1):311-321.

[34] Padhye R,McCollum J,Korzeniewski C,et al. Examining hydroxyl-alumina bonding toward aluminum nanoparticle reactivity[J]. The Journal of Physical Chemistry C,2015,119(47):26547-26553.

[35] Wang J,Qiao Z,Yang Y,et al. Core-shell Al-polytetrafluoroethylene (PTFE) configurations to enhance reaction kinetics and energy performance for nanoenergetic materials [J]. Chemistry-A European Journal,2016,22(1):279-284.

[36] 王建军,宋武林,郭连贵,等. 表面钝化纳米铝粉的制备及氧化机理分析[J]. 表面技术,2008,37(2):42-44.

[37] Sippel T,Son S F,Groven L J. Modifying aluminum reactivity with poly (carbon monofluoride) via mechanical activation[J]. Propellants,Explosives,Pyrotechnics,2013,38(3):321-326.

[38] Gromov A,Ilyin A,Förter-Barth U,et al. Characterization of aluminum powders:II. Aluminum nanopowders passivated by non-inert coatings [J]. Propellants, Explosives, Pyrotechnics,2006,31(5):401-409.

[39] Dubois C, Lafleur P G, Roy C, et al. Polymer-grafted metal nanoparticles for fuel

applications[J]. Journal of Propulsion and Power,2007,23(4):651-658.

[40] Anderson P E,Cook P,Davis A,et al. The effect of binder systems on early aluminum reaction in detonations[J]. Propellants,Explosives,Pyrotechnics,2013,38(4):486-494.

[41] Carney J R,Lightstone J M,McGrath T P,et al. Fuel-rich explosive energy release:oxidizer concentration dependence[J]. Propellants, Explosives, Pyrotechnics, 2009, 34(4): 331-339.

[42] Zeng C,Wang J,He G,et al. Enhanced water resistance and energy performance of core-shell aluminum nanoparticles via in situ grafting of energetic glycidyl azide polymer[J]. Journal of Materials Science,2018,53(17):12091-12102.

[43] 金韶华,于昭兴,欧育湘,等. 六硝基六氮杂异伍兹烷包覆钝感的探索[J]. 含能材料,2004,12(3):147-150.

[44] Dombe G,Mehilal D,Bhongale C,et al. Application of twin screw extrusion for continuous processing of energetic materials[J]. Central European Journal of Energetic Materials,2015,12(3):507-522.

[45] Kaeser R. Method and apparatus for the quasi-isostatic pressure-forming of thermoplastically-bonded precision explosive charges:U.S. 5,354,519[P]. 1994-10-11.

[46] 孙建. 等静压炸药装药技术发展与应用[J]. 含能材料,2012,20(5):638-642.

[47] 温茂萍,庞海燕,敬仕明,等. 等静压与模压 JOB-9003 炸药力学性能比较研究[J]. 含能材料,2004,12(6):338-341.

[48] 吴涛,直小松,孙强. 分步压装高能混合炸药在战斗部装药中的应用研究[J]. 国防技术基础,2009(6):43-46.

[49] 赵超. 高能钝感混合炸药的研究进展及发展趋势[J]. 兵工自动化,2013(1):67-70.

[50] Antić G,Džingalašević V. Characteristics of cast PBX with aluminium[J]. Scientific Technical Review,2006,56(3-4):52-58.

[51] Vadhe P P,Pawar R B,Sinha R K,et al. Cast aluminized explosives[J]. Combustion,Explosion,and Shock waves,2008,44(4):461-477.

[52] Trzciński W A,Szymańczyk L. Detonation properties of low-sensitivity NTO-based explosives[J]. Journal of Energetic Materials,2005,23(3):151-168.

[53] Vágenknecht J A,Mareček P,Trzciński W A. Sensitivity and performance properties of TEX explosives[J]. Journal of Energetic Materials,2002,20(3):245-253.

[54] Nouguez B,Eck G. From synthesis to formulation and final application[J]. Propellants,Explosives,Pyrotechnics,2016,41(3):548-554.

第4章　高聚物粘结炸药热稳定性理论基础

4.1　热分解活化能

4.1.1　基辛格(Kissinger)方法

一般情况下,混合物的固相反应比较复杂,其中可能涉及多步重叠过程。因此,对这种固相反应的动力学分析极具挑战。每个过程的动力学参数,如活化能 E_a、前指数因子 A 和动力学模型 $f(\alpha)$,都要同时确定。虽然有大量分析方法可用于计算简单化学反应的动力学参数,但针对复杂过程的可靠动力学分析方法却很少。半个多世纪以来,对非等温结晶、固化和分解反应过程都开展了大量的研究。这是因为非等温过程可由阿伦尼乌斯方程描述,它表示反应速率常数是负活化能除以气体常数和温度乘积的指数函数,即

$$k=A\exp[-E_a/(RT)] \tag{4-1}$$

式中:k 为速率常数;A 为指前因子或频率因子;E_a 为活化能;R 为气体常数(8.314Jmol/K);T 为温度。式(4-1)看起来很简单,但在实际应用中仍存在诸多挑战。动力学参数是描述化学反应、固化和结晶过程的必要参数。大多数现有方法都是通过假设反应服从 n 级化学反应模型来推导的,即

$$\frac{\mathrm{d}\alpha}{\mathrm{d}t}=k(1-\alpha)^n \tag{4-2}$$

式中:α 为反应深度;t 为反应时间;n 为反应级数。对式(4-1)和式(4-2)求导便可得反应速率($\mathrm{d}\alpha/\mathrm{d}t$),其在 DSC 曲线峰温 T_p 处达到最大值,此时需满足

$$\begin{aligned}\mathrm{d}(\mathrm{d}\alpha/\mathrm{d}t)\mathrm{d}t=A\exp(-E_a/(RT)(E_a/(RT^2)(1-\alpha)^n\mathrm{d}T/\\ \mathrm{d}t-n\ (1-\alpha)^{(n-1)}A\exp(-E_a/(RT))\mathrm{d}\alpha/\mathrm{d}t=0\end{aligned} \tag{4-3}$$

进一步假设 $n(1-\alpha)^{(n-1)}$ 接近常数,而 $\mathrm{d}T/\mathrm{d}t=\beta$(升温速率)恒定,则

$$\ln\left(\frac{\beta}{T_p^2}\right)=\ln\left(\frac{AR}{E_a}\right)-\frac{E_a}{RT_p} \tag{4-4}$$

式(4-4)对任意给定升温速率β下的DSC或DTG曲线，可获得最大反应速率所对应峰温T_p；不同升温速率下可获得一组DSC或DTG曲线，各升温速率下所得峰温值代入$\ln(\beta/T_p^2)$和$1/T_p$，对两者线性相关作图。由所得直线的截距可以计算出活化能E_a，而由斜率则可得到指前因子A。

4.1.2　等转化率法

4.1.2.1　弗里德曼(Friedman)方程

速率常数随温度的变化关系可通过阿伦尼乌斯方程来替代$k(T)$得到：

$$\frac{d\alpha}{dt}=A\exp\left(-\frac{E_a}{RT}\right)f(\alpha) \tag{4-5}$$

对式(4-5)两边取对数，得

$$\ln\frac{d\alpha}{dt}=\ln(A)+\ln(f(\alpha))-\frac{E_a}{RT} \tag{4-6}$$

在等转化的假设条件下，函数$f(\alpha)$可看作特定常数。此时$\ln(d\alpha/dt)$与$1/T$呈线性关系，其斜率即为$-E_a/R$。

4.1.2.2　Ozawa-Flynn-Wall(OFW)方程

Ozawa、Flynn和Wall试着把式(4-6)改写成积分形式，然后用近似函数代替了积分函数。通过这种近似，得

$$\ln(\alpha)=\ln(AE_a/R)-G(\alpha)-5.3305-1.052\frac{E_a}{RT} \tag{4-7}$$

在等转化率条件下，函数$G(\alpha)$也达到一个给定值，可看作一个常数。因此，$\ln(\alpha)$对$1/T$的作图可得一条直线，其斜率为$-1.052E_a/R$。

4.1.2.3　Kissinger-Akahira-Sunose(KAS)方程

根据Starink公式，可以推导出能更准确估算E_a的KAS方程如下：

$$\ln\left(\frac{\beta_i}{T_{\alpha,i}^{1.92}}\right)=\text{常数}-1.0008\frac{E_\alpha}{RT_\alpha} \tag{4-8}$$

与OFW方法相比，改进KAS方程显著提高了E_a的求解精度。实际上，动力学分析的目标是诠释所得动力学三因子的物理意义。动力学三因子分别对应于一个基础物理过程或参数相联系：E_a与能量势垒有关，A与活化反应物的振动频率相关，而$f(\alpha)$或$g(\alpha)$则与反应机制和反应路径有关。为了完整描述热性能和分解动力学参数，将采用这种改进KAS法(式(4-8))，开展本专著后续所涉及的高聚物粘结炸药的热分解动力学参数精确计算。

4.2 热分解反应物理模型

4.2.1 经验模型法

为了确定动力学模型，Málek 提出了一种比较实用的算法（又称经验模型法，见图 4-1）。该方法首先要基于特征函数 $z(\alpha)$ 和 $y(\alpha)$，它们均由实验数据简单转换获得（见式（4-9）和式（4-10））。然后根据 $y(\alpha)$ 和 $z(\alpha)$ 函数最大值和相应的 α_{max} 来确定最合适的动力学模型。本专著中将采用两种最流行的物理模型，即约翰逊-迈赫-阿夫拉米模型（JMA，式（4-11））和自催化经验模型（AC，式（4-12）），也被称作 Šesták-Berggren（SB）模型：

$$y(\alpha)=\left(\frac{\mathrm{d}\alpha}{\mathrm{d}t}\right)_{\alpha}\exp\left(\frac{E}{RT_{\alpha}}\right)=Af(\alpha) \tag{4-9}$$

$$z(\alpha)=\left(\frac{\mathrm{d}\alpha}{\mathrm{d}t}\right)_{\alpha}T_{\alpha}^{2}\left[\frac{\pi(x)}{\beta T_{\alpha}}\right]=f(\alpha)g(\alpha) \tag{4-10}$$

$$f(\alpha)=m(1-\alpha)[-\ln(1-\alpha)]^{[1-(1/m)]} \tag{4-11}$$

$$f(\alpha)=\alpha^{M}\ (1-\alpha)^{N} \tag{4-12}$$

这里的参数 m、M 和 N 可以根据以下两个方程计算得到

$$m=\frac{1}{1+\ln(1-\alpha_{max,y})} \tag{4-13}$$

$$\frac{M}{N}=\frac{\alpha_{max,y}}{(1-\alpha_{max,y})} \tag{4-14}$$

$$\ln\left[\phi\exp\left(\frac{E}{RT}\right)\right]=\ln(\Delta H\cdot A)+N\cdot\ln[\alpha^{M/N}(1-\alpha)] \tag{4-15}$$

计算时采用当 $y(\alpha)$ 和 $z(\alpha)$ 函数最大时对应的 α 值代入即可。Šesták 模型仅为经验方程，它本身及其参数无任何物理意义，仅用来描述实验现象。对于大多含能材料的热分解过程，$\alpha_{maxz}>\alpha_{maxy}$，且 $\alpha_{maxy}\neq 0$。根据 Málek 算法，当 α_{maxz} 接近 0.632 时，可以选择 JMA 模型，否则选择 AC 模型。基于式（4-13）和式（4-14），可以采用 JMA 模型来计算并分别描述 α_{maxy} 与 m 或 M/N 值之间的关系，也可计算相应的 $z(\alpha)$ 方程。

对高能材料热分解而言，需要进一步拓展 Málek 算法。从图 4-2 中可以看出，在 $\alpha_{max,y}\neq 0$ 的前提下，当 $\alpha_{max}>0.551$（$m>5$ 或 $m<=0$ 时），最好选择 AC

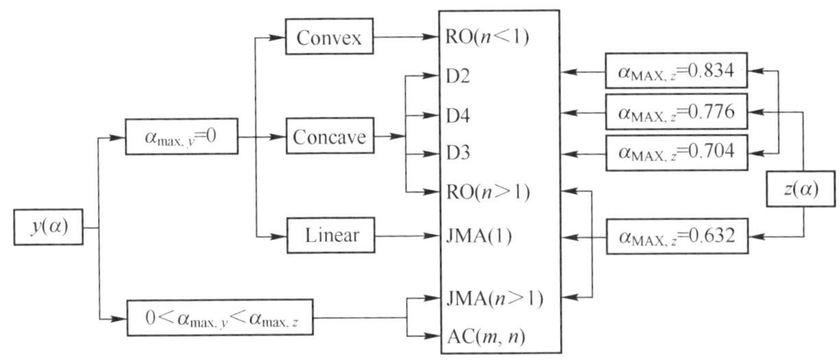

图 4-1 根据 $y(\alpha)$ 方程和 $z(\alpha)$ 方程最大值对应的 α 值来确定恰当的动力学模型的算法（RO 表示多级化学反应模型，而 D2～D4 的则为扩散模型）

模型。指数 m 值在 0.5～5 才具有物理意义。事实上，当 $m>5$ 时，JMA 模型的形状对 m 不再敏感（图 4-2）。如果 $\alpha_{max,y}<0.551$，那么它将取决于 $\alpha_{max,z}$。当 $0.20<\alpha_{max,y}<0.551$ 时，这两个模型似乎都可应用，相关系数都较高。JMA 模型的参数 m 较容易计算，然而在反应周期内，由于模型的参数 M 和 N 有时很难得到，导致的其线性相关系数的计算易出现错误（式（4-16））。如果 $\alpha_{max,y}$ 接近于 0，则可采用 Málek 算法来选择其他模型，包括多级化学反应模型和扩散模型（D2～D4）。在确定了动力学模型后，利用该模型拟合实验数据，即可确立指前因子 A。

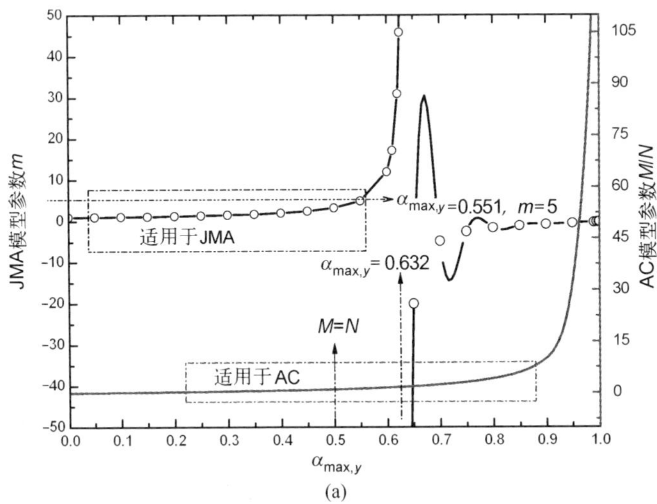

(a)

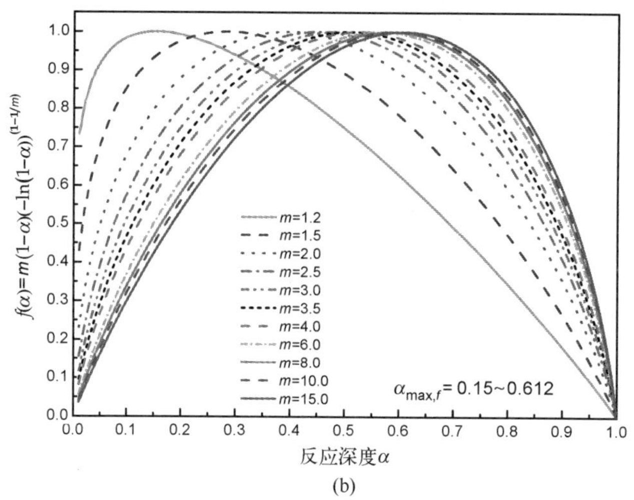

(b)

图 4-2 JMA 和 AC 模型中 m 和 M/N 值与其 $\alpha_{max,y}$ 和 $\alpha_{max,z}$ 值的关系

4.2.2 联合动力学分析法

联合动力分析法可以直接用于动力学计算，且比上述基辛格法和 Málek 法更方便。它可同时分析在不同加热条件下获得的实验数据。因此，只有真实的动力学模型(可采用式(4-16)描述)才能同时满足所有的升温条件下的实验数据(动力学参数不随加热条件而改变，即任意温度等温或任意升温速率非等温)，从而得到满足条件的唯一 $f(T)$ 函数。通过数值拟合求解式(4-17)，可获得适用于理想模型的任意动态函数，且容许一定偏差：

$$f(\alpha)=c\alpha^{m_1}(1-\alpha)^{n_1} \tag{4-16}$$

联合动力学分析可基于以下等式：

$$\ln\left[\frac{\mathrm{d}\alpha/\mathrm{d}t}{\alpha^{m_1}(1-\alpha)^{n_1}}\right]=\ln(cA)-\frac{E}{RT} \tag{4-17}$$

要求解式(4-17)，需要同时代入不同温度 $T(t)$ 条件下得到的数据：转化率 α、反应速率 $\mathrm{d}\alpha/\mathrm{d}t$ 和温度 T。一般认为最佳拟合参数是使式(4-17)左边曲线和温度的倒数呈线性时的值。需要注意的是，m_1 和 n_1 都无物理意义，此函数仅用来拟合实验曲线。然而，比较实验数据拟合所得的 $f(\alpha)$ 函数与其他理想 $f(\alpha)$ 模型，可得到与研究对象分解反应最接近的理想物理模型。该方法已广泛应用于聚合物热降解机理研究，最近也逐步应用于高能材料热分解机理评估。推进剂和高聚物粘结炸药等含能混合物的分解反应复杂，常见的几种理想动力学模型(表 4-1)无法准确描述其分解过程。通过上述方法确定的动力学模型可描述非理想过程，还需要利用动力学三因子来模拟实验数据，以验证其可靠性。

表 4-1　可描述固相反应动力学的典型物理模型

编号	反应模型	$f(\alpha)$	$g(\alpha)$
1	指数关系（P1）	$2\alpha^{1/2}$	$\alpha^{1/2}$
2	指数关系(P2)	$3\alpha^{2/3}$	$\alpha^{1/3}$
3	指数关系(P3)	$4\alpha^{3/4}$	$\alpha^{1/4}$
4	指数关系(P4)	$2/3\alpha^{-1/2}$	$\alpha^{3/2}$
5	一维扩散（D2）	$1/2\alpha$	α^2
6	二维扩散(D3)	$[-\ln(1-\alpha)]^{-1}$	$\alpha+(1-\alpha)\ln(1-\alpha)$
7	三维扩散(D4)	$3(1-\alpha)^{2/3}[1-(1-\alpha)^{1/3}]^{-1}/2$	$[1-(1-\alpha)^{1/3}]^2$
8	反应级数（$n=1$）（R1）	$1-\alpha$	$-\ln(1-\alpha)$
9	反应级数($n=1.5$)（R2）	$3(1-\alpha)[-\ln(1-\alpha)]^{1/3}/2$	$[-\ln(1-\alpha)]^{1/1.5}$
10	成核-核增长($n=2$)（A2）	$2(1-\alpha)[-\ln(1-\alpha)]^{1/2}$	$[-\ln(1-\alpha)]^{1/2}$
11	成核-核增长($n=3$)（A3）	$3(1-\alpha)[-\ln(1-\alpha)]^{2/3}$	$[-\ln(1-\alpha)]^{1/3}$
12	成核-核增长($n=4$)（A4）	$4(1-\alpha)[-\ln(1-\alpha)]^{3/4}$	$[-\ln(1-\alpha)]^{1/4}$
13	圆柱体收缩(C2)	$2(1-\alpha)^{1/2}$	$1-(1-\alpha)^{1/2}$
14	球体收缩(C3)	$3(1-\alpha)^{2/3}$	$1-(1-\alpha)^{1/3}$

4.2.3　等分解速率热分析

Rouquerol 等在 ESTAC 和 TMG 会议首先出了样品受控热分析(SCTA)的概念，并引起业内人士的热烈讨论，SCTA 法在 1996 年第 11 届 ICTAC 研讨会上得到了广泛支持。对于传统热分析，样品受预先设定的程序加热(通常是线性加热或等温处理)，同时监测该样品的一个或多个物理化学参数随时间的变化。区别于传统热分析，在 SCTA 研究过程中，一般采用反馈回路对升温速率进行控制，从而获得样品的受控分解反应过程。首个 SCTA 实验方法称为等反应速率热分析(CRTA)法，它由 Rouquerol 和 Pauliks 独创。该方法通过控制样品温度来保持反应速率常数稳定。该方法大幅降低了传统线性加热系统中样品所处的温度和压力梯度，并在整个样品中实现热平衡。正因为此，CRTA 法测量的样品温度更可靠，进而提高了动力学参数和物理模型的精度。在新型热分析方面，最近开发的技术包括 Sorensen 的逐步等温分析(SIA)和 TA 仪器开发的动态速率法等。恒定速率分解对于含能材料的起始反应性质至关重要。因此，本书将主要利用可靠的动力学参数预测高聚物粘结炸药的控制速率分解温度曲线，并研究高聚物粘结炸药等速分解最低温度与其感度数据的相关性。

4.3 基于动力学三参数的热稳定性预测

高聚物粘结炸药的热稳定性和安全性可通过其烤燃过程反应的剧烈程度来评估,该反应的剧烈程度可由装药外壳的良性破裂到接近爆轰的破片来分级。通过预测烤燃过程中高聚物粘结炸药装药反应剧烈程度,可以实现配方的优化设计和安全设置爆炸体系的安全阈值。除了进行烤燃试验外,也可以通过 VST 测试其热稳定性。同时,可将测试结果与俄罗斯布氏压力计法得到的结果之间进行关联,后者可用于预测高聚物粘结炸药的阿伦尼乌斯参数(E_a和 lg A)。在现代热分析方法中,可使用简单的非等温微分热分析如 DTA 来评估,以前一般通过改进 Piloyan 法。另一种方法则是由基辛格等在高能材料起爆微观化学机制的研究中建立,目前已广泛应用于 RDX 和 AN 基混合炸药热安全评价。采用 VST 和 DTA 方法对高聚物粘结炸药安全性研究还处于起步阶段。基于热分解动力学参数,可以初步预估出高聚物粘结炸药的热稳定性,如存储寿命、爆炸延迟、临界温度、热稳定性阈值、500 天烤燃温度和近似热爆炸时间等参数,这些都属于定量热稳定性分析参数。几种典型的热安全参数的定义及其计算公式如下。

4.3.1 存储寿命

为了确定高聚物粘结炸药的存储寿命,气体生成速率可以用至少两个温度下 1mol 炸药每天所产生的摩尔气体量表示,该速率和温度 $T(K)$之间的关系服从阿伦尼乌斯方程:

$$\lg(\gamma)=A-\frac{B}{T} \tag{4-18}$$

由式(4-18)可确定其在 298K 时,高聚物粘结炸药的反应速率为

$$\lg(\gamma_{25})=A-\frac{B}{298} \tag{4-19}$$

式中:A、B 为常数。根据材料的热降解特性,尤其是对于炸药类含能材料,存储寿命可由达到其 5%质量损失的时长来描述(即 $t_{5\%}$),可采用以下方程进行近似计算:

$$t_{5\%}=\frac{0.0513}{\gamma_{25}} \tag{4-20}$$

4.3.2 爆炸延迟时间

在不同温度下,高聚物粘结炸药的爆炸延迟或点火延迟时间为

$$D_{\mathrm{E}}=A\exp\frac{E}{RT} \tag{4-21}$$

式中:E 为热爆炸活化能,可对式(4-21)两边取对数,并由 $\ln(D_{\mathrm{E}})$ 和 T^{-1} 作图来求解 E。

4.3.3 储存临界温度

可用著名弗兰卡-卡姆尼特斯基方程来计算高聚物粘结炸药的临界温度,该方程简化表达式为

$$\frac{E}{T_{\mathrm{c}}}=R\ln\frac{\alpha^2\rho Q_{\mathrm{dec}}AE}{T_{\mathrm{c}}\lambda\delta R} \tag{4-22}$$

式中:T_{c} 为 K 的临界温度;E 为分解活化能;R 为气体常数;α 为球体或圆柱体的直径;ρ 为密度;Q_{dec} 为分解热;A 为单分子分解的指前因子;λ 为导热系数;δ 为形状系数(对无限平板、圆柱体和球体的取值分别为 0.88、2.00 和 3.22)。

4.3.4 外推绝热至爆温度

热稳定性与含能材料的最初反应机制或初始反应途径之间存在必然的联系。热爆炸外推临界温度 T_{b} 是确保炸药(包括推进剂和烟火剂)安全储存、运输和应用的重要参数。它定义为可加热至该含能材料不发生失控化学反应的最低温度。T_{b} 可由点火理论和相应热分解动力学参数来计算。可先由式(4-23)来算因子 b:

$$T_{\mathrm{b}}=T_{\mathrm{eo}}+\frac{1}{b} \tag{4-23}$$

其次,由非等温 TG 曲线可获得任意升温速率下的起始分解温度 T_{ei},并由式(4-23)计算 T_{eo} 值:

$$T_{\mathrm{ei}}=a_0+a_1\beta_i+a_2\beta_i^2+a_3\beta_i^3,\ i=1-4 \tag{4-24}$$

从式(2-24)得到的 b 值代入到以下方程:

$$\ln\beta_i=\ln\left[\frac{A_0}{bG(\alpha)}\right]+bT_i \tag{4-25}$$

式中:b、a_0、a_1、a_2、a_3 为系数。将($\beta_i,T_i,i=1,2,\cdots,L$)代入式(4-24)。利用线性最小二乘法,可从斜率中得到 b 值。此外,式(4-24)所获得的起始温度 T_{eo} 在 $\beta\to0$ 时的值等于 a_0。由此可通过式(4-23)计算 T_{b}。此外,活化熵 $\Delta S^{\#}$ 也可能

会影响高聚物粘结炸药的活化能,它可以由下面方程来计算:

$$\Delta S^{\#}=R(\ln A-\ln T_{b})-205.86 \tag{4-26}$$

如果 $\Delta S^{\#}$ 值为正,则表明被研究的含能体系的主分解反应受化学键均裂反应过程控制。

4.3.5 500 天烤燃临界温度

作为典型代表,Jack 和 Pakulak 采用两个方程计算了某种通用弹药的 500 天烤燃温度。意思是 500 天内,温度保持在 82℃ 时不会发生自燃反应,反应速率常数需满足

$$\ln(1-F)=-tk \tag{4-27}$$

在等温烤燃实验过程中,F 为微弱反应深度,其取值范围通常为 0.02~0.06;t 为温升期的烤燃时间;k 为由阿伦尼乌斯方程计算的速率常数。因此,为了计算 500 天的烤燃温度,需要应用阿伦尼乌斯方程中的频率因子 A 和活化能 E 来计算速率常数:

$$\ln k=\ln A-\frac{E}{RT} \tag{4-28}$$

式中:T 为 500 天烤燃温度(K)。

4.3.6 热稳定性阈值

热稳定性阈值指的是不破坏炸药功能的前提下,在 6h 内作用于指定炸药的最大温度(这相当于最大限度质量含量 2%的炸药发生化学质变)。这一阈值的计算也要基于阿伦尼乌斯方程:

$$T_{max}=\frac{E}{2.03R(\log A-\log k)} \tag{4-29}$$

试验结果表明,在上述条件下,芳香烃硝基化合物和多硝胺化合物的速率常数 k 分别为 $10^{-6.0}s^{-1}$ 和 $10^{-6.5}s^{-1}$ 数量级。

4.3.7 近似绝热至爆时间

根据 Pakulak 的观点,可以由下式计算出近似的绝热至爆(烤燃)时间:

$$\tau=\frac{a^{2}}{\alpha} \tag{4-30}$$

式中:τ 为热时间常数;a 为半径(cm);α 为热扩散系数(cm^2/s)。这都是取决于指定高聚物粘结炸药圆柱型装药直径的常数。当 $\tau_e/\tau=1$,即 $\tau_e=\tau$ 时,τ_e 为爆炸

温度,那么 $\tau=\frac{a^2}{\alpha}$。由此,可作图描述绝热至爆时间的对数与临界温度的对数之间的关系。

4.4　分子动力学模拟

4.4.1　反应力场模拟分解机制

近年来,高能材料的热爆炸已经有了实验和理论方面的长足进展,但仍有许多现象无法解释。极端条件下(如冲击波作用下)含能材料的分解、燃烧或爆轰反应快速而复杂,要理解这些无法用实验技术检测或阐释的化学过程极具挑战。分子动力学模拟(MD)对高活性材料在孤立系统中的快速化学反应非常有效。反应力场(ReaxFF)是采用基于键级的量子力学从头算法和 MD 计算相结合的新型代码。它能高效计算模拟含能材料在各种复杂条件下的化学反应过程。因此,ReaxFF 可以描述碳氢化合物和各种 C—H—N—O 含能体系的气相化学过程,包括高能炸药如 RDX 衍生物的热分解途径。它广泛应用于高能材料分解的初始化学途径的模拟,对于硝胺炸药,可使用专门的 HE 反应力场。对于其他高能材料,已经开发另一个更精确的力场 CHONSSi-lg,它在 HE 力场基础上考虑了伦敦色散的影响,但尚未见包含氟聚物的力场。

4.4.2　聚合物基体内气体的扩散系数模拟

除了影响气体产物生成机制以外,聚合物对硝胺炸药填料的热分解气体产物扩散的影响也至关重要。事实上,许多实际应用,包括气体分离、食品包装和保护涂层,都很大程度上依赖于聚合物中气体扩散速率。利用 Fick 定律,可以在宏观层面上对聚合物中气体扩散过程进行定量描述。然而,在分子水平上扩散的机理还不太清楚,主要是通过建立现象学模型,如利用对气体扩散系数比较有效自由体积模型和双模吸收模型。这些现象学模型无法准确预测气体的真实扩散过程,因为它们的参数与聚合物结构没有建立直接联系。最近,一种更精确的计算机模拟方法在这一领域得到了应用,使得通过 MD 模拟来预估聚合物中气体的扩散系数成为可能。几乎所有文献报道的采用 MD 模拟聚合物中气体扩散的过程都只针对常规气体(如氧气、氮气和氢气)与纯聚合物体系。但本书所涉及的聚合物基体一般为塑化后的混合物体系,且硝胺炸药产生的气体也比较独特,如 NO_2、CH_2O 和 HCN 等(图 4-3)。本书在总结硝胺炸药热分解机理的基础上,讨论了聚合物基质对这些特殊气体产物扩散速率的影响,并与分解物理模型进行关联。在此基础上,阐明聚合物基体对环硝胺初始分解过程的影响机制和钝感化的内在机理。

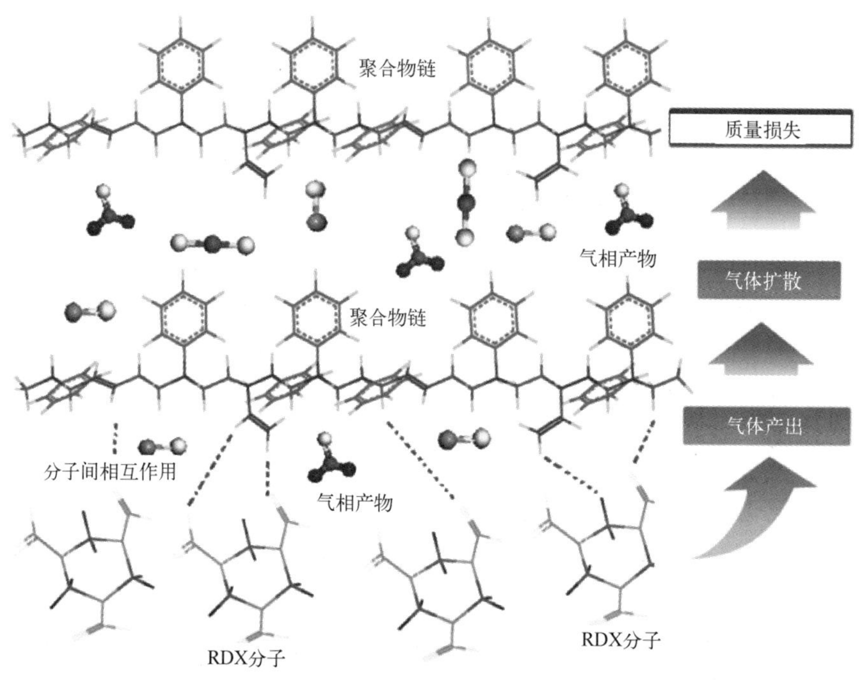

图 4-3 在分子水平上解释聚合物基体对 RDX 的起始反应气相产物扩散的影响示意图

采用 ReaxFF 和 Material Studio 中的 Discover 模块对高聚物粘结炸药的气体生产过程及其扩散系数进行了模拟(图 4-4)。结果表明,由于强分子间相互作用,RDX 的初始分解途径可能会被聚合物改变,由于扩散特性的变化,分解物理模型也随之发生变化。通过对聚合物微结构的分析,确定了在 500K 时 NO_2、CH_2O、CO_2、HCN 和 CO 这五种气体在常见聚合物粘结剂中的扩散系数。这些气体通常被认为是硝胺炸药分解的主要气体产物。模拟过程中,通过求解牛顿运动方程获得气体分子在聚合物微结构中扩散的位置随时间连续变化的关系,可得到在给定聚合物微结构中,渗透分子的"随机行走"轨迹。扩散系数则可通过爱因斯坦方程的均方位移(MSD)值来计算:

$$D = \frac{1}{6N}\lim_{t\to\infty}\left\langle \frac{\mathrm{d}}{\mathrm{d}t}\sum_{i}^{N}\left[r_i(t) - r_i(0)\right]^2\right\rangle \tag{4-31}$$

在所模拟的聚合物微观结构中,$r_i(0)$是向外渗透的气体分子的初始位置,而$r_i(t)$是这个分子在 t 时刻的位置坐标;$r_i(t)-r_i(0)$则表示时间 t 中渗透分子的位移,N 是分子的数目。本书使用 0.5fs 时间(0.5^{-15}s)作为时间步长。式(4-31)所

得准扩散系数 D 为常数,也就是说,气体分子的位移不随聚合物中渗透气体浓度变化。对于橡胶类聚合物,已经试验获得了恒定的低临界温度下纯气体的扩散系数,可以作为模拟结果的验证数据。即使在高压下,这种气体也非常容易溶解在橡胶聚合物中。因此,聚合物渗透气体浓度一般是非常低的。

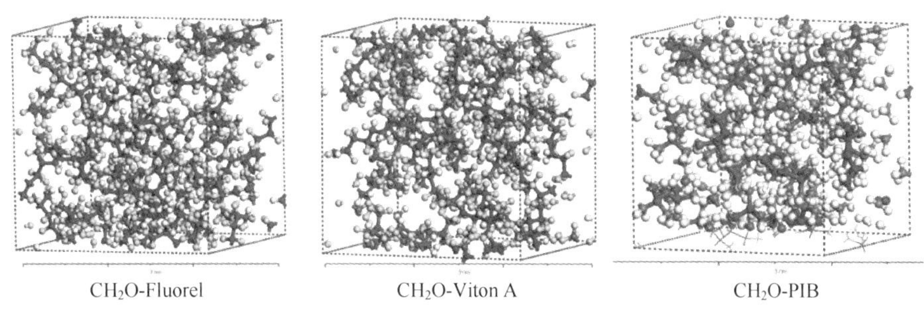

图 4-4　Fluorel 和 PIB 聚合物的平衡无定型晶胞结构(气体与聚合物分子的摩尔比为 8/10)

本书所计算的气体包括 NO_2、CH_2O、CO_2、HCN 和 CO 的均方位移,被模拟的聚合物基体包括 Viton A、Fluorel、PIB+DOS、NBR 和 SBR 等,每次模拟 8 个分子的运动轨迹计算得到各气体的扩散系数。值得注意的是,D 的估算值取决于聚合物的密度,建模时应该接近其真实密度。按照文献常规设置,用于平衡模拟这些聚合物的温度均为 298K(模拟过程中恒温)。对扩散的模拟是将体系设置在 508K 的温度下作用 500ps,这个温度高于 RDX 的起始分解温度。详细的预估结果及讨论见本书第 7 章。

参考文献

[1]　Elbeih A. New energetic materials: Plastic explosives on the basis of selected cyclic nitramines[D]. Pardubice: University of Pardubice, 2012.

[2]　Reimer L. Scanning electron microscopy: physics of image formation and microanalysis[M]. New York: Springer, 2013.

[3]　Egerton R F. Physical principles of electron microscopy[M]. New York: Springer, 2005.

[4]　Griffiths P R, De Haseth J A. Fourier transform infrared spectrometry[M]. John Wiley & Sons, 2007.

[5]　Flynn J H. The 'temperature integral'—its use and abuse[J]. Thermochimica Acta, 1997, 300(1-2): 83-92.

[6]　Vyazovkin S, Burnham A K, Criado J M, et al. ICTAC Kinetics Committee recommendations for performing kinetic computations on thermal analysis data[J]. Thermochimica Acta, 2011, 520(1-2): 1-19.

[7] Starink M J. The determination of activation energy from linear heating rate experiments:a comparison of the accuracy of isoconversion methods[J]. Thermochimica Acta,2003,404(1-2):163-176.

[8] Brown M E. Introduction to thermal analysis:techniques and applications[M]. Springer Science & Business Media,2001.

[9] Málek J. Kinetic analysis of crystallization processes in amorphous materials[J]. Thermochimica Acta,2000,355(1-2):239-253.

[10] Miura K. A new and simple method to estimate f (E) and k0 (E) in the distributed activation energy model from three sets of experimental data[J]. Energy & Fuels,1995,9(2):302-307.

[11] Perez-Maqueda L A,Criado J M,Sanchez-Jimenez P E. Combined kinetic analysis of solid-state reactions:a powerful tool for the simultaneous determination of kinetic parameters and the kinetic model without previous assumptions on the reaction mechanism[J]. The Journal of Physical Chemistry A,2006,110(45):12456-12462.

[12] Sánchez-Jiménez P E,Pérez-Maqueda L A,Perejón A,et al. A new model for the kinetic analysis of thermal degradation of polymers driven by random scission[J]. Polymer Degradation and Stability,2010,95(5):733-739.

[13] Sánchez-Jiménez P E,Pérez-Maqueda L A,Perejón A,et al. Combined kinetic analysis of thermal degradation of polymeric materials under any thermal pathway[J]. Polymer Degradation and Stability,2009,94(11):2079-2085.

[14] Sánchez-Jiménez P E,Pérez-Maqueda L A,Perejón A,et al. Generalized kinetic master plots for the thermal degradation of polymers following a random scission mechanism[J]. The Journal of Physical Chemistry A,2010,114(30):7868-7876.

[15] Sánchez-Jiménez P E,Pérez-Maqueda L A,Perejón A,et al. Constant rate thermal analysis for thermal stability studies of polymers[J]. Polymer Degradation and Stability,2011,96(5):974-981.

[16] Parkes G M B,Barnes P A,Charsley E L. New concepts in sample controlled thermal analysis:resolution in the time and temperature domains[J]. Analytical Chemistry,1999,71(13):2482-2487.

[17] Málek J,Šesták J,Rouquerol F,et al. Possibilities of two non-isothermal procedures (temperature-or rate-controlled) for kinetical studies[J]. Journal of Thermal Analysis and Calorimetry,1992,38(1-2):71-87.

[18] Charsley E L,Warrington S B. Thermal analysis:techniques and applications[M]. Cambridge:Royal Society of Chemistry,1992.

[19] Chovancová M,Zeman S. Study of initiation reactivity of some plastic explosives by vacuum stability test and non-isothermal differential thermal analysis[J]. Thermochimica Acta,2007,460(1-2):67-76.

[20] Zeman S. Study of chemical micro-mechanism of the energetic materials initiation by means of characteristics of their thermal decomposition[C]//The 34th NATAS Annual Conference (CD-Proceedings), Kentucky. 2006, 74(05.208): 1-074.1.

[21] Zeman S, Friedl Z. Relationship between electronic charges at nitrogen atoms of nitro groups and thermal reactivity of nitramines[J]. Journal of Thermal Analysis and Calorimetry, 2004, 77(1): 217-224.

[22] Zeman S. A new aspect of relations between differential thermal analysis data and the detonation characteristics of polynitro compounds[C]//International Annual Conference-Fraunhofer Institut Fur Chemische Technologie. Fraunhofer - Institut Fur Chemische Technologie. 1998.

[23] Zeman S, Kohliček P, Maranda A. A study of chemical micromechanism governing detonation initiation of condensed explosive mixtures by means of differential thermal analysis[J]. Thermochimica Acta, 2003, 398(1-2): 185-194.

[24] Zeman S. Study of some properties of several explosive mixtures containing ammonium nitrate [C]//Proceedings of the 2nd International Seminar on Industrial Explosive Materials, Nanjing Univ. Sci. Technol., Nanjing. 2006: 185.

[25] Zeman S, Varga R. Study of thermal and detonation reactivities of the mixtures containing 1, 3, 5-trinitroso-1, 3, 5-triazinane (TMTA)[J]. Central European Journal of Energetic Materials, 2005, 2(4): 77-88.

[26] Tompa A S, Boswell R F. Thermal stability of a plastic bonded explosive[J]. Thermochimica Acta, 2000(357): 169-175.

[27] Kotoyori T. Critical temperatures for the thermal explosion of chemicals[M]. Elsevier, 2011.

[28] Zeman S, Fedak J, Dimun M. Non - isothermal differential thermal analysis in the specification of the thermostability threshold of thermodynamically unstable substances of aliphatic series[J]. Zbornik Radova (Univ. Bor.), 1983, 19: 71.

[29] Zeman S. Thermal stabilities of polynitroaromatic compounds and their derivatives[J]. Thermochimica Acta, 1979, 31(3): 269-283.

[30] Jack M, Pakulak J. Thermal analysis and cookoff studies of the pressed explosive PBXN-3 [J]. NWC TP, 1987, 37(4): 308-315.

[31] Politzer P, Boyd S. Molecular dynamics simulations of energetic solids[J]. Structural Chemistry, 2002, 13(2): 105-113.

[32] Van Duin A C T, Dasgupta S, Lorant F, et al. ReaxFF: a reactive force field for hydrocarbons [J]. The Journal of Physical Chemistry A, 2001, 105(41): 9396-9409.

[33] Strachan A, van Duin A C T, Chakraborty D, et al. Shock waves in high-energy materials: the initial chemical events in nitramine RDX [J]. Physical Review Letters, 2003, 91 (9): 098301.

[34] Strachan A, Kober E M, Van Duin A C T, et al. Thermal decomposition of RDX from

reactive molecular dynamics[J]. The Journal of Chemical Physics,2005,122(5):054502.

[35] Zhang L,Chen L,Wang C,et al. Molecular dynamics study of the effect of H_2O on the thermal decomposition of α phase CL-20[J]. Acta Physico-Chimica Sinica,2013,29(6):1145-1153.

[36] Zhang L,Zybin S V,Van Duin A C T,et al. Carbon cluster formation during thermal decomposition of octahydro-1,3,5,7-tetranitro-1,3,5,7-tetrazocine and 1,3,5-triamino-2,4,6-trinitrobenzene high explosives from ReaxFF reactive molecular dynamics simulations[J]. The Journal of Physical Chemistry A,2009,113(40):10619-10640.

[37] Liu L,Liu Y,Zybin S V,et al. ReaxFF-lg:Correction of the ReaxFF reactive force field for London dispersion,with applications to the equations of state for energetic materials[J]. The Journal of Physical Chemistry A,2011,115(40):11016-11022.

[38] Chenoweth K,Cheung S,Van Duin A C T,et al. Simulations on the thermal decomposition of a poly (dimethylsiloxane) polymer using the ReaxFF reactive force field[J]. Journalof The American Chemical Society,2005,127(19):7192-7202.

[39] Stern S A,Trohalaki S. In Barrier Polymers and Structures[C]//ACS Symposium Series. 1990:423.

[40] Charati S G,Stern S A. Diffusion of gases in silicone polymers:molecular dynamics simulations[J]. Macromolecules,1998,31(16):5529-5535.

[41] Kotelyanskii M J,Wagner N J,Paulaitis M E. Molecular dynamics simulation study of the mechanisms of water diffusion in a hydrated,amorphous polyamide[J]. Computational and Theoretical Polymer Science,1999,9(3-4):301-306.

[42] Hofmann D,Fritz L,Ulbrich J,et al. Molecular simulation of small molecule diffusion and solution in dense amorphous polysiloxanes and polyimides [J]. Computational and Theoretical Polymer Science,2000,10(5):419-436.

[43] Xiao J,Ma X,Zhu W,et al. Molecular Dynamics Simulations of Polymer-Bonded Explosives (PBXs):Modeling,Mechanical Properties and their Dependence on Temperatures and Concentrations of Binders[J]. Propellants,Explosives,Pyrotechnics,2007,32(5):355-359.

[44] Sewell T D,Menikoff R,Bedrov D,et al. A molecular dynamics simulation study of elastic properties of HMX[J]. The Journal of Chemical Physics,2003,119(14):7417-7426.

[45] Strachan A,Kober E M,Van Duin A C T,et al. Thermal decomposition of RDX from reactive molecular dynamics[J]. The Journal of Chemical Physics,2005,122(5):054502.

第5章 硝胺高聚物粘结炸药的热分解特性

从PBX的发展来看,下一代PBX填料性能调控目标的重点是保证低感度的同时,提高其能量密度和力学性能。为符合上述要求,目前已开发一些具有优异爆轰性能和低感度的高能填料,这些新的高能填料可能会撼动目前使用的高能材料如RDX和HMX的地位。BCHMX和CL-20就是这类高能化合物的典型代表。人们已经在几类PBX中使用和评估了这两种高能硝胺化合物。如第1章绪论所述,将它们引入PBX时,为了研究其相容性、热性能和爆轰性能,有必要先研究传统现役聚合物炸药中的基体,包括:碳氢化合物,如丁苯橡胶SBR、丁腈橡胶NBR和异丁烯橡胶PIB;氟聚物,如乙烯-氯三氟三烯共聚物(Kel F-800),Viton A、Fluorel、Oxy 461、Cytop A和Hyflon AD60)等基体。Viton A是一种适用于炸药粘结剂的弹性体材料,其氟含量为66%、密度为1.78~1.82g/cm^3。Fluorel(或被3M公司称作Dyneon FT2481)是聚四氟乙烯偏二氟乙烯和六氟丙烯的三元聚合物,它的氟含量68.6%,密度为1.86 g/cm^3。Viton A主要用于美国的LX系列聚合物炸药的主要基体成分。例如,LX-07、LX-11、LX-10和LX-04分别是由90:10、80:20、95.5:4.5和85:15质量百分比的HMX/氟橡胶复合材料构成。其中LX-04主要用来代替PBX-9404炸药(含94%的HMX、3%的硝化纤维素和3%的2-氯乙烯基三磷酸),用于起爆B43核弹,也可用于W62和W70巡航导弹战斗部装药。Viton A的玻璃化转变温度为-18℃左右,其配方中含有90%~95%的RDX、HMX和HNS。其撞击感度均超过113 J,力学性能非常好。Viton A还可以用作2,6-二氨基-3,5-硝基吡嗪-1-氧(LLM-105)、BCHMX或CL-20为填料的PBX粘结剂。对Viton A炸药的力学性能研究结果表明,用氟聚物粘结剂作为结构增强剂,具有优良分散性。现已基于FTIR法技术发展了一种量化描述PBX中Viton A含量的方法。

聚合物基体在PBX的热分解过程中起着重要作用。Felix等研究了Kel-F 800和Viton A对含有Keto-RDX的PBX的热分解动力学。他们指出,在PBX热分解过程中,粘结剂可促进高能炸药填料凝聚相反应并减少气相竞争过程。目前,主要采用非等温DSC和TG技术,研究了基于Formex P1、C4、Semtex 10、

Viton A 和 Fluorel 的热分解动力学参数,而 STABIL 法则用于分析聚合物炸药的低温热分解行为。此外,我们还研究了 C4 基体对 CL-20 热稳定性的影响,并系统地研究了 Semtex、C4 和 Viton A 等聚合物基体对氮杂环硝胺的感度与爆轰性能的影响。在上述研究的基础上,进一步讨论了这些聚合物对 BCHMX、HMX、RDX 和 CL-20 硝胺热物理性能的影响,本章将聚焦这一研究方向,对主要成果简要地进行总结。这些结论数据可对其他类别聚合物炸药的热分解性能研究起到一定的借鉴作用。

5.1 聚合物的热分解特性

5.1.1 氟橡胶的热分解

如前所述,Viton A 是偏氟乙烯与六氟丙烯的共聚物,而 Fluorel(3M 公司称为 Dyneon FT2481,杜邦公司则命名为 Viton B)是四氟乙烯、偏氟乙烯和六氟丙烯的三元共聚物,其氟含量为 68.6%,密度为 1.86g/cm^3。对氟聚物的热解已有诸多报道,早于 20 世纪 70 年代 Knight 等就研究了它们的热分解机理。研究表明,氟橡胶分解初始低温段(氮气氛下约 136℃)便开始释放氟化氢,而明显低于可探测到的失重温度(270℃)。在氟橡胶分解过程中,氮气和大气环境中的氟元素释放总量分别为 12.9% 和 54.2%,接近其理论氟含量(66%)。通过模型拟合方法计算的活化能分别为 278~329kJ/mol(Viton A)和 295-431kJ/mol(Fluorel),反应级数介于 0.2~1.0 之间,具体取决于升温速率。此外,研究还表明,氟橡胶高温段的热分解活化能是 355kJ/mol 和低温区则为 107kJ/mol。然而,Burnham 等对上述结果提出了质疑,他们指出需要采用等转化率法确定与模型拟合方法得到的活化能不一致,计算所得 Viton A 热分解平均活化能为 220kJ/mol。此外,国际热分析学会已不建议使用单一非等温曲线模型拟合法来确定材料的分解动力学参数,因而等转化率法所得结果应更加可靠。

5.1.2 聚异丁烯热分解

自 20 世纪 60 年代以来,许多研究人员开展了 PIB 的热行为研究,并提出了分解机理和产物构成。Sawaguchiy 等在这个问题上的研究比较活跃,他们认为,PIB 的降解包括分子内氢转移及其相关 C—C 键断裂的两步分解过程。大多数 PIB 样品都表现出分解和挥发速率随着反应进程而有所下降的现象,且与其初始分子量无关。Kiran 和 Gillham 则认为,其分解产物包括一烯和二烯系列同系物，分子量从单体到七聚物不等。这些研究表明，聚异丁烯的热分解遵循平行解聚和无规断链机理，链转移过程作用较小。较高分子量低聚物通过进一步解聚得到二次分解单体、二聚体和三聚体。有证据表明，当四聚体分解成三聚体的同时可产生一个单体。聚异丁烯在140℃通过氧化分解为二异丙苯时，主要机理为主链的随机断裂，这一反应机理主要由贫氧自由基进攻主链上的亚甲基所引起，而参与该反应的甲基自由基不超过总量的4%。Srinivasan等称，PIB的热分解活化能约为46.9kcal/mol(196.2kJ/mol)。如果考虑实验误差，这与Malhotra等的计算结果184kJ/mol高度一致。不论分解机理如何，在满足基本假设条件下，PIB的失重过程服从多级化学反应模型。Madorsky在他的经典著作中表示，PIB在397℃热分解产生的单体收率为33%，而在797℃时增至69%。在1197℃时，由于副反应导致单体开裂，单体收率降至13%。Jee等观察到类似趋势，但他们在350~375℃温度区间获得实测值明显高于Madorsky报道的结果。总而言之，PIB的初始分解温度高于300℃，远远高于常与之共用的硝胺(RDX、HMX、BCHMX和CL-20)的热分解温度。它的分解过程也许无法直接影响氮杂氮杂环硝胺的热分解过程。

5.1.3 丁苯橡胶热分解

SBR是迄今为止使用最广泛的合成橡胶之一。它的消耗量是聚丁二烯的4倍，是所有其他弹性体的1.5倍。Brazier和Nickel用DSC和DTG实验研究了天然橡胶、顺丁橡胶、丁苯橡胶共混物在氮气保护条件下升温速率10℃/min时的峰温和热解产物组成，并获得了产物中矿物油/增塑剂、炭黑和无机物含量等信息。同时，他们用DSC法研究了橡胶中抗氧剂的作用，进而研究了商业丁基橡胶样品的热分解，确定了氮气氛下的反应级数和活化能。不同的升温速率下开展氯丁橡胶热分析，获得了其表观活化能，并建立机械老化与生成挥发性产物之间的相关性。Groves和Lehrle研究了天然橡胶的热分解机理，发现单体和主要二聚体基本上为初级产物，虽然二聚体的形成过程还涉及单体的重组。固体燃料热分解不仅是一个独立的过程，而且是气化或燃烧反应的第一步。

在多重升温速率下，用TG法研究了SBR在氮气或空气条件下的热分解动力学。结果表明，在纯氮的反应只包括一个阶段，初始反应温度为349~388℃，表观活化能为(211±15)kJ/mol。随着升温速率增加，初始反应温度降低，但反应速率和温度范围增大。当氧气存在时，反应包括两个平行过程。第一步反应的转化率为0.83~0.87，取决于氧气的浓度。虽然氧的存在使得初始反应的开始时间延迟，但活化能显著降低，反应一旦开始，速率就逐渐加快。然而，利用

2D-FTIR 技术研究 SBR 氧化,却得到了一些不同结论。结果表明,其氧化过程可分为四步,活化能介于 95~122kJ/mol 之间。脂肪族部分的氧化可产生三种主要羰基:共轭羰基($1697cm^{-1}$)、饱和羰基($1727cm^{-1}$)和羰基酯酸酐($1777cm^{-1}$)。氧化反应的初期,酸酐和过酸酯都在共轭羰基化合物和羰基化合物之后产生。而在氧化的最后阶段,酸酐和过酸酯的生成速度最快,这是由两个烷氧基的碰撞概率大幅提高且共轭羰基得以消耗引起的。

5.1.4 丁腈橡胶热分解

Budrugeac 等采用 DTG 和 DTA 法研究了 NBR 的非等温分解,同时也探索了 NBR 在 80℃、90℃和 105℃下加速等温热分解过程(300h 的老化过程中有 7%~8%的总失重量)。结果表明,在空气中对 NBR 进行非等温加热时,先后发生如下反应:①增塑剂和其他低沸点成分的挥发;②与氧气反应生成不挥发性物质并放热;③这些产物进一步与氧相互作用形成的挥发性气相产物。衍生物结构分析表明,对 NBR 持续加热,会发生以下过程:①增塑剂或其他成分的损失;②对 NBR 与氧气的相互作用,形成固相产物(可能为过氧化物);③固相产物的氧化生成挥发性产物。基于放热反应深度与温度的关系数据即可获得的分解活化能,约为 20.5kcal/mol(87.8kJ/mol),与通过 TG 数据获得的活化能有所不同(14~15kcal/mol,58~63kJ/mol)。进一步研究表明,挥发性化合物的损失伴随着放热氧化生成的非挥发性化合物。近期采用定量 FT-IR 分析法对 NBR 的热分解进行了深入研究,首先在氟化钡(BaF_2)水晶板上制备了 NBR 薄膜,然后经热处理后作为研究对象。通过测量吸光度,可定量测定 NBR 分解后的每个官能团的状态。假设 NBR 的储存寿命极限是碳-碳双键的吸光度达到热处理前的 45%,可获得该过程的阿伦尼乌斯关系式,并据此预测 NBR 在 150℃以下的存储寿命。

5.2 硝胺炸药的热分解特性

5.2.1 纯硝胺炸药的热分解机理

由于文献已大量报道了 RDX、HMX 和 CL-20 的热分解,所以没有必要再赘述这些研究结果。但 BCHMX 是一种相对较新的氮杂环硝胺,它的密度约为 $1.86g/cm^3$,比其同系物 HMX 密度略低($1.91g/cm^3$)。XRD 实验表明,BCHMX 晶体属于单斜晶系 P21 空间点群,晶格中包含两个分子,晶胞参数如下:$a=8.543Å$($Å=0.1nm$)、$b=6.948Å$、$c=8.778Å$、$\beta=102.4°$。图 5-1 所示为 BCHMX

在不同的升温速率下的 TG/DTG 曲线。

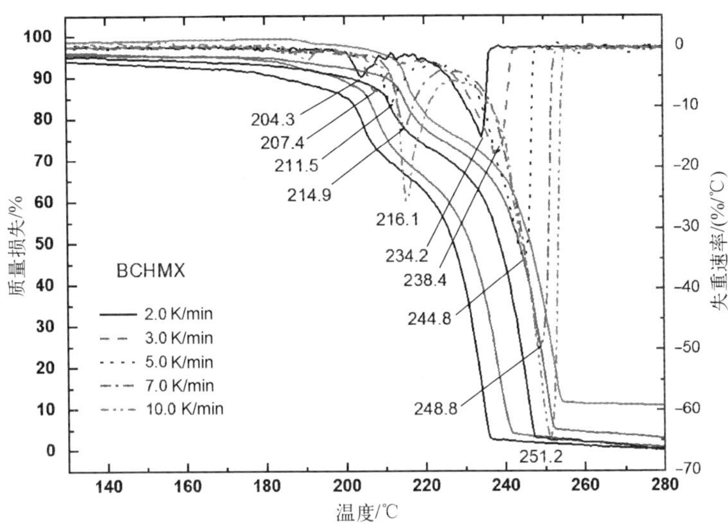

图 5-1　BCHMX,在 2℃/min、3℃/min、5℃/min、7℃/min 和 10℃/min 的升温速率下的 TD/DTG 曲线

从图 5-1 可以看出,在动态氮气氛中 BCHMX 的分解可看作一个连续的两步反应。以 2.0℃/min 的升温速率加热到 195℃时,BCHMX 的失重开始迅速增加。该初始分解温度与 RDX 很接近(后者熔点为 205℃)。BCHMX 虽然同 HMX 结构近似,但其热稳定性却比 HMX 低得多,后者在 281℃时分解,且没有明显的熔点。表 5-1 总结了 BCHMX 在不同线性升温速率下加热过程的详细失重参数。

表 5-1 显示,分解起始温度和初始失重温度都随升温速率的增加而增大,第二步反应的初始分解温度更依赖于升温速率,如由 2.0℃/min 下的 211.4℃变为 10℃/min 下的 228.5℃。BCHMX 的失重过程分为两个阶段(阶段一:从初始温度到第一个 DTG 峰值结束;阶段二:在分解温度发生漂移时终止)。两个阶段的失重随着升温速率的降低而减小,揭示了其中包含一个微弱的挥发过程。此外,BCHMX 分解的残余量更依赖于升温速率,其热解残渣量随升温速率的增加而增加。在 2.0℃/min 的升温速率下,BCHMX 的最终残余物质量占比约为 0.95%,这比其在 10.0℃/min 时要低得多。很显然,第二步失重反应在 BCHMX 的整个分解过程中占主导地位。在既定升温速率下,后者的总失重量超过了 65%,且峰温达到了 238℃以上。第二个分解峰值(在 10.0℃/min 时约为 240℃)也接近于 RDX。

表 5-1 BCHMX 和 BCHMX/Formex 的非等温 TG/DTG 参数

		TG 曲线				DTG 峰		
样品名	β/(℃/min)	T_{os}	T_{id}	质量损失/%	残渣/%	L_{max}/(%/min)	T_p/℃	T_{oe}/℃
BCHMX Step 1	2.0	199.8	195.2	18.57	—	-5.104	204.3	211.4
	3.0	202.1	200.4	21.88	—	-7.421	207.4	217.9
	5.0	206.8	203.9	19.00	—	-9.613	211.5	222.7
	7.0	210.5	204.9	18.02		-13.392	214.9	226.7
	10.0	211.6	205.7	21.82	—	-25.576	216.1	228.5
BCHMX Step 2	2.0	233.4	211.4	68.54	0.95	-15.016	234.2	239.2
	3.0	237.1	217.9	64.36	1.58	-17.696	238.4	242.7
	5.0	239.2	222.7	66.59	2.86	-35.038	244.8	249.3
	7.0	241.9	226.7	68.43	5.33	-49.270	248.8	254.5
	10.0	243.6	228.5	63.97	8.06	-64.588	251.2	256.0

注:β 为升温速率(℃/min)。T_{os} 为分解峰初温;T_{oe} 为分解的末温;T_{id} 为 DTG 峰的初温;T_p 为失重的峰温;失重率(%)指从初温到分解末温过程中的质量损失;L_{max} 为最大失重速率

5.2.2 BCHMX/CL-20 共晶的分解

5.2.2.1 TG 实验结果

新型双氮杂环硝胺 BCHMX 和 CL-20 的感度都较高,要实现其安全应用还有很远的路要走。据报道,共晶化是提高炸药安全性的有效手段之一。实验表明,BCHMX 与 CL-20 都属于硝胺分子,可以比较容易形成共晶。首先,通过恒温 TG 实验,对其共晶热稳定性进行了测评,并与纯 BCHMX 和 ε-CL-20 进行比较。实验过程如下:预热阶段以 40℃/min 的升温速率加热到 190℃,再恒温保持 30min,记录其相应的失重随时间的变化曲线(图 5-2)。结果表明,共晶的最终失重小于 3%,而 BCHMX 失重约为 6.5%,ε-CL-20 则超过了 11%,首先证明共晶化能够提高晶体的稳定性。在最初的预热过程中,纯 ε-CL-20 的失重约为 2%,也比 BCHMX 和 BCHMX/CL-20 的共晶高得多。这意味着,在 190℃下共晶的热稳定性比纯组分都高得多。多升温速率 TG 实验所得动力学参数也证实了这一点。在 1K/min、2K/min、3K/min 和 4K/min 的升温速率下,共晶的 TG 曲线如图 5-3 所示。表 5-2 列举了纯 CL-20 和 BCHMX 与其共晶热稳定性参数的对比。

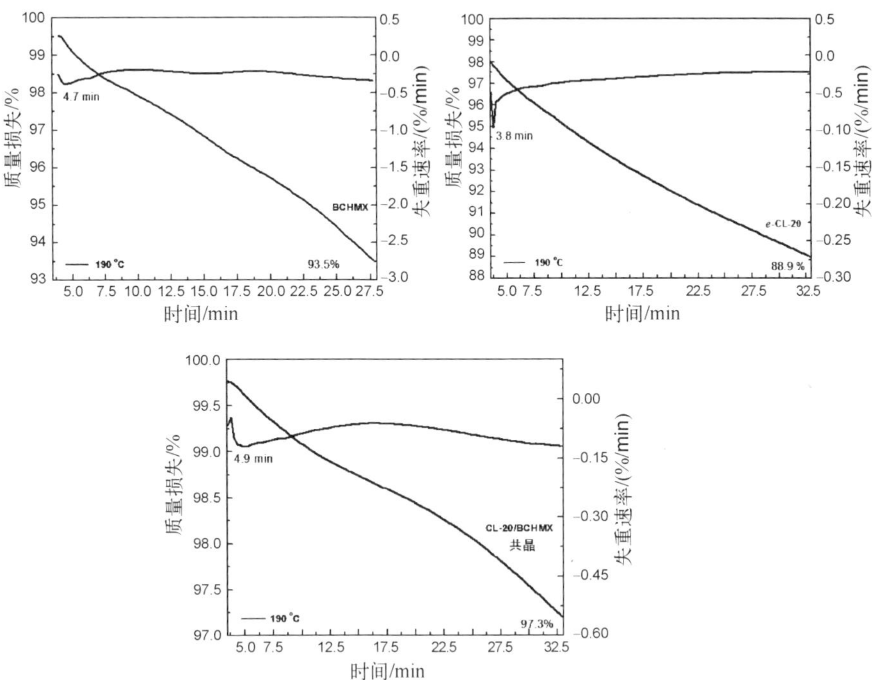

图 5-2　BCHMX、ε-CL-20 及其共晶在 190℃下的等温 TG/DTG 曲线

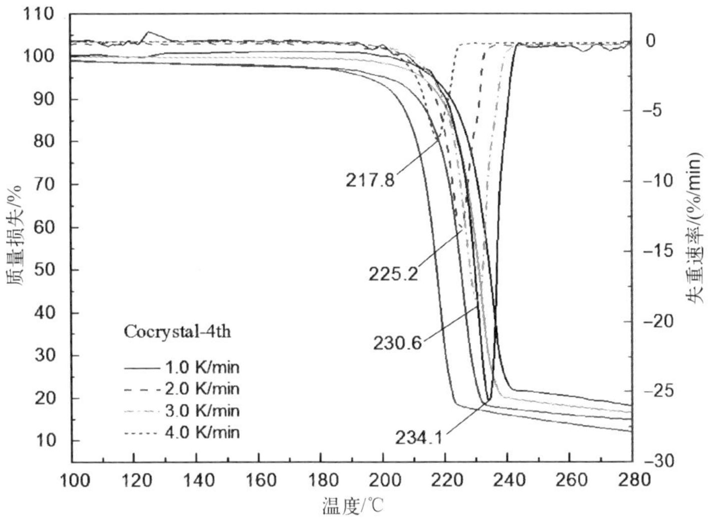

图 5-3　非恒温情况下 CL-20/BCHMX 共晶的 TG/DTG 和 $\alpha-T$ 曲线

表 5-2 ε-CL-20、BCHMX 及其共晶的非恒温 TG 数据的动力学参数

		TG 曲线		DTG 峰		
样品名	β	T_i/℃	质量损失/%	L_{max}	T_p/℃	T_{oe}/℃
共晶	1.0	198.7	82.9	-7.02	217.8	226.2
	2.0	198.8	86.2	-13.40	225.2	235.7
	3.0	199.3	80.2	-18.71	230.6	240.9
	4.0	199.8	79.1	-25.66	234.1	245.2
BCHMX	isothermal 190℃	—	6.5	—	4.7min	—
ε-CL-20		—	11.1	—	3.8min	—
Cocrystal-4th		—	2.7	—	4.9min	—
注:β 是升温速率(℃/min);T_{ot} 是开始分解温度;T_{oe} 是分解的末温;T_i 是热分解初温;T_p 是失重峰值时的温度;失重率是从初温到 DTG 峰的末温;L_{max} 是最大失重速率(%/min)						

表 5-2 显示,共晶的主分解阶段共晶的失重约为 80%,分解初温约为 199℃。当升温速率从 1℃/min 增加至 4℃/min 时,峰温从 217℃ 增至 234℃。其分解过程通常可用动力学三因子和 $\alpha-T$ 曲线来描述。

5.2.2.2 DSC 实验结果

在环境压力下,可以用升温速率分别为 2.0℃/min 和 5.0℃/min 时记录的 DSC 曲线比较 BCHMX 及其共晶分解过程中热量的变化(图 5-4 和图 5-5)。表 5-3 中列出了相应的参数。

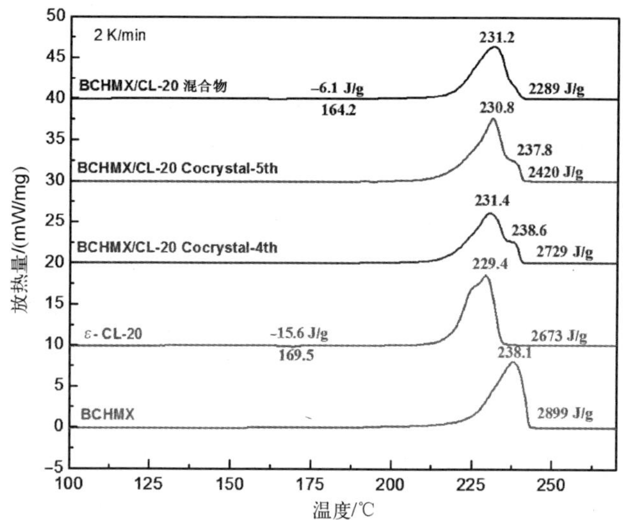

图 5-4 升温速率分别为 2.0 时 ε-CL-20、BCHMX 及其共晶的 DSC 曲线
(Cocrystal-4th 和 Cocrystal-5th 表示不同溶剂中得到的共晶,结构基本类似)

结果表明,升温速率为 5.0℃/min 时,共晶的分解即不受动力学控制,出现点火燃烧或爆燃。因此,评估其动力学参数时,选取的升温速率需要控制在 1~4℃/min。同时,由于热传感器有热容,过快加热将导致无法获取分解过程中所释放热量的精确值。可在 2℃/min 的升温速率下比较纯组分及其共晶的放热量差异。结果表明,共晶的放热量和分解起始温度略低于 BCHMX,但高于 ε-CL-20 及其与 CL-20 摩尔比为 1/1 的混合物。由此可知,共晶的热稳定性和放热量比 BCHMX/CL-20 机械混合物要高得多。有意思的是,纯 ε-CL-20、BCHMX 和 BCHMX/CL-20 的混合物都没有肩峰,而共晶却有明显的肩峰,这说明它的分解是由至少两步重叠反应构成。

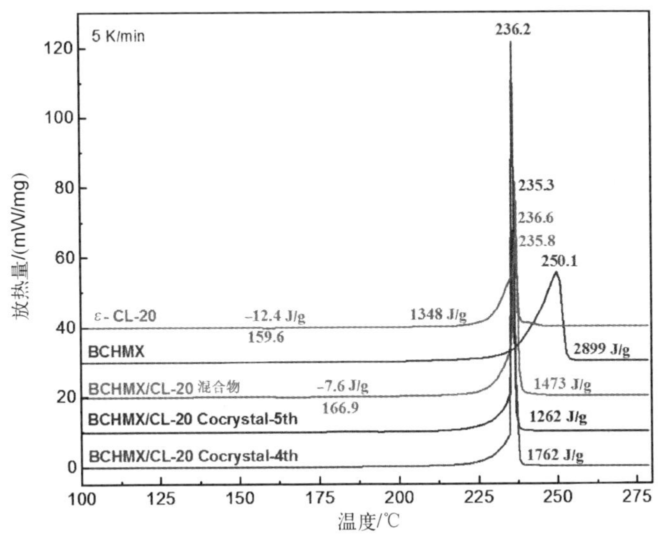

图 5-5　升温速率分别为 5.0℃/min 时 ε-CL-20、BCHMX 及其共晶的 DSC 曲线

表 5-3　非等温条件下 ε-CL-20、BCHMX 及其共晶的热分解 DSC 参数

样品名	放　热　峰				吸　热　峰			
	T_o/℃	T_p/℃	T_e/℃	ΔH_1	T_o/℃	T_p/℃	T_e/℃	ΔH_2
BCHMX(a)	—	—	—	—	225.0	238.1	241.0	2899
ε-CL-20 (a)	167.2	169.5	172.3	-15.6	218.6	229.4	230.2	2673
1/1 混合物(a)	159.7	164.2	168.5	-6.1	219.2	231.2	232.7	2289
Cocrystal	—	—	—	—	222.3	231.4	232.5	2729
BCHMX (b)	—	—	—	—	239.5	250.1	252.5	2922
ε-CL-20 (b)	159.6	162.8	163.4	-12.4	235.7	236.6	237.3	1348

（续）

样品名	放热峰				吸热峰			
	T_o/℃	T_p/℃	T_e/℃	ΔH_1	T_o/℃	T_p/℃	T_e/℃	ΔH_2
1/1 混合物(b)	161.2	166.9	171.9	−7.6	233.3	235.8	236.5	1473
Cocrystal	—	—	—	—	234.9	236.2	236.8	1762

注：T_o是分解峰的初温；(a)和(b)分别表示升温速率为2.0℃/min和5.0℃/min；T_p是热分解峰温；T_e是分解终止温度；ΔH_1是吸收热量(J/g)；ΔH_2是释放热量(J/g)

5.3 聚合物基体对硝胺填料热分解特性的影响

5.3.1 聚合物 Formex 基体的影响

图5-6列出了不同升温条件下BCHMX-Formex、HMX-Formex、RDX-Formex和CL-20-Formex的热分解TG曲线。分析发现，RDX-Formex和BCHMX-Formex的分解过程比HMX-Formex和CL-20-Formex的速度慢，即前两者的能量释放速率相对较慢。值得注意的是，HMX-Formex的TG曲线和升温速率相关性很高。

结果表明，在2.5℃/min的升温速率下，分解曲线基本都呈S形。由图5-6可以看出，快速分解的过程发生在起始温度之后，且在分解反应的最后阶段，TG曲线出现重叠现象。而快速的失重很可能是由样品的点火燃烧造成。事实上，含能材料样品在快速加热时，动态控制分解过程中吸收和释放能量达不到平衡，使得能量不断积累而导致点火。因此，对于高能材料，适用的升温速率区间非常有限。此外，快速燃烧过程的引入会导致所计算动力学参数的误差变大。此外，作为性能最优的高能化合物，CL-20在热分解中也起着主导作用。由图5-6看出，即使在极低的升温速率下，其分解速率也非常快(如0.3℃/min)。在其起始温度后，曲线几乎是垂直的，这再次证明发生了点火和快速燃烧反应。为了避免爆炸，对于CL-20-Formex，最合适的升温速率范围为0.3~5.0℃/min。对于RDX-Formex和BCHMX-Formex，其分解过程是简单动力学控制分解；其DTG峰值和形状都非常符合常见的一级化学反应动力学模型。采用"定性"动力学分析的主要原因是RDX通常在液态下分解，而HMX、BCHMX和CL-20在固相状态下分解。对于BCHMX-Formex，其分解过程与BCHMX非常不同，其失重曲线是S形。同时也观察到，BCHMX的分解过程相对于升温速率变化较小，其峰温随升温速率的变化小于纯BCHMX。此外，BCHMX的第二个DTG峰与

BCHMX-Formex 的峰值相似。然而,BCHMX-Formex 的样品在 5℃/min 的升温速率下更稳定,峰温为 235.7℃,下一节我们将进一步阐述其 DSC 参数。

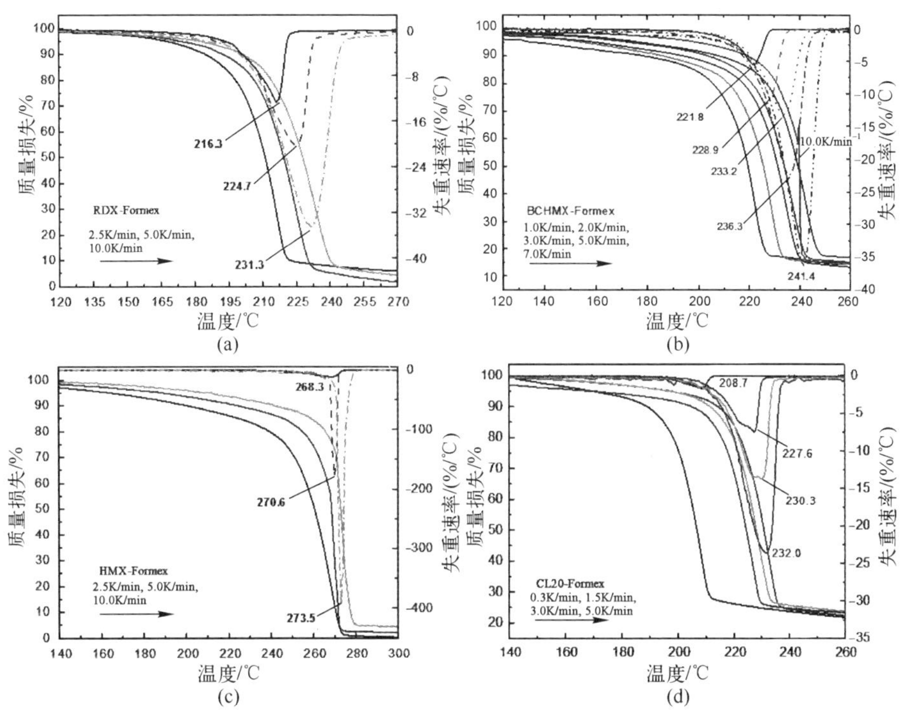

图 5-6　1K/min,2K/min,…,10K/min 和 15K/min 升温速率下 RDX、BCHMX、HMX 和 CL-20 的 TG/DTG 曲线

表 5-4 总结了所有硝胺聚合物炸药的 TG 和 DTG 曲线的参数。结果定量比较表明:CL-20-Formex 失重的初始温度非常依赖于升温速率,从 86.7℃(2.5℃/min)变为 123.3℃(10℃/min),这样一来,较高的升温速率可能导致样品局部过热而点火。对所有硝胺聚合物炸药而言,分解后的残留物随着升温速率减少而降低,由于爆炸时被吹走,可能导致 CL-20-Formex 残渣的质量小于实际值。但事实上,升温速率为 5℃/min 和 10℃/min 时,残留物质量分别为 4.53% 和 8.53%。对于 RDX-Formex 和 BCHMX-Formex 的硝胺聚合物炸药,若不考虑基线误差,热解残留物质量更接近实际值。此外,分解过程中如果爆燃,其能量释放速度将突然加快,导致 CL-20-Formex 的最大分解速度比 BCHMX-Formex 和 RDX-Formex 快 100 倍以上。后续章节中将进一步计算其动力学参数,阐明出现超快分解反应的内在驱动力,表 5-4 中 CL-20-Formex 的数据已发表,为了可靠动力学计算,所采用的 TG/DTG 曲线在较低升温速率下获得。

表 5-4 含有 Formex 基体的硝胺 PBX 的非等温热力 TG 数据的动力学参数

		TG 曲线				DTG 峰		
PBX	β	T_{os}	T_i	质量损失/%	残渣/%	L_{max}%/min	T_p/℃	T_{oe}/℃
RDX-FM	2.5	201.3	103.2	93.91	6.09	-12.7	231.3	222.6
	5.0	208.0	113.5	97.25	2.75	-20.3	224.7	235.9
	10.0	214.3	130.0	98.22	1.78	-34.7	216.3	245.6
BCHMX-FM	1.0	213.1	191.8	71.57	1.32	-5.578	221.8	230.5
	2.0	217.3	193.2	74.31	2.73	-10.269	228.9	238.5
	3.0	221.3	193.5	74.01	3.18	-13.233	233.2	246.1
	5.0	223.4	193.9	77.22	4.64	-22.411	236.3	249.2
	7.0	229.5	194.1	77.34	8.32	-36.353	241.4	252.9
HMX-FM	2.5	251.8	103.5	96.35	3.65	-11.4	268.3	274.6
	5.0	266.0	106.8	96.77	3.23	-235.2	270.6	274.9
	10.0	269.3	108.9	97.98	2.02	-522.8	273.5	280.7
CL-20-FM	2.5	209.4	86.7	82.17	11.83	-1292	211.4	218.8
	5.0	220.6	102.1	95.36	4.64	-2174	221.2	223.1
	10.0	232.3	123.3	91.47	8.53	-3315	232.9	234.0

注：β 为升温速率(℃/min)；T_{ot} 为分解起始温度；T_{oe} 为分解终止温度；T_i 为热分解起始温度；T_p 为失重峰温；L_{max} 为最大失重速率

5.3.2 C4 粘结炸药

实验记录了升温速率在 1℃/min、2℃/min、3℃/min、4℃/min、5℃/min、10℃/min、15℃/min 时 RDX-C4、BCHMX-C4、HMX-C4 和 CL-20-C4 的 TG/DTG 曲线(图 5-7(a)~(d))。由图可以发现：RDX-C4 只观察到一个分解过程，而 BCHMX-C4 和 HMX-C4 分解却明显是两步反应过程。与上述 HMX-Formex 类似，HMX-C4 控制反应机理的变化导致其 TG 曲线随升温速率而变化。当升温速率大于 5℃/min 时，BCHMX-C4 也发生了点火燃烧反应，(图 5-7(b))。可以明显看出，CL-20-Formex 在升温速率大于 5℃/min 时，其失重率迅速到达峰值，表明“点火或燃烧动力学”控制了其反应过程，这与CL-20-C4 相对较慢的分解反应机制完全不同。综合 5.3.1 节结果分析，C4 和 Formex 基体以不同作用机制影响了氮杂环状硝胺的热分解行为。表 5-5 列举了所有 C4 基硝胺聚合物炸药的 TG/DTG 曲线的特征参数，以便定量比较。

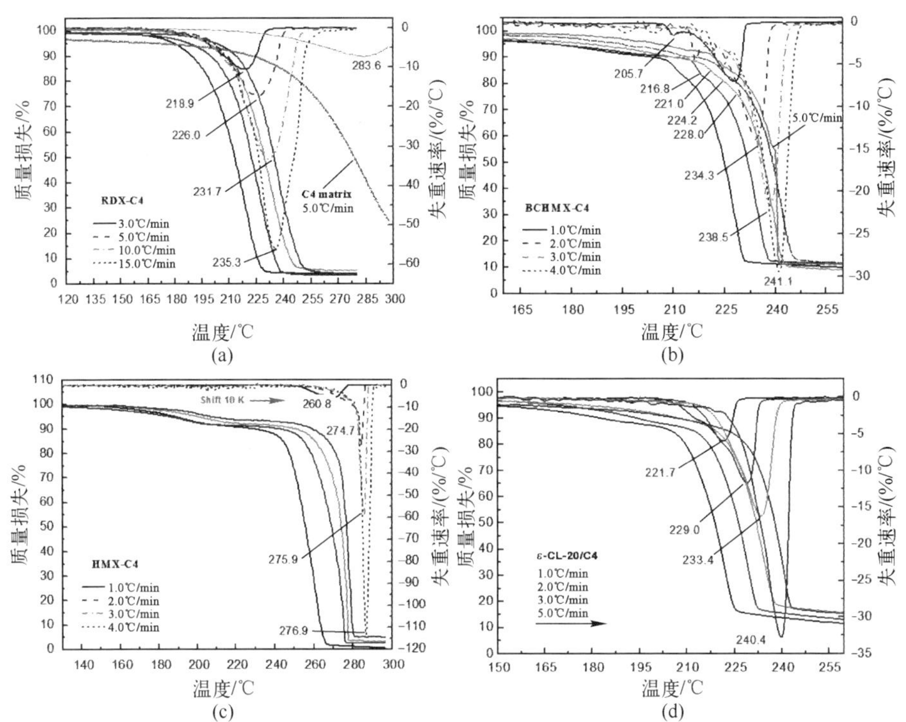

图 5-7　升温速率为 1.0℃/min、2.0℃/min、3.0℃/min、4.0℃/min、5.0℃/min、10.0℃/min、15.0℃/min 时 C4 基炸药 RDX-C4、BCHMX-C4、HMX-C4 和 CL-20-C4 的 TG/DTG 曲线

表 5-5　含氮杂环硝胺的 C4 粘结炸药在非等温条件下的 TG/DTG 参数

PBX	β	TG 曲线		质量损失/%		DTG 峰		
		T_{ot}/℃	T_i/℃	阶段 I	残渣/%	L_{max}/(%/min)	T_p/℃	T_{oe}/℃
RDX-C4	3.0	198.9	164.4	-94.52	3.30	-10.53	218.9	233.4
	5.0	208.8	165.3	-94.36	4.99	-17.38	226.0	242.5
	10.0	214.2	166.1	-94.53	3.40	-33.35	231.7	250.9
	15.0	221.2	167.9	-93.64	3.66	-55.96	235.3	260.7
BCHMX-C4 (Peak 2)	1.0	—	—	-69.74	6.01	-7.02	228.0	215.8
	2.0	—	—	-70.29	6.91	-13.86	232.3	219.3
	3.0	—	—	-70.66	7.89	-21.76	238.5	245.7
	5.0	—	—	-67.88	5.38	-29.47	241.1	248.9

（续）

PBX	β	TG 曲线				DTG 峰		
		T_{ot}/℃	T_i/℃	质量损失/%		L_{max}/(%/min)	T_p/℃	T_{oe}/℃
				阶段 I	残渣/%			
HMX-C4 (Peak 2)	1.0	248.3	238.0	-87.27	5.15	-5.42	260.8	277.1
	2.0	267.0	238.6	-89.03	0.93	-27.41	274.7	278.8
	3.0	270.8	239.3	-85.51	3.48	-59.02	275.9	280.8
	4.0	271.3	239.6	-85.51	3.98	-72.72	276.0	281.4
	5.0	273.3	240.2	-87.76	1.26	-115.04	276.9	282.3
C4 基体	5.0	228.7	115.6	-73.74	24.28	-7.25	283.6	—

注：T_{ot}为分解起始温度；T_{oe}为分解终止温度；T_i为热分解起始温度；T_p为失重曲线峰温；L_{max}为最大失重速率

由表 5-5 看出，对于 C4 粘结炸药而言，HMX-C4 的分解过程与升温速率关联最大，在 3.0K/min 升温速率下，其失重速率比其他样品快得多。而 BCHMX-C4 和 HMX-C4 的分解过程由至少两个步骤组成。BCHMX-C4 的 DTG 曲线显示，当升温速度为 1.0K/min 时，它在 205℃左右开始分解，此时失重约为 17%。同时，其 DTG 峰形与 BCHMX 的第二步分解峰几乎相同，而 HMX-C4 的 DTG 曲线近似线性，无明显峰值。这表明第一步中失重速率几乎恒定，表明了 HMX 易升华的本质，尤其在其晶体表面被 C4 基体中塑化剂溶解时，表现更为突出。为便于对比，我们获取了纯 C4 基体在 5.0K/min 的升温速率下的 TG 曲线，比较之后发现：C4 基体在 115.6℃时发生失重，且峰温约为 283.6℃，而 C4 基体在 PBX 的温度范围内似乎不能完全分解。在 PBX 中，C4 的含量约为 9%，PBX 的残留含量基本小于 6%。该研究结果表明，炸药填料能使 C4 基体在较低温度下分解，有时甚至在 PBX 起始分解温度 228℃以下彻底分解。

5.3.3 Semtex 粘结炸药

图 5-8(a)～(d)所示为升温速率为 1℃/min、2℃/min、3℃/min、4℃/min、5℃/min、7℃/min 和 10℃/min 时 RDX-SE、BCHMX-SE、HMX-SE 和 CL-20-SE 的 TG/DTG 曲线。

结果表明，RDX-SE 和 HMX-SE 为一步分解过程，而 BCHMEX-SE 和 CL-20-SE 则出现了(特别是在较低升温速率时，见图 5-8(b)和(d)明显重叠的两步过程，其两步分解趋势与纯 BCHMX 分解过程极为相似。为便于定量比较，表 5-6 总结了 TG/DTG 曲线的特征参数。

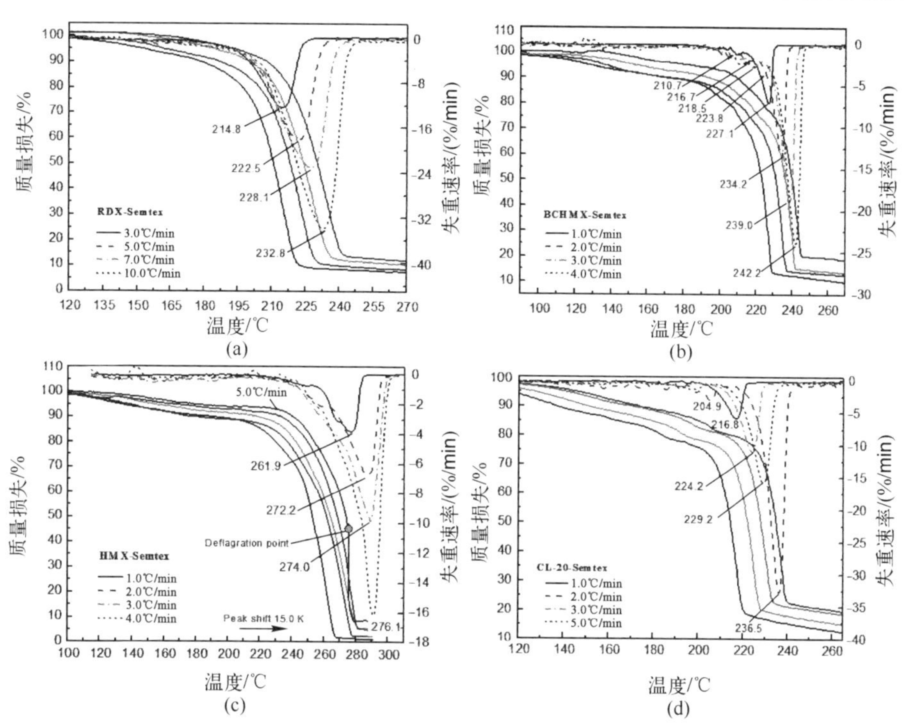

图 5-8　1.0℃/min、2.0℃/min、3.0℃/min 和 10.0℃/min 升温速率下含氮杂环硝胺的 Semtex 炸药 TG/DTG 曲线

表 5-6　含有氮杂环硝胺的 Semtex 粘结炸药在非等温条件下 TG/DTG 的数据

PBX	β	T_{ot}/℃	T_i/℃	质量损失/% 阶段 1	质量损失/% 阶段 2	L_{max}/(%/min)	T_p/℃		T_{oe}/℃
		TG 曲线				DTG 峰			
RDX-SE	3.0	200.2	174.3	−84.27	—	−12.51	214.8		228.5
	5.0	205.8	174.6	−82.56	—	−18.12	222.5		236.9
	7.0	209.0	175.2	−85.45	—	−23.02	228.1		244.3
	10.0	215.3	175.8	−84.73	—	−33.98	232.8		249.4
BCHMX-SE	1.0	218.9	200.8	−24.66	−62.3	−7.06	210.7	227.1	232.0
	2.0	226.4	201.2	−25.09	−65.1	−13.58	216.7	234.2	239.9
	3.0	232.2	202.0	−25.39	−62.3	−18.86	218.5	239.0	245.6
	4.0	230.0	202.9	−21.43	−58.8	−23.97	223.8	242.2	249.0

（续）

PBX	β	TG 曲线				DTG 峰			
		T_{ot}/℃	T_i/℃	质量损失/%		L_{max}/(%/min)	T_p/℃		T_{oe}/℃
				阶段 1	阶段 2				
HMX-SE	1.0	244.4	211.8	-86.17	—	-3.83	261.9		270.9
	2.0	252.3	212.9	-90.26	—	-6.74	272.2		282.1
	3.0	251.8	213.5	-88.01	—	-9.86	274.0		285.5
	4.0	259.4	214.7	-85.78	—	-16.17	276.1		288.2
CL-20-SE	1.0	210.1	179.4	-24.26	-67.1	-5.88	184.1	216.8	223.2
	2.0	217.9	183.3	-20.83	-66.6	-10.94	191.9	224.2	231.0
	3.0	223.2	187.3	-18.48	-63.0	-15.74	197.2	229.2	237.9
	5.0	230.9	190.7	-17.47	-65.7	-32.69	204.9	236.5	244.8

注：T_{ot}为失控分解温度；T_{oe}为分解终止温度；T_i为热分解起始温度；T_p为失重峰温；L_{max}为最大失重速率

由表 5-6 可以看出，Semtex 粘结炸药在 HMX 用作填料时，其最大失重差别很大。除了 RDX-SE，其他聚合物炸药的分解峰温和失重量都相当依赖于升温速率。BCHMX-SE 和 CL-20-SE 的 DTG 曲线则表明，当升温速率为 1.0℃/min 时，其分解初始温度分别为 218℃和 210℃，此时失重约为 24%。随后是快速的主失重过程，失重量分别为 62%和 67%。RDX-SE 和 HMX-SE 的单步过程在较高升温速率下（>3℃/min）的失重在 85%~88%之间。而 HMX-SE 分解机理和 HMX-Formex 与 HMX-C4 相似，都随升温速率变化较大，其两步分解峰在高升温速率下重叠，而在低升温速率下分离。从图 5-8（c）可看出，在 1℃/min 和 2℃/min 的升温速率下，其 DTG 曲线有肩峰。尽管分解过程有变化，但总失重量和同填料的聚合物炸药非常接近，失重比例约 82%~90%。

5.3.4 Viton A 粘结炸药

实验获取了升温速率为 1℃/min、2℃/min、3℃/min、4℃/min、5℃/min、7℃/min 和 10℃/min 时，RDX-VA、BGHMX-VA 和 HMX-VA 的 TG/DTG 曲线，如图 5-9（a）~（d）所示。结果表明，RDX-VA、HMX-VA 和 CL-20-VA 都只有一步分解过程，而 BCHMX-VA 在较低的升温速率下（<2.0℃/min）有明显的两步反应过程，这与纯 BCHMX 的分解趋势也很相似。表 5-7 总结了这些材料的 TG/DTG 曲线特征参数以进行定量比较。

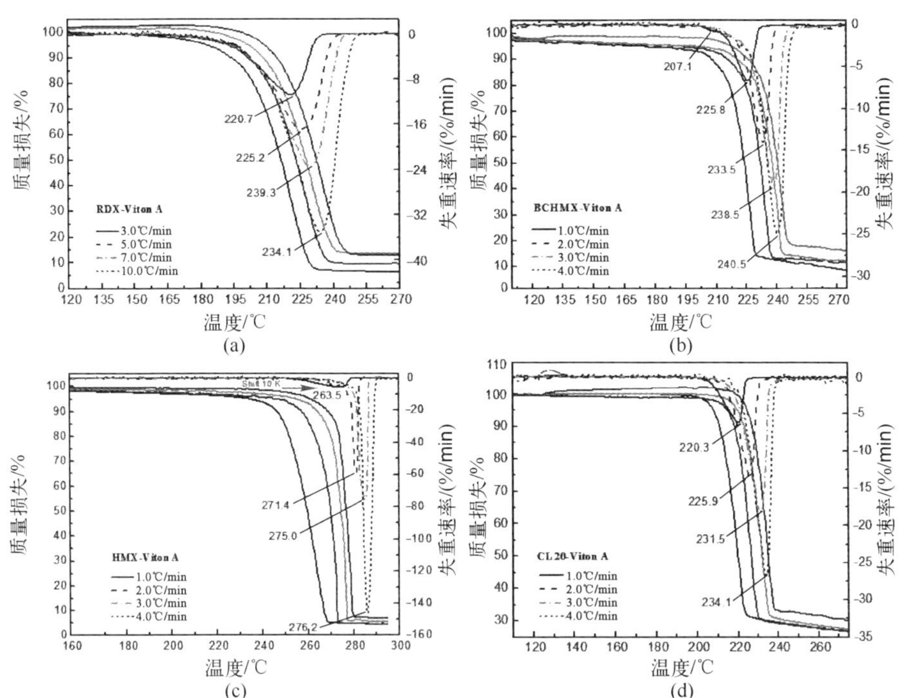

图 5-9 升温速率分别为 1.0℃/min、2.0℃/min、3.0℃/min、4.0℃/min、5.0℃/min、7.0℃/min 和 10.0℃/min 时 RDX-VA、BCHMX-VA、HMX-VA 和 CL-20-VA 的 TG/DTG 曲线

表 5-7 显示,当升温速率小于 2℃/min 时,四种 Viton A 粘结炸药的失重颇为相似。然而,HMX-VA 的峰温和失重量在很大程度上取决于升温速率。从 DTG 曲线可以明显看出,当升温速率为 1.0K/min 时,BCHMX-VA 从 202℃开始分解,第一步反应的最终失重量约为 5.2%。结合主要分解步骤的质量损失分析,HMX-VA 分解得更加完全(超过 90%),而 CL-20-VA 因为 Viton A 未完全分解导致了其分解程度小于 75%。有研究发现,在 10℃/min 的升温速率下,含有 90%的 RDX 的 Viton A 粘结炸药的失重约为 87%,与 RDX-VA 的结果一致。根据结果,另外有 9%的失重为 450~500℃时 Viton A 分解导致。而事实上,Viton A 在 10℃/min 升温速率下的热稳定性高于 C4 和 Formex 基体(460℃)。在此过程中,应重点关注 Viton A 对环状硝胺热分解的影响,其适用温度范围应限于相应硝胺未分解时的温度。

表 5-7 含有不同氮杂环硝胺的 Viton A 粘结炸药在非等温条件下的 TG/DTG 参数

		TG 曲线			DTG 峰		
PBX	β/(℃/min)	T_{ot}/℃	T_i/℃	质量损失/%	L_{max}/(%/min)	T_p/℃	T_{oe}/℃
RDX-VA	3.0	202.5	172.5	93.23	-10.84	220.7	235.2
	5.0	208.7	173.9	89.79	-17.14	225.2	242.6
	7.0	211.6	175.6	87.88	-23.49	229.3	246.7
	10.0	216.5	176.8	89.41	-35.09	234.1	252.4
BCHMX-VA	1.0	217.8	202.5	86.14	-6.70	225.8	232.5
	2.0	226.5	203.1	91.35	-14.13	233.5	241.6
	3.0	231.4	204.6	84.73	-19.16	238.5	247.5
	4.0	232.6	205.8	87.93	-24.99	240.5	252.2
HMX-VA	1.0	251.1	241.0	94.06	-5.59	263.5	270.3
	2.0	265.5	249.9	96.22	-58.75	271.4	274.6
	3.0	270.0	253.1	91.27	-75.79	275.0	277.6
	5.0	272.2	256.3	92.50	-147.48	276.2	280.9
CL-20-VA	1.0	211.4	198.0	70.62	-6.16	220.3	227.6
	2.0	219.5	207.4	73.93	-13.71	225.9	234.2
	3.0	223.9	209.4	70.55	-18.23	231.5	239.6
	4.0	227.3	211.6	71.41	-26.80	234.1	243.8
Viton A	10.0	—	462.0	97.8	—	477.0	485.0

注：β 是升温速率(K/min)；T_{os} 是分解峰起始温度；T_{oe} 是分解峰最后的温度；T_i 是初始失重温度；T_p 是失重最大时的温度；失重（%）是总过程的失重率；L_{max} 是最大失重速率

5.3.5 Fluorel 粘结炸药

图 5-10(a)～(d)给出的是 RDX-FL、BGHMX-FL 和 HMX-FL PBX 在不同升温速率下的 TG/DTG 曲线。研究发现，这些材料都只有一步分解过程。升温速率的增加对 HMX-FL 和 BCHMX-FL 的反应机理有显著影响，特别是当升温速率超过 4.0℃/min 时，它们与 HMX 和 BCHMX 的其他 PBX 一样，由动力学控制其分解过程转变为快速点火燃烧的扩散控制机理。

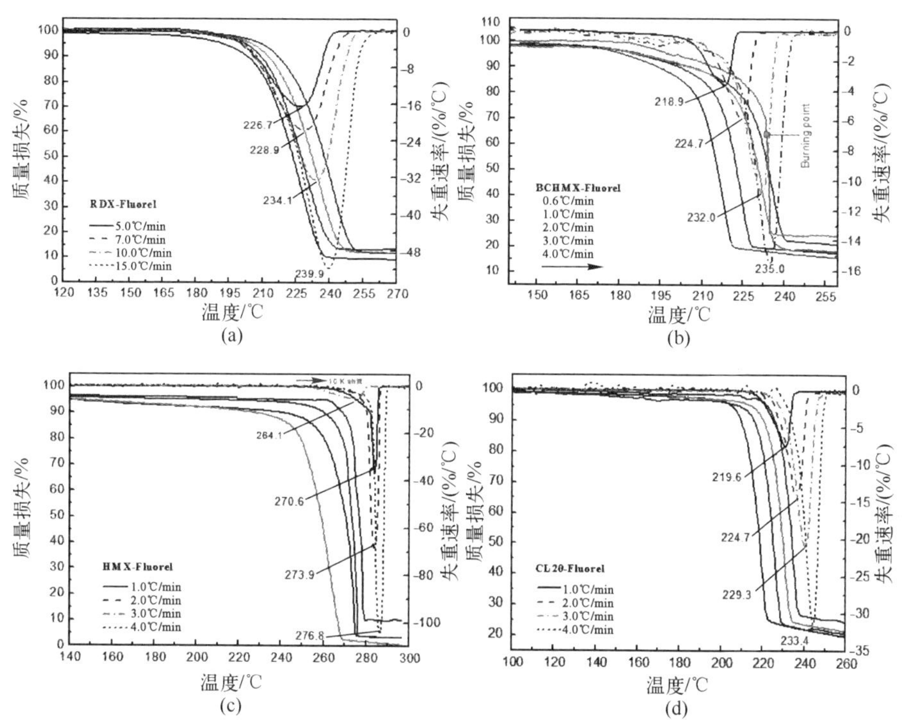

图 5-10 在 1.0℃/min、2.0℃/min、3.0℃/min、4.0℃/min、5.0℃/min、7.0℃/min、10.0℃/min 和 15℃/min 升温速率下 RDX-FL、BCHMX-FL、HMX-FL 和 CL-20-FL 的 TG/DTG 曲线

如表 5-8 所列，当升温速率小于 2℃/min 时，Fluorel 粘结炸药的失重速率峰值是比较相近的。而就像其他 HMX 基 PBX 一样，HMX-FL 的峰温和失重在很大程度上取决于升温速率，这与 Viton A 粘结炸药的温度非常接近。在主要分解步骤中，RDX-FL 和 HMX-FL 的分解完整度可能大于其他两个硝胺聚合物炸药（超过 85%）。辛格的发现与上面结果一致，在升温速率为 10℃/min 时，含有 90%RDX 的 Viton A 粘结炸药在主阶段的失重约为 87%。结果发现，因为 Fluorel 的氟含量较高（大约为 68%），在 10℃/min 的升温速率下初始分解温度为 462℃，其热稳定性应优于 Viton A，所以 460℃时氟聚物粘结炸药的分解机制应该有所改变。

表 5-8 含有各种氮杂环硝胺的 Fluorel 粘结炸药在非等温条件下的 TG/DTG 曲线参数

		TG 曲线			DTG 峰		
PBX	β/(℃/min)	T_o/℃	T_i/℃	质量损失/%	L_{max}(%/min)	T_p/℃	T_E/℃
RDX-FL	5.0	209.1	163.1	88.94	-16.5	226.7	245.2
	7.0	210.9	167.4	87.54	-21.8	228.9	251.3
	10.0	216.4	171.1	87.43	-32.6	234.1	253.9
	15.0	222.6	173.8	87.86	-51.8	239.9	260.8
BCHMX-FL	1.0	214.7	176.6	79.09	-5.9	224.7	232.4
	2.0	222.2	176.9	81.15	-10.8	232.0	239.9
	3.0	225.3	177.5	76.59	-15.5	235.0	245.4
	4.0	226.7	179.1	78.79	—	—	—
HMX-FL	1.0	250.9	244.9	83.56	-5.2	264.1	270.7
	2.0	268.2	245.3	85.95	-37.1	270.6	276.4
	3.0	268.3	245.9	88.78	-68.6	273.9	277.6
	4.0	270.3	246.4	86.41	-104.2	276.6	280.3
CL-20-FL	1.0	212.2	198.6	71.71	-7.6	219.6	224.9
	2.0	218.9	199.3	79.85	-14.7	224.7	232.9
	3.0	222.8	199.9	76.28	-21.0	229.3	238.6
	4.0	227.5	200.6	71.87	-31.5	233.4	241.4

注：β 是升温速率(℃/min)；T_o是起始分解温度；T_E是终止分解温度；T_p是热分解峰温；ΔH_1是吸热量；ΔH_2是放热量

如图 5-10 所示，大多数硝胺基聚合物粘结炸药(尤其是含有 BCHMX、CL-20 和 HMX 等高能化合物的配方)的热分解过程相当复杂。一方面，这些炸药的分解机理一定程度上随升温速率变化(如 HMX-Formex、HMX-C4、HMX-VA 和 HMX-FL)；另一方面，热分解动力学控制很难在较高升温速率下实现(如对于 CL-20-Formex、BCHMX-C4、BCHMX-VA 和 HMX-C4 用 5℃/min 的升温速率时受点火和扩散控制)。因此，这些高能材料的动力学评估应该基于较低的升温速率下完成(如 1~4℃/min)。只有在不发生点火时得到的热分解曲线，才能在动力学计算中使用，以获得满足要求的相关系数。下面我们进一步研究了线性加热时，这些聚合物粘结剂对氮杂环硝胺分解热流特性的影响。

5.4　硝胺炸药类别对热流特性的影响

5.4.1　硝胺填料 RDX 的影响

样品的 TG/DTG 参数可以与 DSC 曲线的焓变作比较。样品一般都在一个带微孔顶盖的铝坩埚中进行实验，相同条件下测量纯 RDX 及其 PBX，得到如图 5-11 中所示的曲线和表 5-9 所列的特征参数。

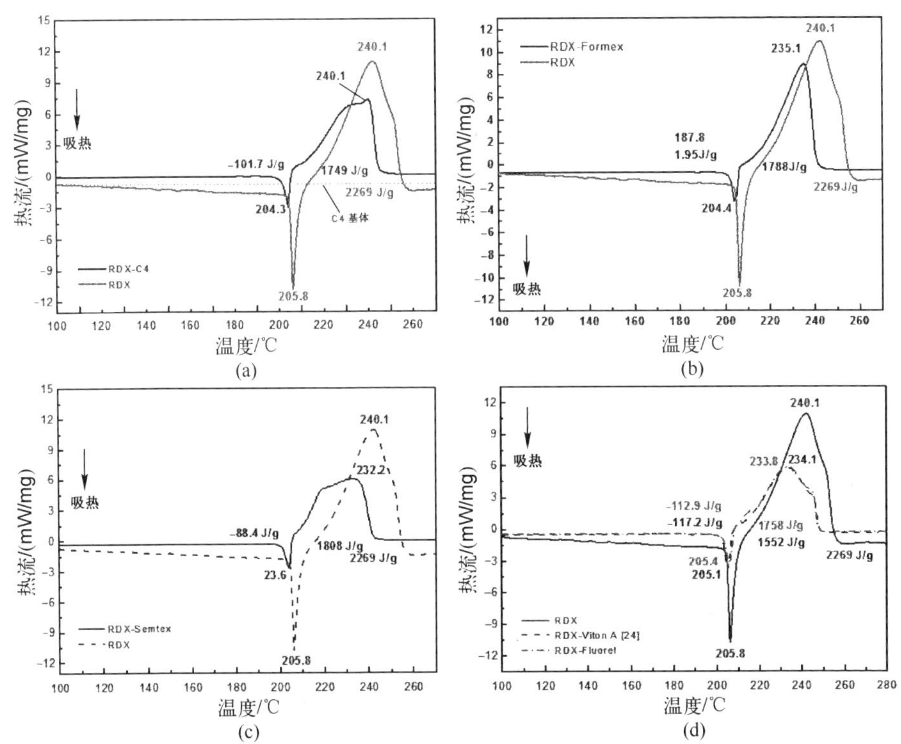

图 5-11　在 0.1MPa 和 5.0℃/min 升温速率的情况下，RDX 及其聚合物炸药的 DSC 曲线

表 5-9　含 RDX 的聚合物炸药在 5.0℃/min 的升温速率下的 DSC 参数

样品	吸热峰				放热峰			
	T_o/℃	T_p/℃	T_e/℃	ΔH_1/(J/g)	T_o/℃	T_p/℃	T_e/℃	ΔH_2/(J/g)
RDX	204.1	205.8	210.2	−286.2	217.2	240.1	260.1	2269
RDX-SE	201.2	203.6	205.1	−88.4	210.6	232.2	241.5	1808

（续）

样品	吸热峰				放热峰			
	T_o/℃	T_p/℃	T_e/℃	ΔH_1/(J/g)	T_o/℃	T_p/℃	T_e/℃	ΔH_2/(J/g)
RDX-C4	202.2	204.3	205.2	-101.7	216.3	240.1	244.0	1749
RDX-FM	186.9 202.3	187.8 204.4	—	-1.95 -103.2	215.4	235.1	—	1788
RDX-VA	203.2	205.1	206.9	-117.2	212.6	234.1	247.7	1552
RXV9010[58]①	—	—	—	—	224.0	240.0	255.0	1500
RDX-FL	203.3	205.4	207.5	-112.9	208.7	233.8	247.6	1758

注：T_o是起始分解温度；T_E是终止分解温度；T_p是热分解峰温；ΔH_1是吸热量；ΔH_2是放热量。①表示10℃/min的升温速率

首先，由图5-11可以看出，加入惰性聚合物一定程度稀释了体系的能量，从而降低了RDX的最大热释放速率。由表5-9可以看出，所有RDX聚合物炸药都有显著的放热峰，这表明是动力学控制的分解。与纯RDX相似，其在熔点之前没有吸热峰，这是因为RDX常压下没有多晶转变。所观察到的203.6~205.4℃时，是RDX聚合物炸药的吸热反应，是由RDX熔融过程引起。它们比纯RDX的205.8℃稍低。这一现象表明了RDX和基于RDX聚合物炸药都在液态下分解。有意思的是，该熔融效应的峰温存在显著差异（介于156.7℃和190.9℃之间），取决于粘结剂的类别。显而易见，高能材料不是简单的填料，它极大地改变了聚合物炸药的混合特性，与此相关的热物理化学效应都出现显著差异。RDX熔融焓部分取决于其溶解特性。其在所有溶剂中溶解都是一个放热过程，这一点RDX-Formex得到了证明。当RDX熔融时，其部分溶解在Formex中，溶解的放热补偿了RDX熔融的吸热效应。这两种化合物在204.4℃下可能因此形成低共熔。

从DSC结果来看，根据国军标相容性评价标准，Semtex与RDX似乎不太相容（峰温降低了约8℃）。由于惰性聚合物占比在9%~15%，基于RDX的聚合物炸药比纯RDX的分解热略低。此外，与纯RDX相比，几种主要聚合物炸药（除了RDX-C4）的主分解放热峰温度都有所降低。尽管Fluorel和Viton A有不同的氟含量，但RDX-FL和RDX-VA几乎都是相同的动力学控制缓慢分解过程（见图5-11，两者的DSC曲线几乎重合）。比较两种实验技术（DTG和DSC）不难发现，在快速分解放热过程中，DSC信号不同于热重测量方法，该数据直接描述放热过程，可得到更合理的放热反应动力学参数。

5.4.2 硝胺填料 HMX 的影响

图 5-12 所示为在与上述 RDX 基聚合物炸药相同实验条件下得到的 HMX 及其聚合物炸药的 DSC 曲线,表 5-10 列出了这些曲线的特征参数。

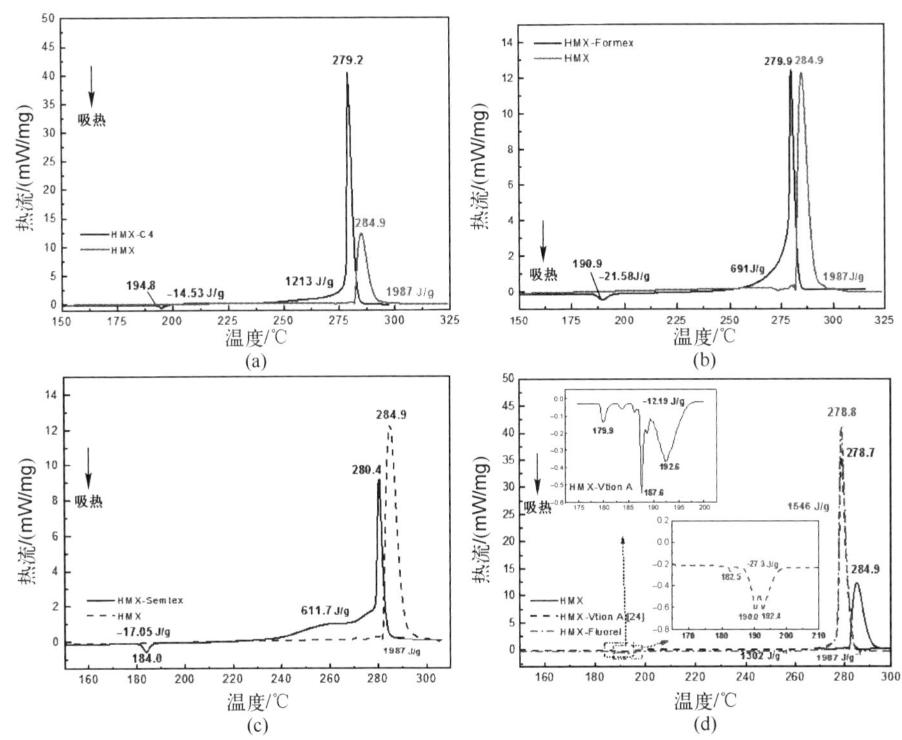

图 5-12 0.1MPa、5.0℃/min 时 HMX 及其聚合物炸药 DSC 曲线

表 5-10 含 HMX 的不同聚合物炸药在 5.0℃/min 下的 DSC 参数

样品	吸热峰				放热峰			
	T_o/℃	T_p/℃	T_e/℃	ΔH_1/(J/g)	T_o/℃	T_p/℃	T_e/℃	ΔH_2/(J/g)
HMX	179.2	181.5	186.3	-41.3	281.6	284.9	297.1	1987
HMX-SE	181.8	184.0	185.9	-17.5	279.2	280.4	282.9	612
HMX-C4	194.3	194.8	195.5	-14.5	278.1	279.2	282.0	1213
HMX-FM	185.3	190.9	197.1	-21.6	278.7	279.0	285.5	691
HMX-VA	187.3 189.8	187.6 192.6	187.9 194.9	-4.9 -12.2	277.6	278.7	281.4	1302

(续)

样品	吸热峰				放热峰			
	T_o/℃	T_p/℃	T_e/℃	ΔH_1/(J/g)	T_o/℃	T_p/℃	T_e/℃	ΔH_2/(J/g)
HMX-FL	181.2 188.9	182.6 192	183.3 193.1	-2.7 -27.3	277.2	278.8	281.5	1546

注:T_o是起始分解温度;T_e是终止分解温度;T_p是热分解峰温;ΔH_1是吸热量;ΔH_2是放热量

由图5-12可以看出,纯HMX分解过程的放热过程基本受动力学控制。在相同升温速率下,其聚合物炸药的分解峰温与5.3节所讨论的快速分解或点火燃烧造成的快速热化学反应类似。在聚合物粘结剂的作用下,HMX的放热温度明显下降。而Fluorel和Viton A对其热分解性能影响几乎相同,导致其有非常接近的峰温和分解热。比较表5-10中的分解放热,可以发现惰性粘结剂的加入使得HMX放热量降低。其中,Viton A、Fluorel、C-4的惰性物含量相对较低(9%、13%、15%),所以其分解放热比Formex和Semtex基聚合物炸药稍高。

如果比较这两类氟聚物样品的加速老化后的力学性能数据,可以发现Fluorel比Viton A的伸伸率高,抵抗酸和体积膨胀的能力更强。这说明Fluorel的高温储存性能优于Viton A。总的来说,氟聚物对RDX和HMX这类平面分子有相同的影响。因此,PBX的热稳定性不仅取决于聚合物本身的热稳定性,也取决于聚合物基和炸药填料之间的物理化学作用。如果仔细观察HMX-Semtex,其分解过程其实有两个反应过程,这与其他的粘结剂不同,且第二阶段峰值与HMX和其聚合物炸药相近,这是快速熔融造成的自加速分解动力学现象。我们还可看出,C4、Formex和Semtex对HMX的失控分解反应温度有密切关系(HMX聚合物炸药的失控温度都接近于280℃,略低于纯HMX)。主要原因是,这些聚合物基体中的极性塑化剂如DOA或DOS对β-HMX的转晶有显著影响。这一点将在5.5节中与ε-CL-20的转晶现象一并予以深入讨论。

5.4.3 硝胺填料BCHMX的影响

图5-13(a)~(d)所示为在相同实验条件下得到的BCHMX及其聚合物炸药的DSC曲线,表5-11是其特征参数。首先,纯BCHMX的分解放热过程主要受动力学控制。其PBX,只有BCHMX-Semtex样品在相同的升温速率下有类似的特点(较高的升温速率出现尖锐峰——由快速点火燃烧引起)。

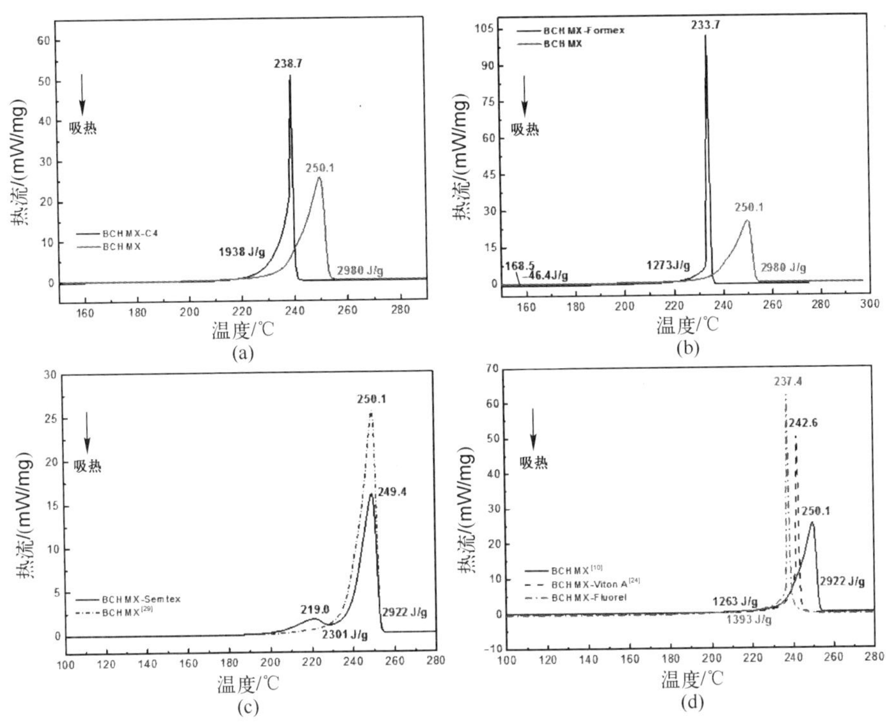

图5-13 常压下5.0℃/min时BCHMX及其PBX的DSC曲线

表5-11 含BCHMX的聚合物炸药在5.0℃/min升温速率下的DSC参数

样品	吸热峰				放热峰			
	T_o/℃	T_p/℃	T_e/℃	ΔH_1/(J/g)	T_o/℃	T_p/℃	T_e/℃	ΔH_2/(J/g)
BCHMX	—	—	—	—	239.5	250.1	253.2	2922
BCHMX-SE	—	—	—	—	206.6 239.7	219.0 249.4	227.2 253.0	162 2140
BCHMX-C4	—	—	—	—	235.2	238.7	241.9	1938
BCHMX-FM	168.5	170.2	172.3	-46.4	233.7	233.7	236.3	1273
BCHMX-VA	—	—	—	—	241.3	242.6	243.1	1263
BCHMX-FL	—	—	—	—	235.6	237.4	238.2	1393

注：T_o为起始峰温；T_e为分解终止温度；T_p为热分解峰温；ΔH_1为吸热量；ΔH_2为放热量

一方面，用弹性聚合粘结剂包覆到BCHMX晶体表面时，尤其是在一个密闭体系中，热量很难从晶体表面传导到动态的气体环境中，导致晶体的热积累加剧;另一方面,大多数硝胺化合物的热分解中间产物是催化剂,加速了其自身分解反应。随着惰性热稳定粘结剂的加入,气体产物来不及释放,从而进一步提高了自催化效应。上述效应都可能导致失控的自加速反应,并最终实现点火和燃烧。而在敞口的坩埚中以相同升温速率(5.0℃/min)加热则不易出现这一现象。但这种现象仍有可能发生在更高的升温速率(如超过10℃/min)时。

BCHMX-SE 的分解第二阶段与纯 BCHMX 极为相似,都是快速的放热反应。我们还注意到,BCHMX 与其 Fluorel 和 Viton A 聚合物炸药的峰温差异很大,约为13℃和8.5℃,比其他的聚合物基体高得多(2~6℃)。根据高能材料的相容性标准,BCHMX 与氟聚物在热稳定性、分解放热及相容性方面比其他硝胺化合物略低。与其他硝胺炸药分子相比,BCHMX 的不同之处是其分子结构更加紧簇,容易受到极性分子的影响。此外,若考虑与 BCHMX 化学相容性和热稳定性,Fluorel 聚合物似乎比其他聚合物更差。实验事实也证明了这一点,BCHMX-FL 在室温下存放两年后的颜色会由白色变成深灰色。与此不同的是,Semtex 与 BCHMX 则非常相容,而与 RDX 不太相容(见 DSC 法的评估结果,峰温差了大约8℃)。

此外,比较其分解峰温可以发现:BCHMX-SE 有明显的两步失重过程,而其他样品似乎只有一步。BCHMX 的主要放热峰温可被除了 Semtex 以外的其他粘结剂大幅降低,峰温都在250℃左右。纯 BCHMX 的分解过程中受动力学控制,出现完整的放热峰,而当 BCHMX 与 Formex 结合后(BCHMX-FM),为了便于比较,采用了相同质量样品进行实验(约1.85mg,见图5-14),其峰形与纯 BCHMX 存在较大差异,即前者出现明显的尖锐分解峰,表明其自加热及点火燃烧过程,放热峰不完整(存在非动力学控制传感器加热和燃烧结束后超快降温过程)。当样品质量下降到1.03mg 时,也可以观察到 BCHMX-FM 受动力学主导的分解过程及其完整平滑放热峰。高能材料的热分解过程中的这一现象,可以从“热累积效应”和“自催化效应”两方面来解释。

如果将 DSC 结果与 TG 实验结果进行简单比较,可以看出纯 BCHMX 在5.0℃/min 的升温速率下分解和放热非常缓慢,而其 DTG 曲线并无明显峰温。对于第二步主分解反应,DSC 曲线上的峰温约为250.1℃,第二步失重对应的峰温为248.8℃,不同装置和实验设置导致了放热量滞后于失重过程。比较两个硝胺聚合物炸药的放热值,不难发现,它们不仅在峰高和峰面积存在差异,峰温的位置也不同(图5-14)。结果表明,无论样品量如何,Formex 都能大幅降低 BCHMX 的峰温。与 Viton A 相比,Fluorel 在经长时间加速老化后的拉伸保持能力、耐酸性和体积膨胀率均得到了提升。也就是说,Fluorel 的高温储存性能优于 Viton A。但是,Viton A 比 Fluorel 有更好的化学相容性,更适合于作为粘结剂。另外,比较分解热可知,BCHMX 的 PBX 比纯 BCHMX 要低得多,其原因与 HMX 聚合物炸药一致。

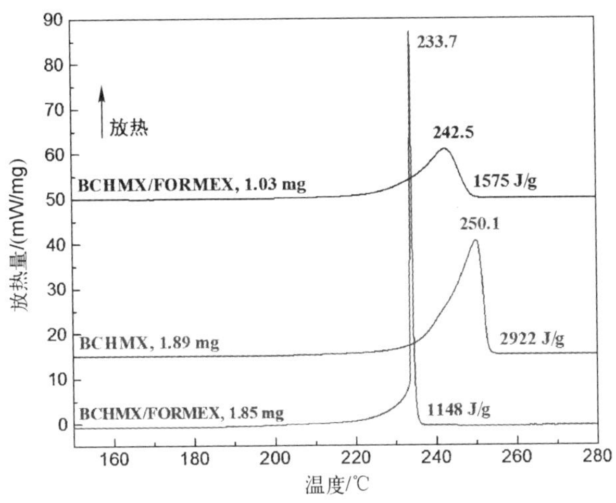

图 5-14　常压下 5.0℃/min 升温速率时 BCHMX 和 BCHMX-Formex 的 DSC 曲线

5.4.4　硝胺填料 CL-20 的影响

图 5-15(a)~(d)所示为在同等条件下测得纯 CL-20 及其 PBX 的 DSC 曲线,而表 5-12 给出了其特征参数。从表 5-15 可以看出,纯 ε-CL-20 分解速度非常快。由于其放热超快,导致传感器的温度失控而升高,因而产生了明显的尖锐放热峰。但是,在 C4 和 Semtex 的作用下,ε-CL-20 的分解放热速度得到缓和,使得其能够在动力学控制下发生完整分解。结果表明,其分解产生的挥发性产物在高温条件下会发生二次反应,与文献报道的结果一致。

此外,CL-20 的 PBX 中除了 CL-20-FM(比纯 ε-CL-20 分解提前 5℃),其余峰温均有所提高。在 CL-20-C4 的分解过程中,测量数据有点异常,它的一个肩峰在 246.5℃,比快速分解反应的主峰略高一些。这可能是由于不受控制的高温引发的二次反应。而在 CL-20-SE 的分解过程中也有一点异常,209.4℃时,其峰温远低于快速放热反应的温度,这可能是粘结剂的分解造成的。有意思的是,ε-CL-20-SE 的放热峰温高于纯 rs-ε-CL-20(238.4℃),这表明惰性的 Semtex 聚合物基体对 CL-20 晶体具有热稳定化作用。与前面论述结果一样,氟聚物对 RDX 和 HMX 等平面分子的影响几乎相同,而不同的聚合物分子链结构(单体)的氟聚物对 BCHMX 和 ε-CL-20 这样的非平面分子则有不同的影响。我们将在下一节讨论氟聚物对 CL-20 转晶过程的影响,即对 156~175℃处小吸热过程的影响,该峰温表明了 ε-CL-20 由 ε 到 γ 的多晶转变(与 β-HMX 类似)。

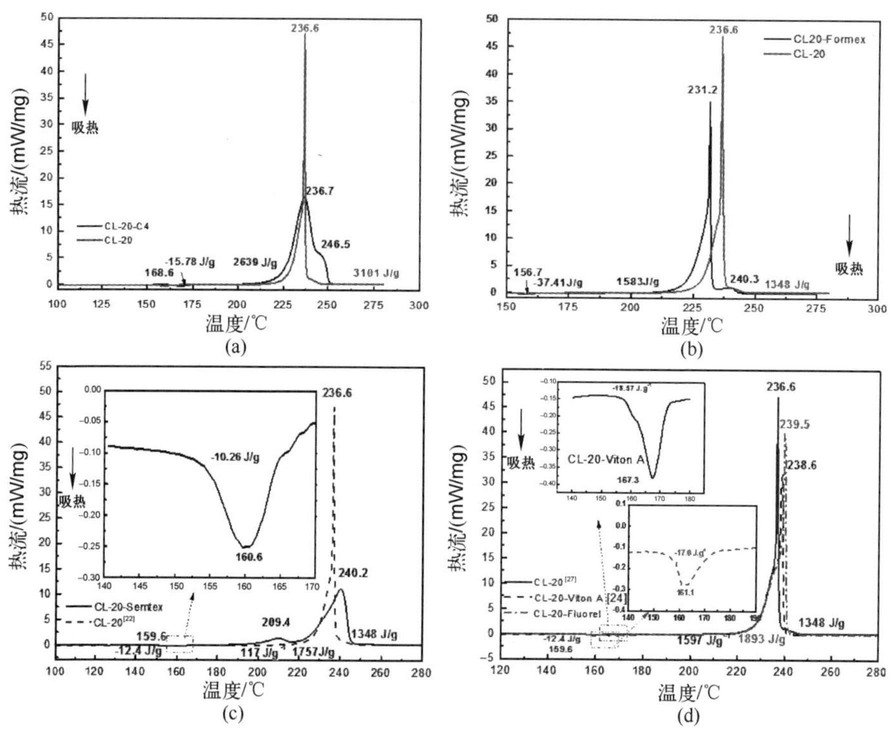

图 5-15　常压下升温速率为 5℃/min 时 CL-20 及其聚合物粘结炸药的 DSC 曲线

表 5-12　升温速率为 5℃/min 时 CL-20 及其聚合物炸药热分解 DSC 参数

样品	吸热峰				放热峰			
	T_o/℃	T_p/℃	T_e/℃	ΔH_1/(J/g)	T_o/℃	T_p/℃	T_e/℃	ΔH_2/(J/g)
ε-CL-20	155.4	159.6	163.8	-12.4	235.7	236.6	237.3	1348
α-CL-20	172.3	175.0	178.4	-14.3	235.4	236.3 241.9	247.3	1288
ε-CL-20-SE	155.8	160.6	164.3	-10.3	199.9 229.4	209.4 240.2	214.9 244.8	117 1757
ε-CL-20-FM	200.2	156.7	160.6	-37.4	231.2	231.2	244.5	1583
ε-CL-20-VA	163.7	167.3	171.7	-18.6	237.8	238.6	239.4	1597
ε-CL-20-FL	158.6	161.1	167.9	-17.0	239.2	239.5	240.2	1893
rs-ε-CL-20	165.1	167.1	168.9	-15.8	231.4	238.4	244.2	2303

（续）

样品	吸热峰				放热峰			
	T_o/℃	T_p/℃	T_e/℃	ΔH_1/(J/g)	T_o/℃	T_p/℃	T_e/℃	ΔH_2/(J/g)
ε-CL-20-C4	166.4	168.6	169.9	-15.8	226.8	236.7 246.5	237.1	2639
rs-ε-CL-20/C4	172.1 191.4	173.4 193.5	176.0 195.6	-10.7 -37.3	199.9	212.6 235.7	241.6	1477

注：T_o 为起始峰温；T_e 为分解终止温度；T_p 为热分解峰温；ΔH_1 为吸热量；ΔH_2 为放热量

5.5　聚合物基体对多晶转变的影响

5.5.1　HMX 和 CL-20 的多晶转变

在 DSC 曲线上可观察到这两种硝胺炸药晶体的显著吸热效应（图 5-12 和图 5-16），即 167.3℃和 187.6℃处由于转晶过程而产生小吸热峰。该效应的峰温差异是由 ε-CL-20 和 β-HMX 的晶体结构不同造成的，但热焓值接近。

纯 ε-CL-20 的热分解需要经历两个主要过程：一是从 ε-到 γ-晶型转变，即 160～170℃时的固-固相变；二是 γ-晶型的分解。而 Viton A 提高了该转晶开始的温度（从 159.6℃变为 167.3℃），与纯 rs-ε-CL-20（167.1℃）接近。被 C4 和 Formex 基体包覆的 ε-CL-20 在 167.6℃时的转晶焓变为-18.6J/g。ε-CL-20-VA 的放热峰温也非常接近于纯 rs-ε-CL-20（238.1℃），这表明惰性聚合物 Viton A 与重结晶具有相似的作用，都能提高其热稳定性并降低其感度。在 Fluorel 粘结剂的作用下，多晶转变发生在 161.1℃，比其同系物 Viton A 低得多。也就是说，Viton A 比 Fluorel 稳定化效应更加显著。而在 Semtex 的作用下，该转晶则发生在 160.6℃，比纯 ε-CL-20 稍高一些。值得注意的是，ε-CL-20-SE 的放热峰温还高于 rs-ε-CL-20（238.4℃），表明惰性 Semtex 聚合物基体对热稳定性有更积极的影响。而对于 α-CL-20，其多晶转变发生在 175℃，这比 ε-到 γ-的转化温度高得多。当 rs-ε-CL-20 与 C4 粘结剂和极性增塑剂混合时，有明显的两个吸热峰，第一个峰温是 173.4℃，表示的是 ε-到 γ-晶型的转化，第二个峰温为 193.5℃，表明 CL-20 与增塑剂的相互作用。

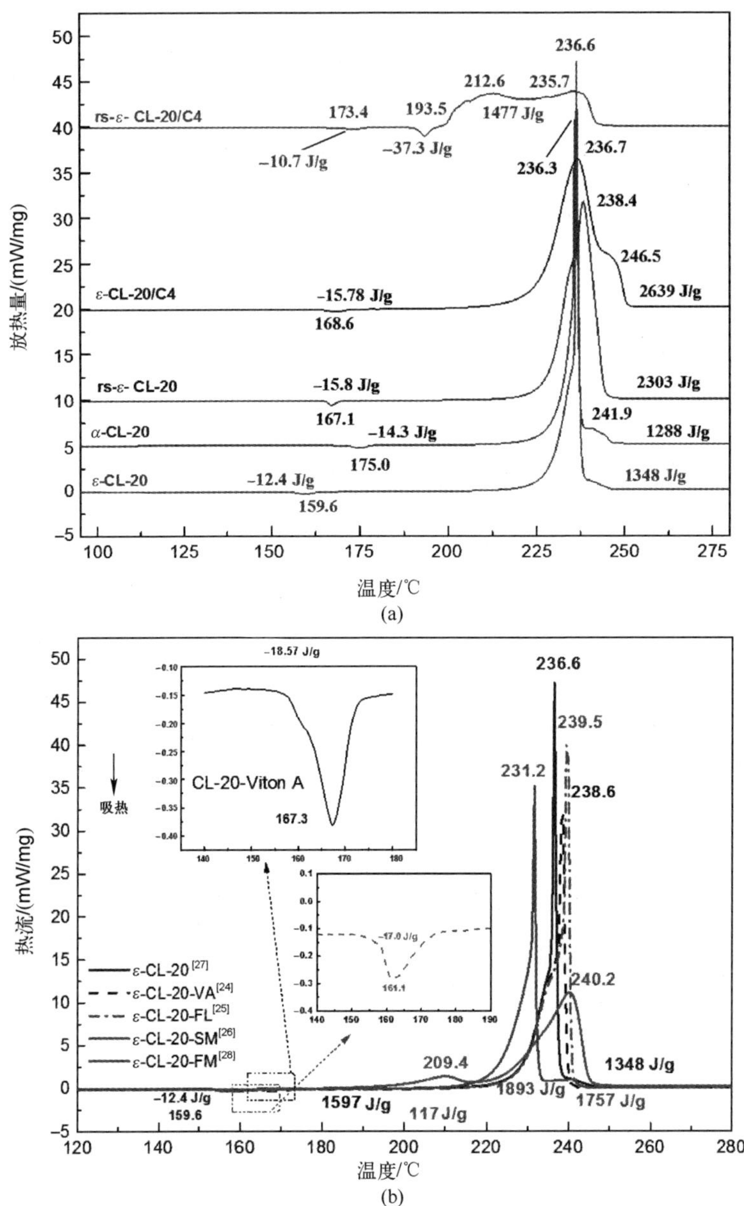

图 5-16 常压下不同晶型 CL-20 的非等温 DSC 曲线(a);
常压下 CL-20 基 PBX 的非等温 DSC 曲线(b)

对于 HMX 而言,它有四种晶型(α-HMX、β-HMX、δ-HMX、γ-HMX),但在室温下最稳定的形态是β-HMX。人们发现,对于掺杂 HMX,β-到 δ-相变发生在 160~170℃,而高纯 HMX 的转晶则发生在 170~190℃。如图 5-12 所示,当

β-HMX被 Formex 和 C4 粘结剂包覆时,只在 190.9℃和 194.8℃观察到一个吸热峰。这比纯 β-HMX 高约 10℃。Semtex 基体可以提高其转晶峰温(由 181.5℃提高到 184.0℃),并降低 β-HMX 多晶转变的焓。然而,在氟聚物的影响下,产生了几个小的吸热肩峰,这种现象暂时难以解释,同时也说明氟聚物与 HMX 分子的相互作用较强。其中,Viton A 作用下 HMX 的吸热温峰在 179~192.8℃之间,而 Fluorel 作用下则出现在 182.6~192.4℃之间。

5.5.2 晶体结构对 CL-20 分解的影响

为了研究晶体结构和增塑剂对 CL-20 分解失重过程的影响,开展了不同聚合物基体作用下,CL-20 的 TG/DTG 曲线(图 5-17)。在不同升温速率下,对 α-CL-20、ε-CL-20、rs-ε-CL-20 和 rs-ε-CL-20-C4 的 TG/DTG 实验发现,rs-ε-CL-20-C4 的分解温度范围比其他几个样品大得多,这说明 C4 基体可以更好地控制其 CL-20 能量释放速率,甚至在较高的升温速率下(例如:15℃/min)也不会发生点火燃烧。由图 5-17(a)、(d),可以发现 α-CL-20 和 rs-ε-CL-20-C4 的热分解可分为两步。然而,纯 rs-ε-CL-20 和 ε-CL-20 即使在较低升温速率下,也未表现出这样的两步过程。图 5-17 中,α-CL-20、ε-CL-20-C4 和 rs-ε-CL-20-C4 的 DSC 曲线的具有放热肩峰(表明有两个重叠的分解反应),进一步证明了这个结论。表 5-13 的参数可用来定量分析晶体结构对 CL-20 分解失重过程的影响。

表 5-13 总结了不同升温速率下 α-CL-20 的 TG/DTG 曲线参数,证实了其两步分解过程。随着升温速率的增加,由于在第一阶段失去结晶水造成的质量损失的减小,两个 DTG 峰逐渐重合。而且,如表 5-13 所列,α-CL-20 在 3℃/min 以上升温速率下的分解过程类似。ε-CL-20-C4 和 rs-ε-CL-20-C4 的 DTG 峰温并没有很好地分离,因此,它们的失重过程可以视为单步反应。对比这些样品分解过程的完全性,rs-ε-CL-20-C4 是最高的,其主分解步骤中其平均失重量为(91±2)%。研究表明,具有较好表面结构的晶态含能材料分解会更加完全。表 5-13 也表明 CL-20 随着升温速率的降低,其失重量会增加:较慢的升温速率为挥发性的产物脱离提供更多的时间。同时,还可以注意到,ε-CL-20-C4和 rs-ε-CL-20-C4 的第一步分解失重一般比第二步小得多,这种现象一般随加热速率升高而升高。它们的第一步失重的可能是由于增塑剂溶解作用导致 CL-20 部分缓慢分解,后续章节中分子动力学模拟结果将证实这一观点。此外,α-CL-20、ε-CL-20 和 rs-ε-CL-20 在相同的升温速率下,分解速率都是最大且相同的,这表明晶体结构不影响占主导地位物质的分解最大速率。此外,在相同升温速率下,ε-CL-20 和 rs-ε-CL-20 的峰温相同,这说明表界面结构对 CL-20 热稳定性影响较小(图 5-16)。

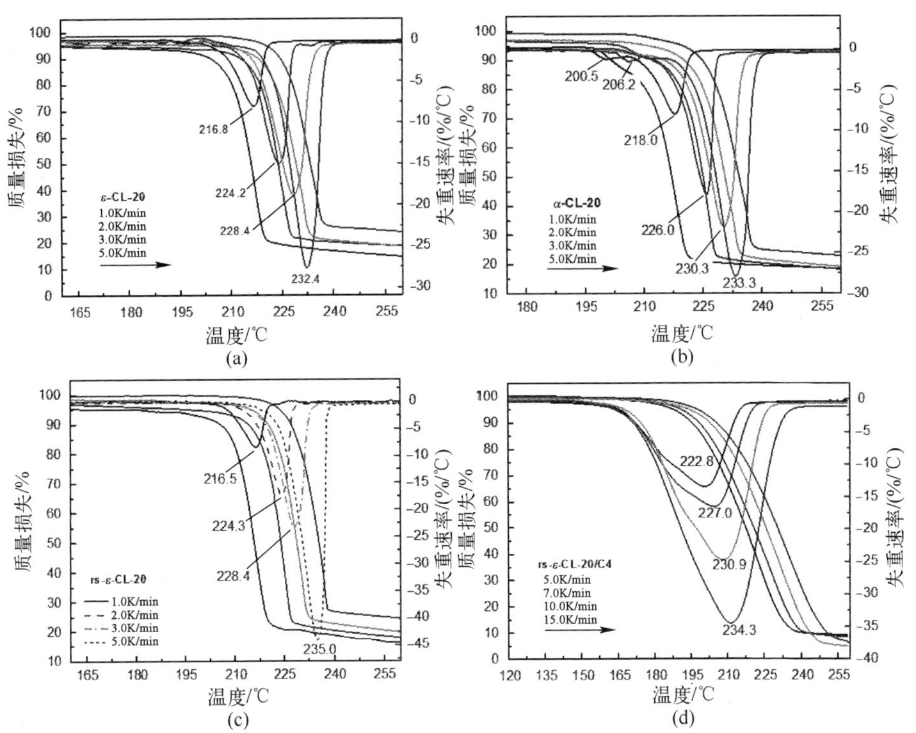

图 5-17 不同晶体形态 CL-20 和 rs-ε-CL-20 的 TG/DTG 曲线

表 5-13 不同晶型 CL-20 及其 C4 粘结炸药的 TG/DTG 数据

		TG 曲线				DTG 峰		
样品	β	T_{ot}/℃	T_i/℃	质量损失/%		L_{max}/(%/min)	T_p/℃	T_{oe}/℃
				阶段Ⅰ/Ⅱ	残渣/%			
α-CL-20	1.0	211.5	195.5	9.48/65.59	10.85	-8.02	200.5/218	225.1
	2.0	220.2	198.2	4.81/71.21	15.62	-17.94	206.2/226	231.0
	3.0	224.2	205.0	3.68/70.87	15.46	-21.83	230.3	239.5
	4.0	226.6	203.8	2.71/71.26	18.53	-27.91	233.3	242.2
ε-CL-20	1.0	211.1	200.4	73.86	1.23	-8.09	216.8	222.7
	2.0	218.7	203.1	74.69	2.65	-17.05	224.2	230.6
	3.0	222.0	208.2	74.65	10.27	-20.82	228.4	238.4
	4.0	225.8	212.2	72.34	20.45	-27.71	232.4	241.3

（续）

样品	β	TG 曲线		质量损失/%		DTG 峰		
		T_{ot}/℃	T_i/℃	阶段Ⅰ/Ⅱ	残渣/%	L_{max}/(%/min)	T_p/℃	T_{oe}/℃
rs-ε-CL-20	1.0	211.4	191.1	82.66	6.23	-8.54	216.5	222.3
	2.0	219.3	192.4	81.92	7.63	-17.79	224.3	230.3
	3.0	223.6	192.9	74.13	8.36	-21.45	228.4	236.4
	5.0	229.2	196.6	72.26	9.47	-44.16	235.0	241.2
ε-CL-20/C4	1.0	212.2	199.0	79.92	3.58	-6.01	221.7	208.5
	2.0	218.9	201.1	82.44	9.11	-11.77	229.0	213.8
	3.0	223.9	229.0	80.67	11.71	-16.26	233.4	242.0
	5.0	231.8	236.4	80.30	12.41	-32.90	240.0	246.4
rs-ε-CL-20/C4	5.0	197.7	144.5	89.60	9.74	-13.44	222.8	238.8
	7.0	199.6	144.9	90.60	8.41	-16.50	227.0	242.6
	10.0	206.1	145.3	91.20	6.65	-24.74	230.9	251.7
	15.0	209.0	146.1	92.30	4.89	-34.46	234.3	258.9

注：T_{ot} 为开始分解温度；T_{oe} 为开始最终的分解温度；T_i 为初始热分解温度；T_p 为失重过程的峰温；阶段Ⅰ是从初始温度到第一个 DTG 峰结束的温度区间；阶段Ⅱ是从 DTG 峰开始到结束时的温度区间；L_{max} 为最大失重速率

然而，在升温速率为 5℃/min 时，ε-CL-20-C4 的热分解峰值速率几乎是 rs-ε-CL-20-C4 的 2 倍，这说明 CL-20 晶体表面与 C4 基体的界面相互作用对分解速率影响显著，而较强的分子间相互作用（如氢键）则更有利于加快分解速率。为了说明在 C4 粘结剂中所使用极性增塑剂会大幅降低 rs-ε-CL-20 的热稳定性，用 FTIR 光谱法对低温下 ε-CL-20 和 rs-ε-CL-20 的晶型稳定性进行测试。FTIR 光谱分析是一种非常灵敏的工具，可以用于区分不同晶型的 CL-20。因此，我们测试了 ε-CL-20 和 rs-ε-CL-20 晶体样品的红外光谱，并与相应的 C4 炸药进行了比较。

晶态 CL-20 和 rs-ε-CL-20 以及基于 rs-CL-20 聚合物炸药配方的 FTIR 特性体现了纯 ε-CL-20 晶型。所有样品都没有超过 3100cm^{-1}的吸收带，这也证明所使用的 CL-20 完全不含水。为了便于比较，我们也获得了不同晶型如 β-和 γ-CL-20 的红外吸收光谱。图 5-18 中标注了其最显著的差异，在 1590～1525cm^{-1}处（NO_2不对称伸缩振动），1430～1180cm^{-1}处（NO_2对称伸缩振动和 C—H 弯曲振动），940～890cm^{-1}处（C—N 伸缩振动）和 760～730cm^{-1}处（NO_2弯曲振动）。典型的 ε-CL-20 炸药为四种形式（757～737cm^{-1}）证明了 CL-20-C4

中存在其他 CL-20 晶型。而 C4 基体在 700cm^{-1}以下没有任何吸收带。

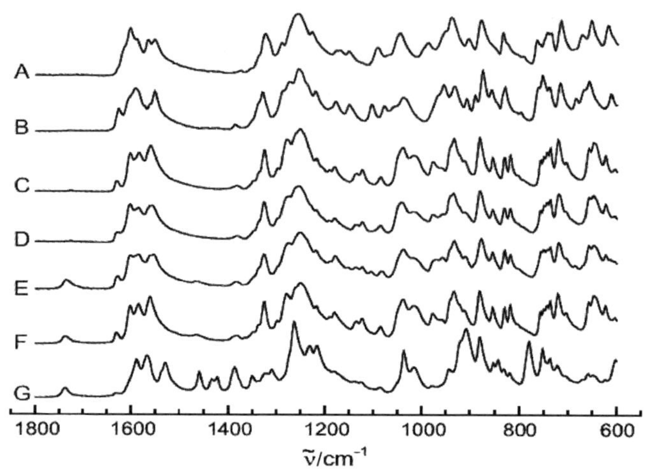

图 5-18　在 1800~600cm^{-1}处的 MIR-FITIR 光谱(样品制备条件都是 5%(质量)DOS 下 70℃加热 70min)

A— β-CL-20;B— γ-CL-20;C— rs-ε-CL-20;D— ε-CL-20;E—rs-ε-CL-20;F—C4 包覆的 ε-CL-20;G—C4 包覆的 rs-ε-CL-20(纵轴表示相对吸光度)。

TG 和 DSC 实验均表明了 ε-CL-20-C4 和 rs-ε-CL-20-C4 分解的两步机理。初始步骤部分受晶体结构的影响,晶体结构也可能影响其对机械刺激的敏感性。在此情况下会有这样的疑问,为什么 ε-CL-20 和 rs-ε-CL-20 的撞击感度不能解释 ε-CL-20-C4 和 rs-ε-CL-20-C4 之间的差异,且无法完全反映撞击感度差异。研究聚合物粘结炸药都会出现这样的问题,即多晶型含能材料重结晶对含塑化剂的聚合物炸药配方到底是否有效的问题。FTIR 光谱测量(图 5-18 和图 5-19)表明,rs -ε- CL-20 加入 C4 后完全变为 γ-形式,而图 5-18 和图 5-19 则显示在加工过程中 ε-CL-20 晶型保持不变。在静态条件下,即 rs-ε-CL-20 在 70℃时暴露在 5%(质量)的 DOS 中 70min,大约有 30%的 ε-晶型会转化为 γ-CL-20。这一转变使得 CL-20 密度从 2.044g/cm^{3}降低到 1.916g/cm^3,这相当于晶体理论体积增加了 6.3%。此外,在环境压力下,温度为 120℃时,ε- CL-20 晶相是稳定的。125℃时则出现 ε→γ 转变,然后 γ- CL-20 保持稳定,150℃以上其开始热分解。然而,Torry 和 Cunliffe 则发现,将 γ- CL-20 加入到极性增塑剂和(或)极性聚合物粘结剂(polyGLYN、polyNIMMO 等)中时,ε→γ 转变可发生在(56.5±1.5)℃,这与我们的发现是一致的。

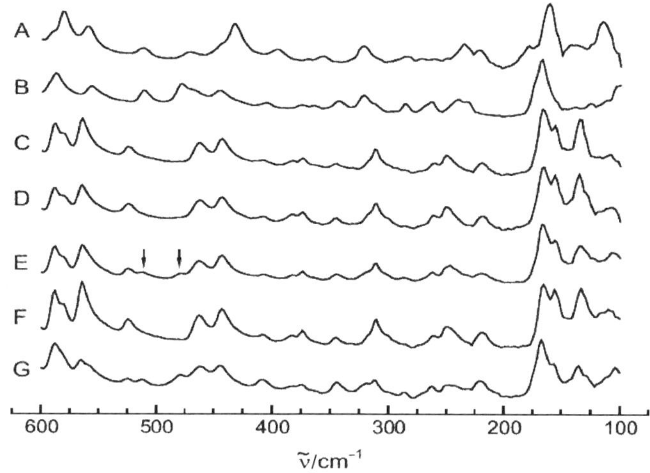

图 5-19　在 600~100cm^{-1}远红外波段的红外光谱(样品标记与图 5-18 中的相同;E 中的箭头显示了样品中存在 γ-CL-20(纵轴表示相对吸光度))

这里采用非等温 TG 和 DSC 技术研究了硝胺聚合物粘结炸药的热分解失重和热流特性的实验结果。该项研究可以得出以下结论:所涉及的聚合物粘结炸药的分解失重在很大程度上取决于升温速率,而这些聚合物粘结炸药的热分解残余物随着升温速率的降低而降低。对于大多数硝胺聚合物粘结炸药,尤其是含有 BCHMX、ε-CL-20 和 β-HMX 等高能硝胺炸药的样品,其热分解过程是复杂的。一方面,其分解过程在很大程度上取决于升温速率(如 HMX-Formex、HMX-C4、HMX-VA 和 HMX-FL);另一方面,动力学控制下的热分解不能在稍高的升温速率下实现(例如,>5.0℃/min 时,CL-20-Formex、BCHMX-C4、BCHMX-VA 和 HMX-C4 等出现自加热并点火)。因此,这种高能炸药的动力学评估被局限于很小的升温速率范围(如 1.0~4.0℃/min)。

硝胺聚合物粘结炸药的热分解表明,仅有 RDX 聚合物炸药的热稳定性远低于纯 RDX,除了 9%~15%的惰性粘结剂的影响因素之外,还存在其他原因。不同链结构的含氟聚合物对平面分子(如 RDX 和 HMX)的作用效果几乎相同,但它们对 BCHMX 和 ε-CL-20 这样非平面型分子影响则不同。Viton A 更适合作为 BCHMX 的粘结剂,因为它比 Fluorel 的化学相容性更好。

α-CL-20、ε-CL-20-C4 和 rs-ε-CL-20-C4 都是两步分解。初始反应过程受晶体结构影响,高纯的 rs-ε- CL-20 和工业级 ε-CL-20 在低的升温速率下却没有出现两步分解。晶体结构能影响初始步骤和总放热量,这导致了与 α-和 ε-CL-20 相比,rs-ε-CL-20 放热量最高。CL-20 的晶型和表面状态则不会影响其化学稳定性。纯 ε-CL-20 的热分解过程中:从 ε-到 γ-晶型的固-固相变发生在 160~170℃,然后是 γ-晶型的热分解。在 Viton A 的作用下,这样的转晶从 159.6℃变为 167.3℃,与纯 rs-ε-CL-20(167.1℃)、由 C4 和 Formex 包覆的 CL-20(167.6℃)很接近。在 Fluorel 粘结剂的作用下,这种多晶转换发生在 161.1℃,比 Viton A 作用下低得多。在 Semtex 的作用下,该转变发生在 160.6℃,只比纯 ε-CL-20 略高一些。rs-ε-CL-20 若加入极性增塑剂 C-4 就会完全改变成 γ 形式,而 ε-CL-20 在同样条件下则基本保持不变,因此重结晶其实更加不利于 CL-20 在极性增塑剂中的晶型稳定性。当 β-HMX 被 Formex 或 C4 粘结剂包覆时,其从 β-到 δ-的转晶分别出现在 190.9℃和 194.8℃,这都比纯 β-HMX 提高了 10℃以上。

参考文献

[1] Clements B E, Mas E M. A theory for plastic - bonded materials with a bimodal size distribution of filler particles[J]. Modelling and Simulation in Materials Science and Engineering,2004,12(3):407-421.

[2] Nouguez B, MahéB, VignaudPO. Cast PBX related technologies for IM shells and warheads [J]. Science and Technology of Energetic Materials,2009 70:135-139.

[3] Chapman R D, Wilson W S, Fronabarger J W, et al. Prospects of fused polycyclic nitroazines as thermally insensitive energetic materials[J]. Thermochimica Acta,2002,384(1-2):229-243.

[4] Elbeih A, Pachman J, Zeman S, et al. Replacement of PETN by bicyclo-HMX in semtex 10 [J]. Problemy Mechatroniki: uzbrojenie, lotnictwo, inżynieria bezpieczeństwa,2010,1:7-16.

[5] Klasovitý D, Zeman S. Process for Preparing cis-1,3,4,6-Tetranitrooctahydroimidazo-[4,5-d] imidazole (bicyclo-HMX, BCHMX)[J]. CZ Patent,2010,302068:C07D.

[6] Klasovity D, Zeman S, RuzickaA. et al. Cis-1,3,4,6-tetranitrooctahydroimidazo-[4,5-d] imidazole (BCHMX), its properties and initiation reactivity[J]. Journal of Hazardous Materials,2009,164(2-3):954-961.

[7] Elbeih A, Pachman J, Zeman S, et al. Study of plastic explosives based on attractive cyclic nitramines, Part II. Detonation characteristics of explosives with polyfluorinated binders[J]. Propellants, Explosives, Pyrotechnics,2013,38(2):238-243.

[8] Yan Q L, Zeman S, Svoboda R, et al. Thermodynamic properties, decomposition kinetics and reaction models of BCHMX and its Formex bonded explosive[J]. Thermochimica Acta,2012 (547):150-160.

[9] Taguet A, Ameduri B, Boutevin B. Crosslinking of vinylindene containing flouoropolymers[J].

Adv. Polym. Sci. ,2005,184:127-211.

[10] Yan Q L,Zeman S,Elbeih A. Recent advances in thermal analysis and stability evaluation of insensitive plastic bonded explosives (PBXs)[J]. Thermochimica Acta,2012(537):1-12.

[11] Hoffman D M,Lorenz K T,Cunningham B,et al. Formulation and mechanical properties of LLM-105 PBXs[R]. Lawrence Livermore National Lab. (LLNL),Livermore,CA (United States),2008.

[12] Svatopluk Zeman,Ahmed Elbeih,Zbynek Akstein. 以环状硝胺为基的几种塑料黏结炸药的初步研究[J]. 含能材料,2011,19(1):8-12.

[13] Hoffman D M. Dynamic mechanical signatures of viton A and plastic bonded explosives based on this polymer[J]. Polymer Engineering & Science,2010,43(1):139-156.

[14] Elizabeth C M,Milton F D,Nanci M N. et al. Determination of polymer content in energetic materials by FT-IR[J]. J Aero. Tech. Manager. 2009,1(2):167-175.

[15] Vyazovkin S, Sbirrazzuoli N. Isoconversional kinetic analysis of thermally stimulated processes in polymers[J]. Macromolecular Rapid Communications,2006,27(18):1515-1532.

[16] Sell T,Vyazovkin S,Wight C A. Thermal decomposition kinetics of PBAN-binder and composite solid rocket propellants[J]. Combustion & Flame,1999,119(1-2):174-181.

[17] Felix S P,Singh G,Sikder A K,et al. Studies on energetic compounds:Part 33:thermolysis of keto-RDX and its plastic bonded explosives containing thermally stable polymers[J]. Thermochimica Acta,2005,426(1-2):53-60.

[18] Yan Q L, Zeman S, Šelešovský J, et al. Thermal behavior and decomposition kinetics of formex-bonded explosives containing different cyclic nitramines[J]. Journal of Thermal Analysis and Calorimetry,2013,111(2):1419-1430.

[19] Yan Q L,Zeman S,Zhao F Q,et al. Noniso-thermal analysis of C4 bonded explosives containing different cyclic nitramines[J]. Thermochimica Acta,2013(556)6-12.

[20] Yan Q L,Zeman S,Elbeih A. Thermal behavior and decomposition kinetics of Viton A bonded explosives containing attractive cyclic nitramines[J]. Thermochimica Acta,2013(562):56-64.

[21] Yan Q L,Zeman S,Elbeih A,et al. The influence of the semtex matrix on the thermal behavior and decomposition kinetics of cyclic nitramines[J]. Central European Journal of Energetic Materials,2013,10(4).

[22] Yan Q L, Zeman S, Zhang T L, et al. Non-isothermal decomposition behavior of Fluorel bonded explosives containing attractive cyclic nitramines[J]. Thermochimica Acta, 2013(574):10-18.

[23] Zeman S,Elbeih A,Yan Q L. Notes on the use of the vacuum stability test in the study of in-

itiation reactivity of attractive cyclic nitramines in the C4 matrix[J]. Journal of Thermal Analysis and Calorimetry,2013,112(3):1433-1437.

[24] Yan Q L,Zeman S,Elbeih A,et al. The effect of crystal structure on the thermal reactivity of CL-20 and its C4 bonded explosives (I):thermodynamic properties and decomposition kinetics[J]. Journal of Thermal Analysis and Calorimetry,2013,112(2):823-836.

[25] Yan Q L,Zeman S,Svoboda R,et al. The effect of crystal structure on the thermal initiation of CL-20 and its C4 bonded explosives (II):models for overlapped reactions and thermal stability[J]. J. Therm Anal Calorim,2013,112(2):837-849.

[26] Elbeih A,Zeman S,Jungová M,et al. Attractive nitramines and related PBXs[J]. Propellants,Explosives,Pyrotechnics,2013,38(3):379-385.

[27] Knight G J,Wright W W. The thermal degradation of hydrofluoro polymers[J]. Journal of Applied Polymer Science,1972,16(3):683-693.

[28] Cuccuru A,Sodi F. Thermal stability in air of gamma irradiated fluoroelastomers[J]. Thermochimica Acta,1976,15(2):253-256.

[29] Papazian H A. Prediction of polymer degradation kinetics at moderate temperatures from tga measurements[J]. Journal of Applied Polymer Science,1972,16(10):2503-2510.

[30] Burnham A K,Weese R K. Kinetics of thermal degradation of explosive binders Viton A,Estane,and Kel-F[J]. Thermochimica Acta,2005,426(1-2):85-92.

[31] Vyazovkin S,Burnham A K,Criado J M,et al. ICTAC Kinetics Committee recommendations for performing kinetic computations on thermal analysis data[J]. Thermochimica Acta,2011,520(1-2):1-19.

[32] Sánchez Jiménez P E,Pérez Maqueda L A,Perejón Pazo A,et al. Comments on "Thermal decomposition of pyridoxine: an evolved gas analysision attachment mass spectrometry study". About the application of modelfitting methods of kinetic analysis to single non-isothermal curves[J]. Rapid Communications in Mass Spectrometry,2013,27 (3):500-502.

[33] Sawaguchi T,Ikemura T,Seno M. Thermal degradation of polymers in the melt,2. Kinetic approach to the formation of volatile oligomers by thermal degradation of polyisobutylene[J]. Macromolecular Chemistry and Physics,1996,197(1):215-222.

[34] Sawaguchi T,Seno M. Thermal degradation of polyisobutylene: effect of end initiation from terminal double bonds[J]. Polymer Degradation and Stability,1996,54(1):33-48.

[35] Sawaguchi T,Seno M. Detailed mechanism and molecular weight dependence of thermal degradation of polyisobutylene[J]. Polymer,1996,37(25):5607-5617.

[36] Sawaguchi T,Seno M. Effects of the molecular weight of molecular chains constituting the reaction medium on the thermal degradation of polyisobutylene[J]. Polymer,1998,39(18):4249-4259.

[37] Nyden M R,Forney G P,Brown J E. Molecular modeling of polymer flammability: application

to the design of flame-resistant polyethylene[J]. Macromolecules, 1992, 25(6): 1658-1666.

[38] Jee C, Guo Z X, Nyden M R. Study of thermal decomposition of a polyisobutylene binder by molecular dynamic simulations[J]. Materials Science and Engineering: A, 2004, 365(1-2): 122-128.

[39] Madorsky S L. Thermal degradation of organic polymers[M]. Interscience Publishers, 1964.

[40] Chen K S, Yeh R Z, Chang Y R. Kinetics of thermal decomposition of styrene-butadiene rubber at low heating rates in nitrogen and oxygen[J]. Combustion and flame, 1997, 108(4): 408-418.

[41] Grieco E, Bernardi M, Baldi G. Styrene-butadiene rubber pyrolysis: products, kinetics, modelling[J]. Journal of Analytical and Applied Pyrolysis, 2008, 82(2): 304-311.

[42] Guo L, Huang G, Zheng J, et al. Thermal oxidative degradation of styrene-butadiene rubber (SBR) studied by 2D correlation analysis and kinetic analysis[J]. Journal of Thermal Analysis and Calorimetry, 2014, 115(1): 647-657.

[43] Kawashima T, Ogawa T. Prediction of the lifetime of nitrile-butadiene rubber by FT-IR[J]. Analytical Sciences, 2005, 21(12): 1475-1478.

[44] Shu Y, Korsounskii B L, Nazin G M. The mechanism of thermal decomposition of secondary nitramines[J]. Russian Chemical Reviews, 2004, 73(3): 293-307.

[45] Singh G, Felix S P, Soni P. Studies on energetic compounds: part 31. Thermolysis and kinetics of RDX and some of its plastic bonded explosives[J]. Thermochimica Acta, 2005, 426(1-2): 131-139.

[46] Kim D Y, Kim K J. Solubility of cyclotrimethylenetrinitramine (RDX) in binary solvent mixtures[J]. Journal of Chemical & Engineering Data, 2007, 52(5): 1946-1949.

[47] Yan Q L, Xiao Jiang L, La Ying Z, et al. Compatibility study of trans-1,4,5,8-tetranitro-1,4,5,8-tetraazadecalin (TNAD) with some energetic components and inert materials[J]. Journal of Hazardous Materials, 2008, 160(2-3): 529-534.

[48] Manelis G B. Thermal decomposition and combustion of explosives and propellants[M]. Crc Press, 2003.

[49] Turcotte R, Vachon M, Kwok Q S M, et al. Thermal study of HNIW (CL-20)[J]. Thermochimica Acta, 2005, 433(1-2): 105-115.

[50] Pelikán W, Zeman S, Yan Q L, et al. Concerning the shock sensitivity of cyclic nitramines incorporated into a polyisobutylene matrix[J]. Central European Journal of Energetic Materials, 2014, 11(2): 219-235.

第 6 章　硝胺高聚物粘结炸药的热分解动力学

每个单一化学变化过程,都可通过确定其动力学参数(活化能 E_a、指前因子 A、动力学模型 $f(a)$)来获得固相反应完整的热力学描述。国际热分析动力学委员会 ICTAC 强烈推荐采用等转化率无模型法来计算动力学参数,并指出,该方法适用于没有显著机理差异的多种重叠反应过程。然而,Moukhina 对这种理论持怀疑态度,表明该预测方法没有考虑到各反应步骤之间的相互作用。显然,无模型方法确实在峰数据不发生重叠或者峰分离良好的情况下满足计算前提条件。与此相对,模型拟合法则可用于连续多步过程,前提条件是不受升温速率和峰重叠的影响。动力学评估方法已经在第 4 章总结过,无须赘述。由此所得的动力学三因子,可以用于预示含能材料的安全性参数,如绝热至爆温度等。

Semenov 和 Frank-Kamenetskii 定量描述了热爆炸理论,且该理论已可以推广到气相反应、粉尘爆炸、推进剂自加热或爆炸模型的建立。此外,该理论在预示高能材料存储和运输中的安全方面具有重要的现实意义。动力学参数及反应模型(热分解机理函数)在计算热爆炸的临界温度和安全储存临界直径方面非常重要。在已有 RDX 聚合物炸药中,Formex P1、Viton A、C4、Fluorel 和 Semtex 1A 等聚合物与 RDX 热相互作用机制已经阐明。我们研究了 RDX 在含有极性塑化剂的 Formex P1 和 C4 基体中的稳定性和反应性。一般认为,RDX 的分解反应服从一级化学反应模型(F1)。众所周知,惰性涂层可有效抑制 RDX 的热分解,溶剂型添加剂则可加速 RDX 的分解(油性或极性增塑剂)。这些添加剂会影响所与之接触炸药晶体中分子间相互作用(晶格稳定化效应)。若已知物理参数(热容量、导热系数)与装药条件(尺寸、密度等),再加上动力学参数和反应模型,预测任意条件下聚合物炸药的热安全性特性参数就比较简单了。由于失控反应模拟结果对动力学三因子的误差非常敏感,故获得可靠动力学参数和准确反应物理模型至关重要。本章主要讨论相关硝胺聚合物炸药的热分解动力学参数,经验曲线法获得的动力学模型及联合动力学法得到的数据,并对其进行充分的比较和讨论。

6.1　转化率-温度(α-T)曲线

6.1.1　初始 α-T 曲线

通常基于质量损失数据,反应深度 α 可通过以下方程式简要获得,并据此研究固相反应动力学:

$$\alpha=\frac{m_0-m_t}{m_0-m_\infty} \tag{6-1}$$

式中:m_0、m_t、m_∞ 分别为样品初始质量、t 时刻样品的质量和反应结束时样品质量。我们可根据反应深度及其相应温度和分解速率确定其动力学数据。另外,可通过此过程结合 DTG 峰积分得到相应的 α-T 曲线(部分 α-T 见图 6-1~图 6-4)。由图可见,所有分解曲线基本符合 S 曲线趋势。然而,基于 HMX 的聚合物炸药情况有所不同,较低升温速率情况下升华的影响及较高升温速率下快速点火燃烧反应的存在,使得其 α-T 曲线形状随升温速率的变化很大。

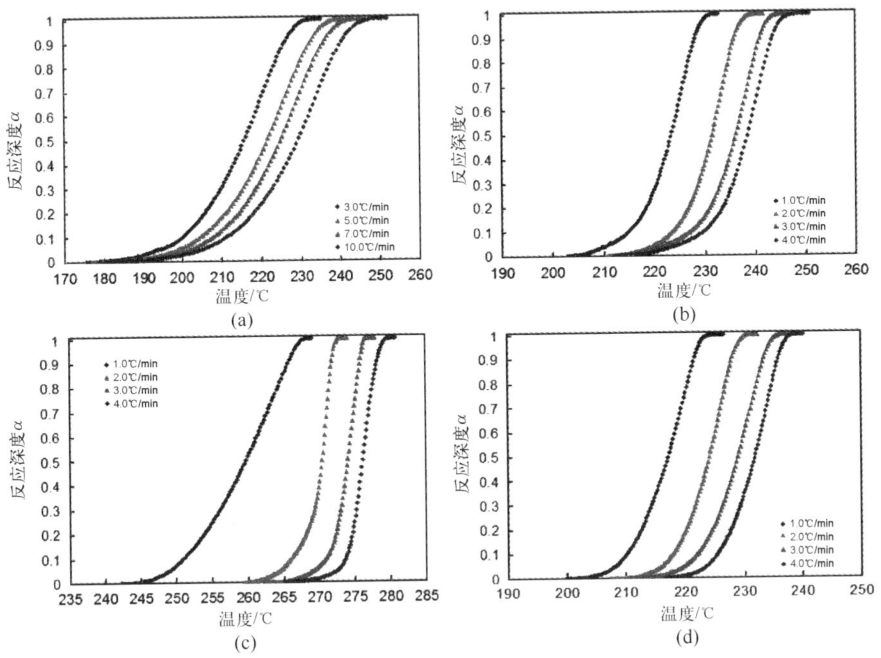

图 6-1　不同升温速率下含有氮杂环硝胺 Viton A 粘结炸药的 α-T 曲线

(a) RDX-VA;(b) BCHMX-VA;(c) HMX-VA;(d) CL-20-VA。

事实上,当升温速率大于5℃/min时,含有BCHMX、ε-CL-20和β-HMX的Formex和C4粘结炸药发生快速点火反应(详见第5章)。然而,对于CL-20-FM,快速加热所引起的燃烧会导致非常尖锐的DTG峰,而在相同升温速率下CL-20-VA却仅发生了相对较慢的动力学控制热分解反应。由此可以看出Viton A和Formex基体对氮杂环硝胺的热行为影响机制不同。而α-T曲线在动力学计算中至关重要。通常,为了得到可靠的动力学评估,需要在更宽升温速率范围内测试热分解数据。然而,对于大多数聚合物粘结炸药,特别是对于含有BCHMX、ε-CL-20和β-HMX的配方,上述情况会更加复杂。由于这类聚合物粘结炸药的分解过程主要取决于升温速率(如HMX-FM、HMX-C4和HMX-VA),但在较高升温速率下(如>5.0℃/min),CL-20-FM、BCHMX-C4、BCHMX-VA和HMX-C4等样品的热分解无法获得有效动力学参数。因此,对这类高能材料的动力学评估只能局限于在非常小的升温速率范围(如1.0~4.0℃/min)。

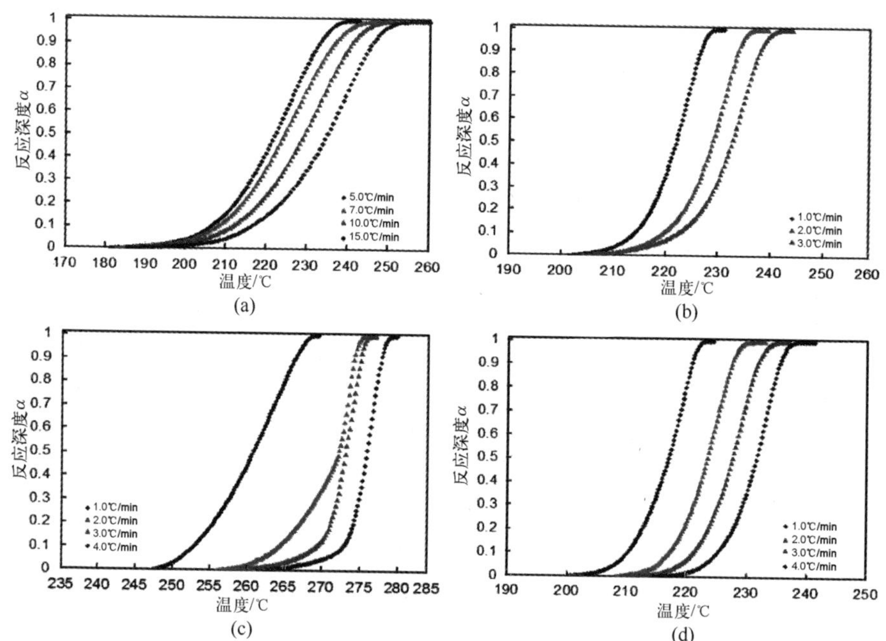

图6-2 不同升温速率下含氮杂环硝胺Fluorel炸药的α-T曲线

(a) RDX-VA;(b) BCHMX-VA;(c) HMX-VA;(d) CL-20-VA。

如图6-2所示,Fluorel聚合物炸药的热分解动力学计算仅基于较窄的升温速率范围数据展开(如BCHMX-FL的0.5~4.0℃/min和0.5~3.0℃/min)。此外,对于HMX-FL,只有1.0℃/min、3.0℃/min和4.0℃/min的曲线数据可用于动力学计算以获得合理的相关系数。

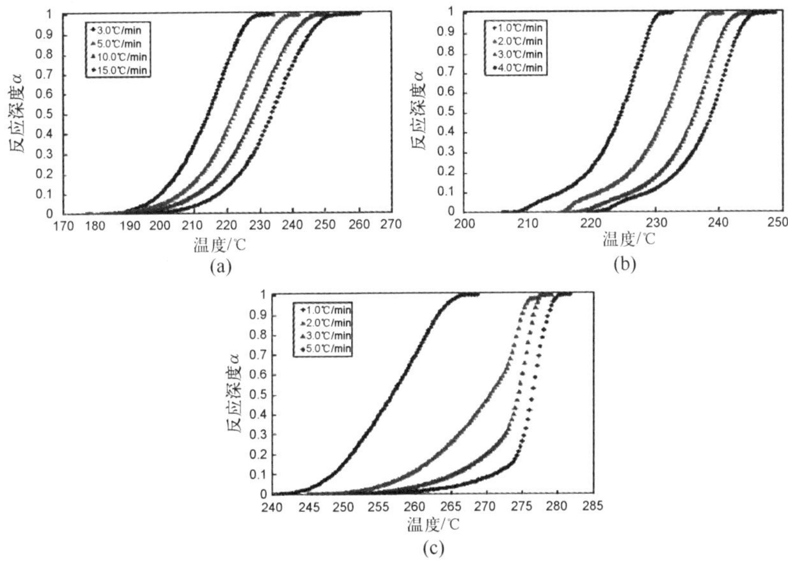

图 6-3　不同升温速率下 RDX-C4（a）、BCHMX-C4（b）和 HMX-C4（c）的 $\alpha-T$ 曲线

Formex 和 Semtex 粘结炸药的分解通常由多步重叠反应组成。通过 DTG 峰积分可获得相应 $\alpha-T$ 曲线（图 6-4、图 6-5）。所有分解曲线均基本符合 S 曲线趋势。同时，对于 CL-20-FM，5℃/min 时即表现出非常尖锐的 DTG 峰，但在相同升温速率下，CL-20-SE 却分解缓慢（图 6-5（d））。上述情况表明，Semtex 和 Formex 基体对氮杂环硝胺的热行为作用机制不同。显而易见，材料 CL-20-SE、BCHMX-SE 和 BCHMX-C4 的分解至少需要两步进行。简单起见，其余的 $\alpha-T$ 曲线不在此列举（可参考本章相关文献），将在讨论部分予以说明。

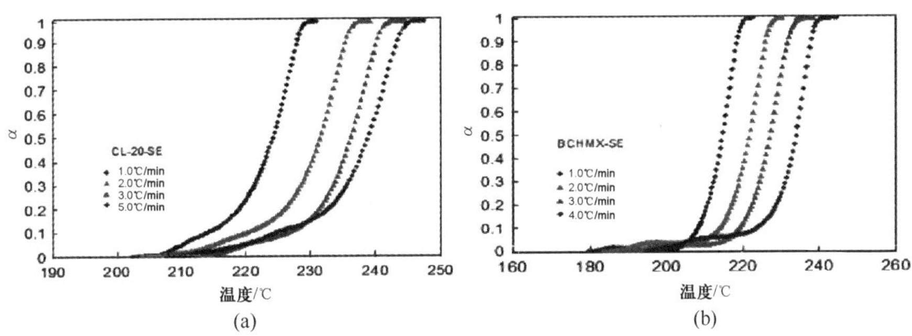

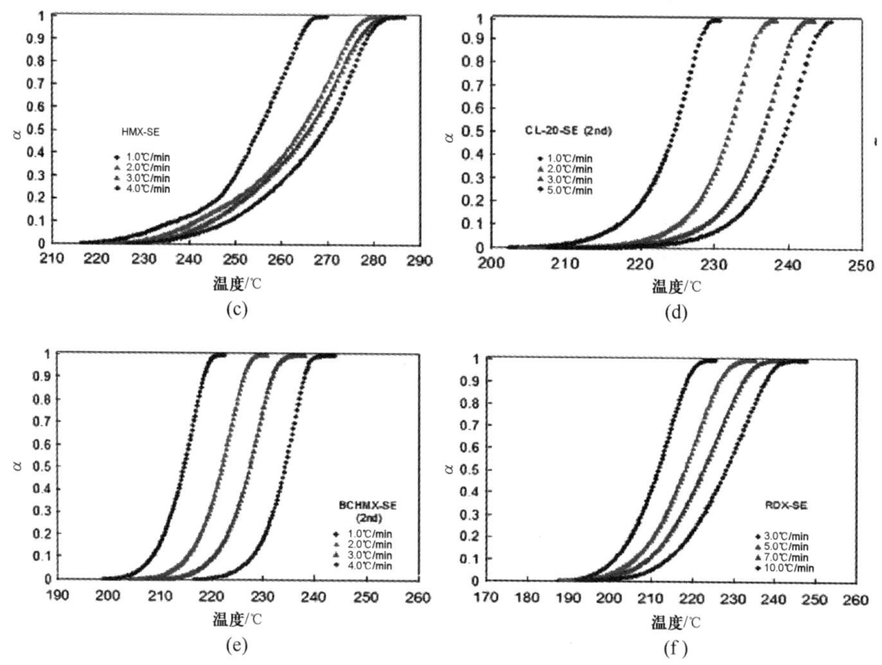

图 6-4 不同升温速率下含有不同氮杂环硝胺的 Semtex 粘结炸药的 $\alpha-T$ 曲线

6.1.2 重叠反应的峰分离

如上所述,根据其 $\alpha-T$ 曲线,多个聚合物炸药的分解过程都至少包括两个重叠反应。同时,高能材料的热分解还与受热过程息息相关(如升温速率)。因此,某些重叠峰会在较低升温速率下很好地分离,而在较高升温速率下表现为一个更宽的峰(如 BCHMX、α-CL -20 和 Semtex 粘结炸药)。根据实验结果及 C4 基体对升温速率的依赖性可知,所研究的复合含能材料(ε-CL-20-C4、rs-ε-CL-20-C4)的热分解过程由几个平行反应组成。意思是这些反应平行进行,但反应结束时间可能有所不同。升温速率对这些同时发生的独立反应的影响也不尽相同,这就导致反应峰的相互作用取决于升温速率。众所周知,不考虑气态产物之间的二次反应时,某一组分热分解所引起的单一反应机理应与升温速率无关。即使对于纯含能成分,它们的分解过程也可能包含多步连续平行反应(如 A→B→C1→D 或 A→B1→C2→D),但由于反应迅速,且不同反应步骤之间无时间间隔或间隔极小,上述过程通常难以在 DTG 或 DSC 峰上得以反映。因此,在确定反应模型时,可以将它们视为总包主反应(A→D)。正如 Vyazovkin 等所提出的,获得不受其他步骤和扩散等因素影响的单一反应过程的动力学参数非常难。通常,得到的动力学参数是各个步骤固有动力学参数的函数。例如,所得活化能有可能是由各步骤活化能共同决定的表观复合值。对于此种情况,我们可以根据具体物理化学过程人为分离重叠峰来分别处理。

据实验所得 TG 和 DSC 结果(见第 5 章),可以发现反应过程的分步如下:BCHMX(2 步)、BCHMX-C4(2 步),BCHMX-SE(3 步),α-CL-20(2 步),CL-20-FM(2步),CL-20-C4(2 步),rs-ε-CL-20-C4(2 步)和 CL-20-SM(3 步)。综上所述,进行动力学计算之前,必须分离这些重叠热分解峰。最近,Perejón 等提出了通过峰分离进行动力学过程分析的有效方法。在去卷积和峰拟合过程中,他们使用了 Fraser-Suzuki(FS)函数(式(4-2)),该方程尤其适用于拟合不对称性动力学曲线,且已成功应用于多种复杂固相反应过程。

$$y=a_0\exp\left[-\ln2\left(\ln\left(1+2a_3\frac{x-a_1}{a_2}\right)/a_3\right)^2\right] \tag{6-2}$$

式中:a_0、a_1、a_2、a_3分别为峰的振幅、位置、半峰宽和不对称性。BCHMX、α-CL-20、CL-20-FM、CL-20-C4 和 CL-20-SM 的分解峰的典型分离过程图 6-5 所示。BCHMX 分解峰在峰分离前后的 α-T 曲线比较如图 6-6 所示。

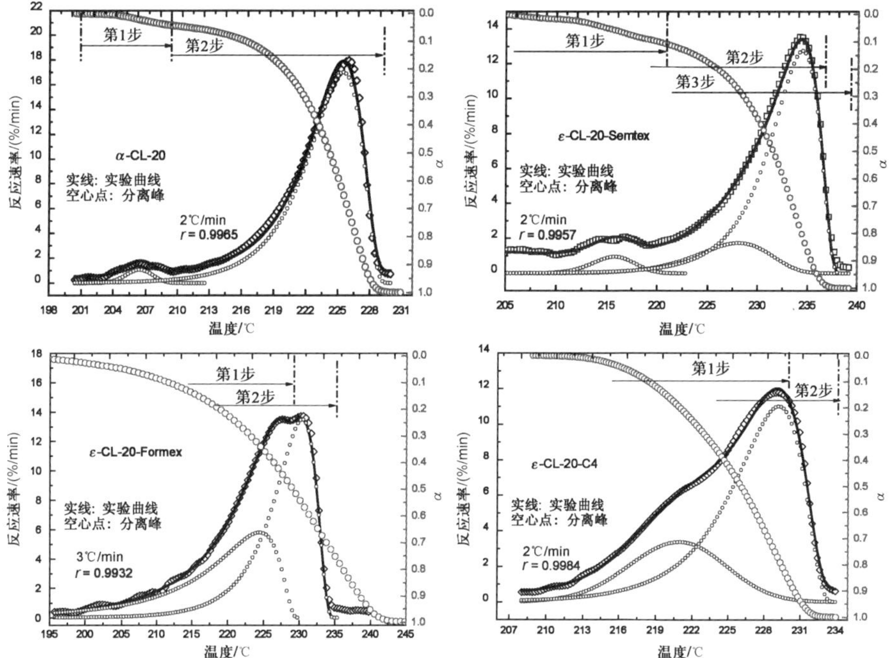

图 6-5　α-CL-20(2 步),CL-20-FM(2 步),CL-20-C4(2 步)和 CL-20- SM(3 步),升温速率为 2.0℃/min 和 3.0℃/min(空心图形代表实验数据;实线为整体拟合曲线;空心圆为分离峰)

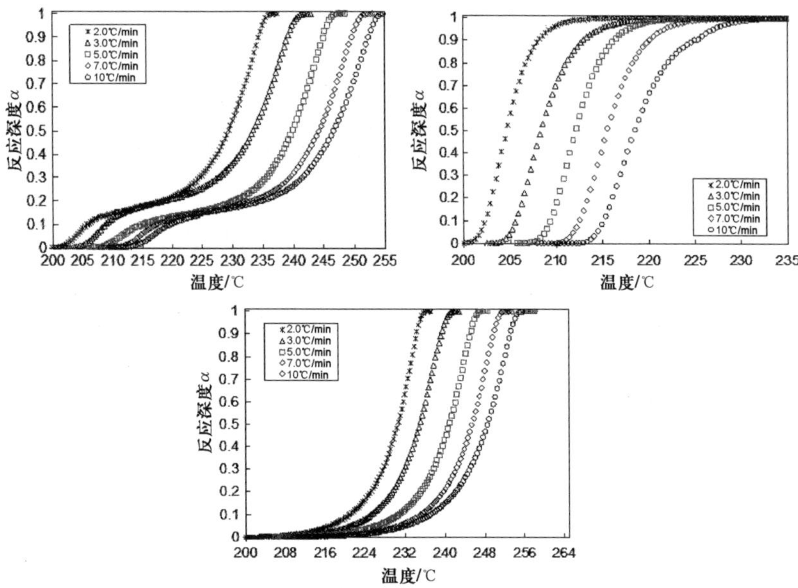

图 6-6 BCHMX 和 BCHMX/Formex 的分解反应深度转化率随温度的变化关系

峰分离后，可获得 BCHMX 和 BCHMX/Formex 的反应深度随温度的变化关系 $\alpha-T$。峰分离前 BCHMX 曲线在 0.15～0.30 转换范围内部分重叠，表明这两个独立分解步骤之间存在很强的相互作用，由此动力学参数可能产生较大计算误差。从 BCHMX 的分离峰可获得更稳定的 $\alpha-T$ 曲线（图 6-6），基于此，可计算更为可靠的动力学三因子。通过使用 FS 函数对 α-CL-20、CL-20-FM、CL-20-C4 和 CL-20-SM 的多步分解峰进行分离处理，结果如图 6-5 所示。当相关系数高于 0.99 时，重叠峰也能很好地分离。此过程必须保证不同升温速率下同等反应峰的不对称性（式(6-2)中 a_3）相同，且必须使分离的峰值相互关联。基于分离后的峰数据（简单起见，这里省略详细峰拟合参数），可以首先采用基辛格法计算活化能，并使用 Kissinger-Akahira-Sunose（KAS）等转化率法计算总分解过程中各分离峰所对应的分解活化能随反应深度的变化关系。

6.2 活化能和前指数因子

6.2.1 基辛格法

6.2.1.1 BCHMX 和 BCHMX/CL-20 共晶

采用基辛格法计算的 BCHMX、ε-CL-20 及其共晶的动力学参数如表 6-1

所列，因该共晶的组分均为硝胺，故其活化能具有可比性。

表 6-1　基辛格法计算的 ε-CL-20、BCHMX 及其共晶的动力学参数

样品	温度范围		阿伦尼乌斯参数			
	T_i/℃	T_e/℃	E_a/(kJ/mol)	lgA/(1/s)	k(230℃)	r
BCHMX[1st]	205	217	222.3±12.8	21.92±2.29	6.82×10^{-2}	0.9985
BCHMX[2nd]	234	249	178.3±5.9	15.81±2.18	0.20×10^{-2}	0.9990
ε-CL-20	216	234	168.3±3.9	15.48±0.96	1.00×10^{-2}	0.9988
rs-ε-CL-20	216	235	178.3±4.3	16.59±1.25	1.18×10^{-2}	0.9999
Cocrystal-4th	217	235	166.6±5.3	14.89±1.58	0.39×10^{-2}	0.9990
注：T_i 和 T_e 为初始和最终温度；rs-ε-CL-20 表示通过重结晶降感的 ε-CL-20						

刚性晶格的稳定化效应致使 BCHMX 初始阶段的活化能远高于其他化合物的活化能。因此，BCHMX 热稳定性远高于共晶和 ε-CL-20。ε-CL-20 明显具有较高的撞击起爆能量（感度低），但它比 BCHMX 和共晶的热稳定性更低。这表示晶态硝胺的热稳定性似乎与撞击感度无关。此外，速率常数在较窄的温度范围内也非常准确。因此，当进行物质热稳定性比较时，选取速率常数而非活化能更为合理。同时，数据表明，通过该方法对 BCHMX 分解所获得的第二步分解反应活化能（178.3kJ/mol）比第一步高（222.3kJ/mol）。此外，采用基辛格法获得的活化能与 KAS 法所得平均值进行了比较。对合理动力学模型的确定还与后续实验数据有关。

6.2.1.2　RDX 炸药的影响

RDX 聚合物粘结炸药的热分解动力学参数计算可基于非等温 TGA 数据（$\alpha-T$）。首先可以基辛格法基于峰温与升温速率的变化计算初步动力学参数，计算结果见表 6-2。由于实验技术限制，不同文献报道的 RDX 分解活化能与反应机理之间仍然存在一定矛盾。

表 6-2　通过基辛格法获得的基于 RDX 的混合物分解的动力学参数的比较

样品名称	实验条件			阿伦尼乌斯参数		文献
	方法	温度范围/K	状态	E_a/(kJ/mol)	lgA/(1/s)	
RDX/Gas	DSC	—	液态	147.0	13.5	[25]
RDX/Gas	MM	443~473	液相	150.9	13.5	
RDX/Gas+NO	MM	443~473	液相	174.1	15.6	

（续）

样品名称	实验条件			阿伦尼乌斯参数		
	方法	温度范围/K	状态	E_a/(kJ/mol)	lgA/(1/s)	文献
RDX/NT	MM	474~553	液相	176.7	15.5	[25]
RDX/DCHP	MM	433~553	液相	178.9	15.4	
RDX/M-DNB	MM	439~457	液相	171.1	14.3	
RDX/TNT	MM	—	液相	159.0	13.9	
RDX/PPE	DSC	—	液相	162.9	14.5	
RDX/PPE	LC	473~513	液相	206.9	—	
RDX/WAX-90/10	DSC	361~528	液相	188.0	16.79	[26]
RDX/BR-91/9	DSC	368~533	液相	178.3	15.68	
RDX/PIB-90/10	DSC	371~534	液相	156.8	13.58	
RDX/PVAC-91/9	DSC	371~534	液相	153.1	13.16	
Viton A	TGA	462~485	液相	216.8	—	[27]
RDX	TGA	493~513	液相	157.0	14.76	[28]
RDX-Estane	TGA	488~508	液相	189.0	18.06	
RDX-VA (RXV9505)	TGA	488~503	液相	201.0	19.76	
RDX-VA	TGA	473~526	液相	177.2±12.8	16.41±2.74	[3]
RDX-C4	TGA	481~534	液相	197.7±19.1	18.65±3.58	[8]
RDX-FM	TGA	352~478	液相	179.8	16.74	[9]
RDX-FL	TGA	487~506	液相	127.2±4.3	11.1±1.4	[10]
RDX-SE	TGA	499~513	液相	161±17	4.7±3.3	[9]

注:DHCP 为邻苯二甲酸二环己酯;NT 为硝基甲苯;M-DNB 为间二硝基苯;TNT 为三硝基甲苯;PPE 为聚苯醚

研究表明,通过 TGA 得到的 RDX 液态分解活化能约为 206kJ/mol,而俄罗斯压力计法计算值在 178~225kJ/mol 之间。RDX 的气态分解活化能较低,且分解速率更快。除三硝基甲苯以外的有机溶剂对 RDX 的 E_a 几乎没有影响,这是因为 RDX 有无溶剂作用都是以液态形式分解,即分解过程中不存在晶格的稳定化效应。惰性聚合物基体的包覆可增加 RDX 的 E_a 值,而增塑剂则可降低 E_a 值。由于没有增塑剂,氟聚合物(Viton A 和 Fluorel)对 E_a 值几乎没有影响。

6.2.1.3 HMX 炸药的作用

与 RDX 聚合物炸药类似,我们先通过简单基辛格法计算了 HMX 聚合物粘结炸药的热分解动力学参数,并将相应的结果与文献报道值进行了横向对比(表 6-3)。对于高熔点氮杂环硝胺,HMX 在性能方面优于 RDX。长期的研究使得我们对 HMX 有了深入认识,包括其热分解动力学及机理。由于其升华特性和精准实验技术的限制,不同文献报道的分解活化能和机理之间仍然存在较大矛盾。由表 6-3 可以发现,含 β-HMX 的聚合物粘结炸药的热解动力学参数计算误差远高于文献报道的纯 HMX。对于 HMX-C4,通过基辛格法获得的活化能极高,这是由于不同升温速率下升华失重与分解失重的权重不同引起了较大计算误差(超过 10%)。综上所述,在低升温速率下,分解难以受动力学控制而导致快速质量损失,而较高升温速率下发生的点火燃烧引起了质量损失的突变。这些误差反映的是分解机理随样品温度梯度的变化。

表 6-3　基辛格法计算的 HMX 及其聚合物炸药的热分解动力学参数

样品名称	实验条件			阿伦尼乌斯参数		
	方法	温度范围/K	分解状态	E_a/(kJ/mol)	lg$A$/(1/s)	文献
HMX/M-DNB	MM	444~488	液相	193.5	16.0	[25]
HMX/Act	LC	462~562	液相	216.4	18.9	
HMX/melt	MM	444~587	液相	227.1	19.7	
HMX/melt	DSC	544~558	液相	221.1	18.8	
Viton A	TGA	462~485	固相	216.8	—	[26]
β-HMX	TGA	444~587	固相	227.1	19.70	
β-HMX	VST	373	固相	147.4	40.28	[29]
β-HMX	VST	383	固相	105.5	25.10	
β-HMX	VST	393	固相	101.6	23.23	
β-HMX	VST	403	固相	80.6	13.95	
β-HMX	VST	413	固相	204.4	56.56	
β-HMX	VST	423	固相	235.5	89.86	
β-HMX-VA	TGA	524~554	固相	244.9±27.8	21.06±4.41	[3]
β-HMX-C4	TGA	511~556	部分液相	1023±107.9	98.36±12.61	[8]
β-HMX-FM	TGA	438~549	部分液相	643.1±41.8	60.10±5.93	[9]
β-HMX-SE	TGA	533~550	部分液相	430.6±62.1	39.04±8.01	[10]
β-HMX-FL	TGA	537~554	固相	264.3±6.1	22.96±1.67	[9]

注:M-DNB 为间二硝基苯;Act 为丙酮

在较低升温速率时,HMX 处于敞口样品池中加热时的质量损失部分由升华引起。因此,在较低升温速率时,动力学参数受实验条件影响。正是由于 HMX 在低升温速率下升华效应和高升温速率下的点火燃烧状况,HMX-C4、HMX-FM 和 HMX-SE 等聚合物炸药的热分解动力学参数物理意义较小。根据 DSC

法和俄罗斯布什压力计法，纯 HMX 的分解活化能应该在 221~228kJ/mol 之间（表 6-3）。由于 HMX 在固相下分解，其晶格的稳定性化效应可进一步提高能垒，因此其分解活化能值比 RDX 高得多。当 HMX 在真空环境中等温分解时，活化能在很大程度上取决于温度高低。在较低温度下，由于升华起主导作用，其分解速率占比明显低于较高温度下分解速率占比，相应的活化能也低（101~150kJ/mol）。

6.2.1.4　BCHMX 的影响

BCHMX 比 HMX 少两个 H 原子，并且具有更大环张力，因此 BCHMX 的生成热是 HMX 的 3 倍以上，具有更好的做功能力。对 BCHMX 理论和实验研究表明，它的撞击感度约为 3J，属于比较敏感的炸药，感度甚至高于纯 RDX 和 HMX。使用密度泛函理论（DFT）和分子动力学（MD）模拟对 BCHMX 的结构、电子云和力学性能进行了研究，并确定了该化合物的能带结构、态密度和 Mulliken 电荷分布。研究表明，BCHMX 晶体带隙（3.33eV）比 RDX（3.59eV）和 HMX（3.62eV）小，且其分子键解离能（37.99kcal/mol）比 RDX（41.27kcal/mol）和 HMX（44.43kcal/mol）都低一些。此外，由于 BCHMX 分子空间结构卷曲，其中有一个 N—N 键长为 1.412Å，比 RDX 分子的略大，其他三个 N—N 键则与 RDX 相当。上述性质造成了其高机械感度，这一点也限制了其替代 RDX 和 HMX 应用于低易损性弹药中。但是，加入惰性聚合物粘结剂可大幅提高其感度和热稳定性。表 6-4 所列为 BCHMX 与不同聚合物粘结剂混合后的热分解活化能。

表 6-4　通过基辛格法计算得到的基于 BCHMX 的聚合物粘结炸药的动力学参数

样品名称	温度范围		阿伦尼乌斯参数		
	T_i/℃	T_e/℃	E_a/(kJ/mol)	lg$A$/(1/s)	r
BCHMX（1st peak））	84	205	241.9±16.8	24.09±3.29	0.9942
BCHMX（2nd peak））	205	256	191.5±10.4	17.19±2.38	0.9990
BCHMX-C4（1st peak）	219	248	190.2±3.6	17.78±1.24	0.9996
BCHMX-C4（2nd peak）	220	249	204.8±10.8	18.60±4.71	0.9809
BCHMX-FM	188	225	183.4	16.66	0.9924
BCHMX-SE（1st peak）	210	224	209.2±32.7	19.88±5.30	0.9764
BCHMX-SE（2nd peak）	227	243	187.6±3.6	16.77±1.23	0.9996
BCHMX-VA	217	253	186.4±10.4	16.69±2.39	0.9969
BCHMX-FL	214	226	196.3±11.4	18.28±2.56	0.9966

由表 6-4 可以看出,基辛格法所得 BCHMX 第二步分解反应的活化能约为 191.5kJ/mol,若考虑其物理模型,活化能增大为 200kJ/mol,后者是通过联合动力学法计算得到的。显而易见,除非分解过程服从 n 阶化学反应模型,不然物理模型对活化能有很大影响。通常情况下,除了 BCHMX-FM 和 BCHMX-VA 之外,通过联合动力学方法所获得的活化能都高于 KAS 法所得结果。一般而言,不同的实验条件下获得的活化能都会存在差异。通过俄罗斯布什压力计法,可看出等温条件下 BCHMX 分解的活化能为 210kJ/mol,而在真空条件下则为 163.4kJ/mol。从这些数据看出,在 Formex、Viton A 和 Fluorel 的作用下,BCHMX 的两步分解过程转变为一步分解,此时的分解活化能分别为 183.4kJ/mol、186.4kJ/mol 和 193.6kJ/mol。而这些值又与纯 BCHMX 的第二步分解活化能非常接近,表明了在聚合物作用下,主反应过程的分解机理没有发生显著变化。在 C4 和 Semtex 粘结剂作用下,BCHMX 的两步分解动力学参数没有变化,但第一步的活化能降低了 20%以上。这可能是因为 Semtex 和 C4 粘结剂中的极性增塑剂对 BCHMX 的溶解作用导致了初始分解阶段的局部化学反应。在该反应作用下,其晶格的稳定化效应削弱。聚合物基体对 BCHMX 分解物理模型影响将在后面进行单独讨论。

6.2.1.5　CL-20 的影响

依据非等温 TG 数据研究了具有不同晶型 CL-20 及其混合物的分解动力学参数。与上述 BCHMX 类似,在聚合物粘结剂作用下,其初始分解过程中晶体表面可能部分溶解在增塑剂及其凝聚相热解产物的混合物中而破坏。对于 ε-CL-20,通过不同方法获得的活化能也存在差异。此外,对不同文献的结果也在表 6-5 中进行了横向比较。

表 6-5　不同晶型 CL-20 及其聚合物炸药的热分解动力学参数比较

样品	实验条件			阿伦尼乌斯参数		
	评估方法	温区/K	状态	E_a	lg$A$/(1/s)	文献
ε-CL-20	Noniso-TGA	433~453	固相	172.0	13.80	[47]
ε-CL-20	Noniso-DSC	483~533	固相	176.0	15.10	[48]
β-CL-20	Noniso-DSC	483~533	固相	165.0	13.10	[48]
γ-CL-20	Iso-TGA	445~467	固相	196±14.2 207±7.10	17.7±1.6 19.6±0.8	[49]①
ε-CL-20	Iso-Gas	448~463	固相	176.7	15.63	[50]
ε-CL-20	Iso-TGA	465~484	固相	222±5.9 190±10.9	20.3±0.7 17.6±1.2	[49]
α-CL-20	Iso-TGA	439~467	固相	149±10.9① 232±8.0	11.9±1.3 23.0±0.9	[49]①

（续）

样品	实验条件			阿伦尼乌斯参数		
	评估方法	温区/K	状态	E_a	lg$A$/(1/s)	文献
α-CL-20	Noniso-TGA	473~514	固相	143.0/168.6	12.9/15.5	[51]
ε-CL-20 ε-CL-20	Noniso-TGA Noniso-TGA⑥	469~515 469~515	固相 固相	168.3 168.6	15.48 16.04	
ε-CL-20	Noniso -TGA	453~508	固相	166,174⑨	18.3,19.2	[51]
ε-CL-20	Noniso-DSC	475~519	固相	205~265	—	[51]
ε-CL-20	Iso-TGA	453~523	固相	162.0/178.0	15.7/18.3	[52]
ε-CL-20	Iso- FTIR②	453~523	固相	152.0/177.0	14.8/17.9	[52]
ε-CL-20	Iso-DVST⑦	363~413	固相	165.3	17.56	[52]
ε-CL-20	STABIL	363~413	固相	172.0	13.88	[53]
ε-CL-20	NBK③	423~483	固相	174.1	18.49	[54]
ε-CL-20	BPG④	413~473	固相	187.6	23.10	[55]
rs-ε-CL-20	Noniso-TGA	483~528	固相	178.3	16.59	[3]
rs-ε-CL-20	Noniso-TGA⑥	483~528	固相	177.1	16.05	[3]
ε-CL-20-C4	Noniso-TGA	468~518	固相	169.0/176.6	15.6/16.2	[8]
rs-ε-CL-20-C4	Noniso-TGA	463~538	液相	176.9/158.7	17.5/14.9	[3]
ε-CL-20-FM	Noniso-TGA	441~510	液相	122.9	10.68	[3]
ε-CL-20-SE^{1st}	Noniso-TGA	457~478	液相	132.8±6.0	12.30±1.75	[10]
ε-CL-20-SE^{2nd}	Noniso-TGA	489~510	液相	161.4±7.4	14.35±1.95	[10]
ε-CL-20-VA	Noniso-TGA	484~517	固相	194.0±15.57	17.77±3.11	[7]
ε-CL-20-FL	Noniso-TGA	492~507	固相	199.2±21.3	18.37±3.85	[9]
ε-CL-20/CMDB⑤	Noniso-PDSC	440~518	液相	147.4/146.3	15.8/15.8	[56]
ε-CL-20/NC-NG	Iso-Gas	448~463	液相	176.3	15.72	[56]
ε-CL-20/PET-1/1	Iso-Gas	443~473	液相	136.1	12.27	[56]
ε-CL-20/PBT-1/1	Iso-Gas	433~448	液相	127.0	11.12	[56]
ε-CL-20/DPB⑧	Iso-TGA	423~468	液相	189.6	18.60	[57]
ε-CL-20/DPB⑧	Iso-TGA	433~463	液相	183.6	17.89	[58]
ε-CL-20	Iso-TGA	446~484	固相	222.0	20.50	[57]
ε-CL-20	Iso-TGA	443~473	固相	216.9	19.79	[58]

①初始未催化和之后催化过程的数据；表中的液相指的是部分液相；②从开始到峰值时 NO_2 的吸光度（τ_p）；③NBK，Lawa 气压计；④布氏压力计；⑤双基推进剂（4/7MPa）：NC 和 NG 为 64.7%，CL-20 为 28%，稳定剂和加工助剂含量为 7.3%；⑥通过基辛格法得到；⑦动态真空稳定性试验，采用内置微型压力传感器和微型温度传感器结合进行数据采集；⑧DNB 为 1,3-二硝基苯；⑨α=0.50 和0.60 时的数据

如表 6-5 所列,现已采用多种实验技术研究了 ε-CL-20 的热分解动力学参数。在该研究领域,非等温 TGA 和 DSC 是用来评估动力学三因子最流行的技术手段。研究表明,ε-CL-20 的分解也应该分两步进行,通过等温 TGA 法获得其初始分解活化能为 162.0kJ/mol,而等温 FTIR 法得到的活化能为 152.0kJ/mol。等温 FTIR 是一种计算活化能的全新方法,它的计算结果取决于 NO_2 的峰值吸光度。因此,应用该方法时,N—NO_2 解离并释放出 NO_2 是 CL-20 分解的主要步骤。出乎意料的是,对采用等温 DVST 方法获得的 ε-CL-20 动力学参数与非等温 DSC 法计算出的 β-CL-20 分解动力学结果几乎相同。由表 6-5 还可以看出,α-CL-20 的第二步分解反应的活化能几乎与 ε-CL-20 主分解活化能相同。这也证实了 α-CL-20、β-CL-20 和 ε-CL-20 在加热过程中都会转化为 γ-CL-20,从而高温段的分解机理一致。由基辛格法、STABIL 和非等温 TGA 方法得到的实验结果也几乎相同,都为 176.0kJ/mol 左右。而非等温 DSC 和等温压力计法所得结果相同(172.0kJ/mol),但略低于其他方法所得结果。文献报道的最高结果是通过非等温 DSC 法得到的,约为 265.0kJ/mol。出现上述结果的原因可能是晶体杂质的影响(纯度约 95%)。

此外,计算结果表明大部分可用于推进剂或高能炸药的聚合物都可降低 ε-CL-20 的平均活化能。当 CL-20 晶体表面被上述聚合物破坏时,其晶体都会在部分液态下分解,由此导致其活化能降低。俄罗斯研究人员也证实,极性溶剂可大幅降低 CL-20 的热分解活化能。图 3-6 显示,ε-CL-20-C4 在固相下分解时,其活化能几乎与纯 ε-CL-20 相同。因 rs-ε-CL-20 具有较高初始活化能和最小晶体缺陷,故 rs-ε-CL-20 的撞击能量比其他CL-20 晶型高很多。上述结果表明,具有较高能垒的含能材料产生热点并引发失控反应的概率较低。然而,尽管 rs-ε-CL-20 具有非常高的初始活化能(超过 200kJ/mol),但 rs-ε-CL-20 晶粒尺寸细,rs-ε-CL-20-C4 中其晶格容易受 C4 基体影响并产生较大的溶解效应,导致热稳定性和安全性降低。

另外,聚合物粘结炸药和含惰性惰性基体型的推进剂的活化能通常都低于纯含能含能填料(如 RDX、HMX 和 CL-20)。对于 ε-CL-20/CMDB,由于仅含有 28%的 ε-CL-20 填料,且其分解过程中,聚合物基体(NC 和 NG 的分解温度比 CL-20 低很多)热稳定性低的原因,即使在较高的环境压力(7MPa)下,其分解活化能也远低于纯 ε-CL-20。另外,当 ε-CL-20 的含量达 90%时,由于惰性 Formex 聚合物的溶剂化效应,其热分解活化能也比纯 ε-CL-20 低得多。除了 Formex P1 基体外,惰性聚合物如 PET 和 PBT 也可通过破坏其表面结构来影响 ε-CL-20 活化能的分布(表 6-5)。实际上,学界已通过布什压力计法研究了烃类溶剂对氮杂环硝胺的分解动力学参数的影响,证实了晶体可通过熔融或溶解使得初始分解反应仅发生在晶格强扭曲“熔融”位置。在此位置上激发的含能分子可获得液相中固有旋转振动能而发生迁移，实现单分子分解反应。这也是CL-20与惰性熔融聚合物作用后活化能降低的原因。对于纯 ε-CL-20以及其C4和Semtex基聚合物粘结炸药，初始活化能远低于第二步反应的活化能。此外，研究表明，在Formex和Viton A聚合物基体的作用下，BCHMX的两步分解过程变为单步分解过程，而在C4和Semtex粘结剂的作用下，ε-CL-20的一步分解过程转变为两步反应过程，且Formex粘结剂作用下，CL-20的分解活化能达到最低。

6.2.2 热分解速率常数

如前所述，升温速率较高会导致高能炸药的点火燃烧，计算非等温动力学参数时，升温速率必须限制在较窄的范围内，由此确定的动力学参数(E_a和A)误差较大。然而，即使升温速率范围较小，也可以获得精确的速率常数。因此，为了更好地比较聚合物粘结炸药的热稳定性，可比较其速率常数来实现。另外，仅靠活化能或指前因子并不能完整描述含能材料的真实热力学行为。而一定温度下的速率常数则可以很好地表示聚合物炸药在该温度下的热稳定性。为明确比较上述聚合物粘结炸药热力学行为，我们计算了其在230℃下的速率常数，如图6-7所示。

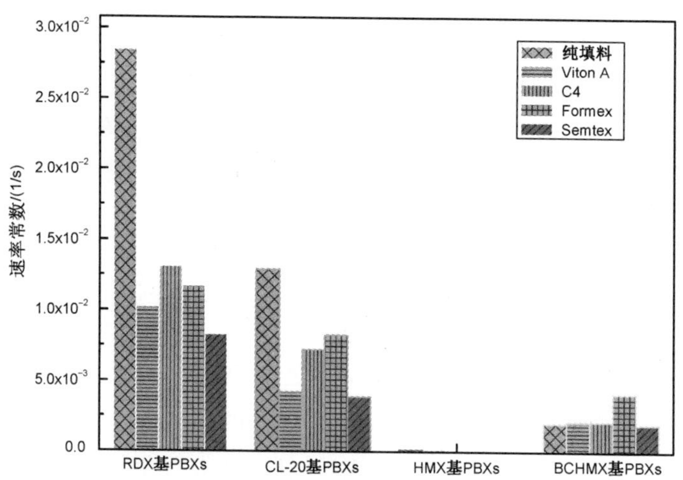

图6-7 由基辛格法计算得到的氮杂环硝胺聚合物粘结炸药在230 ℃下的速率常数

首先,通过对比纯硝胺与氟聚物粘结炸药的速率常数可以发现,耐热氟聚物可降低 RDX、β-HMX 和 ε-CL-20 等氮杂环硝胺填料在该温度下的分解速率常数。由于化学相容性差(5.4.3 节),BCHMX 未出现这种变化。综上所述,若耐热聚合物与硝胺填料化学相容,则聚合物可提高填料的活化能(能垒),并降低相应聚合物粘结炸药高于其等动力学点时(通常为失控分解反应温度)的分解速率常数。由于计算温度(230℃)远高于 RDX 初始分解温度,而远低于 HMX 的温度,略低于 BCHMX 和 CL-20,RDX 的速率常数远高于其他物质。由图 6-7 还可以发现,除了 HMX 之外,不同硝胺聚合物粘结炸药的速率常数具有可比性。当使用基辛格法计算 HMX 聚合物粘结炸药的分解动力学参数时,由于未考虑固有物理模型的影响,且分解机理随升温速率的巨大变化导致了很高的计算误差。此外,对于 RDX,Semtex 是非常好的粘结剂,甚至优于在相同温度下具有更低速率常数的 Viton A。也正因此,RDX 已广泛替代原来捷克的塞母叮(SEMTEX)炸药中的 PETN,并大量用于现代战场(含利比亚战争和越南战争)。对于 ε-CL-20 和 BCHMX,Semtex 和 Viton A 两种粘结剂效果相似。事实上,除了 Formex 以外,其他粘结剂均适用于 BCHMX。与 Semtex、Viton A 和 C4 聚合物基体不同,Formex 对 BCHMX 和 ε-CL-20 的热分解会产生负面影响,因而降低活化能并提高相同温度下的分解反应速率常数。

6.2.3　活化能随反应深度的变化

6.2.3.1　BCHMX 和 BCHMX/CL-20 共晶

基于上述 $\alpha-T$ 曲线,我们计算得到了 BCHMX、ε-CL-20 及其共晶的活化能与转化率的关系。

如上所述,纯 BCHMX 的分解分为两步。峰分离前,尤其是初始反应阶段分($\alpha=0.05\sim0.35$),动力学三因子随转化率变化显著。由于两步反应之间的强相互作用及其随升温速率的变化导致了较高的计算误差(图 6-8)。而重叠峰的相互作用,使峰分离前计算的活化能无法用于动力学参数预估。使用 FS 函数进行峰分离后,第一步分解过程的平均活化能为约 233kJ/mol,随后降至约 186.0kJ/mol,这与基辛格法计算的结果非常接近(分别为 241.9kJ/mol 和 191.5kJ/mol)。由此可见,在整个主要反应历程内(0.3~0.8),两步反应的活化能基本恒定。有意思的是,相互作用阶段过后,峰分离前的表观活化能大致与分峰离后的第二步反应对应的活化能相等。这表明峰分离不会改变总的表观活化能。尽管等转化率法所得活化能也有效,但是后者必须基于所预估的物理模型对活化能的影响较小。表 6-6 比较了 BCHMX、ε-CL-20 及其共晶的第二步分解反应的活化能。可以看出,改进 KAS 法所得结果与基辛格法计算结果比较接近。

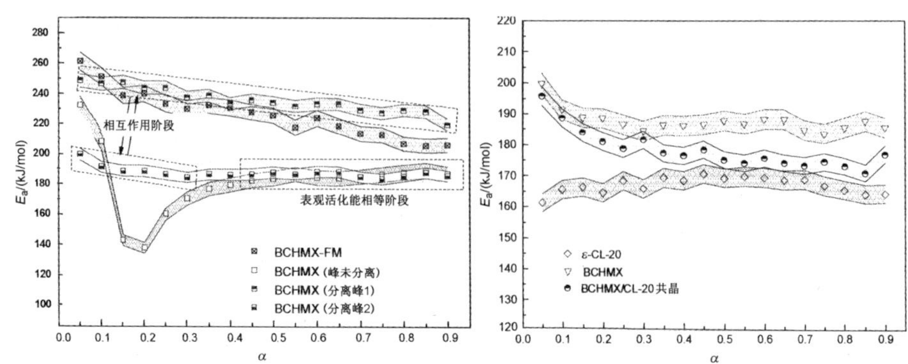

图 6-8　等转化 KAS 法计算所得 ε-CL-20、BCHMX 及其共晶的表观活化能随转化率的变化关系

表 6-6　采用等转化 KAS 法计算所得 ε-CL-20、BCHMX 及其共晶的动力学参数

ε-CL-20				BCHMX^{2nd}				BCHMX/CL-20 共晶	
α	E_a	lg$A$	r	E_a	lg$A$/(1/s)	r	E_a	lg$A$/(1/s)	r
0.10	165.5	15.45	0.9975	191.3	17.70	0.9778	188.6	17.78	0.9986
0.20	164.5	15.24	0.9972	188.5	17.24	0.9762	180.9	16.84	0.9995
0.30	169.3	15.68	0.9968	186.2	16.85	0.9726	177.2	16.35	0.9999
0.40	168.4	15.55	0.9984	186.0	16.80	0.9716	176.4	16.24	0.9995
0.50	169.2	15.59	0.9984	187.7	16.92	0.9747	175.0	16.02	0.9996
0.60	169.3	15.58	0.9990	188.1	16.94	0.9752	175.5	16.05	0.9996
0.70	168.6	15.45	0.9990	184.5	16.49	0.9772	173.2	15.77	0.9999
0.80	165.2	15.06	0.9990	185.3	16.55	0.9788	172.9	15.69	0.9997
0.90	164.0	14.88	0.9992	185.4	16.52	0.9808	176.7	16.25	0.9994
均值	168.3	15.48		178.3	16.59		175.0	16.02	

上述结果表明，BCHMX 共晶具有比其更低的热分解活化能，但略高于 ε-CL-20（尤其是在初始反应阶段：$\alpha=0.1\sim0.4$）。这表明共晶比 ε-CL-20 具有更高的热稳定性，与 DSC 所得结论基本一致。计算数据还表明，共晶及其组分的分解活化能几乎不随转化率变化。对于 BCHMX 及其共晶，由于活化能随转化率升高而略微降低，表明在其初始分解期间存在较弱的自催化作用。

6.2.3.2 Semtex 粘结剂的影响

Semtex 对氮杂环硝胺的分解活化能影响显著,通过计算得到的相应结果如图 6-9 所示。简单起见,未给出详细的计算数据和平均值。

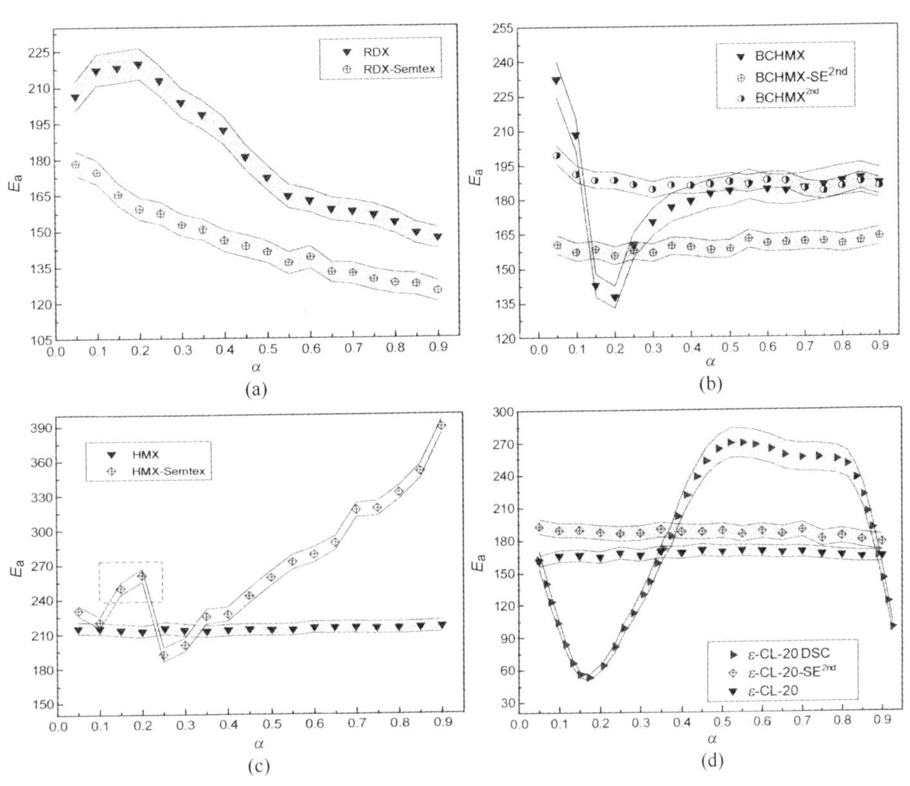

图 6-9 采用等转化 KAS 法计算所得 Semtex 粘结氮杂环硝胺炸药的表观活化能随转化率的变化关系

由图 6-9 可以看出,ε-CL-20 的分解活化能与 BCHMX-SE 主分解反应几乎都不随反应进程发生变化,但由于样品结构和评估方法的不同,DSC 法获得的活化能结果与之前基于 TGA 计算的结果截然不同。当使用非等温 TG 数据时,可获得了差别很大的结果:第一阶段($0.0<\alpha<0.4$)表现出比较稳定的活化能((192±7) kJ/mol)。这也表明,在初始分解阶段主分解反应机理保持不变。该差异可能源于 ε-CL-20 的粒径、纯度以及实验条件的不同。以下讨论将仅基于 CL-20 聚合物粘结炸药与纯 ε-CL-20 的结果进行比较。而 RDX-SE 与纯 RDX 非常相似,其活化能随反应深度提高而降

低，且其平均值远低于基辛格法计算所得。这一结果表明，Semtex 基体对 RDX 的自催化分解机理影响不大。然而，对于含有 RDX 的 C4 和 Viton A 聚合物粘结炸药，结果又有所不同：RDX 和 BCHMX 在液态分解时发生的自催化作用会因 Viton A 和 C4 基体的影响而被削弱或抑制。此外，在整个分解过程中，CL-20-SE 的活化能高于纯 CL-20。这表明 Semtex 可增加 ε-CL-20 的热稳定性，这与 5.4.4 节中的 DSC 结果一致，即在 Semtex 的作用下其放热峰温升高。因此，惰性和耐热聚合物包覆后，ε-CL-20 变得更加安全（机械感度低）。

对于 HMX-SE，通过这两种方法获得的计算结果差异较大，且在该情况下通过 KAS 法获得的动力学数据不可信，尤其是 $\alpha=0.2\sim0.4$ 范围内的数据，其相关性系数都小于 0.94。原因在于 β-HMX 分解机理受聚合物基体和升温速率的双重影响。HMX 在分解过程中通常不会熔融，但它可以逐渐溶解在其热解中间产物中。这也是 β-HMX 液态和固态下热分解的动力学参数存在差异的主要原因。惰性聚合物（如 Semtex）的包覆可增强该效应，并导致更高活化能和对温度梯度的更高敏感度（分解机理随升温速率而变化）。例如，对于 BCHMX，其分子间作用力的破坏而非分子内共价键的裂解控制着 β-HMX 的热分解速率。β-HMX 和 BCHMX 分子之间的差异在于 BCHMX 分子排列更紧密，分子刚度大从而晶格更难以被破坏。另外，其晶格的稳定化效应将致使热分解速率常数相对较低（图 6-7）。

6.2.3.3 Formex 粘结剂的影响

与上述粘结剂类似，由改进 KAS 法计算的 Formex 粘结炸药的活化能随反应深度的变化关系如图 6-11 所示。通过 KAS 方程计算结果与基辛格法的结果比较，可以看出两种方法计算所得 BCHMX-Formex 和 CL-20-Formex 的活化能几乎相等。对于 RDX-Formex 材料，基辛格法所得活化能略高。而对于 HMX-Formex，两种方法所得结果差异较大。然而，由于发生了反应机理随升温速率的变化，故对于 HMX-Formex 的计算结果无实际物理意义。与纯 BCHMX 不同，BCHMX-Formex 活化能在整个分解反应过程中大致恒定（均值约 221.7kJ/mol）。该过程很可能由一步反应完成，且可通过单步模型来完整描述。根据图 6-11，Formex 粘结剂对氮杂环硝胺活化能的分布有显著影响。RDX 和 BCHMX 及其 Formex 聚合物炸药活化能随反应深度的变化趋势相似。对于 PETN、TNT 或 RDX 等能量密度较低的含能填料，由于其分解速度相对较慢且相应放热速率低（即自加热效应小），分解过程将不易受到影响。然而，Formex 基体可极大影响高能填料如 CL-20 的分解机理，且其分解活化能在该粘结剂作用下基本不随转化率发生变化。对于 BCHMX，其能量密度高于

RDX 但略低于 HMX,基于惰性 Formex 的聚合物粘结炸药的分解活化能较高。根据文献所报道的 RDX 和 HMX 聚合物粘结炸药的热分解动力学参数,含惰性基体型聚合物粘结炸药的活化能通常低于纯高能填料如 RDX,HMX 和 CL-20 的活化能。

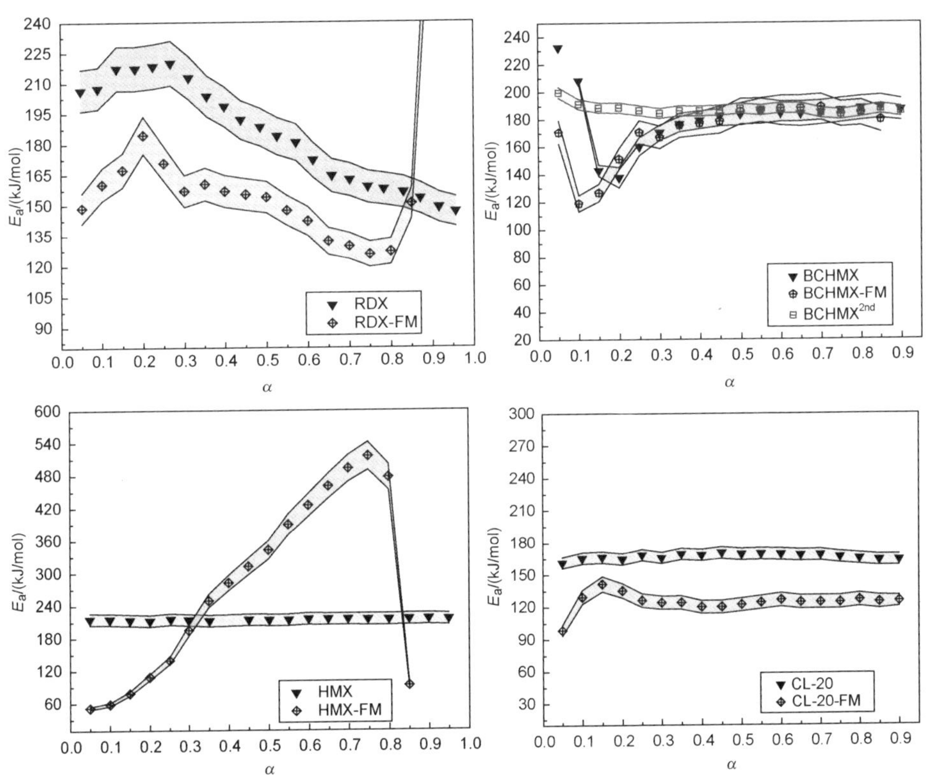

图 6-10　等转化 KAS 法计算所得 Formex 粘结氮杂环硝胺炸药的表观活化能随转化率的变化关系

6.2.3.4　C4 粘结剂的影响

C4 粘结炸药的热分解动力学参数的计算结果见表 6-7。比较基辛格法和改进 KAS 方程的计算结果,可看出 BCHMX-C4 和 CL-20-C4 材料几乎完全一致。对于 RDX-C4,基辛格法所得活化能略高。对于 HMX-C4,两种结果尤其是转化率大于 60%的结果,存在较大的差异。由于 HMX 的反应机理随升温速率变化,这些结果均不具有实际物理意义。

表 6-7 采用等转化 KAS 法计算所得含氮杂环硝胺 C4 炸药的动力学参数

	RDX-C4			BCHMX-C4			HMX-C4			CL-20-C4		
α	E_a	$\lg A/s^{-1}$	r	E_a	$\lg A/s^{-1}$	r	E_a	$\lg A/s^{-1}$	r	E_a	$\lg A/s^{-1}$	r
0. 10	176. 74	17. 44	0. 9911	196. 04	18. 44	0. 9961	156. 21	12. 91	0. 9961	168. 66	15. 69	0. 9983
0. 20	164. 64	15. 85	0. 9942	197. 64	18. 41	0. 9993	148. 44	12. 03	0. 9847	167. 21	15. 44	0. 9991
0. 30	163. 07	15. 52	0. 9917	193. 74	17. 90	0. 9994	150. 99	12. 23	0. 9676	168. 56	15. 51	0. 9991
0. 40	166. 07	15. 73	0. 9917	194. 90	17. 95	0. 9999	158. 51	12. 94	0. 9539	171. 87	15. 80	0. 9990
0. 50	166. 59	15. 69	0. 9889	199. 62	18. 39	0. 9992	166. 54	13. 69	0. 9408	175. 32	16. 12	0. 9993
0. 60	164. 99	15. 47	0. 9904	199. 29	18. 33	0. 9996	468. 89	42. 96	0. 9882	174. 99	16. 07	0. 9997
0. 70	167. 00	15. 52	0. 9937	200. 48	18. 38	0. 9996	549. 33	50. 59	0. 9972	176. 94	16. 19	0. 9996
0. 80	163. 66	15. 10	0. 9894	204. 72	18. 79	0. 9998	579. 46	53. 47	0. 9987	180. 39	16. 54	0. 9995
0. 90	156. 98	14. 27	0. 9899	204. 54	18. 72	0. 9994	600. 95	55. 45	0. 9999	181. 27	16. 59	0. 9988
均值	165±5	15. 57±0. 21		199±3	18. 34±0. 27		157±8	12. 83±0. 73		175±4	16. 07±0. 31	

为了全面比较纯硝胺与其聚合物粘结炸药的活化能,它们分解随转化率的关系如图 6-11 所示。惰性基体聚合物粘结炸药的 E_a 通常低于纯 RDX、HMX 和 CL-20 含能填料。首先,纯 BCHMX 的活化能高于 RDX,但略低于 HMX。基于惰性 C4 的聚合物粘结炸药的 E_a 在分解过程中大都比别的类别高。其次,通过布什压力计法获得的结果也证实了之前的结论。在转化率 0. 6 以后,E_a 的突变可能是由于加热过程中 HMX 晶体形成了裂纹(参见图 6-29,在 190℃时 BCHMX 和 HMX 晶体等温 30min 后的形貌),此时,对应于 HMX-C4 的 TG 曲线(图 5-7)中的"波浪"形。其初始分解过程(α<0. 5)的活化能看起来比较可靠且几乎不随转化率变化。通常,纯硝胺填料的初始分解活化能(α<0. 5)高于其 C4 炸药。这表明 C4 基体中的极性塑化剂可以降低硝胺的初始分解能垒。Smilowitz 等指出,增塑剂可降低 HMX 晶体表面成核能(潜在的反应中心)。这也可间接通过含液体增塑剂的聚合物炸药的动力学参数反映。目前已证实惰性耐热型添加剂能抑制 RDX 的热分解,而溶剂型添加剂则加速其分解。综上所述,这些添加剂主要通过是否消除"晶格的稳定化效应"来提高或降低 HMX、BCHMX 和 CL-20 晶体中分子间相互作用。

由图 6-11 可见,C4 基体对氮杂环硝胺的活化能分布具有显著影响。RDX 和 BCHMX 与其 C4 粘结炸药的后反应阶段(α>0. 40)活化能变化趋势相似。对于含有较低能量填料的 PBX,如 TNT,由于其分解速度较慢并且热释放速率较低(即自加热效应低),它们的后半程分解过程受聚合物基体的影响较小。但 C4 的加入使它们的活化能几乎不随反应进程而变化。事实上,它们初始分解活化能则随着转化率升高而降低,通常表现为自催化反应机制。这表明在 C4 基体的作用下,由于一些活性位点的溶解作用,RDX 的初始自催化/局部化学反应被抑制或减弱。

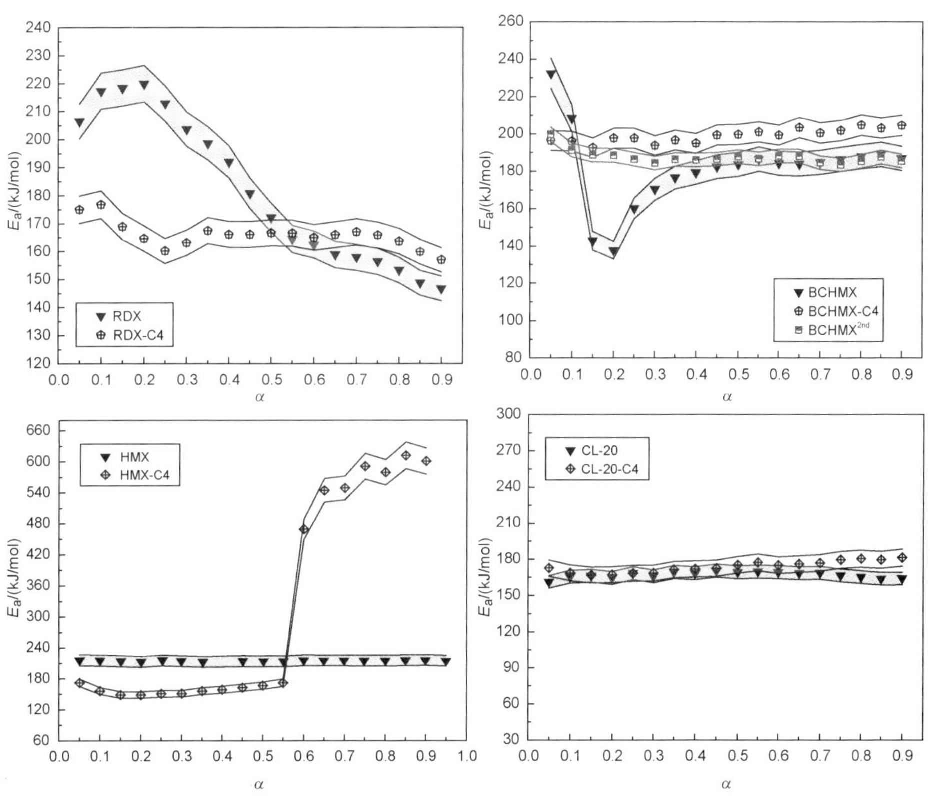

图 6-11　由非等温 TG 数据,采用等转化 KAS 法计算所得 C4 粘结氮杂环硝胺炸药的表观活化能随转化率的变化关系

6.2.3.5　氟聚物的影响

氟聚物(Fluorel 和 Viton A)粘结炸药的相应计算结果如表 6-8 和表 6-9 所列。对基辛格法计算的结果与改进 KAS 法得到的结果比较可见,对于 BCHMX-VA、RDX-VA、BCHMX-FL 和 CL-20-FL,两种方法计算的结果几乎完全一致。对于 CL-20-VA 和 RDX-FL,基辛格法获得的活化能稍低(约 6% 的差异)。

表 6-8 等转化 KAS 法计算所得 Viton A 粘结氮杂环硝胺炸药的表观活化能随转化率的变化

α	RDX-VA			BCHMX-VA			HMX-VA			CL-20-VA	
	E_a	$\lg A/s^{-1}$	r	E_a	$\lg A/s^{-1}$	r	E_a	$\lg A/s^{-1}$	r	E_a	$\lg A/s^{-1}$
0. 10	193. 8	19. 34	0. 9997	183. 2	17. 01	0. 9942	215. 7	18. 60	0. 9991	176. 2	16. 45
0. 20	176. 0	17. 09	0. 9997	181. 9	16. 72	0. 9974	255. 0	22. 39	0. 9971	178. 1	16. 55
0. 30	177. 0	17. 03	0. 9997	183. 5	16. 81	0. 9978	269. 5	23. 76	0. 9965	178. 0	16. 48
0. 40	175. 5	16. 73	0. 9995	184. 9	16. 90	0. 9971	279. 2	24. 68	0. 9972	181. 5	16. 80
0. 50	174. 3	16. 49	0. 9993	181. 6	16. 50	0. 9980	289. 3	25. 64	0. 9979	183. 9	17. 01
0. 60	179. 1	16. 96	0. 9993	182. 0	16. 52	0. 9980	299. 8	26. 65	0. 9985	184. 9	17. 10
0. 70	170. 7	15. 89	0. 9989	183. 2	16. 57	0. 9981	277. 3	24. 42	0. 9996	189. 7	17. 52
0. 80	172. 3	15. 99	0. 9989	183. 8	16. 60	0. 9981	271. 7	23. 87	0. 9965	191. 5	17. 70
0. 90	170. 8	15. 71	0. 9984	183. 2	16. 49	0. 9987	269. 4	23. 62	0. 9992	191. 7	17. 67
均值	174. 4	16. 57		183. 3	16. 68		285. 8	25. 30		184. 0	16. 97

表 6-9 采用等转化 KAS 法计算所得 Fluorel 粘结氮杂环硝胺炸药分解动力学参数随转化率变化

α	RDX-FL			BCHMX-FL		HMX-FL			CL-20-FL	
	E_a	$\lg A/s^{-1}$	r	E_a	$\lg A/s^{-1}$	E_a	$\lg A/s^{-1}$	r	E_a	$\lg A/s^{-1}$
0. 10	199. 6	19. 9	0. 9946	177. 0	16. 6	153. 4	12. 51	0. 9989	254. 7	24. 86
0. 20	178. 4	17. 3	0. 9966	179. 5	16. 73	164. 9	13. 59	0. 9980	217. 3	20. 64
0. 30	170. 4	16. 3	0. 9937	182. 7	17. 00	179. 5	15. 00	0. 9982	210. 7	19. 84
0. 40	168. 1	15. 9	0. 9935	189. 7	17. 70	196. 5	17. 08	0. 9985	208. 1	19. 48
0. 50	166. 2	15. 6	0. 9926	192. 3	17. 94	212. 5	18. 19	0. 9991	205. 3	19. 12
0. 60	170. 9	16. 1	0. 9935	187. 3	17. 39	221. 2	19. 03	0. 9994	202. 0	18. 74
0. 70	175. 8	16. 4	0. 9957	194. 0	18. 03	246. 8	21. 47	0. 9996	203. 6	18. 82
0. 80	178. 5	16. 6	0. 9979	194. 2	18. 03	266. 7	20. 40	0. 9999	200. 6	18. 47
0. 90	175. 7	16. 2	0. 9999	194. 3	17. 98	302. 0	26. 78	0. 9994	194. 6	17. 78
均值	170	16. 06		189	17. 61	211	18. 15		206	19. 20

对于 HMX-FL 和 HMX-VA，两种方法所得的结果仍存在很大差异。然而，因为反应机理对升温速率的依赖性得到缓解（排除 2.0℃/min 下的数据），由 KAS 法获得 HMX-FL 的活化能应该更有物理意义。为了全面比较纯硝胺及其氟聚物粘结炸药的活化能，它们的活化能随转化率的变化关系如图 6-12 所示。

由图 6-12 可知,与纯硝胺填料不同,含 RDX 和 ε-CL-20 的氟聚物粘结炸药的活化能几乎与转化率无关,因此 Viton A 和 Fluorel 的作用几乎等效。CL-20-FL 和 CL-20-VA 的活化能要高于纯 ε-CL-20,特别是转化率大于 60%以后,固而速率常数较低且热稳定性较高。RDX 的初始分解过程($\alpha<0.5$)的活化能要高于其氟聚物粘结炸药,而后阶段($\alpha>0.5$)则较低。Fluorel 和 Viton A 都可显著改变 RDX 的初始活化能($\alpha=0.1-0.3$),使其对转化率的依赖性降低。这表明氟聚物有利于降低 RDX 在液相分解过程中的自催化作用。对于 C4 基体,也可得到同样的结果。

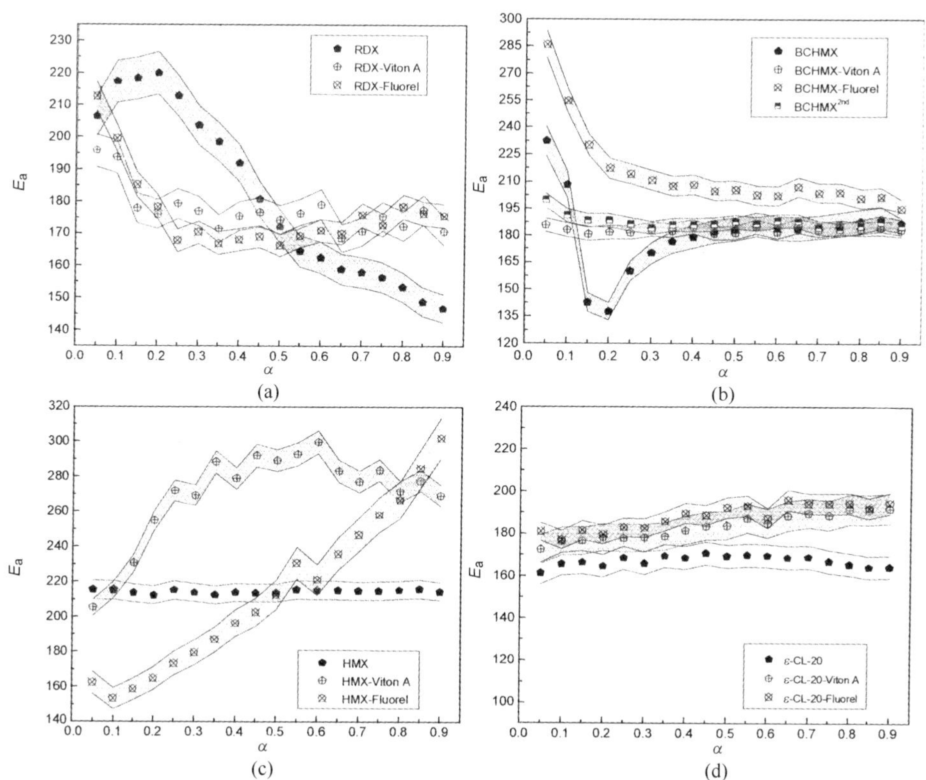

图 6-12　等转化 KAS 法计算所得氟聚物粘结硝胺炸药的表观活化能随转化率的变化关系

然而,与 Viton A 相反,由于化学相容性差,Fluorel 聚合物则能增强 BCHMX 的自催化作用(5.4.3 节)。但奇怪的是,HMX 及其氟聚物炸药的活化能分布差异较大。如文献所述,原因是 HMX 可逐渐溶解在其热分解产物中,而纯 β-HMX 在加热过程中难以全部熔融。耐高温的氟聚物包覆可增强该效应,进而其导致对温度梯度(升温速率)具有更高敏感度,由此得到的活化能随转化率变化很大。很显然,在相同的实验条件下,由 Viton A 和 Semtex 粘结 CL-20 炸药的活化能高于纯 ε-CL-20。如果包覆惰性且耐热的聚合物(如 Viton A 和 Semtex),ε-CL-20 则变得更加安全(感度降低)。同时,这些氮杂环硝胺的爆速也相应降低(如 BCHMX 的爆速由于装药密度变小仅下降了 230m/s,而其他的 PBX 则降低了 500m/s 以上)。

众所周知,有机添加剂(增塑剂和聚合物)可通过它们与晶体表面上的分子相互作用(尤其是晶体存在缺陷时)来影响含能填料(主要硝基化合物)的激发活性(感度)。但必须注意的是,这种惰性添加剂的降感效果不仅取决于相应含能材料的物理性能变化,而且通过吸收活性热解产物来抑制它们的分解。Viton A 粘结剂可削弱硝胺炸药在外界刺激(撞击或摩擦)下产生自由基的能力,从而达到降低其机械感度的目的。

以上重点讨论了不同聚合物粘结剂对氮杂环硝胺热分解动力学参数的影响。图 6-13 表述了粘结剂对 RDX 分解活化能分布的影响,也与文献报道结果进行了比较。显然,使用 Viton A、Fluorel、C4 和 Estane 作为粘结剂时,硝胺填料的自催化作用显著降低,使得其活化能不随转化率变化。通常,可通过聚合物粘结剂如 Viton A、Estane 和 Fluorel 来增加硝胺填料的热分解活化能,但必须是不含极性溶剂型增塑剂。

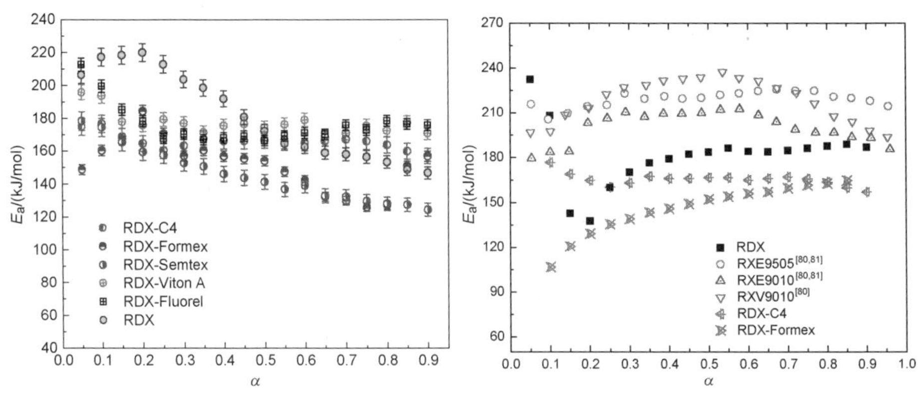

图 6-13　等转化法计算所得不同 RDX 基聚合物炸药的表现活化能随转化率的变化关系对比

6.2.3.6　晶体结构的影响

由 rs-CL-20、rs-CL-20-C4 和 α-CL-20 的活化能数据可知,它们在单相(或完全重叠)分解过程中几乎没有发生变化。详细动力学参数见表 6-10 和表 6-11。为更好比较,在图 6-14 中绘制了一条参考线,表示 ε-CL-20 的平均分解活化能(约 169kJ/mol)。在非等温条件下,所得 ε-CL-20 固相分解活化能在 166~176kJ/mol 的范围内,而等温且无升华影响时在 190~222kJ/mol 范围内(表 6-5)。含有 ε-CL-20 的氟聚物粘结炸药的活化能几乎与转化率无关,这表明氟橡胶 Viton A 和 Fluorel 的作用机制几乎相同。CL-20-FL 和 CL-20-VA 的活化能比纯 ε-CL-20 高得多,这使得其速率常数较低,但热稳定性较高。文献报道的 α-CL-20 第二步主分解过程的平均活化能为 173~176kJ/mol,而 CL-20-SE 则为 171kJ/mol,几乎与纯 ε-CL-20 相同,且表现出相同的控制分解反应速率过程。但它们都远低于 CL-20-C4 的第二步主分解过程的活化能(230kJ/mol)。这些都证明 ε-CL-20 和 α-CL-20 都以 γ-CL-20 的形式分解并且活化能相同。Semtex 基体对 ε-CL-20 的晶型几乎没有影响。然而,由于 ε-CL-20 在极性增塑剂 DOS 中的溶解度较高,C4 对其影响很大。通过减少缺陷(如高品质 rs-ε-CL-20)对其晶体表面活性点位的改变,会增加热稳定性并使活化能提高(178kJ/mol)及撞击感度降低。但改性 CL-20 晶体与极性增塑剂(如 DOS)不太相容,使得其在加热过程中,容易受到极性溶剂的诱导发生多晶转变,进而大幅降低其热稳定性(如图 5-18 和图 5-19)和初始分解活化能(159kJ/mol)。C4 会使 rs-ε-CL-20 放热较少且自加热大幅降低。因此,rs-ε-CL-20-C4 可在较高的升温速率(>15K/min)下受动力学控制分解而不发生点火燃烧。

表 6-10　等转化 KAS 法计算所得不同晶型 CL-20 分解动力学参数随转化率变化

ε-CL-20				rs-ε-CL-20			α-CL-20		
α	E_a	$\lg A/\mathrm{s}^{-1}$	r	E_a	$\lg A/\mathrm{s}^{-1}$	r	E_a	$\lg A/\mathrm{s}^{-1}$	r
0.10	165.52	15.45	0.9975	191.41	18.25	0.9993	127.76	11.30	0.9919
0.20	164.49	15.24	0.9972	183.56	17.30	0.9992	157.96	14.50	0.9976
0.30	165.76	15.31	0.9963	181.49	17.01	0.9996	165.57	15.26	0.9979
0.40	168.37	15.55	0.9984	177.80	16.56	0.9997	168.87	15.56	0.9987
0.50	169.15	15.59	0.9984	177.82	16.51	0.9997	172.27	15.89	0.9996
0.60	169.25	15.58	0.9990	175.42	16.23	0.9997	167.32	15.34	0.9993
0.70	168.64	15.45	0.9990	173.53	15.98	0.9998	170.89	15.65	0.9989
0.80	165.19	15.06	0.9990	176.17	16.25	1.0000	168.84	15.41	0.9987
0.90	163.97	14.88	0.9992	175.19	16.13	0.9999	168.86	15.38	0.9976
均值	168.27	15.48		178.33	16.59		143.0	12.92	
				第二步:α=0.4~0.8			168.6	15.45	

表 6-11 采用等转化 KAS 法计算所得不同 CL-20 聚合物炸药分解动力学参数随转化率变化

ε-CL-20-FM				rs-ε-CL-20-C4			ε-CL-20-C4		
α	E_a	$\lg A/s^{-1}$	r	E_a	$\lg A/s^{-1}$	r	E_a	$\lg A/s^{-1}$	r
0.10	129.4	12.02	0.9788	194.67	19.94	0.9854	168.66	15.69	0.9983
0.20	135.2	11.99	0.9999	179.84	17.96	0.9951	167.21	15.44	0.9991
0.30	124.0	11.04	1.0000	173.67	17.07	0.9882	168.56	15.51	0.9991
0.40	120.0	10.60	0.9998	159.05	15.29	0.9901	171.87	15.80	0.9990
0.50	122.1	10.82	0.9995	162.15	15.48	0.9971	175.32	16.12	0.9993
0.60	126.6	11.30	0.9994	159.66	15.07	0.9945	174.99	16.07	0.9997
0.70	124.4	11.06	0.9989	154.29	14.35	0.9967	176.94	16.19	0.9996
0.80	126.5	11.29	0.9982	149.78	13.76	0.9994	180.39	16.54	0.9995
0.90	123.3	10.95	0.9995	144.35	13.05	0.9980	181.27	16.59	0.9988
均值	124.4	11.14		176.85	17.53		168.97	15.60	
第二步:α=0.4~0.8				158.69	14.94		176.61	16.21	

由于 CL-20-FM 的峰分离过程和升温速率范围的进一步拓展(图 6-6),CL-20-FM、CL-20-SE 和 α-CL-20 的活化能与之前给出的结果略有不同。例如,α-CL-20 的第一质量损失过程是由于晶格脱水,基于峰面积,发现该过程对整个反应的贡率献约为 5%。计算该脱水过程的活化能为 225.3kJ/mol,这一结果对脱水过程来说有点高。上述结果可能是由不恰当的峰分离引起。经重新计算,相应的平均脱水活化能应为 89.4kJ/mol。CL-20-C4 的第一步和 CL-20-SE 的前两步的质量损失对应于 O_2 和 NO_2 的缓慢释放。α-CL-20、CL-20-C4 的第二步和 CL-20-SE 的第三步质量损失过程是 CL-20 的快速自催化分解引起(释放 HCN、N_2、CO_2 和 H_2O 等主要气体产物)。据报道,Formex P1、Semtex 10 和 C4 的聚合物基体可极大降低 ε-CL-20 的撞击感度。由于这些聚合物的缓释效应,出现多步分解,进而导致撞击感度降低,这一结论将在第 7 章中通过分子动力学模拟(MD)来进一步佐证。

综上所述,有机添加剂(主要是增塑剂和粘结剂)可以通过与含能填料晶体表面分子的相互作用(尤其是存在缺陷时)来影响氮杂环硝胺的初始反应性(感度)。这种惰性添加剂的降感效果不仅源自相应含能材料活化能分布的变化,而且通过吸收活性热解产物来抑制它们的分解,进而导致不同的分解物理模型。硝胺聚合物炸药的分解反应物理模型和化学机理将在以下部分详细介绍。

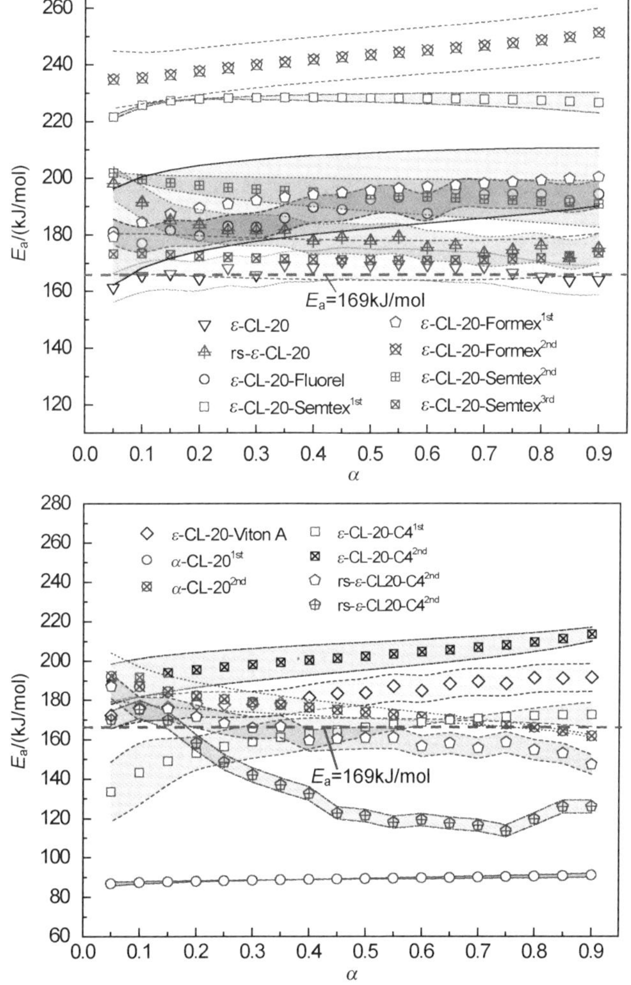

图 6-14　等转化 KAS 法计算所得不同晶型 CL-20 聚合物炸药的表观活化能随转化率的变化

6.3　硝胺基聚合物粘结炸药的分解反应物理模型

6.3.1　RDX 炸药的分解模型

6.3.1.1　经验曲线法

根据 4.4.1 节中提到的计算过程，基于 $\alpha-T$ 数据可获得 $y(\alpha)$ 和 $z(\alpha)$ 图。

简单起见,此处仅给出 $y(\alpha)$ 曲线(图 6-15)。若想要形状特征函数 $z(\alpha)$ 和 $y(\alpha)$ 更可靠,则需要对实验数据进一步改进:主要是基线处理,即 DTG 数据(最好是 $d\alpha/dT$)从零开始,使得 DTG 峰始于零点并终于零点。因此,便可获得一个适当的温度范围,需要注意的是,在此期间转化率不应从 1 至 0。为获得合理的反应模型,应将转换率范围设置成 0~100%。

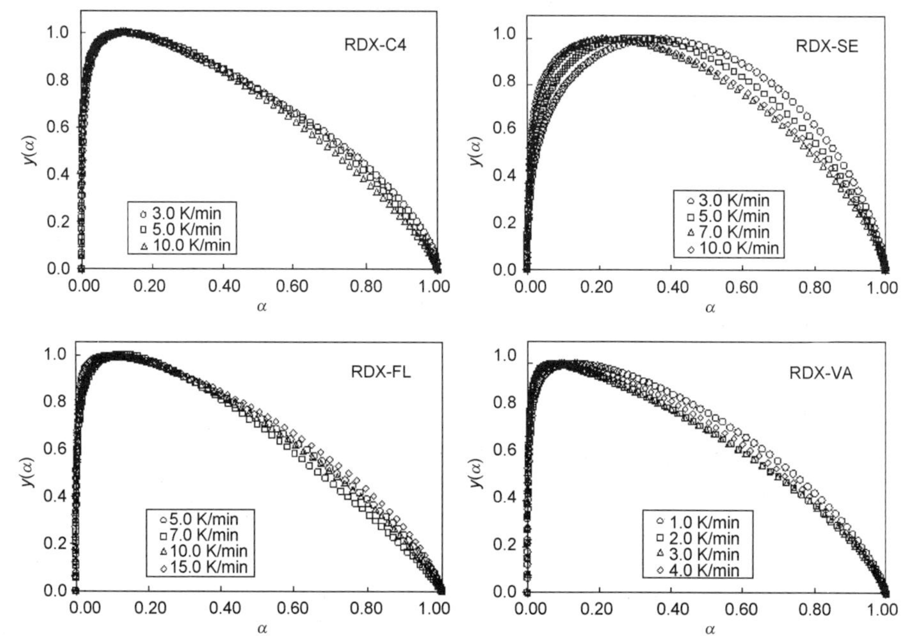

图 6-15　RDX 聚合物粘结炸药热分解过程的 $y(\alpha)$ 特征曲线

从图 6-15 可以看出,RDX 聚合物粘结炸药的 $y(\alpha)$ 曲线形状略微随升温速率变化,这表明少量的熔融 RDX(特别是 RDX-SE)的蒸发使得表观分解机理发生了变化(物理模型的相应参数如表 6-12 所列)。从表 6-12 可以看出,RDX、RDX-SE、RDX-VA、RDX-FL 和 RDX-C4 的热分解的 $\alpha_{max,z}$ 值介于 0.51~0.77 之间,而相应的 $\alpha_{max,z}$ 值大于 $\alpha_{max,y}$($\alpha_{max,y} \neq 0$),根据 Malek 规则(4.4 节),这表明分解过程满足 JMA 模型的特征。RDX-C4 可通过 AC 或 JMA 模型来描述,而 RDX-FM 则更适用于 AC 模型。显而易见,聚合物会使 RDX 的分解机制从一级化学反应变成自催化。其中,Semtex 基体使其分解机理略微随升温速率变化。根据经验曲线法,Avrami 成核核增长模型适合于描述 RDX 的 Semtex、Viton-A 和 Fluorel 聚合物粘结炸药。另外,C4 和 Formex 聚合物炸药较低加热温度下的机理表现出与前面提到的蒸发效应略有不同。KAS 法的优点是针对不同升温速率可用不同模型,从而采用相同的活化能可拟合得到不同的指前因子。模型拟合所得指前因子大于等转化率法计算的指前因子(不考虑动力学模型)。

表 6-12 RDX 基聚合物炸药分解反应动力学模型参数

样品	$y_m(\alpha)$和$z_m(\alpha)$		模型	β	机理函数参数					
	$\alpha_{max,y}$	$\alpha_{max,z}$			m	M	N	E_a	$\lg A^m$	$\lg A^e$
RDX	—	—	JMA	7~20	1.00	—	—	157.0①	—	14.76
RDX	—	—	JMA	—	1.00	—	—	197~206②	—	18.4~19.9
RDX-SE	0.374 0.284 0.178	0.662 0.662 0.662	JMA JMA JMA	3.0 5.0 7.0	1.98 1.75 1.63	—	—	142.0±7	15.92 15.94 15.95	13.15
RDX-VA	0.125	0.675	JMA	3~10	1.15	—	—	174.4±3	19.81	16.57
RDX-FL	0.130	0.698	JMA	5-15	1.16	—	—	170.3±3	19.48	16.06
RDX-C4	0.198 0.142	0.703 0.703	AC AC	3.0 7-10	—	0.68 0.42	0.62 0.74	165.2±5	17.35 17.33	15.57
RDX-FM	0.308 0.122	0.819 0.754	AC AC	2.0 5-10	—	0.35 0.42	0.54 0.71	147.9±11	17.24 17.33	13.49

注:上标,m 表示 Malek 经验曲线模型拟合参数;e 表示实验值;β 为升温速率℃/min。
① 气相分解;
② 液相分解平均值

6.3.1.2 联合动力学方法

若将联合动力学方法应用于同组实验数据(T、$d\alpha/dt$、α),对 $\ln[(d\alpha/dt)/f(\alpha)]$ 与温度的倒数($1/T$)在不同实验条件下作图可得如图 6-16 所示回归线。为排除反应诱导期误差,仅考虑可转化率 $0.1<\alpha<0.9$ 范围内数据。从图 6-16 可以看出,所有实验数据(无论升温速率大小)都可以得到较高相关系数(>0.975),也表明这些曲线可用单一动力学三因子来描述。然而,RDX-FM、RDX-SE 和 RDX-C4 仍然存在一些误差,它们的 $z(\alpha)$ 和 $y(\alpha)$ 函数形状在不同升温速率下略微不同也体现了这一点。表 6-13 将此法所得动力学三因子与采用 Malek 经验曲线法计算所得结果进行了比较。

表 6-13 联合动力学法和模型拟合法获得 RDX 聚合物炸药的分解物理模型参数对比

样品	联合动力学法					等转化率法			
	m_1	n_1	E_a	$cA^{(mo)}$②	r	m	M	N	E_a
RDX①	0.021	0.997	159.6±0.7	3.7±0.4E15	0.989	—	0.02	1.03	157

（续）

样品	联合动力学法					等转化率法			
	m_1	n_1	E_a	c$A^{(mo)}$②	r	m	M	N	E_a
RDX-SE	0.444	0.622	131.2±0.8	2.9±0.6E13	0.973	1.98 1.75 1.63	—	—	142±7
RDX-VA	0.027	0.745	190.3±0.3	3.2±0.3E19	0.981	1.15	—	—	174±3
RDX-FL	0.087	0.832	185.3±0.8	1.0±0.2E19	0.983	1.16	—	—	170±3
RDX-C4	0.143	0.874	163.1±1.8	5.7±0.3E16	0.977	—	0.68 0.42	0.62 0.74	165±5
RDX-FM	0.167	0.456	165.5±1.0	9.7±2.5E16	0.987	—	0.35 0.42	0.54 0.71	148±11

① 这些值来自文献[74]，他们计算基于 TG 数据；
② (mo)表示联合动力学法模型拟合得到

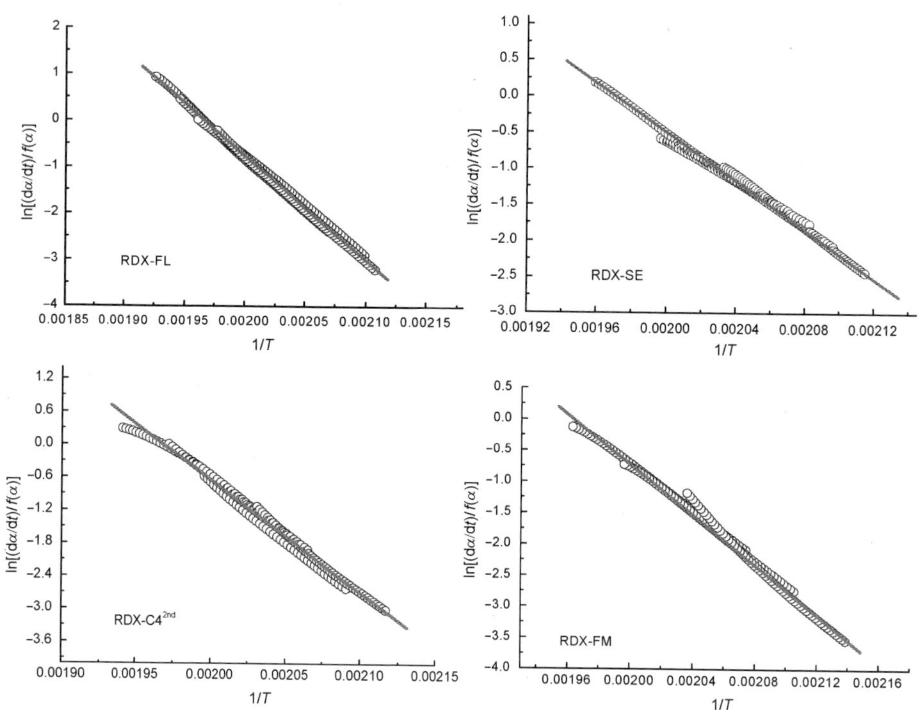

图 6-16 RDX 聚合物粘结炸药分解过程非等温联合动力学法拟合回归线

如表 6-13 所列，m_1和 n_1参数处理方法差异很大，但均使用相同的 Šesták 模型来拟合不同实验数据。然而，如果通过等转换率法对平均值进行推导，则这两种方法所得活化能非常接近。据文献报道,无蒸发液相 RDX 分解活化能在 197~206kJ/mol 范围内(表 6-2)。众所周知,RDX 的轻微挥发时具有 100kJ/mol 的活化能,而气相分解活化能约 140kJ/mol。动态 TG 实验表明,蒸发与分解同时发生(尤其是升温速率较低时),此时 RDX 的活化能为约 159kJ/mol。在开放体系 TGA 实验中,RDX 的动力学分解受蒸发影响很大,而密闭条件将显著抑制蒸发并随分解过程进行,加快 RDX 液相分解反应速率。密封条件下 DSC 实验表现出液相和气相分解竞相加速从而提高转化速率,进而出现活化能降低的趋势。此外,添加聚合物(尤其是 Viton A 和 Fluorel 等耐热氟聚物),可通过显著阻碍蒸发过程而提高挥发性硝胺填料的热稳定性。

6.3.2　HMX 炸药的分解模型

与 RDX 聚合物粘结炸药类似,我们绘制了 HMX 聚合物粘结炸药的热分解的 $y(\alpha)$ 和 $z(\alpha)$ 图,这里仅给出了 $y(\alpha)$ 曲线(图 6-17)。

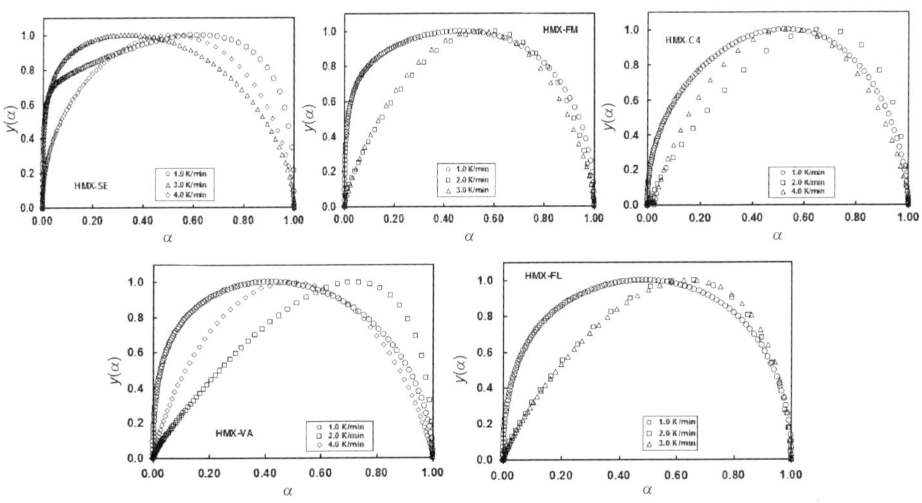

图 6-17　典型含 HMX 的聚合物炸药热分解过程的 $y(\alpha)$ 特征曲线

从图 6-17 可以看出,HMX 聚合物粘结炸药的 $y(\alpha)$ 函数的形状在很大程度上取决于升温速率,这表明 HMX 的强烈升华引起了分解机理随升温速率的巨大变化。在 6.3 节也提到过,HMX 及其聚合物粘结炸药的分解过程在很大程度上取决于升温速率等实验条件,其物理模型及相应参数列于表 6-14。从表 6-14 可以看出,HMX、HMX-SE、HMX-VA、HMX-FL 和 HM-C4 热分解的 $\alpha_{max,z}$ 值介于 0.54~0.84 之间,而相应的 $\alpha_{max,z}$ 值比 $\alpha_{max,y}$ 大($\alpha_{max,y} \neq 0$),这也代表

AC 模型比较适用于描述其分解特征。

表 6-14 联合动力学法和模型拟合法获得 HMX 聚合物炸药的分解物理模型参数对比

样品	$y_m(\alpha)$和$z_m(\alpha)$		模型	β	机理模型参数					
	$\alpha_{max,y}$	$\alpha_{max,z}$			m	M	N	E_a	$\lg A^m$	$\lg A^e$
HMX-SE	0.522 0.476 0.324	0.837 0.718 0.718	AC AC AC	1.0 2.0 4.0	1.09 0.89 0.42	0.33 0.38 0.48	0.31 0.69 1.23	250.8	25.22 25.41 25.49	22.20
HMX-VA	0.408 0.734 0.479	0.716 0.738 0.543	AC AC AC	1.0 2.0 4.0	0.69 2.76 0.92	0.35 1.22 0.75	0.51 0.44 0.82	285.7	28.68 29.79 29.52	25.30
HMX-FL	0.479 0.655	0.708 0.632	AC AC	1.0 2~4	0.92 1.90	0.42 0.80	0.46 0.42	211.3	21.55 22.44	18.15
HMX-C4	0.518 0.642 0.524	0.695 0.735 0.586	JMA AC AC	1.0 2.0 4.0	3.70 1.79 1.10	— 1.44 1.45	— 0.81 1.43	171.9	17.48 18.51 19.25	14.20
HMX-FM	0.461 0.604	0.778 0.578	AC AC	2.0 5-7	0.16 1.37	0.07 0.59	0.58 0.45	282.2	28.68 29.65	22.44

此外,JMA 模型可描述升温速率为 1.0℃/min 时 HMX-C4 的分解机制。显而易见,聚合物的存在会使 HMX 的降解机理从扩散变为自催化。当升温速率增加时,$\alpha_{max,y}$的值逐渐减小。采用不同方法的优点在于能将不同模型用于不同升温速率,并通过相同的活化能来计算不同的指前因子。模型拟合法所得指前因子一般会高于等转化率法所得指前因子。根据 TG 数据,无法使用联合动力学方法研究 HMX 聚合物炸药的分解物理模型,因此,本专著也未对 HMX 基聚合物炸药开展动力学预估。

6.3.3 BCHMX 炸药的分解模型

6.3.3.1 经验曲线法

我们从样品 BCHMX-FM 和 BCHMX-FL 开始分析,它们的分解过程可以看作一个单步反应。对于其他几组样品,峰分离后可得到 BCHMX、BCHMX-C4 和 BCHMX-SE 的新 α-T 曲线(5.2.3 节)。BCHMX 及其聚合物粘结炸药相应的$z(\alpha)$和 $y(\alpha)$曲线如图 6-18 所示,为节省篇幅,这里也仅给出了 $y(\alpha)$曲线。

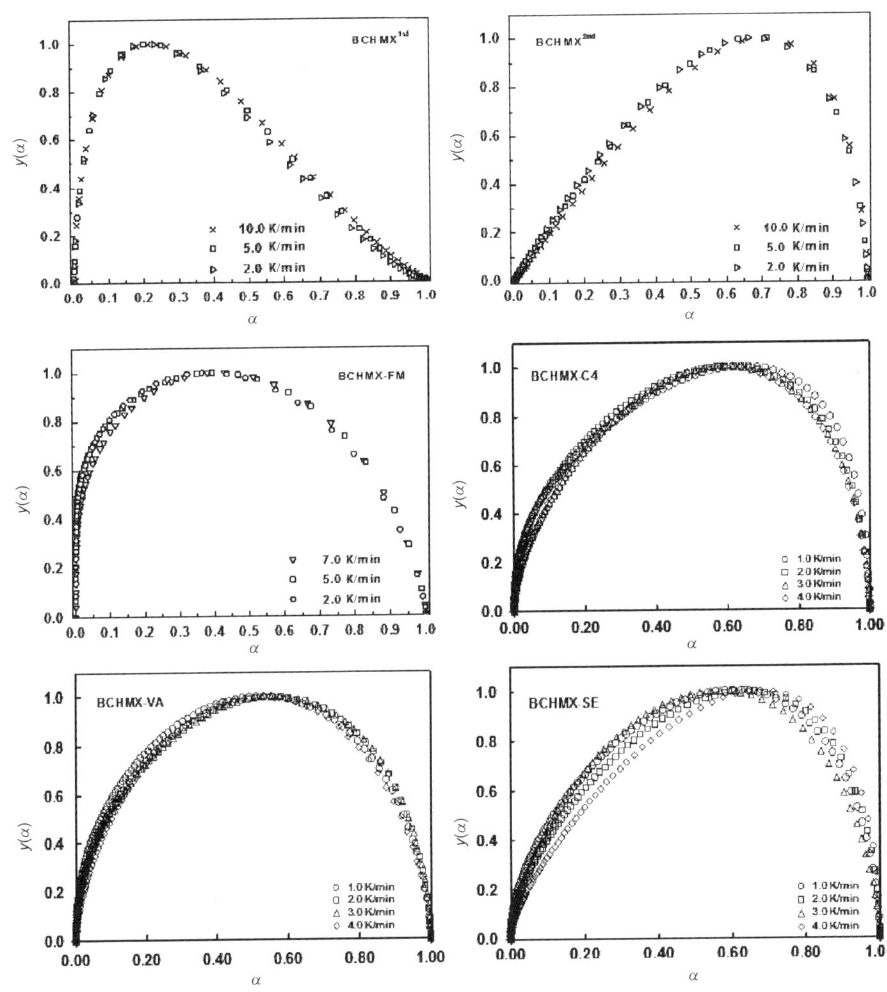

图 6-18　几组典型的含 BCHMX 及其聚合物炸药热分解过程的 $y(\alpha)$ 特征曲线

除了 BCHMX、BCHMX-VA、BCHMX-SE 和 BCHMX-C4 在主要分解过程之前还有非常微弱的分解过程（对整个质量损失的影响小于 5%），该过程受升温速率影响很大。因此，很难单独确定这些小峰的物理模型，但这对最终动力学预测结果可能没有显著影响。实验发现，即使 BCHMX-SE 存在一定误差，不同升温速率下的 $y(\alpha)$ 曲线依然几乎重叠。这表明 BCHMX-SE 主要分解步骤的机理受升温速率的影响可以忽略。基于 $z(\alpha)$ 和 $y(\alpha)$ 曲线，我们获得了相应 $\alpha_{max,y}$ 和 $\alpha_{max,z}$ 值（表 6-15）。

表 6-15 基于非等温 TG 数据计算的 BCHMX 及其聚合物粘结炸药分解反应模型参数

样品	$y_m(\alpha)$ 和 $z_m(\alpha)$		模型	β	机理方程参数					
	$\alpha_{max,y}$	$\alpha_{max,z}$			m_1	M	N	E_a	$\lg A^{(mo)}$	$\lg A^{(ex)}$
BCHMX^{1st}	0.250	0.420	AC	2~10	—	0.45	1.51	233.0 210.2 163.4	27.02	23.05 18.00 12.87
BCHMX^{2nd}	0.435	0.678	JMA	2~10	2.33	—	—	186.1	19.01	16.73
BCHMX-SE	0.588 0.567	0.718 0.745	AC AC	1.0 2~4	—	0.43 0.98	0.31 0.75	159.6	18.01 18.33	14.37 14.50
BCHMX-C4	0.638	0.725	AC	1~5	—	0.63	0.35	199.4	21.98	18.34
BCHMX-FM	0.395	0.669	JMA	2~7	1.58	—	—	221.7	24.25	20.75
BCHMX-VA	0.535	0.725	AC	1~4	—	0.48	0.41	183.3	20.43	16.68
BCHMX-FL	0.529	0.738	AC	1~4	—	0.49	0.46	189.2	20.96	17.61

注:(mo)由经验曲线法拟合得到;(ex)表示实验值;活化能平均值基于 KAS 法计算所得

显而易见,BCHMX、BCHMX-SE、BCHMX-C4、BCHMX-VA 和 BCHMX-FL 的主分解反应的 $\alpha_{max,z}$ 值介于 0.63~0.75 之间,而相应的 $\alpha_{max,z}$ 值大于 $\alpha_{max,y}$($\alpha_{max,y}\neq 0$),表明了 AC(自催化)模型的特征。同时,JMA 模型可描述 BCHMX-FM 和 BCHMX 的第一步分解过程。在聚合物作用下,BCHMX 的热解机理变化很大。Semtex 基体使分解机制略受升温速率影响。因此,1℃/min 时的物理模型与 2~4℃/min 时的物理模型有所不同。等转化率法的优点是通过相同活化能来产生不同指前因子,且不同的升温速率下可采用不同模型。模型拟合所得指前因子会大于原来通过等转化率法得到的指前因子(不考虑动力学模型)。为验证动力学参数可靠性,可以与联合动力学分析结果进行比较。

6.3.3.2 联合动力学法

对于 RDX 聚合物粘结炸药,不同实验条件下,得到的 $\ln[(d\alpha/dt)/f(\alpha)]$ 与温度倒数的关系见图 6-19。为了排除分解诱导期的误差,仅考虑了转化率 $0.1<\alpha<0.9$ 范围内的数据。

从图 6-19 可以看出,每个分解过程均可通过单一机理函数来拟合,尽管随升温速率轻微改变了分解机理,BCHMX-SE 的相关系数最差(>0.98),主要是 2~4℃/min 范围内存在一些偏差,这与其 $y(\alpha)$ 图像结果吻合。现将该方法所得动力学三因子与表 6-16 中等转化率法和经验曲线法所得三因子进行比较。从

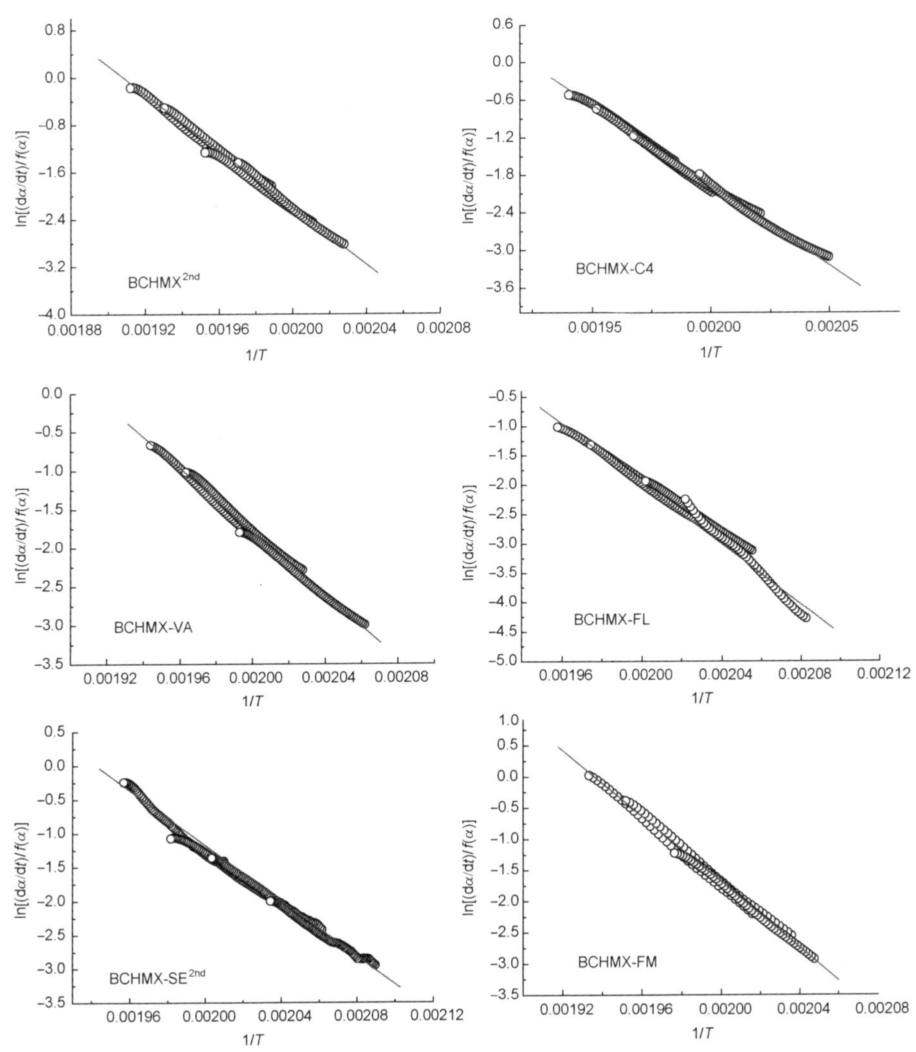

图 6-19　BCHMX 聚合物粘结炸药分解过程非等温联合动力学法拟合回归线

表 6-16 可以看出，即使都用相同的 SB 模型，这两种方法所得 m 和 n 的参数依然存在差别。然而，若考虑 KAS 法相对较大的误差，其余两种方法所得活化能非常接近，主要是 KAS 法不考虑物理模型。通过 KAS 法所得 BCHMX 的第二步分解反应活化能约为 186kJ/mol，若考虑物理模型，则变为 200kJ/mol。显而易见，反应若不服从 n^{th} 级化学反应模型，物理模型对活化能的计算精度会有较大影响。关于聚合物粘结剂对 BCHMX 分解活化能和物理模型的具体影响规律，将在后面部分进一步讨论。

表 6-16 BCHMX 和及其高聚物粘结炸药等转化率和联合动力学分析所得动力学参数对比

样品	联合动力学法				等转化率法			
	m	n	E_a	$cA^{(mo)}$	m	M	N	E_a
$BCHMX^{2nd}$	0.528	0.253	199.7±1.3	—	0.53	0.26	186.1	9.3±2.4E19
BCHMX-SE	0.595	0.456	169.9±1.1	—	0.43 0.98	0.31 0.75	159.6	1.6±0.4E17
BCHMX-VA	0.559	0.488	175.7±1.1	—	0.48	0.41	183.3	3.9±1.0E17
BCHMX-FL	0.467	0.458	209.0±2.0	—	0.49	0.46	189.2	1.0±0.5E21
BCHMX-C4	0.499	0.437	213.0±0.9	—	0.63	0.35	199.4	3.5±0.5E21
BCHMX-FM	0.270	0.607	219.5±1.5	1.58	—	—	221.7	1.5±0.6E22

注:(mo)为联合动力学方法所得模型拟合值

6.3.4 CL-20 炸药的分解模型

6.3.4.1 经验曲线法

对于 CL-20 及其聚合物炸药,也可绘出特征函数 $z(\alpha)$ 和 $y(\alpha)$ 曲线,为了节省篇幅未在此给出(与 BCHMX 类似,从略)。对于 rs-ε-CL-20 和 CL-20-FL,不同的升温速率处所得 $y(\alpha)$ 曲线几乎彼此重叠,这表明它们的分解过程不受升温过程影响,其 JMA 和 AC 模型的相应参数见表 6-17。

表 6-17 基于非等温 TG 数据计算的 CL-20 及其聚合物粘结炸药分解反应动力学及模型参数

样品	$y_m(\alpha)$ 和 $z_m(\alpha)$		模型	β	机理方程参数					
	$\alpha_{max,y}$	$\alpha_{max,z}$			m	M	N	E_a	$\lg A^{ca}$	$\lg A^{mt}$
α-CL-20^{1st}	0.448	0.543	JMA	1~4	2.46	—	—	90.0	8.61	9.61
α-CL-20^{2nd}	0.628	0.760	AC	1~4	—	0.73	0.43	170.4	17.06	19.36
ε-CL-20	0.578	0.708	AC	1~4	—	0.71	0.52	176.6	19.90	20.15
rs-ε-CL-20	0.534	0.632	JMA	1~5	—	0.74	0.48	173.1	17.41	19.77
ε-CL-20-SE^{1st}	0.489	0.576	JMA	1~5	3.04	—	—	233.1	24.30	24.79
ε-CL-20-SE^{2nd}	0.459	0.618	JMA	1~5	2.59	—	—	185.6	18.59	19.76
ε-CL-20-SE^{3rd}	0.681	0.774	AC	1~5	—	0.78	0.37	179.8	20.98	19.92
ε-CL-20-$C4^{1st}$	0.433	0.560	JMA	1~5	2.31	—	—	153.5	15.40	16.58
ε-CL-20-$C4^{2nd}$	0.665	0.730	AC	1~5	—	0.75	0.52	176.0	17.54	19.81

（续）

样品	$y_m(\alpha)$ 和 $z_m(\alpha)$		模型	β	机理方程参数					
	$\alpha_{max,y}$	$\alpha_{max,z}$			m	M	N	E_a	$\lg A^{ca}$	$\lg A^{mt}$
rs-ε-CL20-C4[1st]	0.131	0.528	JMA	5~15	—	0.18	1.24	152.9	16.27	17.68
rs-ε-CL20-C4[2nd]	0.301	0.668	JMA	5~15	1.56	—	—	199.0	20.55	22.11
ε-CL-20-FM[1st]	0.000	0.823	RO	0.3~5	0.28	—	—	194.7	19.87	21.38
ε-CL-20-FM[2nd]	0.680	0757	AC	0.3~5	—	0.71	0.38	207.3	20.98	22.89
ε-CL-20-VA	0.523	0.699	JMA	1~4	3.62	—	—	194.0	21.63	21.31
ε-CL-20-FL	0.515	0.702	JMA	1~4	3.85	—	—	199.2	22.23	21.91

注：上标 1st、2nd、3rd 表示不同分解反应步骤；mf 表示 Málek 法模型拟合参数，活化能由基辛格法获得；β 为升温速率（℃/min）

6.3.4.2　联合动力学分析

我们可以获得任意升温速度下 $\mathrm{Ln}[(\mathrm{d}\alpha/\mathrm{d}t)/f(\alpha)]$ 与温度倒数（$1/T$）的关系，从而计算 CL-20 分解动力学参数。结果表明，无论升温速率如何变化，所有实验数据采用 Šesták 方程拟合都可得到较高的相关系数（>0.98），表明每个单步反应（对于 ε-CL-20、CL-20-VA 和 CL-20-FL）和分离的复合反应（对于α-CL-20、CL-20-FM、CL-20-SE 和 CL-20-C4）均可由单一的动力学三因子来描述。然而，对于 rs-ε-CL-20 和 CL-20-FL，该方法存在较大误差，此现象与不同升温速率下这两个样品实验曲线的 $\alpha_{max,y}$ 值变化相符。因此，可通过数值拟合获得动力学三因子，与经验曲线法得到的结果进行比较，如表 6-18 所列。

表 6-18　基于非等温 TG 数据计算的不同晶型 CL-20 及其聚合物粘结炸药分解反应模型参数

样品	联合动力学法				等转化率法				
	m_1	n_1	E_a	cA/min^{-1}	m	M	N	$E_a^{(ca)}$	$\lg A^{(mf)}$
α-CL-20[1st]	0.820	0.821	89.0±0.2	9.0±0.5E6	2.46	—	—	89±1	9.46
α-CL-20[2nd]	0.708	0.456	178.7±0.9	1.7±0.4E18	—	0.73	0.43	173±3	19.62
ε-CL-20	0.677	0.464	166.3±1.3	1.1±0.4E17	—	0.71	0.52	169±2	19.18
rs-ε-CL-20	0.709	0.463	184.1±1.5	1.5±2.8E19	—	0.74	0.48	178.3	20.31
ε-CL-20-SE[1st]	0.721	0.814	227.2±0.2	4.8±0.3E22	3.04	—	—	228±2	24.25
ε-CL-20-SE[2nd]	0.667	0.764	195.6±0.7	1.7±0.3E19	2.59	—	—	194±6	20.64
ε-CL-20-SE[3rd]	0.845	0.467	175.7±1.1	3.7±0.9E17	—	0.78	0.37	171±7	19.01
ε-CL-20-C4[1st]	0.648	0.919	177.8±2.2	4.6±1.6E17	2.31	—	—	166±5	18.03

（续）

样品	联合动力学法				等转化率法				
	m_1	n_1	E_a	cA/min^{-1}	m	M	N	$E_a^{(ca)}$	lg$A^{(mf)}$
ε-CL-20-C4^{2nd}	0.708	0.518	200.8±2.1	2.1±1.1E20	—	0.75	0.52	230±24	25.43
rs-ε-CL20-C4^{1st}	0.349	1.195	142.5±1.2	6.2±1.8E14	—	0.18	1.24	159±8	17.90
rs-ε-CL20-C4^{2nd}	0.024	0.860	211.8±1.1	3.7±0.9E21	1.56	—	—	177±7	20.41
ε-CL-20-FM^{1st}	0.042	0.301	241.8±1.6	2.4±1.1E24	0.28	—	—	243±8	26.53
ε-CL-20-FM^{2nd}	0.615	0.397	196.9±1.4	1.9±2.7E20	—	0.71	0.38	194±13	21.31
ε-CL-20-VA	0.514	0.507	200.5±1.4	3.8±0.9E20	3.62	—	—	184±4	16.97
ε-CL-20-FL	0.593	0.590	204.0±1.4	1.4±0.3E21	3.85	—	—	206±3	22.66

从表 6-18 可以看出，联合动力学方法所得活化能与等转化率法所得活化能非常接近。而模型拟合所得指前因子比等转化法计算的指前因子更为精确。聚合物可以通过改变分解模型、速率常数和活化能等，极大改变 CL-20 的分解机理。如上所述，升温速率较高时，ε-CL-20 及其聚合物粘结炸药由于自加热会引起点火燃烧，故热分解实验所用的升温速率范围非常有限。这种情况下，还是无法完全消除自加热（自催化）的影响，较高升温速率时（>5K/min）的动力学预测将不可靠。值得注意的是，即使采用相同的 SB 模型，参数（m_1 和 n_1 对 M 和 N）依然差别很大。另外，所得物理模型函数必须绘制出来归一化处理，以便在同一图中进行更好的比较，这将在以下部分进行详细阐述。

6.3.5 所得模型的可靠性

6.3.5.1 两种方法所得模型比较

从上述结果可以看出，通过两种方法所得不同材料的分解动力学模型存在很大差别。因此，在图 6-20 中，将这两种方法所得 RDX-VA、BCHMX-VA、CL-20-VA 和 RDX-SE 动力学函数与广泛使用的理想模型进行了比较。为更好地比较，将这些函数在 $\alpha=0.5$ 时进行归一化。值得注意的是，即使它们参数不同，但通过这两种方法所得模型曲线形状非常接近。表明这两种方法获得了等效的动力学三因子。

6.3.5.2 实验曲线的理论重构

由于通过两种方法所得分解模型的曲线形状（固有机制）相似，为了评价其可靠性，可以选择其中任何一组数据对实验曲线进行重建。对代表性结果进行研究，并采用联合动力学分析法所得模型对实验曲线进行了重建（图 6-21）。

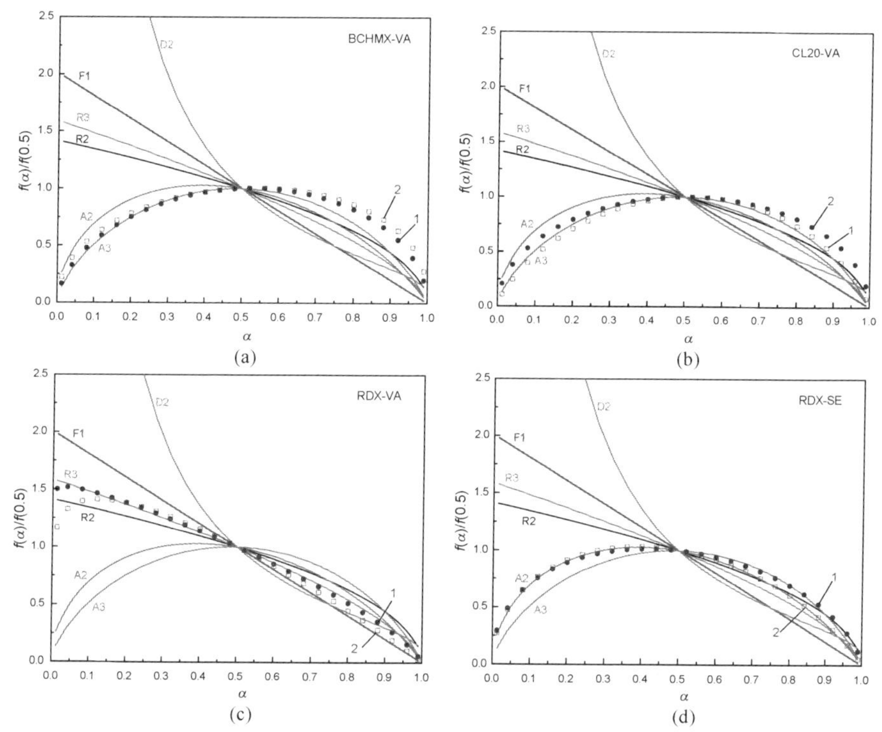

图6-20　所得几种典型聚合物炸药分解动力学模型的归一化曲线与理想模型的比较

1—通过等转化率法;2—通过联合动力学分析法;D2—二维扩散;R2—相界控制反应(面收缩);R3—相界控制反应(体收缩);F1——一阶化学反应,即单分子衰减规律,其中随机成核核生长;A2、A3—成核和核的二维和三维生长模型(下面图6-24~图6-26也是同样情况)。

由图6-21可以看出,依据所得模型可将实验曲线进行很好的重构,尤其是对Fluorel和Viton A聚合物炸药。然而,由于蒸发或升华的影响,BCHMX-SE、RDX-SE和RDX-C4在较低升温速率下的实验曲线不能很好地重构。在快速分解反应开始前,分解曲线偏差更大。此外,热传传质引起的实验误差,使CL-20-FL、CL-20-VA和CL-20-SE[2nd]在分解初期的实验曲线也没有很好地重构。然而,考虑到实验误差,重建结果仍然表明动力学参数和物理模型的可靠性,由此可以判断所得模型有一定的物理意义并可用于动力学预测。

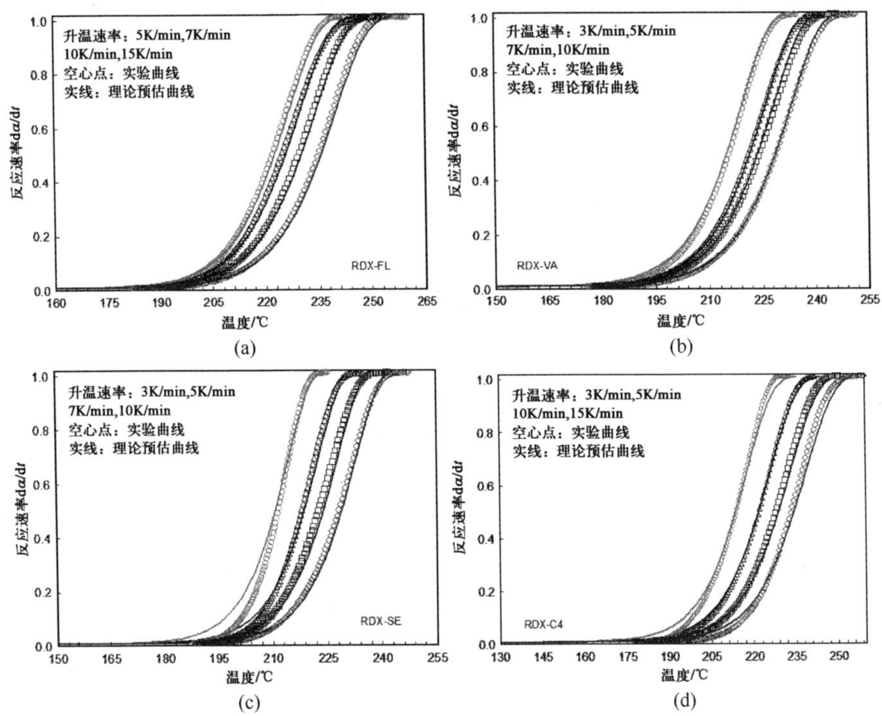

图 6-21 基于联合动力学法得到的几种典型 RDX 聚合物粘结炸药分解动力学三参数模拟得到的曲线和实验曲线的对比

6.3.6 与理想物理模型的比较

6.3.6.1 RDX 聚合物粘结炸药

将所有 RDX 聚合物粘结炸药的物理模型与部分常见理想物理模型归一化处理,并在图 6-22 中进行比较。从图 6-22 可以看出,RDX 聚合物炸药的所得结果与 RDX 非常不同。这表明聚合物基体对 RDX 分解机理的影响很大,纯 RDX 的分解反应模型与 F1(一级化学反应)非常接近。在聚合物基体的作用下,反应模型转变为具有更长或更短诱导期的自加速模型,且分解诱导期的长度取决于聚合物基体。含有矿物油或增塑剂聚合物基体(如 Formex P1、Semtex 和 C4)的作用效果几乎相同,它们使得 RDX 开始满足相边界控制反应(收缩体积)分解模型。当耐热氟橡胶(Viton A 和 Fluorel)作为惰性包覆材料的时,它们不仅可以通过阻碍其蒸发来稳定 RDX,而且可以阻碍分解产物的逸出,将分解机理从一级反应模型变为二维成核和核生长模型(Avrami-Erofeev)。

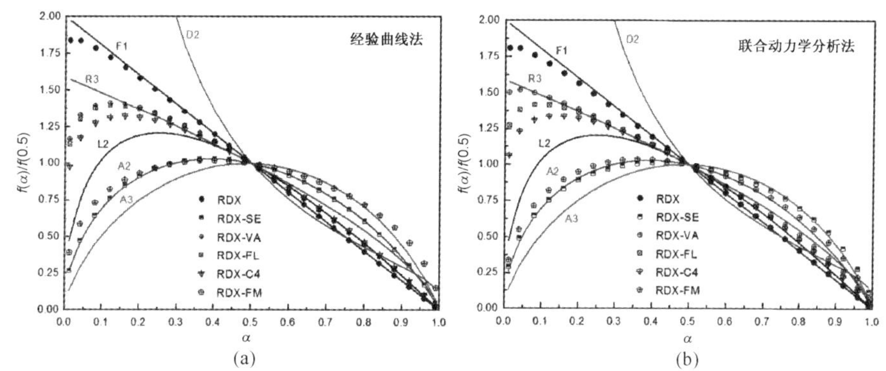

图6-22 所得RDX及其聚合物炸药分解动力学模型的归一化曲线与理想模型的比较

对于纯RDX，如5.3.1节所述，在封闭容器中的初始阶段分解活化能为200kJ/mol，此结果与液相RDX分解相同。N—N键的标准键能为38.4kcal/mol(160.7kJ/mol)，而C—N的键能为73.0kcal/mol(305.4kJ/mol)。这意味着N—N键的均裂是聚合物粘结炸药最主要的反应机理。然而，RDX-VA和RDX-FL的全部分解过程具有几乎相同的活化能(高于160kJ/mol)，这表明在这些聚合物作用下，N—N和C—N键断裂均为限速过程。

6.3.6.2 BCHMX聚合物粘结炸药

如上所述，BCHMX材料所得模型可靠且具有物理意义。在此将经验曲线法所得动力学模型曲线与一些典型理想模型曲线进行了归一化比较(图6-23)。从图6-23可以看出，聚合物基体对BCHMX分解机理影响显著。BCHMX的第一步分解的物理模型非常接近F1模型(一阶)，而第二步主分解反应则接近AC1模型(一阶自催化)。除Formex P1以外，在其他聚合物基体作用下，反应模型变为“三维成核和核生长”模型，表明这些聚合物略微减弱了控制反应速率的主自催化效应。Formex P1对BCHMX分解机理的影响最大，使其遵循“二维成核和核生长”模型。如5.4.3节所述，聚合物粘结剂可将BCHMX分解反应从两步转变为一步过程。这里碳氢聚合物(如SBR、PIB和NBR)的链结构通常在线性加热时独立于BCHMX分解(尤其是对于PIB和SBR更是如此)。线性加热时，聚合物链和BCHMX分子之间可能存在一定的相互作用，并使BCHMX初始分解阶段反应变慢。在268℃时可发现BCHMX的显著熔点，但在通过DTA和DSC测试时，在其分解之前没有发现明显的吸热峰。

为了阐明BCHMX的主分解反应是自催化的原因，对其初始反应过程额外做了一个实验。将其晶体在190℃下恒温30min后，得到了原始BCHMX晶体和热处理后的扫描电子显微镜(SEM)照片(图6-24)。研究表明，BCHMX在

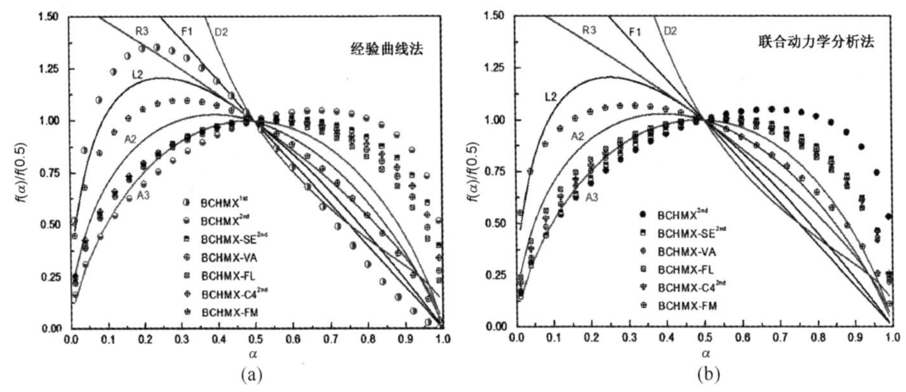

图 6-23 所得 BCHMX 及其聚合物炸药分解动力学模型的归一化曲线与理想模型的比较

190℃下处理 30min 后便产生了部分熔融(或溶解在其分解产物中),有缺陷或空隙的晶体表面上发生热解,这一现象由局部化学反应引起且通常发生在固液相边界。在 190℃的等温加热下,卷曲的 BCHMX 分子(图 6-25)在其晶体表面产生离子碎片,这些碎片可能会重新组合成凝聚相产物——可作为 BCHMX 晶体溶剂。另外,第一步质量损失的原因可能就是这种现象造成的。然而,由于其晶格稳定化效应,快速自催化分解反应发生延迟,进而导致出现两步分解过程。事实上,BCHMX 刚性分子组成的晶格可极大地抑制其分解反应,因此,在固态下分解比在液相和气相中慢得多。

通常,由于杂质的熔融,固体物质的分解产物更易与其共晶进而变为液相。聚合物基体对 BCHMX 分解步骤数量和相应物理模型的影响可能是由于晶体缺陷的修复,进而阻碍了其分解化学反应。事实上,局部化学反应有如下两个特征:①它们从具有最强反应性(活性位点的单个位点)开始反应,而不是整个固体颗粒。②在活性部位开始后,反应向晶体活性点位相邻区域延展进行(自催化)。可通过聚合物粘结剂包覆 BCHMX 晶体来降低热传导,从而减弱这些晶体的自加热效应。在这种情况下,气态产物约束在晶体表面,以便随后与 BCHMX 的热解中间体反应。在粘结剂作用下,BCHMX 的初始产物也可能与晶体表面发生物理和化学作用。这两个因素可能导致局部化学反应变弱,本书第 7 章将详细阐述相应的化学反应机理。一方面,聚合物粘结剂包覆层会降低 BCHMX 晶体的热传导,从而削弱这些晶体自加热过程(参见前面的“热积累效应”)。另一方面,从晶体表面产生的气态产物进行“约束”,并与 BCHMX 分子的其他部分反应。综上所述,应考虑到粘结剂与硝胺主要分解产物,及其与晶体表面物理化学相互作用的可能性。

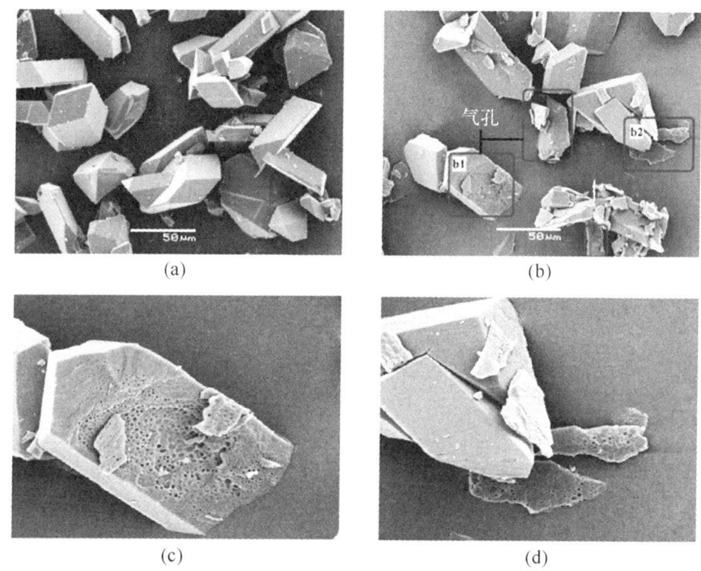

图 6-24　BCHMX 原始晶体的表面结构与在 190℃下等温加热 30min 表面形貌
(a) 原始 BCHMX 晶体;(b) 经过热处理的 BCHMX 晶体;(c) 图(b)中部分放大的 b1 区域;(d) 图(b)中部分放大的 b2 区域。

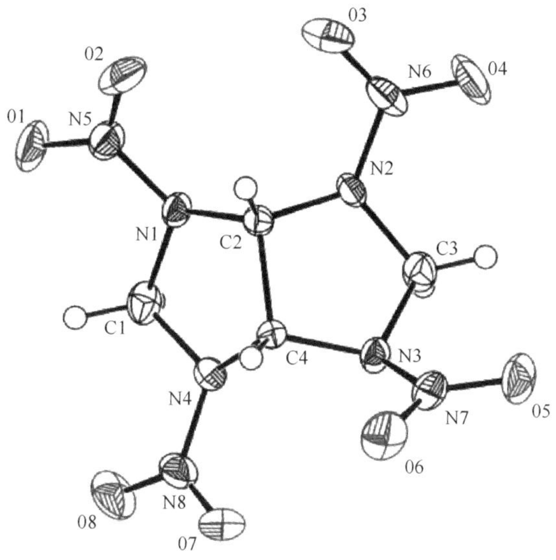

图 6-25　BCHMX 分子结构图(N—NO_2键长如下,N(1)—N(5) 1.352;N(2)—N(6) 1.355;N(3)—N(7) 1.412;N(4)—N(8) 1.365)

6.3.6.3 CL-20 聚合物粘结炸药

如上所述,如果考虑到实验误差,CL-20 及其聚合物炸药的重建曲线也很合理。我们所得模型可靠并具有物理意义。为了更好地比较,将所有的模型曲线归一化处理并与理想的物理模型进行了比较,如图 6-26 所示。

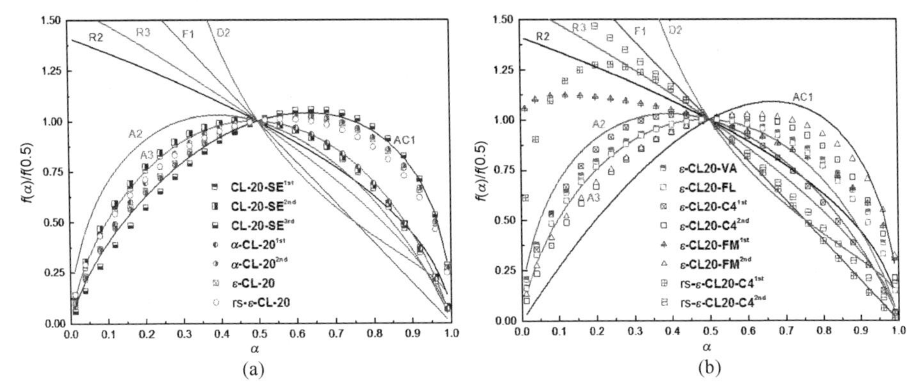

图 6-26 所得不同晶型 CL-20 及其聚合物炸药分解动力学模型的归一化曲线与理想模型的比较

从图 6-26 可以看出,除氟橡胶(Viton A 和 Fluorel)外,聚合物基体对 ε-CL-20 的分解机理的影响并不显著。从结果可看出,纯 ε-CL-20 的分解反应模型与 AC1(一阶自动加速模型)非常接近,与文献报道相符。在氟橡胶作用下,反应模型转变为三维成核和核生长模型。对于耐热氟橡胶,它们分解温度均超过 400℃,可用作上述硝胺保护粘结剂。它们不仅可降低其升华温度,而且可通过阻碍其分解产物的释放来稳定化 ε-CL-20。此外,含有矿物油或增塑剂(如 Formex P1、Semtex 和 C4)的聚合物基体对 CL-20 的分解机理几乎没有影响,这就使得活化能和模型几乎不变。这些聚合物基体中的油和增塑剂通常会在较低温度下单独分解,服从 2D 或 3D 成核核生长模型。为了阐明这种物理效应,类似于对 BCHMX 晶体的处理,我们尝试将 ε-CL-20 和 β-HMX 在 190℃ 下等温加热 30min,并且得到了相应的 SEM 照片(图 6-27)。

HMX 和 CL-20 在加热过程中具有极为相似的物理性质(特征是升华性和由于多晶转变而发生膨胀),因此,在此进行比较研究。正如 4.5.1 节所述,ε-CL-20 和 β-HMX 晶体在 190℃ 加热过程中分别出现了 $\varepsilon\rightarrow\gamma$ 和 $\beta\rightarrow\delta$ 多晶型转变,30min 处理后会出现裂纹。在这些转变过程中,由于错位运动,会形成具有机械应力梯度的微区域,然后会在这些转变前期受微应力控制而产生裂纹。在聚合物尤其是高强度耐热氟聚物的作用下,晶体的膨胀将受到阻碍。因此,晶体的稳定性得到提高,并产生较低分解速率。这可能是因为晶体产生裂纹后,局部化学反应位点减少,从而降低了自催化作用。

图 6-27　β-HMX 和 CL-20 的原始晶体的表面结构及其 190℃下等温加热处理 30min 的表面结构对比

(a) 原始白色 HMX 晶体;(b) 处理后的灰色 HMX 晶体;(c) 原始白色 ε-CL-20 晶体;(d) 处理后的深黄色 ε-CL-20 晶体。

6.4　动力学补偿效应

研究固体物质的分解动力学,除了计算动力学参数和物理模型之外,还必须考虑一个非常重要现象即动力学补偿效应(KCE)。它通常指的是阿伦尼乌斯参数 $\ln A$ 和相关过程 E_α之间存在的线性关系。该现象在许多实际热力学过程中均广泛存在,尤其是对于非均相催化。在数理上可证明,当真实的阿仑尼乌斯参数是常数时,动力学数据中的随机误差会产生显著的补偿效应(有时也称为统计补偿效应)。因此,必须使用相同技术、实验条件以及相同计算方法来评估不同材料的动力学参数,以便确认是否是由于随机误差导致的 KCE 及其可靠性。当通过线性回归法分析实验所得动力学参数时,可得出 $\ln A_\alpha$与 E_α关系图上的数据点线性回归表达式:

$$\ln A_\alpha = \omega + \xi E_\alpha \tag{6-3}$$

式中:ω、ξ 为线性回归系数,其值取决于样品的类型及结构。这里也可以使用另一个方程：

$$E_{\alpha}=e_0+2.303RT_{\text{iso}}\ln A \tag{6-4}$$

式中：T_{iso}为等动力学温度，根据该温度，所研究的对象/反应过程可以分成不同的类别。在等动力学温度点，不同材料的反应速率 k 相同。其阿伦尼乌斯方程的对数表达式为

$$\ln k=\ln A_{\alpha}-E_{\alpha}/RT \tag{6-5}$$

结合式(6-3)和式(6-5)可得

$$\ln A_{\alpha}=\omega+(\xi-1/RT)E_{\alpha} \tag{6-6}$$

从式(6-3)可以看出，当 $T=1/\xi R$ 时，同一类别材料的分解反应将具有相同的速率常数，表明 T_{iso}等于 $1/\xi R$。通过一系列不同动力学参数线性回归，可对受不同反应机理控制的材料确立其共同的动力学补偿线。

6.4.1　主分解反应化学键断裂的影响

基于上述理论，本书中涉及的纯氮杂环硝胺及其高聚物粘结炸药的阿伦尼乌斯参数 $\ln A$ 和 E_{α}关系如图 6-28 所示，与其他四种高能化合物（包括四唑含能材料、有机叠氮化物、硝酸酯和芳香族硝基化合物）的比较见表 6-19。

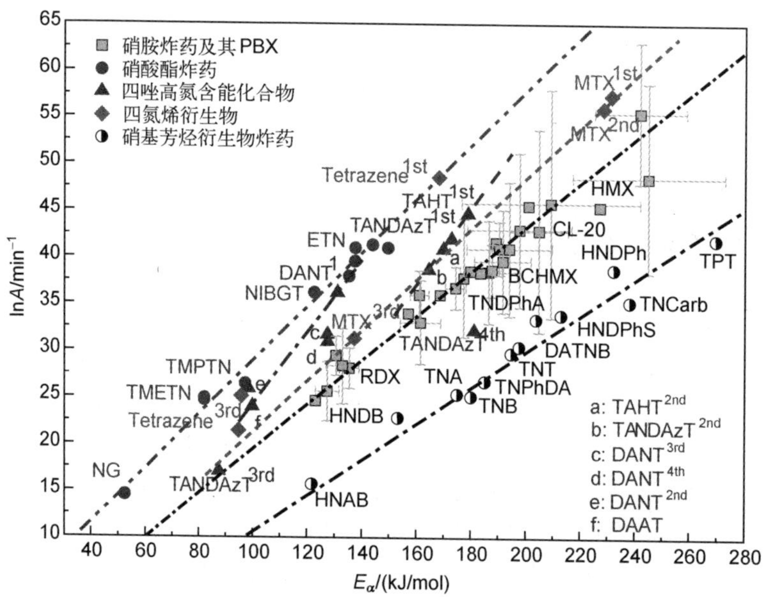

图 6-28　硝酸酯炸药（O—NO_2）、氮杂环硝胺炸药（N—NO_2）、叠氮基四氮烯衍生物（N—N_2）、四唑类含能材料（N—N 和 C—N 的协同裂变）和芳香族硝基化合物（C—NO_2）热分解过程主控速反应的动力学补偿线比较

表 6-19　采用 Kissinger 法获得的不同类别含能材料的热分解动力学参数参数比较

Materials	阿伦尼乌斯参数		Materials	阿伦尼乌斯参数	
	E_a	$\lg A_{\alpha}/\mathrm{s}^{-1}$		E_a	$\lg A_{\alpha}/\mathrm{s}^{-1}$
(G-1)[100]NG	52.5	6.3	ε-CL-20-C4	174.3±3.8	15.96±0.98
ETN	137.5	17.8	rs-ε-CL-20-C4-1	130.4±2.1	12.78±0.92
XPN	149.5	17.79	rs-ε-CL-20-C4-2	161.0±3.4	15.62±1.13
SHN	135.2	16.48	ε-CL-20-Formex	122.9	10.68
PETN	137.4	17.18	ε-CL-20-SE-1	132.8±6.0	12.30±1.75
DiPEHN	143.8	17.95	ε-CL-20-SE-2	161.4±7.4	14.35±1.95
TMPTN	97.1	11.47	**(G-3)**四氮烯	168.1	21.1
TMETN	82.1	10.71	四氮烯(第一步)	95.7	10.9
NIBGT	82.1	10.8	四氮烯(第二步)	94.7	9.3
MHN	122.4	15.72	MTX-1(第一步)	231.2	24.9
NG	52.5	6.3	MTX-1(第二步)	228.3	24.3
ETN	137.5	17.8	MTX-1(第三步)	137	13.6
XPN	149.5	17.79	**(G-4)**TNCarb	238.1	15.3
(G-2) RDX[31]	157.0	14.76	HNDB	153.1	9.9
RDX-Estane[31]	189.0	18.06	HNDPhS	213.0	14.7
RDX-VA[31]	201.0	19.76	TNPhDA	184.9	11.6
RDX-VA	177.2±12.8	16.41±2.74	HNDPh	232.2	16.8
RDX-SE	127.2±4.3	11.13±1.38	TNDPhA	203.8	14.5
RDX-C4	197.7±19.1	18.65±3.58	TNB	179.9	10.9
RDX-Formex	179.8	16.74	TNT	194.6	12.9
β-HMX [32]	227.1	19.70	TNA	174.9	11.0
β-HMX-VA	244.9±27.8	21.06±4.41	DATNB	197.5	13.2
β-HMX-C4	1023±107.9	98.4±12.65	TPT	269.4	18.2
β-HMX-Formex	643.1±41.8	60.10±5.93	HNAB	121.8	6.8
β-HMX-SE	430.6±62.1	39.04±8.01	**(G-5)**DANT-1st	130.9	15.73
BCHMX(1st peak)	241.9±16.8	24.09±3.29	DANT-2nd	98.4	11.25
BCHMX (2nd)	191.5±10.4	17.19±2.38	DANT-3rd	127.2	13.78
BCHMX-VA	186.4±10.4	16.69±2.39	DANT-4th	127.3	13.44
BCHMX-C4 (1st)	190.2±3.6	17.78±1.24	DAAT	99.73	10.41
BCHMX-C4(2nd)	204.8±10.8	18.60±4.71	THAT-1st	178.8	19.39
BCHMX-Formex	183.4	16.66	THAT-2nd	169.7	17.74
BCHMX-SE (1st)	209.2±32.7	19.88±5.30	TANDAzT-1st	172.8	18.22
BCHMX-SE (2nd)	187.6±3.6	16.77±1.23	TANDAzT-2nd	164.4	16.79
ε-CL-20	168.6	15.62	TANDAzT-3rd	87.5	7.41
ε-CL20-VA	194.0±15.6	17.77±3.11	TANDAzT-4th	181.1	13.97
ε-CL-20-C4(1st)	135.3±3.6	12.20±0.94			

注:硝酸甘油(NG);季戊四醇四硝酸酯(PETN);三羟甲基乙烷三硝酸酯(TMETN);二季戊四醇六硝酸酯(DiPEHN);三羟甲基丙烷三硝酸酯(TMPTN);赤藓糖醇四硝酸酯(ETN);木糖醇五硝酸酯(XPN);山梨醇六硝酸盐(SHN);甘露醇六硝酸酯(MHN);硝基异丁基甘油三硝酸酯(NIBGT);三硝基乙苯(*s*-TNB);2,4,6-三硝基甲苯(TNT);2,4,6-三硝基苯胺(TNB);三硝基三唑(TNCarb);三硝基苯二胺(TNPhDA);六硝基二苄基(HNDB);六硝基二苄基硫醚(HNDPhS);六硝基二苯基(HNDPh);三辛基-*s*-三嗪(TPT);二氨基三硝基苯(DATNB);六硝基偶氮苯(HNAB);2-(四唑-5-基二壬基)胍(MTX-1);1-氨基-1-(四唑-5-基二氮烯基)胍(四氮烯);4,6-二叠氮-1,3,5-三嗪-2-胺(DAAT);2,4-二叠氮基-*N*-硝基-1,3,5-三嗪-2-胺(DANT);4,4',6,6'-四(叠氮基)亚肼-1,3,5-三嗪(TAHT);4,6-二叠氮基-苦基酰氨基-s-三嗪(TNADAzT);G-1~G-5 是指不同组的含能材料,其中 G-1 和 G-4 在液体中分解

根据图 6-28，拟合得到的所有硝酸酯的动力学点几乎都落在同一补偿线上，这表明它们遵循相同的补偿效应，即由 O—NO_2 键解离引起的熵变 ΔS 和焓变 ΔH 的相关性。由过渡态理论可知，E_α 对应于焓变，而 $\ln A_\alpha$ 与熵变相关。动力学补偿效应的其他物理原因已经在相关文献中针对特定情况展开了论述。对于硝胺及其聚合物粘结炸药，观察发现它们也遵循相同的补偿线，而不受聚合物基体影响。任何状况下，其主分解反应均受 N—NO_2 的键断裂控制（NO_2 或 HONO 的消除机制控制反应速率）。由于 HMX 的升华本性，分解过程在很大程度上取决于升温速率。如上所述，HMX 及其聚合物粘结炸药在计算动力学参数时便出现了较大误差。此外，还可观察到硝酸酯的斜率大于硝胺及其高聚物粘结炸药的斜率 ξ。这意味着后者的等动力学温度 $1/\xi R$ 较高，这与硝胺炸药多数热稳定性优于硝酸酯炸药这一事实相符。同理，若使用文献报道数据，可获得芳香族硝基化合物热分解动力学补偿线，其中斜率 ξ 值最低，也代表其等动力学温度最高。这种化合物热分解主要受 C—NO_2 键断裂的影响，显然其具有比 N—NO_2 和 O—NO_2 键更高的解离能，因而热稳定性也更高。比较硝胺及其高聚物粘结炸药和硝酸酯的分解活化能与其转化率的关系（图 3-4）可以发现，即使每种化合物活化能随转化率而变化，硝酸酯、硝胺及其高聚物粘结炸药也仅遵循两条不同的补偿线（图 6-29）。这进一步证实了硝酸酯和硝胺的主分解反应具有不同的机制。然而，若考察四唑类含能化合物，由于其多步分解，情况略有不同。由于低估了蒸发引起的活化能变化，四氮烯的第一步反应脱离了高氮化合物的共同补偿线（图 6-28）。该组材料的控制速率的分解机制应该与 $C_{环}$—N 和 N—N 键的协同断裂作用有关。根据其补偿线的斜率，其等动力学温度应低于上述三组材料。因此，MTX-1 和四氮烯作为起爆药不如高能主炸药稳定。由于涉及多个分解步骤的不同机制，叠氮基三嗪衍生物的情况比较复杂。

叠氮基是非常活泼的含能取代基，通常用于起爆药。与其他高能材料相比，根据叠氮基连续断裂反应的量子化学计算，TAHT 和 TANDAzT 的前两个分解步骤与最低等动力学温度变化趋势相同。DANT 分解的第一步特征为 NH—NO_2 断裂，且其应该与硝胺分解类似，但由于叠氮基的作用，它落在硝酸酯补偿线上。DAAT 分解时，DANT 的三个分解步骤也应以叠氮基的断裂为特征，但此过程受到—NO_2 和—NH_2 官能团的影响很大。它们的动力学补偿线则沿着另一条与 THAT 和 TANDAZT 补偿线平行的线。这意味着，在其他官能团的作用下，叠氮基分子的等动力学温度几乎相同，但反应速率存在较大差异。TANDAzT 最后一个分解步骤的动力学点非常接近芳香族硝基化合物，通常认为其分解受 MATB 的分解速率控制。

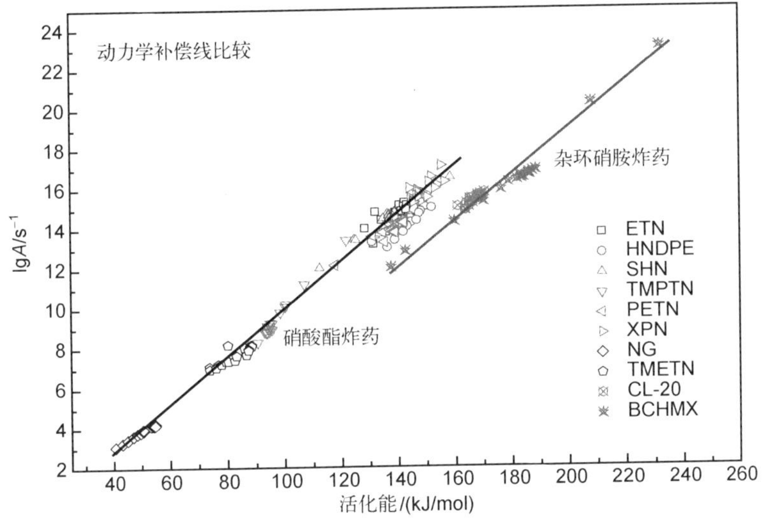

图 6-29　使用等转换方法得到的控制硝酸酯和氮杂环硝胺的反应速率步骤的动力学补偿线比较

即使三苦味酸基-*s*-三嗪(TPT)是三嗪类衍生物,但控制其分解反应速率的是 C—NO_2的断裂,这与芳香族硝基化合物相同,因此与它们遵循相同的动力学补偿线。总之,主分解反应的动力学补偿线在很大程度上取决于键断裂的类型及其与相邻官能团的相互作用,而后者对等动力学温度点的影响不大。

6.4.2　聚合物对动力学补偿线的影响

如上所述,聚合物粘结剂对氮杂环硝胺的补偿线影响很小。如图 6-29 所示,所有硝胺炸药的动力学点遵循相同的补偿线,其相关系数大于 0.99。由于分解机制类似,它可能会表现出相同的补偿效应。通过这种补偿效应,可得到一个可靠的指前因子 A_0,并可在式(6-7)中使用等转化率法来计算动力学参数,进而判断反应的物理模型,即

$$f(\alpha)=\beta\left(\frac{\mathrm{d}\alpha}{\mathrm{d}T}\right)_\alpha\left[A_0\exp\left(\frac{E_0}{RT_\alpha}\right)\right]^{-1} \tag{6-7}$$

式中:E_0为几乎独立于转化率的平均活化能。然而,这里的活化能并不总是独立于转化率。在不考虑物理模型时,图 6-28 和图 6-29 中使用的指前因子和活化能是由基辛格法或等转化率法获得。因此,当考虑物理模型时,必须比较其动力学补偿线。通过平均活化能和由经验曲线法来确定模型。另外,通过拟合实验曲线获得了指前因子,并通过新的前指前因子绘制新的补偿线(图 6-30),同

时与考虑了物理模型的硝酸酯的 KCE 线进行比较。

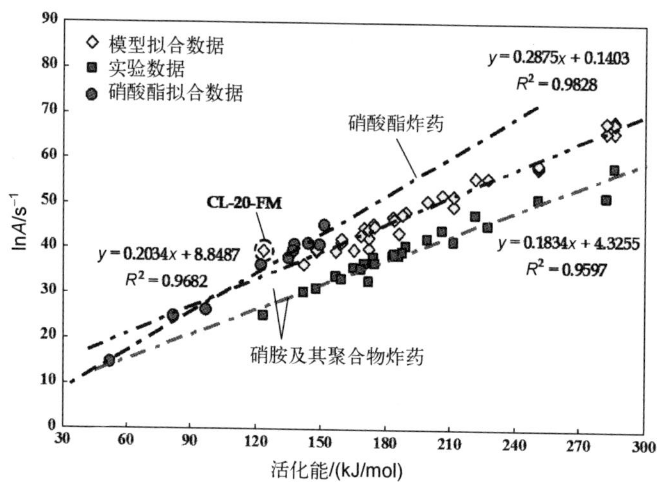

图 6-30　硝酸酯和 Formex 粘结氮杂环硝胺炸药的热分解动力学补偿线的比较

根据图 6-30,新补偿线的相关系数大于 0.96。这表明,即使考虑物理模型,它们仍受上述 $N—NO_2$ 键解离引起的焓变和熵变的影响很大。值得注意的是,这两条线的斜率几乎相同。一方面,这表明在通过 KAS 方法计算活化能时,低估了指前因子。另一方面,这意味着所有聚合物粘结剂对主分解反应中 $N—NO_2$ 键离解反应没有影响。硝酸酯补偿线的斜率 ξ 依然小于硝胺炸药。这表明硝胺炸药的等动力学温度高于硝酸酯。

综上所述,依据非等温 TG 数据确定了硝胺及其聚合物炸药的热分解动力学和物理模型,研究表明:β-HMX、ε-CL-20 和 BCHMX 的聚合物炸药对温度梯度非常敏感,对其动力学研究时采纳的升温速率范围极其有限。对于 β-HMX 及其聚合物粘结炸药,其分解受实验条件影响极大。由动态 TG 实验结果可知,因为强烈的升华效应,不同升温速率的质量损失曲线相关性不大,因此难以确定其可靠的动力学三因子。RDX-VA、CL-20-VA 和 HMX-VA 通过一步分解,BCHMX、BCHMX-C4、α-CL-20、CL-20-FM 和 CL-20-C4 均为两步分解,而 BCHMX-SE、rs-ε-CL-20-C4 和 CL-20-SM 均为三步分解。FS 函数可以很好地对它们进行峰分离,并进行可靠的动力学评估。BCHMX 和 CL-20 感度都较高,而由于晶体缺陷的增加,这两种化合物共晶会提高其撞击感度。但通过这种方法可改善其热稳定性,进而使放热峰温和活化能均提高。ε-CL-20 晶体表面的改性将提高其撞击起爆能、活化能和热稳定性。若与含极性增塑剂的粘结剂作用,由于晶体表面结构容易受到破坏,其热稳定性将会变差。

动力学参数研究表明:热重获得的 RDX 固相分解活化能约为 206kJ/mol,采用俄罗斯压力法所得结果为 178~225kJ/mol。由于点火燃烧和升华的影响,HMX-C4、HMX-FM 和 HMX-SE 的动力学参数远高于纯 HMX(221~228kJ/mol),且没有物理意义。BCHMX 第一步分解的活化能为 233kJ/mol,而第二步分解活化能为 191.5kJ/mol(考虑物理模型时为 200kJ/mol)。ε-CL-20 分解活化能为 176.0kJ/mol,这与文献中 STABIL 和非等温 TGA 方法所得结果非常接近,略微高于非等温 DSC 和同步量气法所得结果(172.0kJ/mol)。含有极性增塑剂如 Formex、C4 和 Semtex 的粘结剂对硝胺活化能的分布影响显著,并且可以抑制或削弱初步自催化作用。此外,这些粘合剂可使 RDX、BCHMX 和 CL-20 的活化能不受转化率影响。Fluorel 和 Viton A 等耐热氟聚合物可降低或抑制 RDX 液态分解过程中的自催化效应。与 Viton A 相反,Fluorel 聚合物由于化学相容性差而增强了 BCHMX 的自催化效应。

分解物理模型分析表明:经验曲线法和联合动力学法可得到同等可靠的物理模型。含有极性增塑剂的碳氢聚合物 SBR、NBR 和 PIB 比氟聚物对物理模型的影响更大。通常,烃类粘结剂可将 BCHMX 和 CL-20 的自催化模型转化为二维成核和核生长模型,同时使 RDX 从一阶化学反应模型变成相边界控制反应模型,甚至变为成核和核生长模型。由于主分解反应都以 N—NO_2 键断裂为特征(消除 NO_2 或 HONO),无论聚合物粘结剂种类如何,硝胺的动力学参数都遵循相同的补偿线。硝酸酯、芳香族含能材料和叠氮化合物也是如此,不同等动力学温度对应不同的动力学补偿线,取决于它们主分解反应的机制,分别以 O—NO_2、C—NO_2 和 N—NO_2 键的断裂为特征。硝胺炸药的等动力学温度高于硝酸酯和叠氮化合物,但低于芳香族硝基化合物。

参考文献

[1] Vyazovkin S, Burnham A K, Criado J M, et al. ICTAC Kinetics Committee recommendations for performing kinetic computations on thermal analysis data[J]. Thermochimica Acta, 2011, 520(1-2):1-19.

[2] Moukhina E. Determination of kinetic mechanisms for reactions measured with thermoanalytical instruments[J]. Journal of Thermal Analysis and Calorimetry, 2012, 109(3):1203-1214.

[3] Yan Q L, Zeman S, Svoboda R. The effect of crystal structure on the thermal initiation of CL-20 and its C4 bonded explosives (II): models for overlapped reactions and thermal stability[J]. J Therm Anal Calorim, 2013, 112(2):837-849.

[4] Adler J. Thermal explosion theory with Arrhenius kinetics: homogeneous and inhomogeneous media[J]. Proceedings of the Royal Society of London. Series A: Mathematical and Physical

Sciences,1991,433(1888):329-335.

[5] Ajadi S O,Nave O. Approximate critical conditions in thermal explosion theory for a two-step kinetic model[J]. Journal of Mathematical Chemistry,2010,47(2):790-807.

[6] Yan Q L, Zeman S, Šelešovský J, et al. Thermal behavior and decomposition kinetics of Formex-bonded explosives containing different cyclic nitramines[J]. Journal of Thermal Analysis and Calorimetry,2013,111(2):1419-1430.

[7] Yan Q L,Zeman S,Elbeih A. Thermal behavior and decomposition kinetics of Viton A bonded explosives containing attractive cyclic nitramines[J]. Thermochimica Acta, 2013(562): 56-64.

[8] Yan Q L,Zeman S,Zhao F Q,et al. Noniso-thermal analysis of C4 bonded explosives containing different cyclic nitramines[J]. Thermochimica Acta,2013(556):6-12.

[9] Yan Q L, Zeman S, Zhang T L, et al. Non-isothermal decomposition behavior of Fluorel bonded explosives containing attractive cyclic nitramines[J]. Thermochimica Acta, 2013 (574):10-18.

[10] Yan Q L,Zeman S,Elbeih A,et al. The influence of the semtex matrix on the thermal behavior and decomposition kinetics of cyclic nitramines[J]. Central European Journal of Energetic Materials,2013,10(4):509-528.

[11] Zeman S,Elbeih A,Yan QL. Note on the use of the vacuum stability test in the study of initiation reactivity of attractive cyclic nitramines in Formex P1 matrix[J]. J Therm Anal Calorim,2013(111):1503-1506.

[12] Zeman S,Elbeih A,Yan Q L. Notes on the use of the vacuum stability test in the study of initiation reactivity of attractive cyclic nitramines in the C4 matrix[J]. Journal of Thermal Analysis and Calorimetry,2013,112(3):1433-1437.

[13] Long G T,Vyazovkin S,Brems B A,et al. Competitive vaporization and decomposition of liquid RDX[J]. The Journal of Physical Chemistry B,2000,104(11):2570-2574.

[14] Maksimov Y Y. Thermal decomposition of RDX and HMX[J]. Theory of Explosives,1967 (53):73-84.

[15] Elbeih A, Zeman S, Jungova M, et al. Effect of different polymeric matrices on some properties of plastic bonded explosives[J]. Propellants, Explosives, Pyrotechnics, 2012, 37 (6):676-684.

[16] Kossoy A,Akhmetshin Y. Identification of kinetic models for the assessment of reaction hazards[J]. Process Safety Progress,2007,26(3):209-220.

[17] Svoboda R,Málek J. Interpretation of crystallization kinetics results provided by DSC[J]. Thermochimica Acta,2011,526(1-2):237-251.

[18] Perez-Maqueda L A,Criado J M,Sanchez-Jimenez P E. Combined kinetic analysis of solid-state reactions:a powerful tool for the simultaneous determination of kinetic parameters and the kinetic modelwithout previous assumptions on the reaction mechanism[J]. The Journal

of Physical Chemistry A,2006,110(45):12456-12462.

[19] Perejón A,Sánchez-Jiménez P E,Criado J M,et al. Kinetic analysis of complex solid-state reactions. A new deconvolution procedure[J]. The Journal of Physical Chemistry B,2011,115(8):1780-1791.

[20] Svoboda R,Málek J. Applicability of Fraser-Suzuki function in kinetic analysis of complex crystallization processes[J]. Journal of Thermal Analysis and Calorimetry,2013,111(2):1045-1056.

[21] Erceg M,Jozić D,Banovac I,et al. Preparation and characterization of melt intercalated poly(ethylene oxide)/lithium montmorillonite nanocomposites[J]. Thermochimica Acta,2014(579):86-92.

[22] Koga N,Goshi Y,Yamada S,et al. Kinetic approach to partially overlapped thermal decomposition processes[J]. Journal of Thermal Analysis and Calorimetry,2013,111(2):1463-1474.

[23] Sánchez-Jiménez P E,Pérez-Maqueda L A,Perejón A,et al. Nanoclay nucleation effect in the thermal stabilization of a polymer nanocomposite:a kinetic mechanism change[J]. The Journal of Physical Chemistry C,2012,116(21):11797-11807.

[24] Yoshikawa M,Yamada S,Koga N. Phenomenological interpretation of the multistep thermal decomposition of silver carbonate to form silver metal[J]. The Journal of Physical Chemistry C,2014,118(15):8059-8070.

[25] Manelis G B. Thermal decomposition and combustion of explosives and propellants[M]. Boca Raton:Crc Press,2003.

[26] Nedelko VV,Chukanov NV,Raevskii AV,et al. CoMParative investigation of thermal decomposition of various modifications of Hexanitrohexaazaisowurtzitane (CL-20)[J]. Propellants Explo Pyrotech,2000(25):255-259.

[27] Burnham A K,Weese R K. Kinetics of thermal degradation of explosive binders Viton A,Estane,and Kel-F[J]. Thermochimica Acta,2005,426(1-2):85-92.

[28] Singh G, Felix S P, Soni P. Studies on energetic compounds: part 31. Thermolysis and kinetics of RDX and some of its plastic bonded explosives[J]. Thermochimica Acta,2005,426(1-2):131-139.

[29] Liu R,Zhou Z,Yin Y,et al. Dynamic vacuum stability test method and investigation on vacuum thermal decomposition of HMX and CL-20[J]. Thermochimica Acta,2012(537):13-19.

[30] Ordzhonikidze O,Pivkina A,Frolov Y,et al. Comparative study of HMX and CL-20[J]. Journal of Thermal Analysis and Calorimetry,2011,105(2):529-534.

[31] Lee J S,Hsu C K,Chang C L. A study on the thermal decomposition behaviors of PETN,RDX,HNS and HMX[J]. Thermochimica Acta,2002(392):173-176.

[32] Pinheiro G,Lourenco V,Iha K. Influence of the heating rate in the thermal decomposition of

HMX[J]. Journal of Thermal Analysis and Calorimetry,2002,67(2):445-452.

[33] Hussain G,Rees G J. Thermal decomposition of HMX and mixtures[J]. Propellants,Explosives,Pyrotechnics,1995,20(2):74-78.

[34] Mathew S,Krishnan K,Ninan K N. A DSC study on the effect of RDX and HMX on the thermal decomposition of phase stabilized ammonium nitrate[J]. Propellants,Explosives,Pyrotechnics,1998,23(3):150-154.

[35] Brill T B,Gongwer P E,Williams G K. Thermal decomposition of energetic materials. 66. Kinetic compensation effects in HMX,RDX,and NTO[J]. The Journal of Physical Chemistry,1994,98(47):12242-12247.

[36] Klasovitý D,Zeman S,Růžička A,et al. Cis-1,3,4,6-tetranitrooctahydroimidazo-[4,5-d] imidazole (BCHMX),its properties and initiation reactivity[J]. Journal of Hazardous Materials,2009,164(2-3):954-961.

[37] Elbeih A,Zeman S,Jungová M,et al. Detonation characteristics and penetration performance of plastic explosives[J]. Theory and Practice of Energetic Materials,2011,9:508-13.

[38] Elbeih A,Zeman S,Pachman J. Effect of polar plasticizers on the characteristics of selected cyclic nitramines[J]. Central European Journal of Energetic Materials,2013,10(3):339-350.

[39] Qiu L,Zhu W H,Xiao J J,et al. Theoretical studies of solid bicyclo-HMX:Effects of hydrostatic pressure and temperature[J]. The Journal of Physical Chemistry B,2008,112(13):3882-3893.

[40] Qiu L, Xiao H. Molecular dynamics study of binding energies, mechanical properties, and detonation performances of bicyclo-HMX-based PBXs[J]. Journal of Hazardous Materials,2009,164(1):329-336.

[41] Chen F,Cheng X L. A first-principles investigation of the hydrogen bond interaction and the sensitive characters in cis-1,3,4,6-tetranitrooctahydroimidazo-[4,5-d] imidazole[J].International Journal of Quantum Chemistry,2011,111(15):4457-4464.

[42] Stepanov RS,Kruglyakova L A,Astakhov A M. Kinetics of thermal decomposition of some N-nitroamines possessing two fused five-membered rings[J]. Russ. J Gen. Chem,2006,76(12):1974-1975.

[43] Goncharov T K,Dubikhin V V,Nazin G M,et al. Thermal decomposition of cis-2,4,6,8-tetranitro-1H,5H-2,4,6,8-tetraazabicyclo [3.3.0] octane[J]. Russian Chemical Bulletin,2011,60(6):1138-1143.

[44] Madorsky S L. Thermal degradation of organic polymers[M]. New York:Interscience Publishers,1964.

[45] Nedelko VV,Chukanov NV,Raevskii AV,et al. CoMParative investigation of thermal decomposition of various modifications of Hexanitrohexaazaisowurtzitane (CL-20)[J]. Propellants Explo Pyrotech,2000(25):255-259.

[46] Xu S Y, Zhao F Q, Yi J H, et al. Thermal behavior and non-isothermal decomposition reaction kinetics of composite modified double base propellant containing CL-20[J]. Acta Physico-Chimica Sinica, 2008, 24(8): 1371-1377.

[47] Turcotte R, Vachon M, Kwok Q S M, et al. Thermal study of HNIW (CL-20)[J]. Thermochimica Acta, 2005, 433(1-2): 105-115.

[48] 陈松林,刘家彬,尉淑琼,等. 六硝基六氮杂异伍兹烷的热分解反应动力学研究[J]. 含能材料,2002,10(1):46-48.

[49] Stepanov R S, Kruglyakova L A. Structure-kinetics relationships of thermodestruction of some framework nitramines[J]. Russian Journal of General Chemistry, 2010, 80(2): 316-322.

[50] Zeman S. A study of chemical micro-mechanisms of initiation of organic polynitro compounds[M]//Theoretical and computational chemistry. Amsterdam: Elsevier, 2003.

[51] Liao L Q, Yan Q L, Zheng Y, et al. Thermal decomposition mechanism of particulate core-shell $KClO_3$-HMX composite energetic material[J]. NISCAIR Online Periodicalls Repository, 2011, 18(5): 393-398.

[52] Smilowitz L, Henson B F, Greenfield M, et al. On the nucleation mechanism of the β-δ phase transition in the energetic nitramine octahydro-1,3,5,7-tetranitro-1,3,5,7-tetrazocine[J]. The Journal of Chemical Physics, 2004, 121(11): 5550-5552.

[53] Manelis G B, Nazin G M, Prokudin V G. Dependence of thermal stability of energetic compounds on physicochemical properties of crystals[J]. Successes in special chemistry and chemical technology. Moscow: Ross. Khem. -Tekhnol. Univ. Mendeleeva, 2010: 191-195.

[54] Elbeih A, Pachman J, Zeman S, et al. Detonation characteristics of plastic explosives based on attractive nitramines with polyisobutylene and poly (methyl methacrylate) binders[J]. Journal of Energetic Materials, 2012, 30(4): 358-371.

[55] Chovancová M, Zeman S. Study of initiation reactivity of some plastic explosives by vacuum stability test and non-isothermal differential thermal analysis[J]. Thermochimica Acta, 2007, 460(1-2): 67-76.

[56] Loginov N P, Surkova S N. Effectiveness of the action of stabilizers in explosive compositions under mechanical loading[J]. Fiz. Goreniya Vzryva, 2006, 42(1): 100-110.

[57] Yan Q L, Zeman S, Sánchez Jiménez P E, et al. The mitigation effect of synthetic polymers on initiation reactivity of CL-20: physical models and chemical pathways of thermolysis[J]. The Journal of Physical Chemistry C, 2014, 118(40): 22881-22895.

[58] 汤崭,任雁,杨利,等. 一种判定 RDX 热分解机理函数与热安全性的方法[J]. 火炸药学报,2011,34(1):19-24.

[59] Balakrishnan V K, Halasz A, Hawari J. Alkaline hydrolysis of the cyclic nitramine explosives RDX, HMX, and CL-20: New insights into degradation pathways obtained by the observation of novel intermediates[J]. Environmental Science & Technology, 2003, 37(9): 1838-1843.

[60] Sanderson R. Chemical bonds and bonds energy[M]. Amsterdam:Elsevier,2012.

[61] Zeman S,Yan Q L,Elbeih A. Recent advances in the study of the initiation of energetic materials using the characteristics of their thermal decomposition part II. Using simple differential thermal analysis[J]. Central European Journal of Energetic Materials,2014,11(3):395-404.

[62] Jee C S Y,Guo Z X,Stoliarov S I,et al. Experimental and molecular dynamics studies of the thermal decomposition of a polyisobutylene binder[J]. Acta Materialia,2006,54(18):4803-4813.

[63] Zeman S. Sensitivities of high energy compounds[M]//High energy density materials. Berlin:Springer,2007:195-271.

[64] Zeman S,Friedl Z. Relationship between electronic charges at nitrogen atoms of nitro groups and thermal reactivity of nitramines[J]. Journal of Thermal Analysis and Calorimetry,2004,77(1):217-224.

[65] McNaught A D, McNaught A D. Compendium of chemical terminology [M]. Oxford: Blackwell Science,1997.

[66] Chukanov N V,Dubovitskii V A,Zakharov V V,et al. Phase transformations of 2,4,6,8,10,12-hexanitrohexaazaisowurtzitane:the role played by water,dislocations,and density[J]. Russian Journal of Physical Chemistry B,2009,3(3):486-493.

[67] Barrie P J. The mathematical origins of the kinetic compensation effect:1. The effect of random experimental errors[J]. Physical Chemistry Chemical Physics,2012,14(1):318-326.

[68] Barrie P J. The mathematical origins of the kinetic compensation effect:2. The effect of systematic errors[J]. Physical Chemistry Chemical Physics,2012,14(1):327-336.

[69] Zeman S. Kinetic compensation effect and thermolysis mechanisms of organic polynitroso and polynitro compounds[J]. Thermochimica Acta,1997,290(2):199-217.

[70] N. Liu,R. Zong,L. Shu,J. Zhou,W. Fan,Kinetic Compensation Effect in Thermal decomposition of cellulosic materials in air atmosphere[J]. Journal of Applied Polymer Science,2003,89:135-141.

[71] Yan Q L,Künzel M,Zeman S,et al. The effect of molecular structure on thermal stability,decomposition kinetics and reaction models of nitric esters[J]. Thermochimica Acta,2013,566:137-148.

[72] Yan Q L,Zeman S,Zhang J G,et al. Multi-stage decomposition of 5-aminotetrazole derivatives: kinetics and reaction channels for the rate-limiting steps[J]. Physical Chemistry Chemical Physics,2014,16(44):24282-24291.

[73] Yan Q L,Zeman S,Zhang J G,et al. Multistep Thermolysis Mechanisms of Azido-s-triazine Derivatives and Kinetic Compensation Effects for the Rate-Limiting Processes[J]. The Journal of Physical Chemistry C,2015,119(27):14861-14872.

第 7 章　高聚物粘结炸药热反应性预估

作为火箭、导弹和枪炮等武器装置重要的能源组件，含能材料的热反应特性对其可靠性、安全性及做功效应均非常关键。在这些应用中，必须按照既定设计来确保高能材料或弹药在训练和作战行动中取得成功。然而，这些含能材料有潜在环境、安全和健康威胁。如何确保在它们生命周期将这些风险降低，既昂贵又耗时。研发高安全性的含能材料极为重要，敏感高能量密度材料的发展对人员和设备都构成重大威胁。在结构设计初期，就必须排除含能材料服役期间，由于各种恶劣或其他极端自然条件作用发生老化失效出现的安全隐患。然而，材料合成后一般都很少考虑预测和模拟含能材料热反应性。

当老化分解过程在 $1\times10^{-10} \sim 1\times10^{-2}\ s^{-1}$ 反应速率范围内变化时，对该老化过程的监测将变得非常困难。有时很难观察到在样品合成和热处理过程中发生的极缓慢反应，它取决于两个主要因素：①物质的本征特性，如它的动力学三参数，即指前因子 A、活化能 E_a 和揭示分解机理的物理模型 $f(\alpha)$；②储存时间和温度。后者是由环境因素决定的，而前者已经在第 6 章阐述。除了含能材料的老化特性外，动力学分析还可用于设计危险品储存装置的关键参数，如容器的临界直径、绝热层厚度及环境温度对储存和运输安全的影响。使用 Frank-Kamenetskii 法（4.5.3 节）是较常见做法，用以确定存储临界直径和温度。在化学、制药和食品工业领域有相当多针对危险物品的自催化反应、爆炸和热反应特性的文献发表。本章将基于硝胺聚合物炸药的动力学三因子，对其热积累过程、临界直径以及等速率分解温度曲线等相关热安全性能进行的预测分析。在此基础上，阐明了聚合物粘结剂对环硝胺炸药的热反应性能的影响。由于很多聚合物含能材料的热物理参数如热容和热导系数未知，仅预测了基于 RDX 的聚合物炸药的临界直径和温度作为典型代表。此外，如第 6 章所述，由于 HMX 在分解过程中的强升华和自加热效应无法消除，现有 HMX 热分解动力学参数都不是很可靠，也无法用于预测其热反应性。

7.1 储存性能

7.1.1 高温储存时间

失效实验是一种评价高能材料的热爆炸阈值的方法，广泛应用于安全性评估。Jack 和 Pakulak 提出的 500 天的失效温度适用于通用炸弹的安全评估。如果失效实验在 82℃恒温条件下进行，直到破坏其基本功能（这大致相当于 2%炸药被反应完）。那么，其预热 500 天内，保证存储期间相对安全的前提条件是反应总量不超过 2%。在实践过程中，由于相对应的测试条件限制，在极端条件下（长时间记录等温线）进行此类实验比较困难。事实上，在 82℃下的不考虑装药结构和弹体约束条件，可以使用阿伦尼乌斯参数：频率因子（cA）、活化能（E_a）和反应模型来预测小尺度存储条件下（无空间热分布效应）的等温曲线。

7.1.1.1 RDX 高聚物粘结炸药

根据上述理论，采用动力学三因子预估了相应 RDX 聚合物炸药在 82℃下的等温线（图 7-1）。由图 7-1 容易看出损失 2%的炸药所需的反应时间。结果表明，RDX-C4 和 RDX-FM 在 82℃下失效实验时间的阈值小于 500 天。基于模拟结果，其他炸药的存储（老化）特性都很好。具有较好机械感度的聚合物炸药不一定具有优异的存储性能（例如 RDX-C4）。RDX-VA 和 RDX-FL 感度中等，但储存性能优异。RDX-SE 同时具有良好的存储性能和较低感度，使其在军民领域中得以广泛应用。

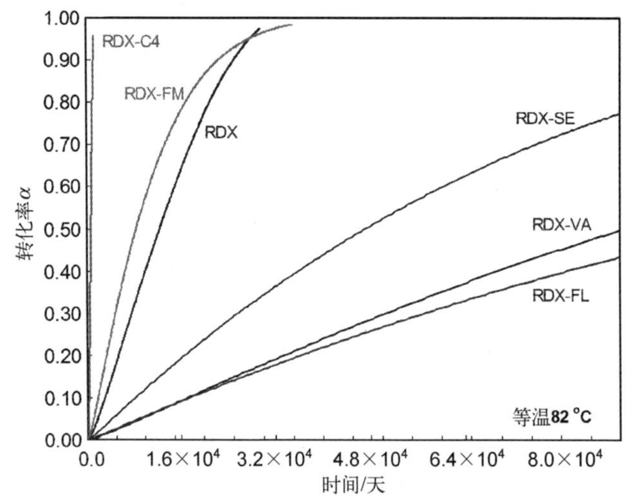

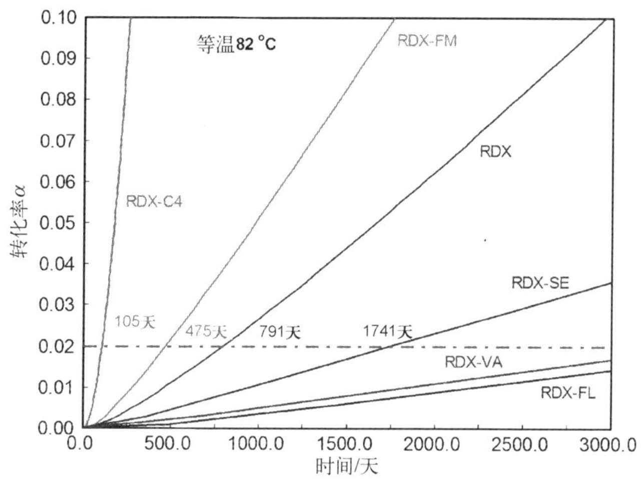

图 7-1　使用动力学三因子及物理模型(小尺寸装药,后面类似)获得的 RDX 及其聚合物炸药在 82℃下的等温储存热解曲线

7.1.1.2　BCHMX 高聚物粘结炸药

同样,使用动力学三因子模拟了 BCHMX 相关聚合物炸药在 82℃下的等温线(图 7-2)。

由图 7-2 可以看出,2%的炸药反应时间存在巨大差异。由于 BCHMX 的热稳定性高于 RDX,所有基于 BCHMX 的 PBX 在 82℃下的失效实验中,预热期超过了 500 天。根据模拟结果,它们比基于 RDX 的 PBX 具有更好的储存(老化)性能。在 C4 和 Viton A 的影响下,BCHMX 的存储特性被削弱。这主要是因为 C4 中的极性塑化剂 DOS 削弱了其晶体稳定化效应,而 Viton A 与 BCHMX 的化学相容性较差。同时表明,具有优异安全性炸药不一定具有好的储存保质特性(例如 BCHMX-C4)。BCHMX-FL 有最好的存储特性,其感度也可接受。BCHMX-SE 有良好的存储特性和较低的感度,同时,由于高爆速和相同的感度,它可能取代 Semtex H 炸药广泛用于军民领域。

7.1.1.3　CL-20 高聚物粘结炸药

类似地,也使用动力学三因子及其相关物理模型模拟了 CL-20 及其聚合物炸药在 82℃下的等温线(图 7-3)。

由图 7-3 很容易看出 2%的炸药反应的位置。结果表明,在 82℃下 CL-20 的失效实验中,失效时间都远超过 500 天。实际上,82℃的测试温度最初是用于以 RDX 为基体的炸药,此类炸药比以 CL-20 为基体的炸药热稳定性低得多。

这意味着以 CL-20 为基体的聚合物炸药比以 RDX 为基体有更优存储(老化)特性。有意思的是对 CL-20-SE 来说,其两步反应显然是分离的,这意味着低热稳定性的聚合物将首先分解(占比约 25%,它比 Semtex 的含量高),同时 CL-20 将继续保持稳定数年。CL-20-C4 也可能是这样,因为它的存储时间比其他炸药要长得多。一般而言,在聚合物基体的作用下,CL-20 的储存时间将大幅延长。

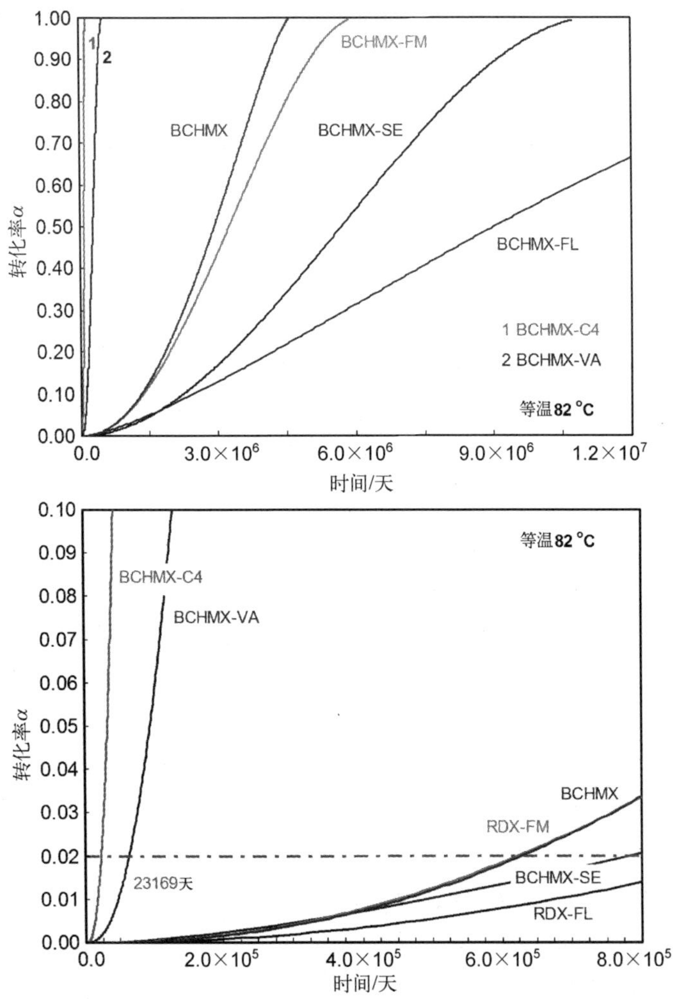

图 7-2　使用动力学三因子及联合动力学法获得的物理模型,计算了 RDX 在 82℃下的等温储存曲线

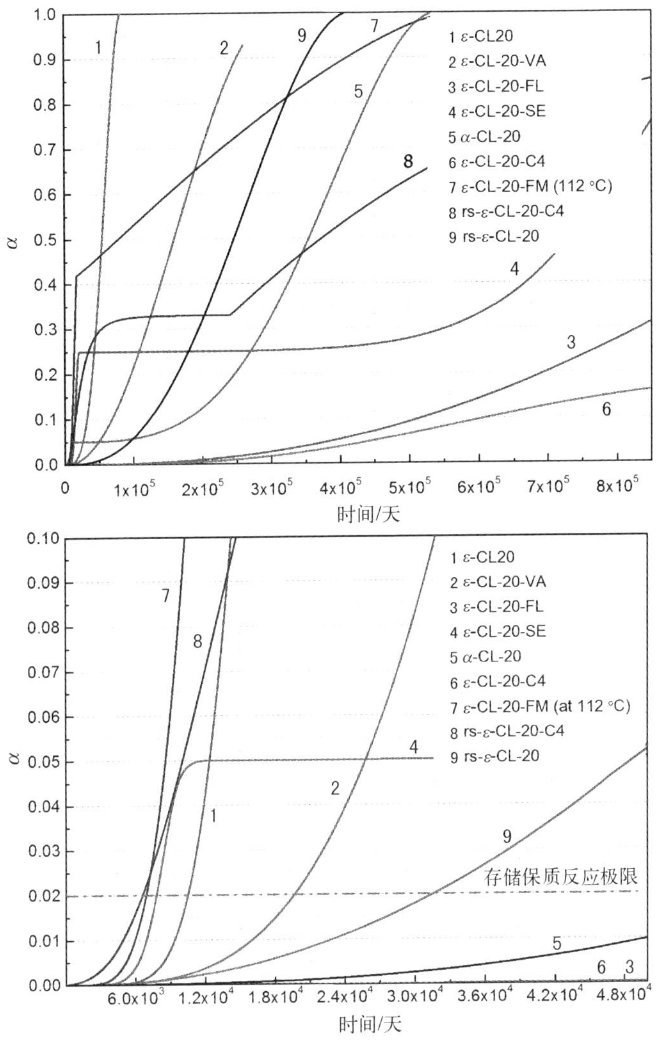

图7-3 使用动力学三因子及联合动力学法获得的物理模型,计算了CL-20在82℃下的等温储存曲线

7.1.2 RDX和BCHMX聚合物炸药的临界温度及直径

采用《ASTME-1445》文件所描述的标准方法,预估了样品的热爆炸临界温度和临界半径,首先规定样品存储在有确定初始温度的容器中,这个容器对环境失去热量低于其获得的热量,内部温度逐渐累积上升导致热失控反应。该方法的优势是可以用来描述各种形状(球体、无限的平板、立方体、圆柱体),既可以

是绝热容器(Frank-Kamenetskii 模型),又可以是受干扰容器(Semenov 模型)。Frank-Kamenetskii 理论适用于低导热性的物质(如高聚物粘结炸药),因此,样品表面温度与周围环境相同。然而,分解发生的温度范围和所获得放热曲线,并不能代表大多数类似材料所预计的一级化学反应。根据 Frank-Kamenetskii 理论(4.5.3 节),可以用下式计算出装药的临界半径。

$$r_0=\left(\frac{\delta_c\lambda RT_0^2}{QE_a cA\rho\exp\left(\frac{-E_a}{RT_0}\right)}\right)^{1/2} \tag{7-1}$$

式中:δ_c为形状因子(取值 0.88、2.00、3.22 分别对应无限大平板、圆柱体和球);λ 为导热系数;ρ 为密度;Q 为反应热;cA 为综合指前因子;T_0为初始温度;E_a为表观活化能。可使用表 10-1 中的分解热和装药密度数据,计算 RDX 聚合炸药。RDX 的导热系数是 0.106W/(m·K),而相应的聚合物炸药的导热系数在 0.21~0.28W/(m·K)之间,这表明聚合物可以提高热传导率(大约 2 倍)。采用这种方式,若选用一个圆柱体容器约束,图 7-4 和图 7-5 给出了模拟计算临界半厚度随初始温度变化关系。

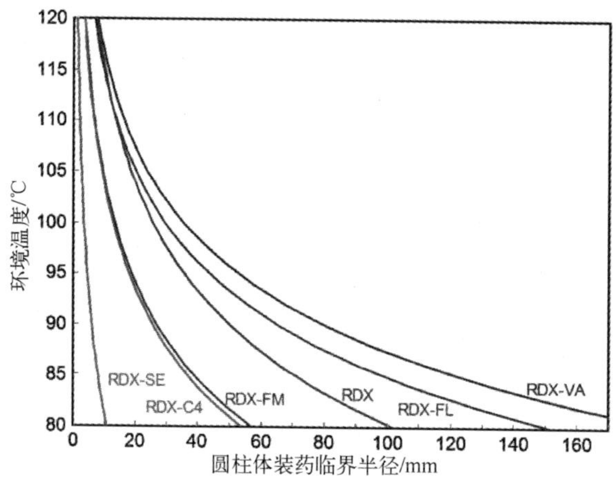

图 7-4　采用动力学参数模拟了 RDX 和 PBX 的储存安全性(视为圆柱形装药)

由图 7-4 可以看出,在相同的圆柱体外壳的约束下,RDX-VA 的临界半厚度(半径)最大,而 RDX-SE 的临界半径最低。与模拟的等温曲线不同,当考虑到装药特性和热量释放时,在一定温度下,RDX-FM 和 RDX-C4 的存储安全性优于 RDX-SE。结合其 DSC 曲线(图 5-11)可以看出,由于粘结剂中存在极性增塑剂癸二酸二辛酯(DOS)和苯二酸盐(DOP),C4、Formex 和 Semtex 等聚合物

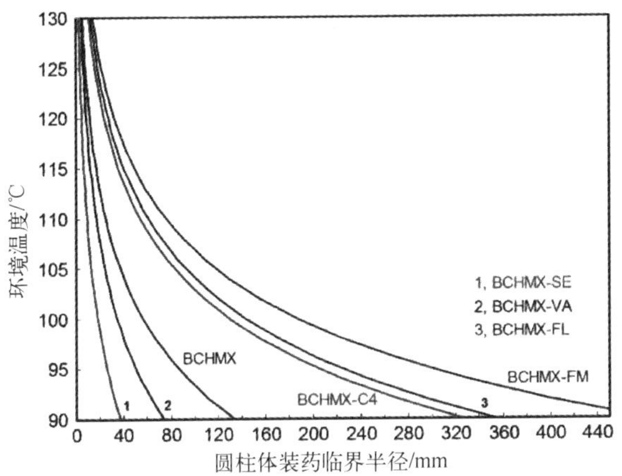

图 7-5　使用动力学三因子结合动力学模型,获得 BCHMX 在 82℃下的模拟等温曲线(对于无限大筒约束)

炸药的分解峰温均低于纯 RDX。在加热过程中,它们可以充当 RDX 的溶剂,从而降低分解温度,得到较小的临界半径。图 5-11 表明,含有 Viton A 和 Fluorel 聚合物炸药的峰温略高于纯 RDX。这是因为氟聚物能提高 RDX 的热稳定性,从而能设计更大的临界半径。氟聚物的热稳定性比 Semtex 和 C4 基体高,因而这种惰性材料的包覆可抑制 RDX 的热分解。Burnham 等人进一步指出,聚合物粘结炸药中引入吸热型粘结剂可延长绝热至爆时间,而引入放热粘结剂则加速热爆炸过程。

而从图 7-5 中可以看出,在相同圆筒约束下,BCHMX-FL 的临界半径最大,而 BCHMX-SE 最低,含相同聚合物基体的 RDX-SE 也是同系中的最低。这就意味着,Semtex 粘结剂热扩散率弱,导致其储存安全性变差。与模拟老化性能不同的是,若考虑到装药特性和放热,BCHMX-FM 和 BCHMX-C4 在一定温度下存储可能比 BCHMX-SE 安全,这也适用于 RDX 聚合物炸药。根据第 5 章中所列出的 DSC 结果(图 5-13),除了 Semtex 外,所有 BCHMX 聚合物炸药的分解峰温均低于纯 BCHMX。不同于以 RDX 为基的聚合物炸药,其与氟橡胶的混合物峰温比纯 BCHMX 低得多。这表明在 BCHMX 分解过程中,可以增强热效应的热量散失较大。因此,聚合物基体中的塑化剂溶解了部分含能填料,这也能解释为什么含 DOS 高聚物粘结炸药的分解温度比纯炸药都低的原因。

7.2　等速率分解的温度曲线

撞击起爆的微观机制比较复杂,难以简单描述该物理化学机制的主要因素。

一般认为,由于受到剪切应力的影响,点火效应最先出现在热点累积区域。对于热点形成与增长过程,提出了各种各样的机理。主要包括材料孔隙中气体的绝热压缩、滑动摩擦或表面撞击,由力学阻滞而引起剪切带、火花及裂纹尖锐处摩擦发光发热等。工业级炸药配方一般有缺陷(塑料界面、多孔等),即使是在宏观单质炸药中,不均一性也会导致热点和复杂多维流动的产生。这些热点的增长可能导致失控化学反应,因而初温对炸药的感度影响也很大。分解机理(反应模型)可能与炸药的撞击起爆也有一定的关系。若考虑到反应起点,炸药以恒定速率分解,从而产生热积聚。因此,可从恒定速率的热分析,分析出初始温度下的低速率分解的仍然会导致热失控。可采用动力学三因子,并结合下面的方程来模拟恒定低反应速率下的温度曲线,即

$$C_{\mathrm{r}}=cA\exp\left(\frac{-E_{\mathrm{a}}}{RT}\right)\alpha^{m}(1-\alpha)^{n} \tag{7-2}$$

式中:C_{r}为恒定反应速率;E_{a}为表观活化能;cA 为指前因子。

7.2.1 RDX 高聚物粘结炸药

本节对 RDX 高聚物粘结炸药在恒定分解速率 2.5%min^{-1}进行模拟(图 7-6)。

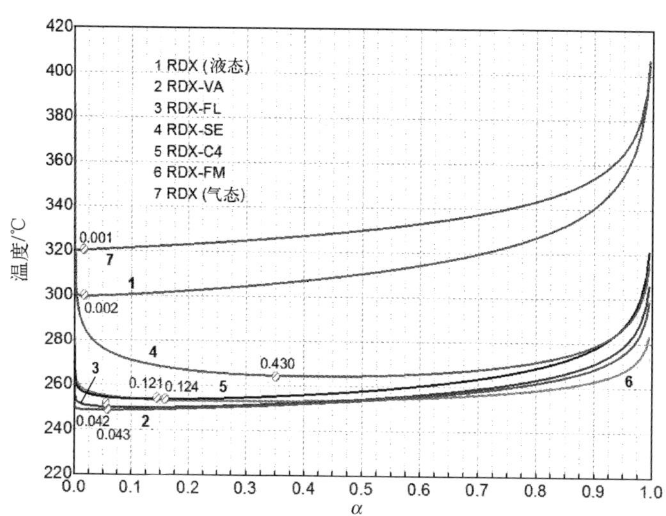

图 7-6 使用动力学三因子和联合动力学所得物理模型,计算得到 RDX 及其聚合物炸药恒定反应速率的温度变化图(恒定分解速率设为 2.5%min^{-1})

基于表 10-1 的数据,C4、Fluorel 和 Viton A 能略微降低其爆速和分解热,而对于 Formex 和 Semtex 基体,由于装药密度的下降和能量的稀释造成爆速下降了 10%以上。在撞击感度方面,聚合物可大幅提高 RDX 的撞击能量,提升了本

质安全性。有意思的是,如果将感度数据与恒定速率分解曲线的形状进行比较(图7-6),很显然具有较长的内部热累积周期 t_i 的炸药具有更大的撞击起爆能(例如 RDX-C4)。内部热累积周期与从分解开始到失控反应阶段的时间有关,较大的自加热速率则需要较低温度($t_i=\Delta\alpha/C_r$,例如 RDX-C4,$t_i=43\%/2.5\%$ min=17.2min)来控制其恒速率分解过程。在 CRTA 条件下的高能材料,内部热累积发生在初始的“外部预热期”,这是典型的自加热动力学模型,如成核和核生长(Avrami-Erofeev)或链断裂模型,这些都能通过定速率实验条件下温度曲线看出。在这些情况下,$\alpha-T$ 图显示出一个独特形状,由于自加热产生的内部热累积,在一开始需要控制温度下降。这种情况可以看作撞击起爆的撞击能转换成给周围材料加热的热点,直到足够满足热分解反应达到自持状态并实现最高自加热速率。因此,内部热累积的时间越长,在化学反应失控前,系统吸收的撞击能量就越大。在这里,RDX(液态)的内部热累积周期几乎为0,这表明在其分解的初始阶段,即可达到最大的自加热速率,因此起爆时需要撞击起爆能就更低(即更敏感)。RDX-FL 和 RDX-VA 的内部热累积周期非常接近(约1.6min)。但它们比 RDX-SE 和 RDX-FM 小得多(约4.8min),导致较低撞击起爆能(10.6J 和 10.8J)。这一现象表明,撞击起爆在很大程度上取决于炸药热分解时内部热累积周期。

7.2.2 CL-20 高聚物粘结炸药

如上所述,已证明对 RDX 高聚物粘结炸药而言,较长的加热时间 t_i 意味着更高的撞击起爆能。然而,ε-CL-20 高聚物粘结炸药的感度数据与其恒定速率分解时的最低温度进行比较发现,这一论断不适用于 ε-CL-20 及其聚合物炸药(图7-7)。RDX 在液相分解,因而热传递更均匀,而 ε-CL-20 主要是固相分解,应考虑其晶格的稳定性的影响。因此,ε-CL-20 晶体表面的缺陷、聚合物与其晶体表明的相互作用均对撞击起爆能有较大影响。然而,对于纯 CL-20,这种趋势与 RDX 高聚物粘结炸药一样。例如,rs-ε-CL-20 比 ε-CL-20 的热累积时间长,因而具有更大的撞击起爆能。而当 CL-20 与 C4 粘结剂、极性增塑剂 DOS 等混合时,晶体结构开始不稳定,导致其与纯 ε-CL-20 或 ε-CL-20-C4 相比,峰温要低得多,热累积时间 t_i 也变短。

而 ε-CL-20-FL 和 ε-CL-20-VA 热累积时间非常接近(约17.6min),但比 ε-CL-20-C4 和 ε-CL-20-FM(约18.7min)小,导致撞击起爆能较低(6.9J 和 7.2J)。CL-20-SE 的热累积时间 t_i 比 ε-CL-20-C4 和 ε-CL-20-FM 长,但由于更大的孔隙率,且易于产生热点,反而它的撞击起爆能变低。这一现象表明,撞击起爆能不仅取决于炸药热分解(材料的化学性质)过程中的热累积时间,还取决于在固态分解前热点产生的概率(与晶体表面、晶格缺陷、配方组分间界面孔隙等特性参数直接相关)。

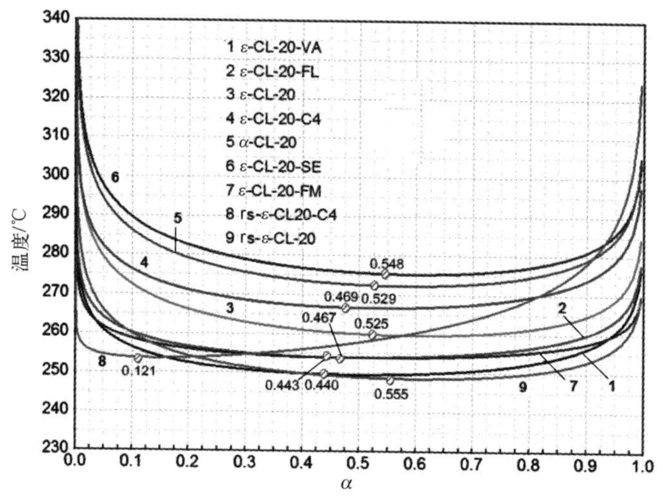

图 7-7 使用动力学三因子和联合动力学所得物理模型,计算得到不同晶型 CL-20 及其聚合物炸药恒定反应速率的温度变化曲线(恒定分解速率设为 2.5%min^{-1})

7.2.3 BCHMX 高聚物粘结炸药

类似于 RDX 和 CL-20 高聚物粘结炸药,同样在 2.5%min^{-1}的恒定速率下,对 BCHMX 高聚物粘结炸药分解过程的温度控制进行了模拟(图 7-8)。

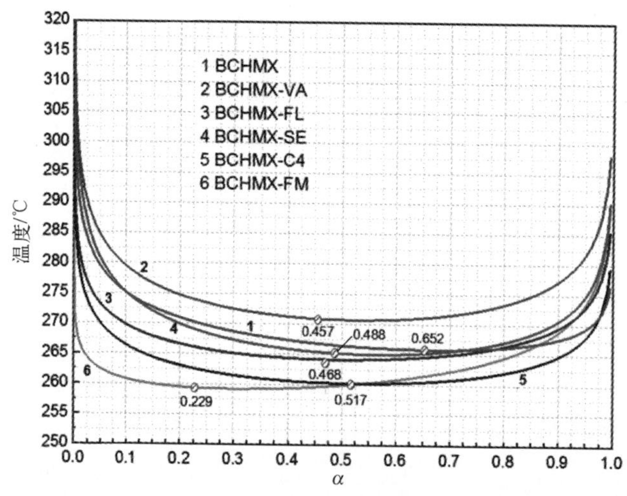

图 7-8 使用动力学三因子和联合动力学所得物理模型,计算得到 BCHMX 及其聚合物炸药恒定反应速率下的温度变化(恒定分解速率设为 2.5%min^{-1})

由图 7-8 可以看出，其内部热累积时间 t_i 表示从分解开始到温度转向阶段（$\Delta\alpha$ 用% 表示），在 CRTA 曲线上需要一个最低温度（$t_i = \Delta\alpha/C_r$，例如，对 BCHMX，$t_i = 65.2\%/2.5\% min^{-1} = 26.08min$）。考虑到 t_i 与撞击起爆能之间的相关性，对于 RDX 炸药，具有较长诱导期的炸药撞击起爆能更大。这一现象表明，撞击起爆能在很大程度上取决于高能炸药热累积时间 t_i，而在液态下完全分解，又排除了晶格稳定化效应的影响。在这种情况下，炸药起爆就需要更长的热累积时间 t_i 产生具有足够高温发生自持分解反应的热点。然而，撞击起爆能不仅取决于动力学参数，还取决于热点产生的概率、热点温度和临界尺寸，尤其是当炸药在固相分解时（例如 CL-20 和 BCHMX 的聚合物炸药）。ε-CL-20-SE 的热累积时间比 ε-CL-20-C4 和 ε-CL-20-FM 都长，但由于更容易产生热点，它的撞击起爆能反而更低。BCHMX 及其聚合物炸药的撞击起爆能还依赖于推导临界温度 T_b 和内部热累积时间 t_i。

7.3　聚合物对 RDX 热分解机理的影响

事实上，苯乙烯-丁二烯橡胶、丙烯腈-丁二烯橡胶和聚异丁烯等合成聚合物通常比硝胺炸药填料更加稳定。然而，基于这些聚合物的基体，包括 Formex P1、Semtex 10 和 C4，对 ε-CL-20 的反应有很强的影响，使它从快速的一阶反应（或一个复杂的完全重叠的反应）变为一个缓慢的多步（或部分重叠）反应，而对 RDX 的分解过程几乎没有影响。某些聚合物粘结剂如 Formex 可以使 BCHMX 能一步分解完全。烃类聚合物基体可显著降低硝胺的撞击感度，而其他某些聚合物（如氟聚合物）仅会对其产生很小的影响。一般而言，在分子层面上缓解效应及其物理化学机理还没有得到很好的诠释。聚合物基体会大幅改变环硝胺炸药的活化能、物理模型和化学反应路径，这或许决定了感度的降低。撞击引爆的微观过程比较复杂，暂且未得到充分佐证。一般认为，撞击引爆是从能量局部累积产生的热点区域开始的。目前有关热区形成机理还没有有力的实验验证。由于在热点区域的热分解产生的自加热效应，产生了失控化学反应导致撞击起爆。因此，对炸药（包括基于 CL-20 聚合物炸药）的撞击感度的精确建模，需要了解它们在撞击时的机械、热和化学响应以及随后的放热化学反应。因为聚合物链和硝胺分子之间的相互作用，最好比较它们分解的物理模型和初始化学反应路径。然后，可以用动力学三因子来预测它们恒定分解速率下的温度曲线，它们几乎都与撞击起爆能量有关。经证实，硝胺炸药的活化能是由气相的单分子—NO_2 解离决定的，但在凝聚相，—NO_2 分解的路线经过一系列激烈的双分子反应，这是连续进程中的最大障碍。由局部热点引起的凝相分解与高聚物粘结炸药的撞击感度相关，同时也适用于解释冲击波起爆，即在粗糙聚合物凸面上的剪切作用产生的热点。正如上面所讨论的，对化学反应固有速率的限制导致了高能炸药在撞击引爆后的分解反应失控。这表明，聚合物粘结剂会稀释热点，达到使硝胺炸药恒定温度下—NO_2分解生成 HONO，热点的传播主要依赖于该化学反应产生的热量。热点如果不能达到临界半径(大约 1.5nm)，就会自动熄灭。然而，当热点超过临界半径时，就会以超声速的径向速度生长并遵循成核与核生长模型。为了明确撞击起爆的化学过程，在快速升温(300K/ps)下，采用反应力场分子动力学研究了详细的其分解反应路径通，使用的力场为 ReaxFF-lg，同时可以在极端温度和压力条件下直接观察追踪凝相的化学反应，识别出低活化路线下关键的双分子自由基反应。在本章将阐明聚合物基体是如何通过减缓初始分解来提升硝胺晶体的撞击感度的。

7.3.1 纯 RDX 的分解机制

在第 5 章已阐述过惰性聚合物对 RDX 的热反应特性的影响，在第 6 章中找到了分解动力学模型和起始反应性间的联系。上面提到的合成聚合物可能会对 RDX 的起始分解反应有极大影响，因为它们可显著改变 RDX 的分解模型，即被广泛接受的一级化学反应模型(F1)。当高聚物包覆 RDX 时，爆速仅会略微降低，而撞击感度会显著降低。RDX 的热稳定性既可能增加也可能降低，具体取决于聚合基体中是否使用增塑剂及其类型。众所周知，惰性耐热聚合物包裹时可以抑制 RDX 的热分解，而溶剂型添加剂则会加速热分解进程(如油性和极性增塑剂)。这些添加剂会干扰给定炸药晶体间的分子间相互作用(对晶格稳定化效应产生影响)。然而，在加热过程中，RDX 晶体与聚合物之间的相互作用方式仍没有合理实验结论，该相互作用也可能改变其化学能量释放方式。

RDX 的化学能释放是由许多基本化学反应所驱动的，它是分子分解和分子碎片燃烧重组的原因。随着化学反应的推进，这些反应的速率和放热能力急剧上升。总反应路径的温度在 700K 以下，相应的反应速度早在几十年前的热重分析中报道过。然而，观察到的总体反应路径是由基本反应的复杂组合而成，可能会因温度升高而改变。可通过量子力学计算来研究 RDX 气相分解过程中的基本反应。气相模型的预测和所观察到的凝相反应中间产物之间仍然存在差异。最近一项关于 RDX 双分子分解的研究为其气相和凝聚相反应机制的相互关系提供了更多的证据。高压也会影响凝聚相动力学并在高温下促进一些基本反应同时抑制其他反应。高压会抑制气相 RDX 的分解的基本反应路径。实验研究表明，在 0.1GPa 条件下，溶融 RDX 中 N—N 键的裂变被完全抑制。高压能使 N—N 分裂产生副产物转变成一连串的协同消除反应，因此改变了总体分解动力学。基于 DFT 的 MD 的模拟用于研究在高温高压下的熔融 RDX 的初始反应。N—N 键断裂导致分解多在最低密度下(更低的压力)进行,但是对于更高密度情形,N—N 键的总数量将减少。C—H 键断裂导致后续反应继续进行。在所有密度中,C—H 断裂键的总数量大致相同。如上所述,RDX 分解会受到接触的聚合物的影响,由此改变了它的起爆能和热稳定性。聚合物炸药中使用的大多数合成聚合物通常比 RDX 热稳定性更好,用聚合物包覆会影响 RDX 分子间氢键,从而改变 RDX 的气体生产机制。已证明这些聚合物能够极大地改变气体释放过程。然而,这些变化的内在化学途径仍然鲜为人知。氮杂环硝胺(如 RDX 和 HMX)的分解反应途径有三种:①N—N 键伴随着—NO_2 消除的均裂;②HONO 消除;③开环反应。在 RDX 单分子分解的情况下可以看出,在所有反应条件下都观察到 N—N 键均裂消除 NO_2 基团的过程,而三嗪环分裂(解聚成 1-硝基-1-氮杂乙烯)是这种硝胺的气相热分解的主要途径。

RDX 在气液相中分解的化学途径不同。了解 RDX 在这两个阶段的分解产物差异,有助于我们了解其分解过程中的其他物理化学性质差异。在所有硝胺中,如上所述,几乎触发路径都是 N-N 均裂。在溶液分解中,硝胺基充分稳定,阻止其进一步分解,并与产物 NO 反应形成亚硝胺。然而,在气相或凝相分解过程中,损失 NO_2 可以发生在 NO 攻击之前,然后胺基进一步分解,由此生成很少的亚硝胺。对 RDX 来说,仅一个 NO_2 基团的损失即可触发整个氮杂环的开环(图 7-9)。实验研究表明,当用单色 CO_2 激光冲击热解 RDX 时,最初的分解产物 NO_2 是以其二聚体的形式检测出来的(N_2O_4)。实验曾观察到 RDX 的热分解可生成非常简单的产物分子,如 NO_2、HCN、NO、CH_2O、N_2O、CO、CO_2 和 H_2O 等。产出这些气体的详细反应机理与我们分子动力学模拟结果在以下部分进行讨论。

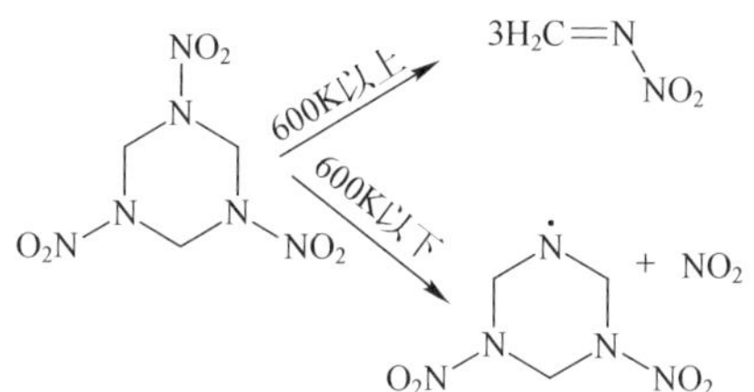

图 7-9　RDX 在高温和低温下初始分解机理对比

7.3.2　对初始化学反应途径和气体产物的影响

为了明确阐述聚合物如何缓和 RDX 的分解(从单一分解过程变为多步过

程),从而降低撞击感度,在快速的加热条件下(300K/ps)开展反应动力学模拟。

在 300K/ps 的升温速率下,将 RDX 聚合物炸药模型从 100K 加热到 2500K,然后在该温度下维持 8ps,如图 7-10 所示。晶体模型如下:RDX 晶体被放置在一个聚合物基体(如 NBR 和 PIB,图 7-11)中,晶体直接与聚合物接触。首先利用反应力场 Reax-FF 对 RDX 的重复单元进行优化。该结构在 100K 和 1atm 标准状态下(恒压、恒温和恒粒子数)平衡。聚合物-RDX 体系的能量被最小化,然后用 NVT(等容、恒温、和恒定粒子数)以 0.2fs 的步长平衡 10ps,来消除界面上缺陷。最后所有准备好的模型在相同条件下,展开分子动力学模拟。

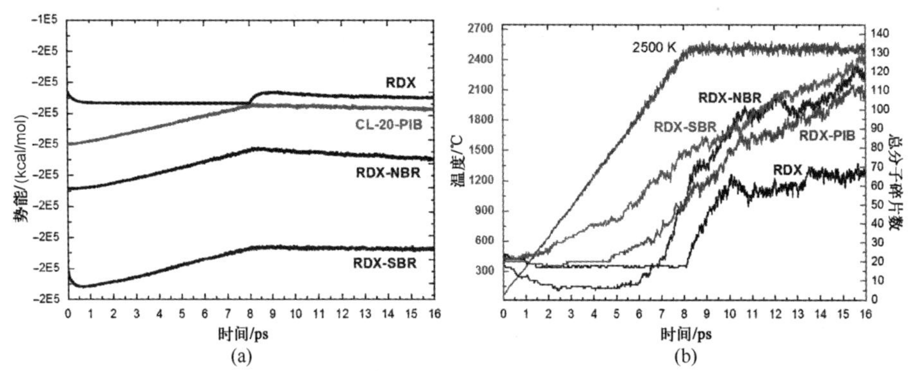

图 7-10 包裹不同聚合物链的 RDX 晶体(RDX 聚合物炸药模拟体系)的势能和气体产量:RDX 的温度曲线略有不同,需要其在 100K 下经过 8ps 低温处理以消除填充结构的缺陷

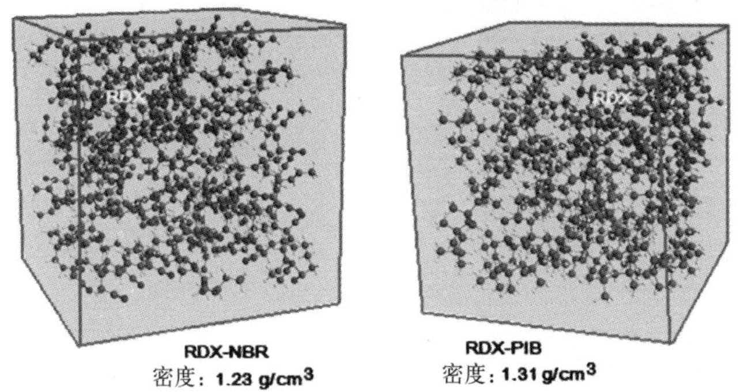

图 7-11 一个 RDX 晶体与 NBR 和 PIB 聚合物链构成长方体结构(一个 RDX 晶体包含 20 个分子,每个单元格包含 15 个聚合物分子,分子间最小距离是 2.1Å)

为了阐明聚合物如何缓解 RDX 从一步分解到多步分解过程,从而降低其撞击感度,按前面预设条件完成了快速加热下的反应分子动力学模拟。如图 7-10

所示,很明显,聚合物对 PBX 系统的势能和 RDX 的气体生成都有很大的影响。由于聚合物分解后具有比纯 RDX 更多的碎片离子,当温度达到 2500K 时,RDX 的分解离子碎片总量在等温过程中保持恒定。在快速加热期间,RDX-SBR 和 RDX-PIB 材料分别在 1.0ps 和 4.5ps 左右开始分解。碎片的数量几乎随模拟时间推移线性增加。对于 RDX-NBR,由于 NBR 的聚合,总片段开始时减少,并且 RDX 在 6ps 后开始快速分解。检测出主要碎片的详细结构随时间的变化如图 7-12 所示。

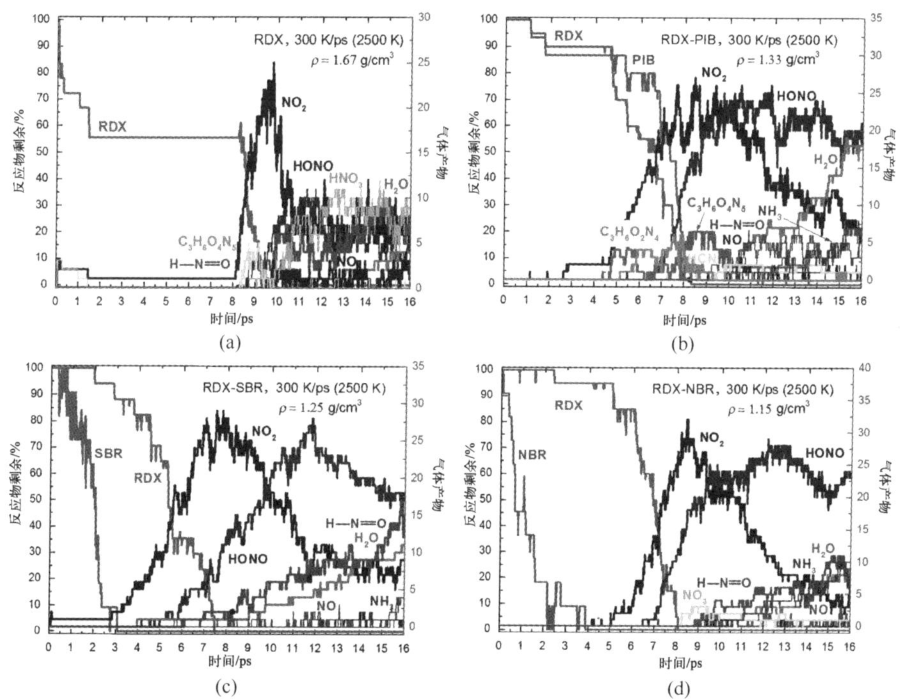

图 7-12 无定形 RDX 晶体及其聚合物炸药以线性升温速率 300K/ps 加热 8ps 到 2500K,然后恒温 8ps,及其该条件下的分解产物随时间的变化

纯 RDX 晶体在快速加热期间产生的碎片如图 7-12(a)所示。结果表明,在低温储存期间,部分 RDX 分子已结合成二聚体形式,当温度升高时,它释放 NO_2 并生成中间体 $C_3H_6O_4N_5$,后者在 8ps 时开始分解。从 9ps 开始,环结构开始断裂,产生 NO 和 HNO,同时出现 HONO。NO_2 总量在 9.5ps 时达到最大值,随后 NO_2 的含量开始下降,因为它能从 HON 中吸引氢而产生 NO 或转化为 HONO,其也可部分氧化成 NO_3,并最终形成 HNO_3。11.5ps 后,HONO 缓慢转化为 NO 和 H_2O,与实验结果一致。RDX 在热解或生物降解条件下的详细化学途径已在文

献中广泛报道。

高于熔点时 RDX 的分解已通过同步热重调制质谱(STMBMS)分析手段进行了研究,它揭示了复杂的单分子反应机理。根据不同实验条件,提出了控制 RDX 的液相分解的四种不同的主要反应路径(图 7-13)。第一条路径(P_1)是通过 RDX 中 HONO 和 HNO 的消除直接分解,从而生成氧-均三嗪(OST),随后 HONO 反应产生 H_2O、NO 和 NO_2。该机理也得到实验的验证,也与这里的模拟结果一致。第二路径(P_2)导致三个亚甲基硝胺(H_2CNNO_2)的生成,与部分协同环断裂一致,随后的反应又生成 NO_2、H_2CN、N_2O 和 CH_2O 等。然而,目前支持 P_2机理路径的实验证据有限,通过分裂机制来明确验证观察到产物的生成是不容易的。第三路径(P_3)涉及一种取代反应,NO_2基团被 NO 取代,并形成 1-亚硝基-3,5-二硝基-1,3,5-三氮杂环丁烷(ONDNTA),即亚硝基 RDX。该中间体的后续反应相当复杂,最终生成 N_2O 和 CH_2O 及其他产物。由于存在大量容易与 CH_2O 反应的 NO_2,所以实验未检测出 CH_2O。第四路径(P_4)涉及 RDX 与产物的自催化反应,随着实验进行,主要产生 N_2O、CH_2O、NO_2和 NH_2CHO 等。随后对 ONDNTA 实验表明,路径 P_4还可能生成 ONDNTA 中间体,由于该中间体的存在,其与 RDX 相互作用得到非挥发性残渣(NVR),且分解速率随时间变化,这也可以理解为自催化过程。当 RDX 在其熔点以下分解时,RDX 颗粒表面上的 NVR 膜和 RDX 之间的作用获得一定的局部过热环境,并在此产生 RDX 熔融层,其中可能发生 RDX 的液相分解反应。这些反应过程的综合作用加快了 RDX 分解后期的反应速率,并出现了 RDX 分解自催化的表观反应速率,如图 7-13 左侧所示。上述模型由七种不同的物理过程组成,其中包括充当自催化剂的聚合物残渣的成核和核生长过程。

根据图 7-13,碳氢聚合物似乎早于 RDX 分解,但在模拟过程中实时观测并不是这样。尽管这些聚合物的链结构比 RDX 骨架更稳定,但是 NBR 聚合物可能发生交联反应,而 PIB 和 SBR 在初始冷却过程中会释放出一个或两个氢原子。在这两种聚合物的作用下,将产生更多的 NO_2、H_2O 和 HONO 气体。有意思的是,由于从聚合物链到 RDX 分子气态产物的大量分子间氢转移,形成了新的富氢物质,如 NH_3。这意味着 RDX 直接分解生成 OST 或均三嗪的反应更有利,并且通过从 RDX 分子中消除 HONO 和 HNO,生成相应的分解产物如 NO、NO_2和 H_2O 等。该反应与 RDX 液相分解的直接反应类似(图 7-13)。消除 HONO 并得到三氮杂环,似乎是在碳氢聚合物作用下更主要的反应。事实上,根据文献,有两种 HONO(顺式和反式)存在。在 HNO_3条件下,对于纯 RDX,由于以下反应,使得 NH_3可能不存在。

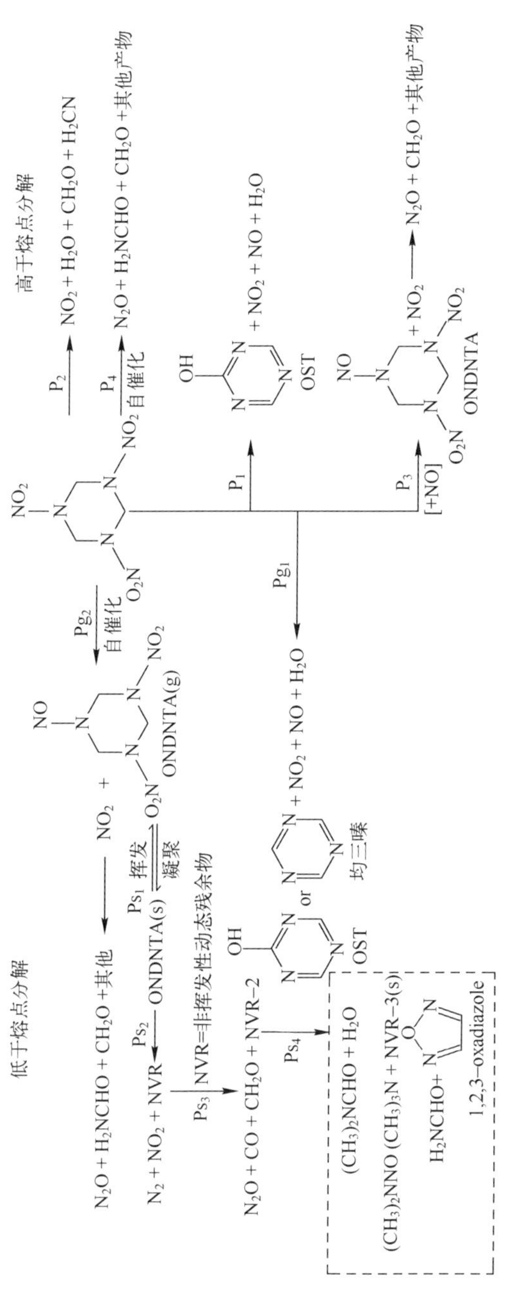

图7-13　RDX在其熔点左右可能的详细分解路径

NH_3+HNO_3⟶ H_2NNO_2+H_2O(R1,反应热:-12kcal/mol)

或

NH_3+HNO_3⟶ H_2NONO+H_2O(R2,反应热:7.7kcal/mol)

一些 NH_3和 HONO 反应还可以转化为 H_2O:

NH_3+HONO ⟶ NH_2NO+H_2O[R3,速率常数为 $1.15\times10^{12}\exp(-18000/T)$ $cm^3/(mol\cdot s)$]

上述速率常数是基于量子力学的基函数 G2M/B3LYP/7-33G(d,p)计算的。这可能是 RDX-NBR 和 RDX-PIB 产生较少的 NH_3和较多 H_2O 的原因。根据图 7-2,RDX-SBR 在 8ps,RDX-PIB 和 RDX-NBR 在 9ps 时,HNO 均迅速增加。在 SBR 的作用下,与 PIB 和 NBR 相比,在 14ps 之后会产生更多的 HNO,而生成较少的 H_2O。在这种情况下,HNO 将与 NO_2反应生成 NO 和顺式 HONO。

HNO+NO_2⟶ NO+*cis*-HONO[R4,速率常数 $4.42\times10^4 T^{2.64}\exp(-2034/T)$ $cm^3/(mol\cdot s)$]

Mebel 等在 G2M(RCC、MP2)理论水平下计算了 HNO+NO_2反应的理论速率常数。表明导致 NO 和顺式 HONO 生成的直接 H 转移应该是最重要的反应机制。因此,HONO 的增加不仅是由 RDX 分子产生的,而且是由于脱氢反应而消耗 NO_2。来自碳氢聚合物链的氢转移将增强该反应过程,导致生成更多 HONO 碎片离子。从这些碳氢聚合物释放的孤立体系中的高浓度质子将进一步与 HONO 反应。根据 G2 和 BAC-MP4 水平的理论计算,高温(超过 2000K)下有三种可能的反应通道(没有实验数据支撑):

NH_3+HONO ⟶ H_2+NO_2 (R5)

⟶ HON(O)H → OH+HNO (R6)

→ H_2O+NO (R7)

⟶ $N(OH)_2$→ H_2O+NO (R8)

在快速加热条件下,模拟过程中未检测到 H_2或 OH。因此,反应 R7 和 R8 可能是在碳氢聚合物的影响下 RDX 的分解情况,导致 HONO 在 12ps 后减少,与 RDX 相比产生了更多的 H_2O 和 NO。与 SBR 和 NBR 相比,PIB 粘结剂产生了更多的 NO,其可能参与第二反应路径,其中 NO 替代 NO_2基团以生成如上所述的 RDX 的亚硝基同系物 ONDNTA。根据表 4-2,NO 可以通过增加控制速率步骤的分解活化能来稳定 RDX。该反应路径也与图 7-13 中所示液相分解中的 P_3类似,其中 ONDNTA 分解生成 CH_2O、N_2O、NH_2CHO 和几种微量其他气态产物。然而,因加热速度太快,没有观察到 ONDNTA,这可能与 RDX 及其 PBX 的撞击起爆的情况类似。事实上,反应分子动力学从理论上研究了整体的反应通道和机理,并且与图 7-13 所示的所有过渡态量子力学(QM)计算结果进行比较。

图7-14所示为RDX四个最重要的可能气相分解机理，其中涉及的21个中间体和过渡态的能量水平。Chakraborty等通过实验研究提出了以下主要机制，包括：①顺式HONO的消除；②N—N键的均裂和NO_2消除及随后的分解；③和其他路径一起协同分解；④NO_2插入，后者由Zhang等首先为HMX分解过程提出。路径①和②适用于描述快速加热时纯RDX的分解（撞击或冲击起爆时）。在碳氢聚合物的作用下，通道可能会以更高的活化能的反应路径②甚至③进行。有意思的是，这里没有检测到CH_2O，而CH_2O被认为是RDX分解的主要分解气体产物。CH_2O和NO_2（R9）的反应是RDX热分解的主要放热源，反应热为1350kJ/mol，反应方程式如下：

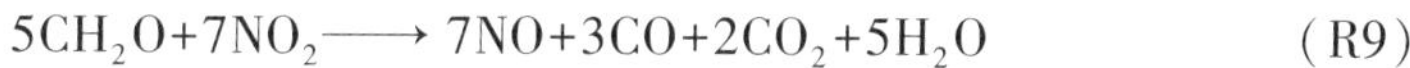

$$5CH_2O+7NO_2 \longrightarrow 7NO+3CO+2CO_2+5H_2O \quad (R9)$$

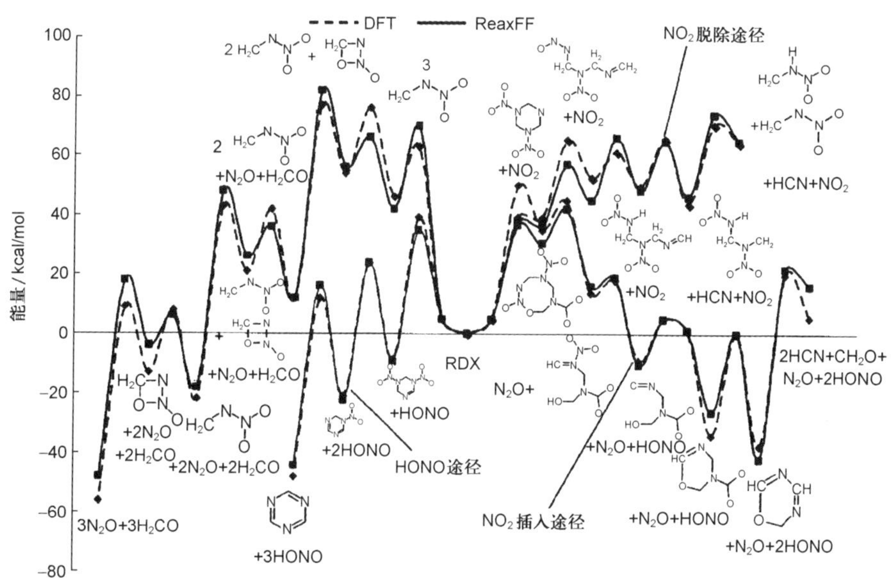

图7-14　使用ReaxFF实心符号-实线和空心符号-虚线QM虚线获得的RDX中单分子分解的能量：圆圈表示顺序HONO消除，三角形显示均质N—N键断裂之后的分解过程（NO_2消除），方形代表协同开环途径

研究发现，在等温条件下，可先成N_2O，然后释放出CH_2O。在快速加热条件下，也没有检测到HCN，而据报道，当升温速率超过140K/s时，HCN可能被NO_2氧化：

$$3HCN+3NO_2 \longrightarrow 2CO+3NO+N_2+H_2O \quad (R10)$$

在撞击起爆过程中，局部能量的累积将迅速加热小范围内的炸药并使其分解。该分解过程将遵循上述初始化学机理，聚合物由此可以降低撞击感度。这

一结果与文献报道一致，文献显示，在快速冲击作用下，RDX 分子分解速度非常快，导致既有初级又有二次分解反应，包括各种中间体（如 NO_2、NO、HONO 和 OH）和最终产物（如 H_2O、N_2、CO 和 CO_2）。基于量子化学模拟，同时使用 Hartree-Fock 方法，对 RDX 的固相热分解开展研究表明，N—NO_2键的解离能强烈依赖于分子所处环境。晶体内分子的平键对晶场敏感，其特征在于，与气相分解反应相比，解离能显著增加。对于放置在表面附近的分子，能量势垒显著降低（降幅为 8~15kcal/mol）。当 RDX 在 1505K 和 1540K 分解时，发现 N—NO_2键的解聚和均裂是同等概率事件，而在温度达到 2685K 时，解聚则占主导。事实上，文献给出了类似的结果，其中用 ReaxFF 的第一性原理准确模拟了 RDX 的复杂分解化学和力学性能。模拟表明，初始反应生成了 NO、OH、NO 和 N_2，这里它们都在非常早的阶段出现（图 7-15），这与我们的模拟一致。此外，虽然通向 NO_2 和 HONO 的途径能垒基本相同，但 NO_2是低冲击波速度（<6km/s）下的主要产物，与实验结果一致。随着冲击波速度的增加，N_2和 OH 在短时间内就成为主要的产物。

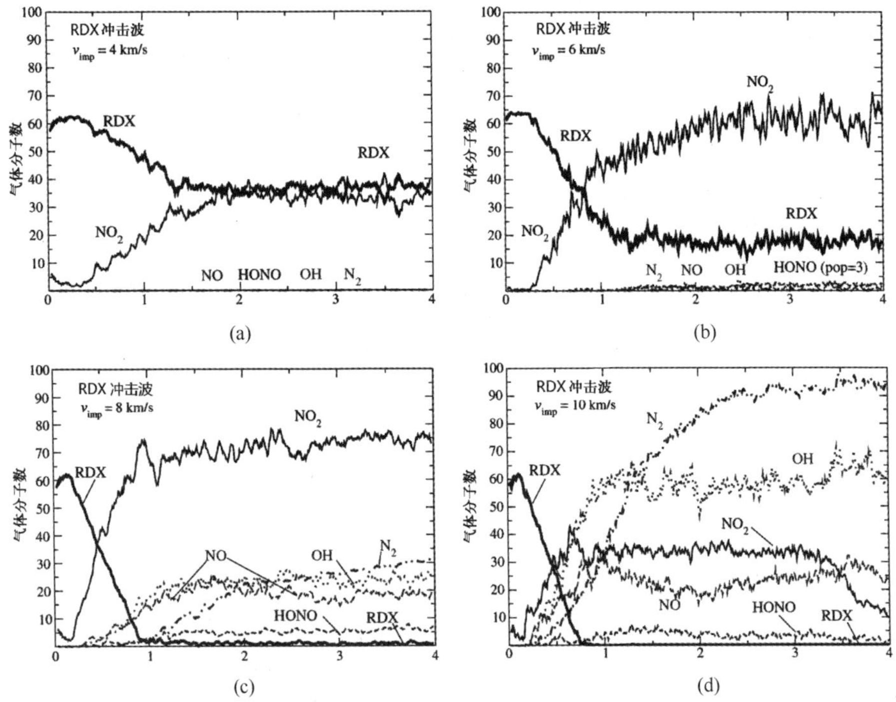

图 7-15　RDX 撞击起爆过程中产生的各种碎片分子或离子随时间变化；撞击速度：v_{imp} = 4km/s（a）6km/s；（b）8km/s；（c）10km/s；（d）RDX 初始分子数为 64（*X* 轴为时间，单位为 ps）。

总之，在烃类聚合物的作用下，由于分子内氢转移，在 RDX 环结构分解前会发生更为完整的 N—NO_2断裂，导致更多的 NO_2和 HONO 生成（图 7-13）。在 NO_2存在时，其产物 NO 通过 R9 和 R10 反应可稳定 RDX 环结构（在某些情况下，如图 7-13 所示，可通过 Pg1 生成均三嗪）。这可能是碳氢聚合物可以大幅减缓 RDX 的初始分解速率，从而提高撞击起爆能量的主要原因。然而，如图 7-13 所示，NO_2不稳定，还可以转化为其他化合物，因为它处在孤立高温系统中。现实中，尤其是缓慢加热时，大多数 NO_2气体将被释放到周围环境。不断变化的气体产物有助于样品和环境之间的质量转移（扩散），从而影响热分解的物理模型，这将在下一节进行讨论。

7.3.3　对分解气体产物扩散速率的影响

当用于表征聚合物基体中渗透气体分子的运动时，一般将式（4-32）中的 D 命名为“自由扩散”系数。在相同化学组成的双组分系统中，一种组分的输运通常称为自扩散。例如，在相同的未标记分子系统中，放射性标记分子的运动。基于 4.6.2 节所述的理论，记录合成聚合物基体中 NO_2、CH_2O、CO_2、HCN 和 CO 分子的运动轨迹，并绘制在图 7-16 中，相关方程列于表 7-1。

表 7-1　聚合物在实验条件和相应 MD 模拟拟合扩散系数结果

气体	Viton A（d，（1.64±0.4）g/cm^3）NPT，508K		Fluorel（d，1.68±0.4）NPT，508K		
	公式	D	公式	R^2	D
CH_2O	$y=5.124x+151.9$	0.854	$y=5.28x+83.92$	0.9940	0.880
CO	$y=10.83x+75.7$	1.805	$y=13.78x-33.26$	0.9840	2.297
CO_2	$y=7.73x-138.4$	1.288	$y=9.79x+109.70$	0.9940	1.632
NO_2	$y=3.77x+275.3$	0.629	$y=4.86x+57.55$	0.9890	0.809
HCN	$y=5.73x+116.0$	0.955	$y=6.03x+112.40$	0.9740	1.005
	PIB（d，（1.04±0.2）g/cm^3）NPT，508K		SBR（d，（1.16±0.3）g/cm^3），NBR（d，（1.30±0.2）g/cm^3）NPT，508K		
CH_2O	$y=5.46x+32.37$	0.910	SBR-NO_2，$y=5.13x-87.18$	0.9828	0.855
CO	$y=4.43x+245.9$	0.738	NBR-NO_2，$y=4.00x-61.93$	0.9943	0.667
CO_2	$y=9.15x-85.92$	1.525	SBR-CH_2O，$y=3.12x+43.66$	0.9969	0.520
NO_2	$y=5.78x+80.82$	0.963	NBR-CH_2O，$y=3.00x+21.91$	0.9937	0.500
HCN	$y=6.13x+39.87$	1.022			
注：D 为扩散系数，$\times10^{-4}$cm^2/s；r 为相关系数；d 为模拟密度，g/cm^3					

通常，所有的聚合物链具有比 RDX 更高的热稳定性，因此它们对 RDX 分解的气态产物具有一些阻碍作用。可根据式（4-32）计算扩散系数。即使这些理

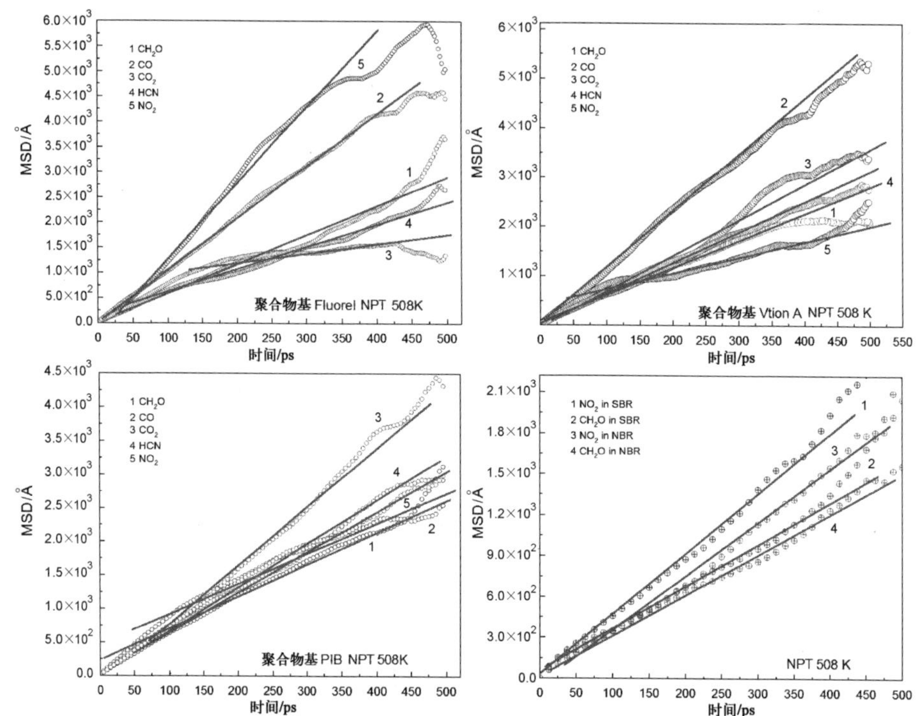

图 7-16 在 508K 的温度下,高于 RDX 起始分解温度下,合成聚合物基体中 NO_2、CH_2O、CO_2、HCN 和 CO 分子的均方位移与时间的关系;符号表示每个气体种类的八个分子的位移均值、实线则是这些数据经最小二乘法线性拟合结果

论值与实验值有一些差异,可将这些值排序并定性比较不同聚合物链对 RDX 气态分解产物阻碍作用仍然具有重要意义。在 NPT 条件下(恒压 0.1MPa 和温度 508K),Viton A 和 Fluorel 聚合物中所有上述气体的预估扩散系数值,扩散系数结果从高到低顺序为 CO>CO_2>HCN>CH_2O>NO_2的,而对于 PIB,扩散系数大小为:CO_2>HCN>NO_2>CH_2O>CO。由于氢含量较少,Fluorel 中的气体比 Viton A 更快地扩散,因此,基于 Viton A 的 RDX 具有较高的活化能。

事实上,了解 NO_2和 CH_2O 的扩散系数更重要,因为它们在确定反应速率和物理模型中起关键作用。因此,在 NBR 和 SBR 聚合物中,只评估了 NO_2和 CH_2O 的扩散过程。烃类聚合物中 NO_2的扩散系数大于 CH_2O,而含氟聚合物的扩散系数不同。CH_2O 和羟甲基被认为对 RDX 的 R9 反应路径的分解有催化作用,而 NO_2的存在可以稳定由于生成 NO 和并消耗 CH_2O 得到的 RDX 环结构。这意味着具有较低扩散系数的 NO_2和较大扩散系数的 CH_2O 的聚合物均有利于 RDX 的稳定。CH_2O 和 NO_2之间扩散系数的差异对于含氟聚合物是有限的,并且由于 RDX 分子蒸发和 NO_2 气体释放的显著阻碍，它们可以增加炸药的热稳定性。这些结果可以解释 RDX 分解的物理模型从较快的一级化学反应（F1）到较慢的含氟聚合物对应的成核和核增长模型变化。必须注意的是，本书尚未考虑到增塑剂的影响，其对硝胺的晶体稳定性具有很强的影响。然而，RDX 在液态下分解，并且这种效应可以被忽略，即使这些增塑剂也可能在捕获一些小的气体分子中起到一定的作用。

7.4　聚合物对 BCHMX 热分解机理的影响

7.4.1　纯 BCHMX 的物理化学特性

BCHMX 是一种较新的环状硝胺，它的密度为 1.86g/cm^3，比其同系物 HMX 略低，后者密度为 1.96g/cm^3。X 衍射实验表明，单斜 BCHMX 晶体的每个晶胞中含有两个具有 P_{21} 空间群的分子。其结构参数如下：$a=8.543$Å、$b=6.948$Å、$c=8.778$Å，而 $\beta=102.45°$。此外，与 HMX 相比，BCHMX 中的 H 原子数更少和环张力更大，导致其具有比 HMX 高 3 倍的生成热。但与 HMX 相比，其做功能力较低。最近，报道了 BCHMX 的几项理论和实验研究成果，结果表明，BCHMX 的撞击起爆能量约为 3J，显得非常敏感，远比纯 RDX 和 HMX 危险。采用密度泛函理论（DFT）和分子动力学模拟（MD）对 BCHMX 的晶体结构、其装药的力学性能进行研究。Chen 等还确定了该化合物的能带结构、态密度和 Mulliken 电荷分布。结果显示 BCHMX 晶体中的带隙（3.33eV）比 RDX（3.59eV）和 HMX（3.62eV）的带隙小。同时，其分子键解离能（37.99kcal/mol）比 RDX（4127kcal/mol）和 HMX（44.43kcal/mol）也低。此外，由于 BCHMX 分子的空间拥簇，其最大 N—N 键长度为 1.412Å，大于 RDX 分子（其他三个 N—N 键与 RDX 相当）。这些导致了它更高的撞击感度，这可能会限制其来替代 RDX 和 HMX 在低易损性弹药中推广应用。实验研究表明，基于自催化物理模型，BCHMX 可以进行两步热分解，活化能为 199~233kJ/mol。在聚合物粘结剂的作用下，感度可以大幅降低。基于 BCHMX 的聚合物粘结炸药的热分解动力学参数，其爆轰性能和感度已得到广泛研究。包括 SBR、NBR 和 PIB 在内的合成聚合物的引入可能会轻微降低其爆轰性能，但可大幅提高其撞击起爆能量。

7.4.2　对初始化学路径和气体产生的影响

如上所述，分解反应造成放热速率失控是高能材料在撞击引爆时化学反应失控的内在表现。为了与上节 RDX 比较，本节在相同条件下理论研究了

BCHMX 的高温分解过程。温度程序和相关模型所产生的总分子片段如图 7-17(a)所示。可以看出,BCHMX 及其 PBX 的总分解碎片数随时间变化非常大。由于大分子量聚合物的分解,其理应产生比纯 BCHMX 更多的碎片离子。当温度达到 2500K 时,BCHMX 和 BCHMX-PIB 的分解产物总摩尔数在等温阶段几乎保持恒定,而 BCHMX-SBR 和 BCHMX-NBR 则会进一步分解。这意味着 PIB 的分子结构比 NBR 和 SBR 更稳定,因为 NBR 大分子含有双键和三键,而 SBR 分子链仅含有双键。在快速加热过程中,除了 BCHMX-SBR 从 1.5ps 开始分解外,其余的材料都从 4.5ps 左右开始缓慢分解。当温度超过 1800K 时,它们在

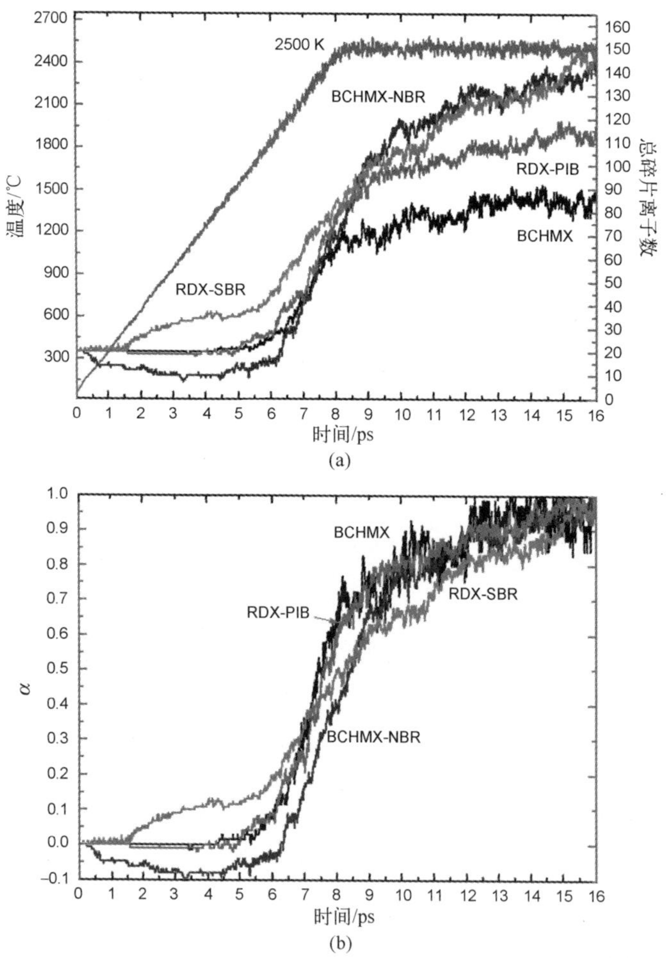

图 7-17 纯 BCHMX 晶体及其不同聚合物链相互作用混合系统中产物总分子数、分解转化率随时间的变化关系(每个模型单元含有一个 BCHMX 晶体和 15 个具有 10 个重复单元的聚合物链分子)

6ps 后快速分解,开始出现一些新的碎片。在初始模拟阶段,BCHMX-NBR 的分子总片段数有所减少,这一点比较反常,观察发现这是由于 NBR 橡胶分子中三键氰基发生了交联聚合反应引起。如果对气体产量曲线进行归一化处理,可以初步得到 $\alpha-T$ 曲线,如图 7-17(b)所示。有意思的是,可以发现 BCHMX 和 BCHMX-PIB 的气体释放速率比其他聚合物的气体释放速率更快。这也是这两种高能材料具有较高爆速原因。在此基础上对感兴趣的几个主要碎片离子的监测可以得到如图 7-18 和图 7-19 所示碎片离子随时间的变化关系。

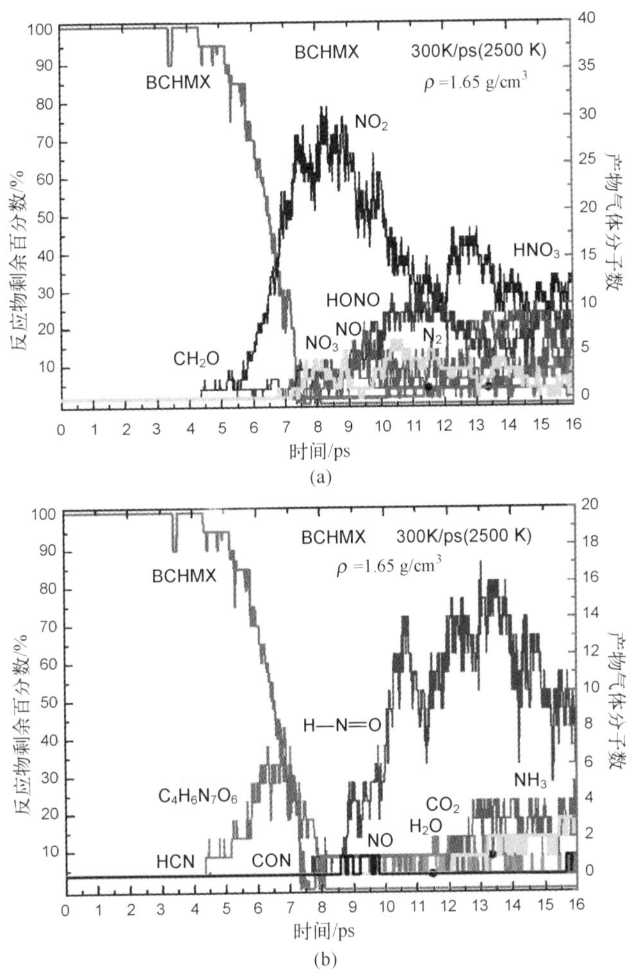

图 7-18　BCHMX 晶体系统的产物种类及随时间变化关系,线性升温速率 300K/ps 下加热到 2500K,然后恒温 8ps

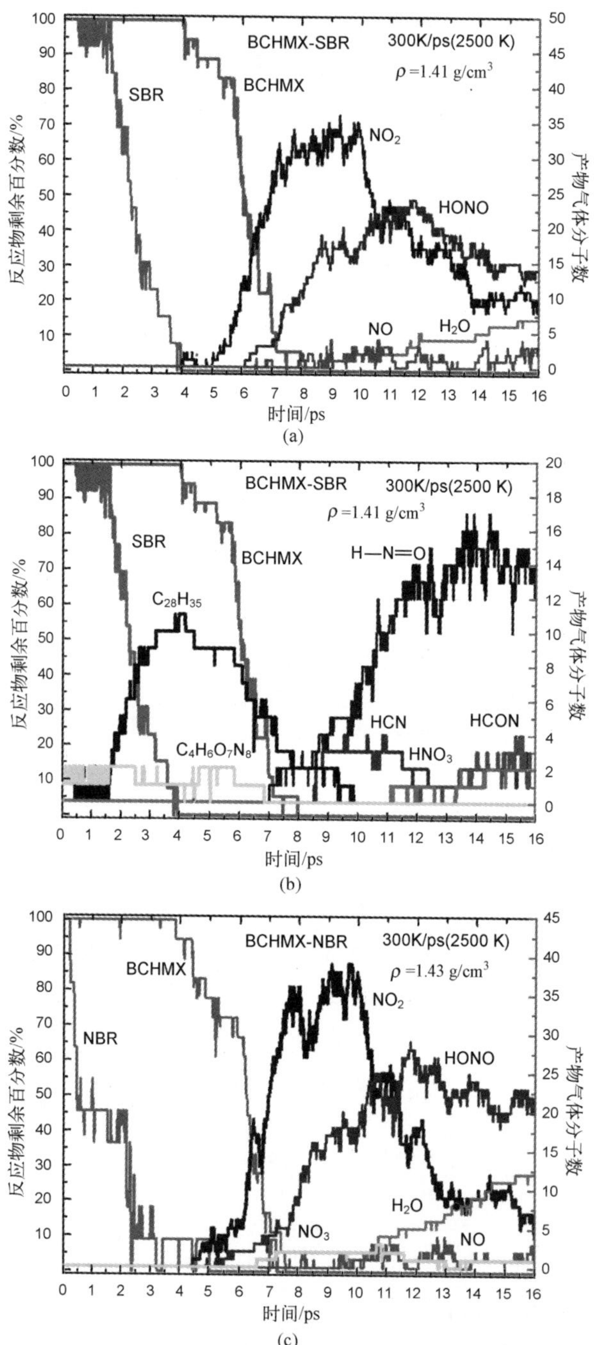
BCHMX-SBR
300K/ps(2500 K)
ρ=1.41 g/cm³
SBR
BCHMX
NO₂
HONO
NO
H₂O
反应物剩余百分数/%
产物气体分子数
时间/ps
BCHMX-SBR
300K/ps(2500 K)
ρ=1.41 g/cm³
SBR
BCHMX
H—N=O
C₂₈H₃₅
HCN
HCON
HNO₃
C₄H₆O₇N₈
反应物剩余百分数/%
产物气体分子数
时间/ps
BCHMX-NBR
300K/ps(2500 K)
ρ=1.43 g/cm³
BCHMX
NBR
NO₂
HONO
H₂O
NO₃
NO
反应物剩余百分数/%
产物气体分子数
时间/ps

(a)

(b)

(c)

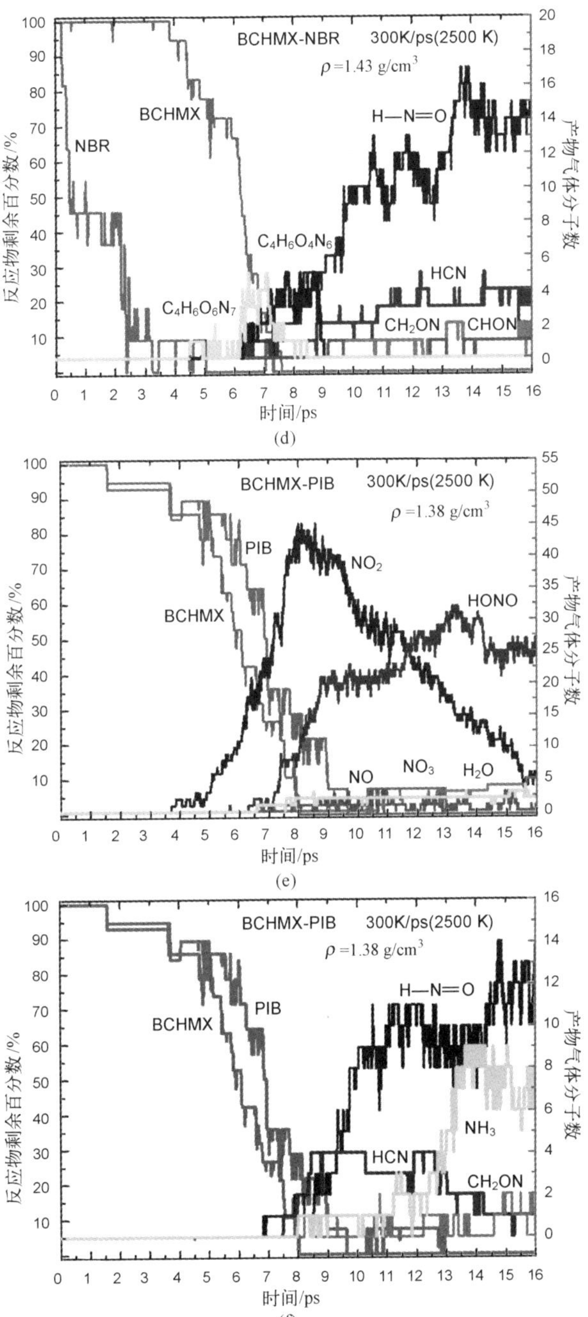

(d)

(e)

(f)

图 7-19　无定形 BCHMX 晶体及其 SBR、NBR 和 PIB 聚合物炸药以线性升温速率 300K/ps 加热 8ps 到 2500K，然后恒温 8ps，及其该条件下的分解产物随时间的变化

在纯 BCHMX 晶体的快速加热阶段产生的片段在图 7-18 中给出。显然，BCHMX 在 4.2ps 开始分解（1260K，而 DSC 升温速率为 5K/min 时该温度约为 493K），同时释放一个 NO_2分子并产生中间体 $C_6H_6O_{11}N_{12}$。然后，出现 N—NO_2进一步断裂产生大量 NO_2。一般 N—N 的键较长，N—N 的 Mulliken 电荷分布数小于 BCHMX 中的其他键，这就说明类似于 RDX 和 HMX 的热分解，N—N 断裂应为其初始热解反应机理。从 6ps 开始，BCHMX 环结构开始崩塌，并产生 HCN 和 CH_2O，同时消耗 HONO 和 HNO。从 7.6ps 开始，NO_2的含量开始下降，其已被部分氧化成 NO_3，或通过吸氢而产生 HONO 和 HNO_3。这一结果与 RDX/HMX 分解时中生成的 HONO 分子所阐明的协同机制一致，其中解离的 NO_2基团可从反应物 RDX/HMX 分子捕获氢原子。事实上，早已证明环硝胺分子的热分解有两个竞争途径：一个是 N—NO_2裂变反应途径，这是由于 N—NO_2键是理论和实验证实的最弱键；另一个是 HONO 消除反应途径。作为 BCHMX 最接近的同系物，它与 HMX 的分解比较相同。Chakraborty 等已研究该途径中四个 HONO 的连续消除反应，但在整个温度范围内，实际上是单个 HONO 消除机制占主导地位。在整个温度范围内，HONO 消除途径中的大部分反应都比 N—NO_2裂解路径中的反应慢。因此，N—NO_2裂解路径主导 HMX 气相分解，这也适用于图 7-18 所示在快速加热条件下 BCHMX 的分解。

在 8ps（2500K）后，将 HONO 转化成 NO 和 H_2O 中，而环结构逐渐分解成更稳定的气体 N_2、H_2O 和 HCN 并消耗大量 NO_2。从 12ps 到模拟结束，环状结构的片段进一步分解产生了大量 NH_3并与 CO_2同步。很明显，NO_2和 HNO 产物具有两个峰，这与 TG 实验证实的 BCHMX 的两步分解吻合。BCHMX 分解的详细化学路径还未得到深入的实验佐证，只有俄罗斯的一篇文献报道了该化合物在不同溶剂中的分解动力学及机理。研究发现，溶剂类型对最终的气体逸出过程的影响不大，且在 180℃下每摩尔 BCHMX 的产气量约为 6mol。然而，在该温度下的反应速率很大程度上取决于溶剂性质，其在邻二甲苯和二甲基萘（$3.9\times10^{-4}s^{-1}$）中比在苯和甲苯中分解更快，这是由于通过大量氢转移实现了连锁反应。据说分解链反应从生成乙酰基和 NO_2的第一步反应开始出现：

$$>NNO_2 \longrightarrow >N^{\cdot} + {}^{\cdot}NO_2 \qquad (R11)$$

产物可以将游离态转移到 RH 溶剂中以生成以 C 为中心的基团 $R^{\cdot}$：

$$>N^{\cdot} + RH \longrightarrow >NH + R^{\cdot} \qquad (R12)$$

$${}^{\cdot}NO_2 + RH \longrightarrow HNO_2 + R^{\cdot} \qquad (R13)$$

然后基团 $R^{\cdot}$ 与硝胺的硝基反应转化成烷氧基 $RO^{\cdot}$：

$${}^{\cdot}R + >NNO_2 \longrightarrow RO^{\cdot} + >NNO \qquad (R14)$$

后者在与溶剂的反应中产生自由基 $R^{\cdot}$：

$$RO^{\cdot}+RH \longrightarrow ROH+R^{\cdot} \tag{R15}$$

反应(R11)在溶剂中应是可逆的。由于 NO 几乎不溶解在溶剂中,分解时生成大量 NO,其与 $R^{\cdot}$ 自由基相互反应并减少。链增长的条件是凝相产物中没有自由基,尤其是亚硝基化合物。然而,由于存在自由基受体,BCHMX 在溶剂中的热解反应速率的增加不如 RDX 和 HMX 那么明显。BCHMX 中独特的C—C键有利于生成稳定的非挥发性化合物,该化合物能够吸收自由基并防止溶液中出现链增长反应。关于 HMX 分解,Behrens 等提出了一种 N—N 键断裂机制,随后再通过以下反应实现环断裂并产生 NNO 和 H_2CO 气体,该反应机制得到了 Melius 等的支持:

$$HMX \longrightarrow NO_2+H_2CN+3H_2CNNO_2 \tag{R16}$$

$$H_2CNNO_2 \longrightarrow NNO+H_2CO \tag{R17}$$

然而,由于存在独特的 C—C 键,BCHMX 在快速加热下并不出现上述情况。我们模拟体系没有检测到 NNO 和 H_2CO。相反,生成了大量 HNO、HNO_3 和 NO_3。由于硝基-亚硝酸盐重排,BCHMX 分子的某些 HNO 可能会被消除,这一现象首次在 877℃下的 *N*-硝二甲胺分解中发现。环形结构破裂导致生成 CON,这也是高温下硝基-亚硝酸盐重排的另一个证明。对于 HNO_3 和 NO_3,在 RDX 和 HMX 的实验热解产物中很少发现。然而,Irikura 等理论上证实,在 RDX 和其他硝胺作为中间体的热分解初期会产生 NO_3(硝酸根),其反应方程如下:

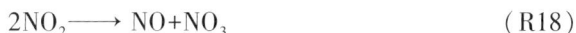

$$2NO_2 \longrightarrow NO+NO_3 \tag{R18}$$

上述反应的活化能为 189kJ/mol。在 RDX 存在的情况下,从硝基 NO_2 分子通过氧传递是产生 NO_3 的替代途径,活化能为 139kJ/mol。NO_3 一旦生成是易参与反应的,比如它可能与 RDX 或其热解产物进一步反应。Zhang 等的量子化学计算对 RDX 分解过程中生成 NO_3 并发生相互作用进行了佐证。在高温下,BCHMX 的初始分解可能是这种情况,其中 NO_3 可以与其他产物相互作用生成 NO_2 或 HNO_3,并且在如此高的温度下,某些相互作用是可逆的,导致 NO_3 的量出现较大波动(图 7-17)。

在烃类聚合物的作用下,BCHMX 的主要气体产物的类型可能不会改变,因为它们与这些聚合物单独分解。然而,在模拟的高温孤立体系中,这些聚合物释放的氢自由基可能会与 BCHMX 的气体产物相互作用,这一点与 CL-20 及其炸药类似。如图 7-8 所示,PIB、SBR 和 NBR 对 BCHMX 的热解产物初始机理和浓度的影响是显著的。首先,与纯 BCHMX 相比,由于从 NBR 和 SBR 聚合物链到 BCHMX 的气体产物有大量分子内氢转移,产生了更多 NO_2、HONO、H_2O 和 HNO 以及新产物 HCN,而对于 BCHMX-PIB 而言,HNO 略少,但生成了更多 NH_3。

BCHMX-SBR 的热解产物非常类似于纯 BCHMX,其中没有检测到 CH_2ON,而与 BCHMX-NBR 和 BCHMX-PIB 产物相比,HNO_3是其独有的产物。再根据图 7-8,烃类聚合物似乎先于 BCHMX 分解,但在模拟过程实时观测中并非如此。尽管这些聚合物的链结构比 BCHMX 骨架更稳定,但是 NBR 聚合物可以在非常低的温度下进行交联反应,而 PIB 和 SBR 在初始冷却过程中会释放一个或两个氢自由基。若比较 BCHMX 环结构崩塌引起的 HCN 生成,显然在 PIB 和 SBR 聚合物的作用下,HCN 的产量在 7~8ps 时便非常快速地增加,而在 11~13ps 后缓慢下降。

然而,对于 BCHMX-NBR,HCN 的含量不断增加,直到模拟结束,因为一部分 HCN 来自 NBR 橡胶的分解,其可以在主链分解之前经历类似脱氢氰酸的反应。我们还注意到,对于纯 BCHMX, N—NO_2 断裂的过程开始于 4.5ps (1300K),而 HONO/HON 消除则发生在 8.5~9.0ps(2500K),随后在 10ps 环结构断裂,释放出 CON。这两个过程的峰分离效果很好,在实验 TG 曲线中也显示出独立的两步分解过程。然而,对基于碳氢聚合物的聚合物炸药而言,HONO/HON 的消除和环状结构的崩解则发生较早,起始于 5.0~6.0ps(1500~1800K),而对 N—NO_2的断裂时间几乎没有影响(4.5~5.0ps)。这可能是为什么这些聚合物对 BCHMX 的热稳定性几乎没有影响的原因,而它们可以使其单步分解。此外,如文献报道,在˙H 自由基作用下,出现更多 HONO 消除,以及 NO_2从聚合物链中抽出氢而产生了更多 NO_2和 HONO 气体。˙H 自由基的浓度和相应的氢转移可能对硝基-亚硝酸盐重排影响甚微,导致所有模拟的聚合物炸药分解产物中 HNO 的含量几乎相同。同时,也已广泛证明 NO_2气体可以稳定硝胺的杂环结构[130]。在这种情况下,碳氢聚合物的作用会导致在环结构破坏之前,BCHMX 可能会发生更完全 N—NO_2断裂反应。这可能是碳氢聚合物可以大幅减缓 BCHMX 的分解过程避免出现反应失控的原因之一,从而撞击起爆能得以提高。

7.5 聚合物对 CL-20 热解机理的影响

7.5.1 纯 CL-20 的物理化学性质

CL-20 是一种三维笼型多杂环硝胺,它在过去几十年里已被广泛研究,其中包括各种实验技术研究、密度泛函理论(DFT)和分子动力学模拟研究。CL-20 约 230℃分解,在 190~240℃的温度范围内的速率曲线服从幂函数分解机制。快速热红联用技术分析表明,N—NO_2均裂是较低温度范围内控制分解速率的机制，而 NO_2 是其主要气态产物之一，这一结果得到了 FTIR 光谱技术和 TG-DTA-FTIR-MS 实验的证实。事实上，通过亚稳态质量分析离子动能谱(MIKES)和电子轰击(EI)-MS 研究了 CL-20 离子的单分子解离机理，这将与我们的模拟数据一起讨论。如前几章所述，CL-20 有几种多晶(α-，β-，δ-，γ-，ε-)，其中 ε-型是能量最高、结构最稳定且应用广泛的一种。CL-20 的晶体结构对其反应活性和感度方面起着重要作用，纯 CL-20 多晶实测撞击感度如下：ε-型为 13.2J，α-型为 10.1J，β-型为 11.9J 和 γ-型为 12.2J。

7.5.2　对初始化学路径和气体产生的影响

与上述类似，进行快速加热下的反应性分子动力学模拟，来阐明聚合物如何缓解 ε-CL-20 的分解，从单一步骤演变成多步骤过程，从而降低撞击感度。以 300K/ps 的升温速率将材料从 100K 加热至 2500K，然后基于图 7-20 所示的模型将在不同设定温度保持 8ps。

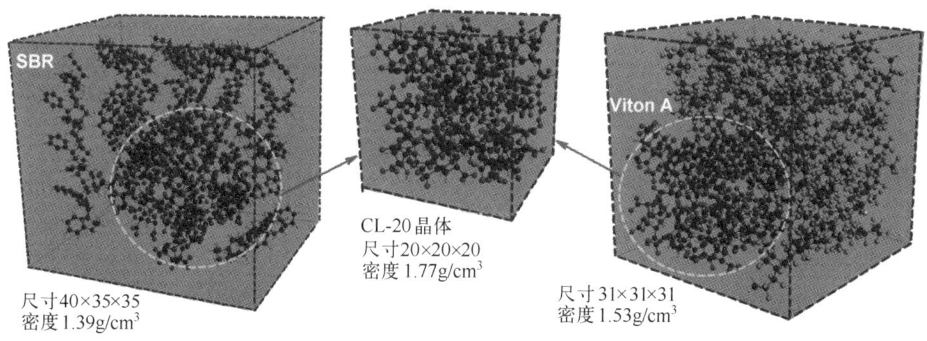

图 7-20　以含 CL-20 的 SBR 和 Viton A 聚合物炸药分子动力学模型
(1 个 CL-20 晶体包含 20 个分子；每个体系包含 15 个聚合物分子链；最小分子间距为 2.1Å)

从图 7-20 中可以清楚地看到，该聚合物炸药的模型如下：每个 CL-20 晶体放置在一个聚合物基体中(以 SBR 和 Viton A 为例)，晶体直接与聚合物接触。SBR 拥有比 Viton A 更长的侧链，其组装密度更低，与实测结果相同(SBR 密度约为 1.0g/cm^3，而 Viton A 为 1.64g/cm^3)。在此基础上，采用 ReaxFF 对周期性晶胞进行优化，然后在恒压、恒温和恒原子数(NPT)条件下，将该高聚物粘结炸药模型置于 100K 和 1atm 下达到动态平衡。聚合物/CL-20 体系的能量最小化后，再用定容、等温和恒原子数(NVT)将温度平衡在 100K，持续 10ps，然后用 0.2fs 时间来消除界面上的缺陷。所有预设好的模型都在预定条件下开展分子动力学模拟。输入参数是分子坐标、温度和原子力场等参数，输出参数包括反应过程、总势能和各分子碎片离子数随时间的变化。

相关聚合物炸药在既定温度程序作用下气体产物总量随时间的变化如图 7-21 所示。可以看到,对于 ε-CL-20 及其聚合物炸药,其总分解碎片离子的量随时间的变化关系迥然不同。与上述两种硝胺类似,由于聚合物的分解,聚合物炸药比纯 ε-CL-20 具有更多的碎片离子数。含氟聚合物比其他聚合物更稳定,所以碎片离子较少。当温度达到 2500K 时,及其随后的等温阶段,它们的碎片离子数几乎保持恒定。快速加热过程中,约 1.5ps 时,所有 CL-20 基聚合物炸

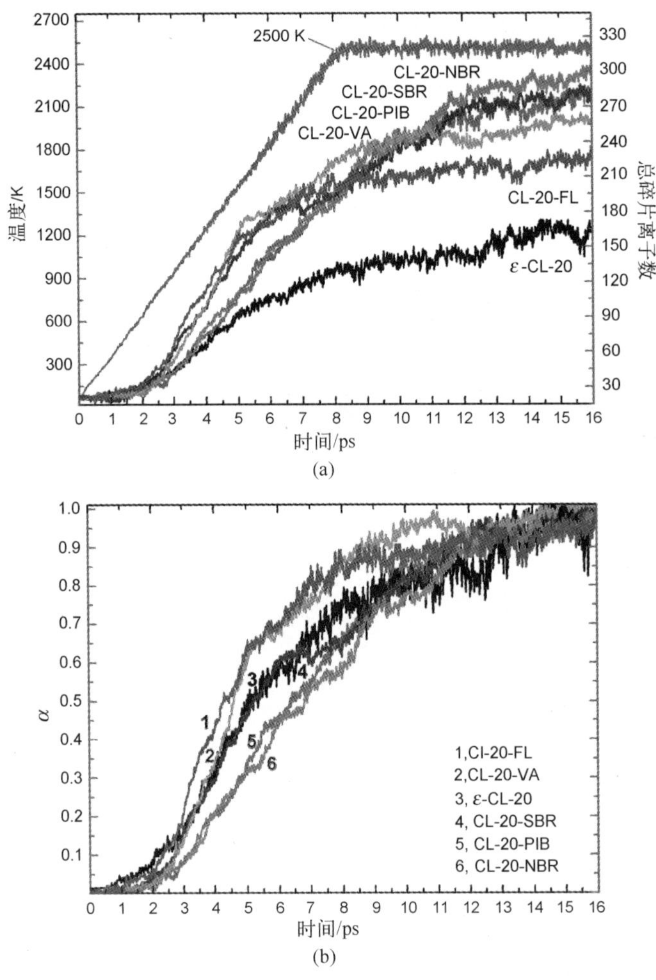

图 7-21 纯 ε-CL-20 碎片离子晶体及其不同聚合物链相互作用混合系统中产物总分子数、分解转化率随时间的变化关系(每个模型单元含有一个 ε-CL-20 晶体和 15 个有 10 个重复单元的聚合物分子链)

药开始缓慢分解，3ps 后加速分解，并伴随一些新碎片离子的产生。如图 7-21(b) 所示，如果对气体生成曲线进行归一化处理，可以发现从一开始，氟聚物炸药的气体释放速率比其他聚合物的释放速度快得多。但如前所述，这些氟聚物可以稳定 CL-20 晶格。这意味着相应的聚合物炸药的分解温度更高，这导致其气体释放速率更快。通过炸药热化学，上述氟聚物对其聚合物粘结炸药的性能产生正面影响。监测主要碎片离子可以得到其成分及含量随时间的变化关系，如图 7-21 所示。

纯 ε-CL-20 晶体在快速加热过程中产生的碎片离子也列入了图 7-21。可以看出 ε-CL-20 在 2ps(600K，而升温速率为 5K/min 时为 475K) 通过—NO_2开始分解释放 O 自由基，并生成中间产物 $C_6H_6O_{11}N_{12}$和 O_2。同时由于 N—NO_2的断裂而产生大量 NO_2。从 4ps 开始，笼结构开始解离，并生成 HCN 和 CH_2ON，同时脱去 HONO。从 5ps 开始，NO_2的含量开始下降，且被部分氧化成 NO_3或从 CH_2ON 吸氢生成 HONO 和 CHON(图 7-22 中的 CP-2)。这个发现与 RDX、HMX 分别产生 HONO 的分子内协同反应机制类似，HONO 是由断裂的 NO_2基团捕获氢自由基所得。此时，N—NO 键被破坏，生成 NO 气体。在 8ps(2500K) 后，将 HONO 转化成了 NO 和 H_2O，而 CH_2ON 和 CHON 被逐渐氧化成更稳定的 N_2、H_2O 和 CO_2气体，并消耗大量 O_2。

大量研究分析了加热和生物条件下 ε-CL-20 降解过程的详细化学反应路径。其中，Xiao 和 Yang 等使用质量分析的离子动能谱(MIKE)和碰撞诱导解离(CID)法研究了 ε-CL-20 解离机理。也有人将热解气相色谱-质谱(Py-GC/MS)联用技术用于 ε-CL-20 分解研究。他们发现 m/z 分别为 81 和 96 的 ε-CL-20 热解中间体，包括生成 $C_4H_5N_2^+$(CP-4) 和 $C_4H_4N_2O^+$离子的三个主要特征通道(图 7-22)。主要的二级反应包括：①—NO_2断裂；②NO_2基团氧化；③NO_2基团的氢取代。中间体的碎裂导致逐步生成 HCN 分子。NO_2氧化生成 *N*-亚甲基甲酰胺衍生物和 NO，前者会进一步分解。甲基甲酰胺(MF)衍生物快速分解，同时反应掉一两个 HCN 分子(取决于前者分子长度)并生成最简单的 MF 碳烯。

第三个路径代表了 NO_2的氢捕获，生成 HONO 分子，反应后期为 NO_2自由基和中间体相互作用，交替生成 HONO。首先，在硝胺炸药分解过程中描述了这种氢捕获的变化。这些观察结果也与最近关于 NO_2与碳氢化合物残渣相互作用的实验研究结论，以及 NO_2对单甲基肼中氢原子捕获的研究结果一致。在这种极端条件下，HONO 分子不稳定并解离成 NO 和 OH 自由基。根据这里模拟情况，在 5~11ps 观察到中间产物 HONO，然后转变成 NO 和 H_2O(图 7-23)。Isayev 等的模拟还提供了 CL-20 在凝聚相热分解的初始阶段，并详细描述了该过程化学

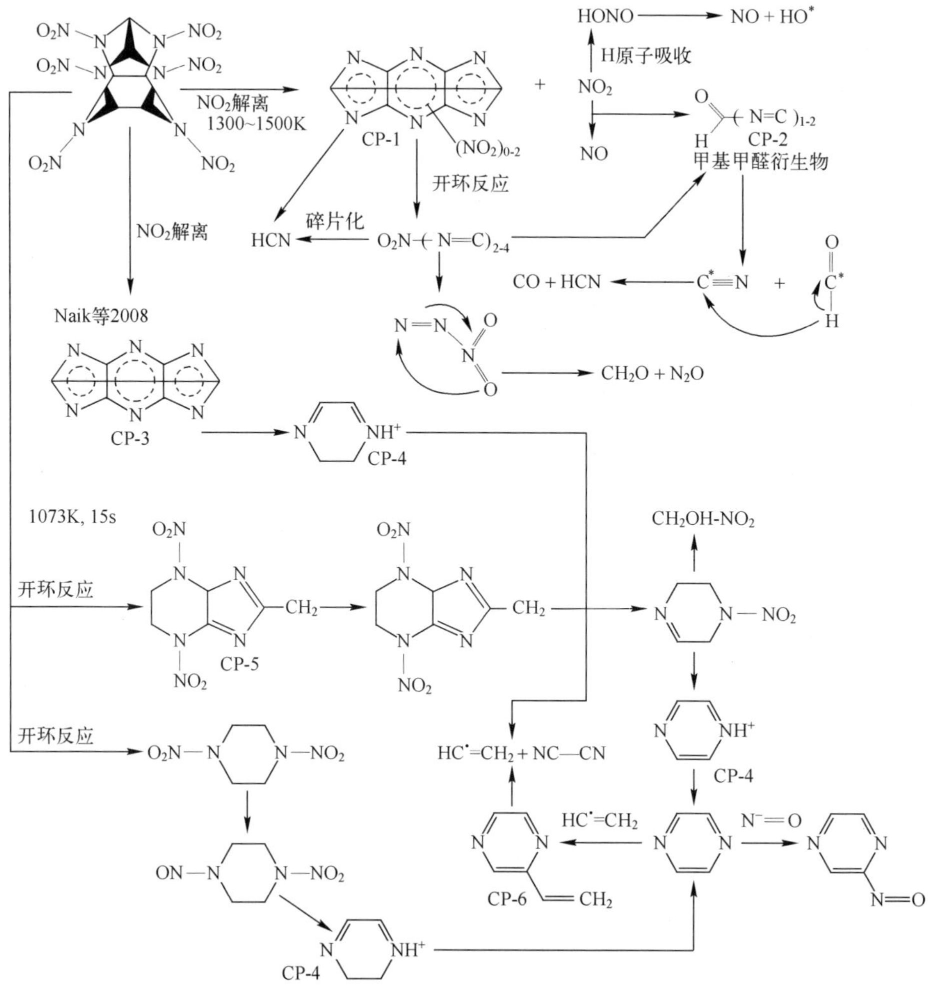

图 7-22 分子动力学模拟和实验观察中提出的 CL-20 单分子分解化学路径

反应机理。研究表明,只有 N—NO_2键均裂(NO_2裂解,生成 CP-1)是不同的初始分解通道,但其中没有观察到 HONO 消除反应。相反,NO_2发生了断裂反应,与实验结果一致,显示出热分解初期 NO_2裂解占主导地位,此时,CH_2O、CO_2、CO、HCN 和 N_2O 等是其主要的气态产物。实验确定气相产物中 CO_2、CO 和N_2O 的比例分别为 3.3、1.2 和 0.82,理论计算值分别为 1.25、1.0 和 1.0。二氧化碳浓度的这种显著偏差可归因于 AIMD 模拟的小尺度时间和系统,这与我们的模拟情况相似。本书中仅检测到来自次级反应中微量的 CO_2和 CO。Okovytyy 等人通过使用 B3LYP 基组函数开展 DFT 计算证实了 CL-20 的上述分解路径。他们还发现五元环中的 NO_2 均裂消除时吸热最少,CL-20 单分子分解也可生成芳香族化合物 1,5-二氢咪唑并[4,5-b:4'-5'-e]吡嗪(图 7-10 中的 CP-3),这一发现被 Quasim 等证实。

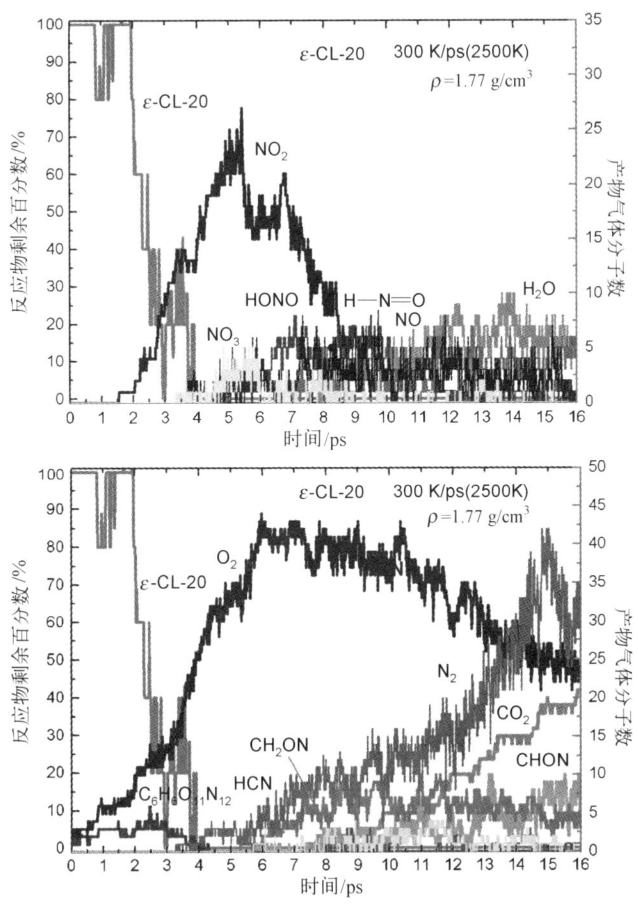

图 7-23　线性升温速率为 300K/ps,8ps 时到 2500K,然后再恒温 8ps,对 ε-CL-20 晶体体系的类别分析

在聚合物基体的作用下,ε-CL-20 的气体产物的类型可能不会改变,因为它们与聚合物基体是独立分解的。然而,在孤立体系模拟过程中,从这些聚合物释放的氢自由基可能与 ε-CL-20 的气态产物相互作用。图 7-24 所示为使用氟聚物包覆 ε-CL-20 体系在快速加热模拟时碎片离子的生成曲线。可观察到,在约 3.0ps 处氟聚合物开始释放 H 自由基,主链在整个模拟阶段保持稳定。实际上,它们比 ε-CL-20 更稳定。由于聚合物通过—NO_2 中的 O 与聚合物链上的氢

之间形成稳定的氢键，ε-CL-20分解初始阶段生成O_2的时间从2.0ps推迟到了2.5ps。对于CL-20-FL和CL-20-VA，在整个模拟阶段，O_2的产量大幅降低并且在3.5ps之后能保持恒定。与纯ε-CL-20相同，HONO在4.0ps开始生成。两种材料的NO_2生成过程几乎一样，由于在笼型结构中，从聚合物链到N的氢输运，NO_2的数量大于纯ε-CL-20。在3ps时N—NO_2断裂生成HCN，且产量比纯ε-CL-20大，随之笼型结构开始解离。如果比较CL-20-FL和CL-20-VA，如图7-24(b)和(d)所示，CL-20-VA比CL-20-FL能生成更多NO，同时少一些N_2。这两种聚合物炸药仅生产了极少量的CO_2和CO。一般而言，这两种聚合物对ε-CL-20的分解具有较弱的缓解作用，导致非常接近的反应物理模型、活化能和撞击感度。

相比之下，如图7-24所示，碳氢聚合物(PIB和NBR)对ε-CL-20分解的初始化学途径的影响是显著的。首先，与氟聚物相比，由于从聚合物链到CL-20分子气体产物的巨大的分子间氢转移，生成了大量HONO、H_2O、HCN和HNO以及新产物NH_3。对于CL-20-SBR，在2.5~7.0ps阶段生成作为中间产物的N_2O。在碳氢聚合物影响下，O_2的生成情况与氟聚物的情况几乎相同。它表明快速加热(冲击波起爆)阶段，—NO_2释放O是常见的初始反应机制，这没有在CL-20的热分解中实验观察到。然而，在CL-20的缓慢生物降解过程中则观察到了这一现象。

根据图7-25，烃类聚合物似乎早于ε-CL-20分解，但在模拟过程中实时观测并非如此。尽管这些聚合物的链结构比ε-CL-20骨架更稳定，但是其中NBR聚合物可能发生交联反应，而PIB和SBR在初始冷却过程中便会释放出一个或两个氢原子。如果我们比较所有相关材料的笼式结构塌陷而引起的HCN生成，很明显，在PIB和SBR聚合物的作用下，HCN的生成在5~6ps时便开始加速，而在9~10ps之后缓慢下降。然而，对于CL-20-NBR，HCN的含量持续增加直到14ps，因为HCN的一部分来自NBR橡胶，其可能在主链分解之前也会经历类似的脱HCN作用。

还可以注意到，氟聚物粘合炸药和纯ε-CL-20相比，N—NO_2断裂(从1.5~2.0ps开始)和通过释放HCN或CH_2NO(从2.5~3.0ps开始)的笼型结构出现塌陷，但这两步反应几乎相互重叠。然而，对于基于碳氢聚合物的材料，笼型结构的塌陷已大幅推迟(从4.5~5.0ps开始)，由于大量氢从聚合物链输送到笼型骨架中的N原子，从而生成大量NO_2。NO_2基团的存在可使硝胺杂环结构更加稳定。在这种情况下，在烃类聚合物的作用下，ε-CL-20可能在笼型结构塌陷之前会发生更为完全的N—NO_2断裂(生成更多的CP-3，见图7-22)。这可能

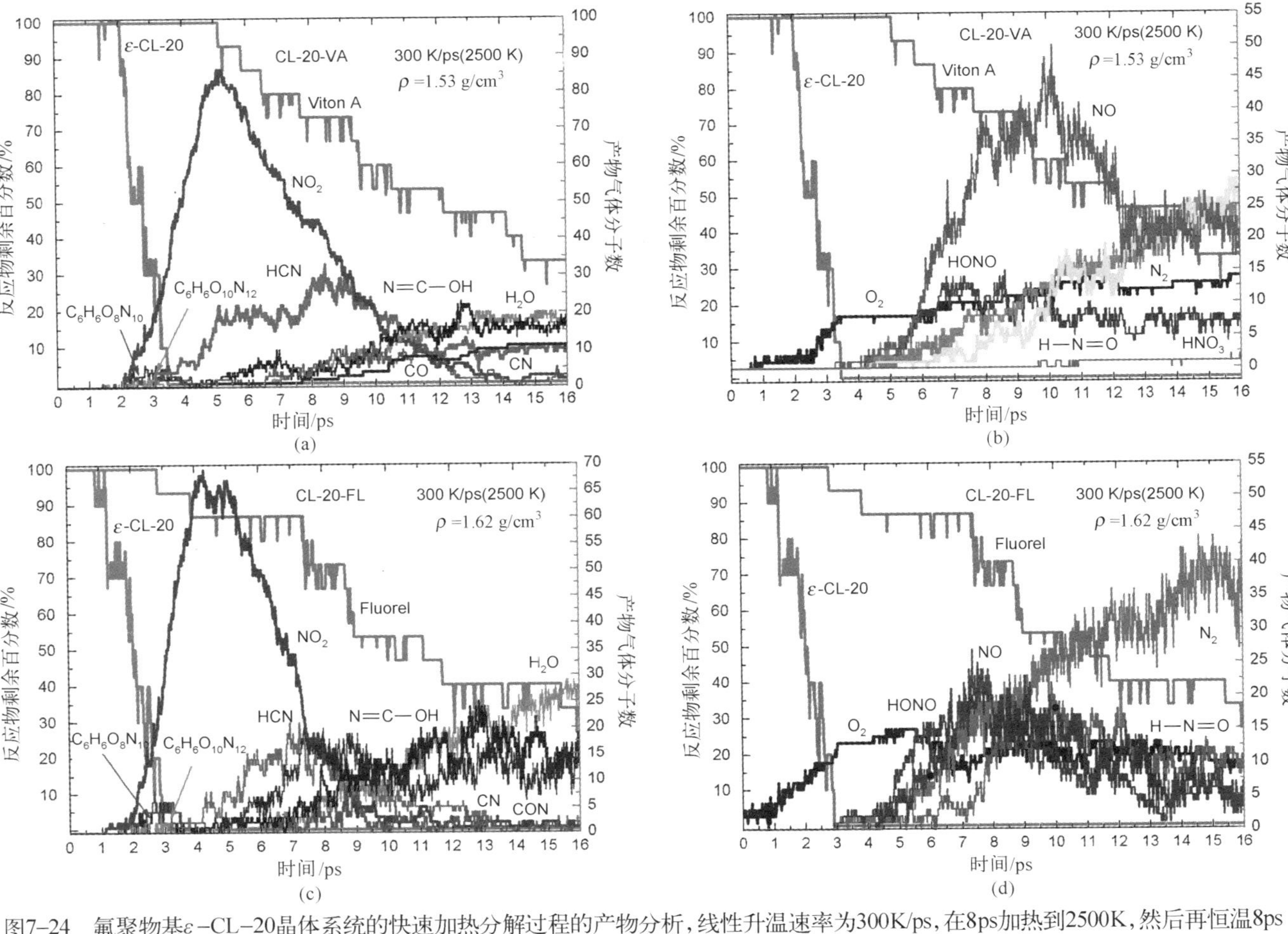

图7-24　氟聚物基ε-CL-20晶体系统的快速加热分解过程的产物分析，线性升温速率为300K/ps，在8ps加热到2500K，然后再恒温8ps

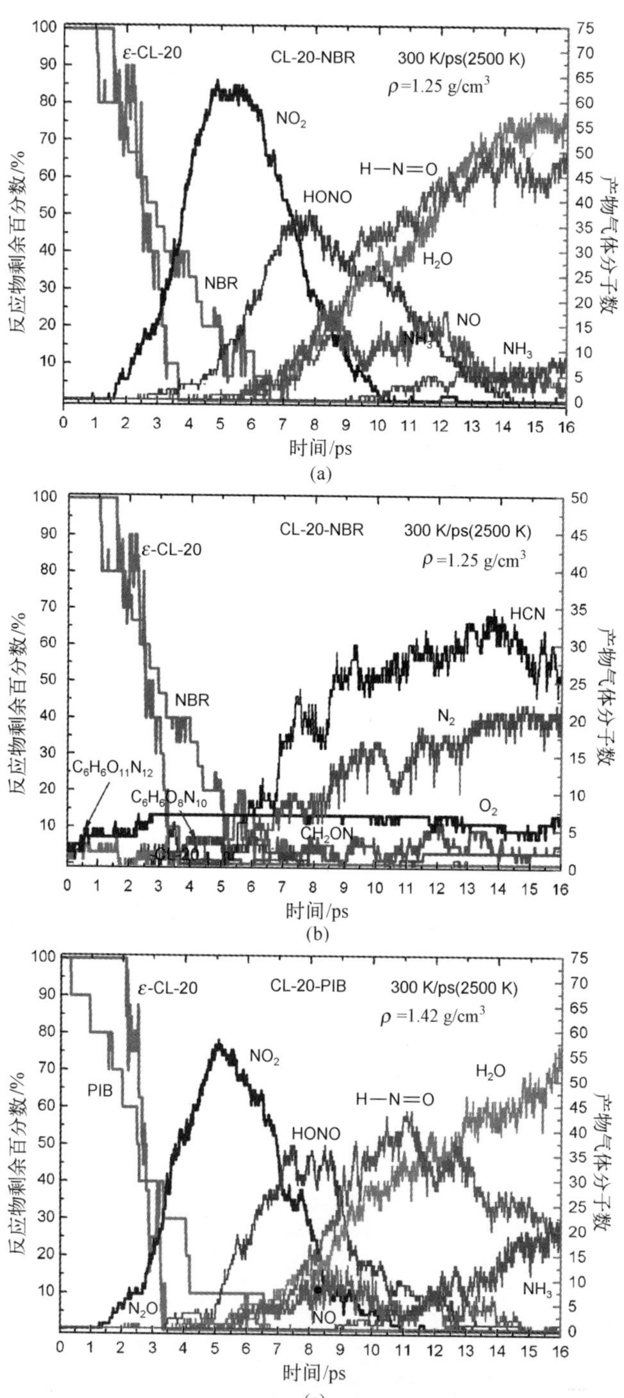

ε-CL-20
CL-20-NBR
300 K/ps(2500 K)
ρ=1.25 g/cm³
NO₂
H—N=O
HONO
H₂O
NBR
NO
NH₃
反应物剩余百分数/%
产物气体分子数
时间/ps
(a)
HCN
N₂
O₂
C₆H₆O₁₁N₁₂
C₆H₆O₈N₁₀
CH₂ON
(b)
CL-20-PIB
ρ=1.42 g/cm³
PIB
N₂O
(c)

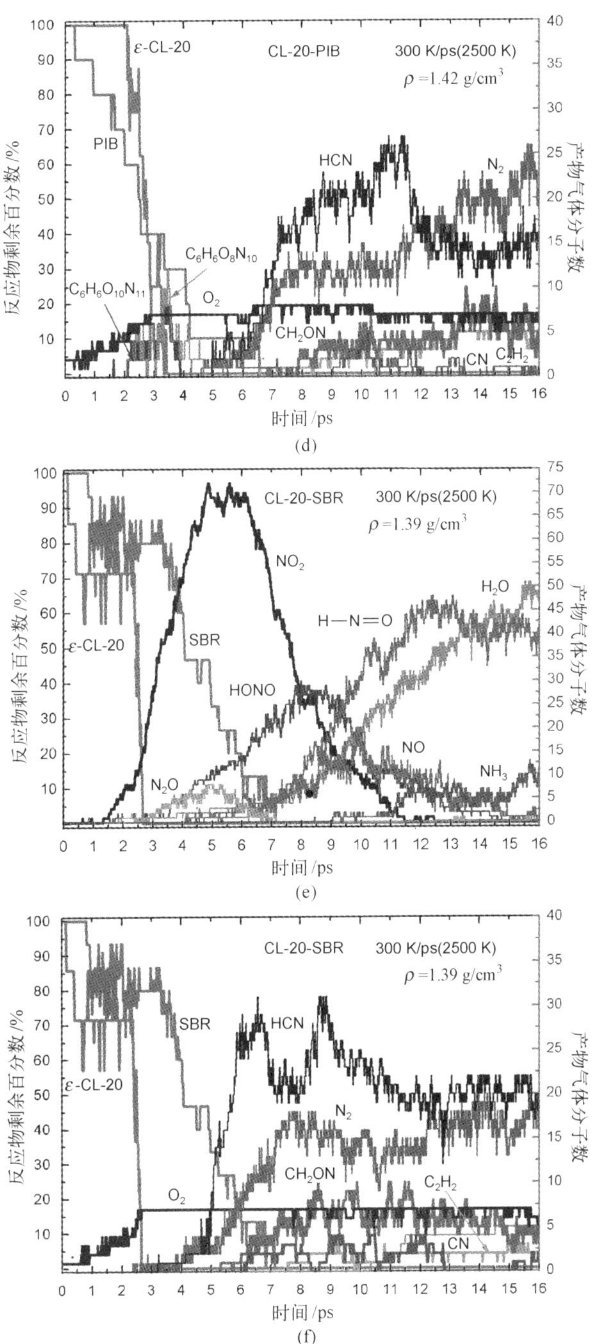

图 7-25　在线性加热过程中 ε-CL-20 晶体及其碳氢聚合物炸药的体系的产区种类随时间的变化，升温速率为 300K/ps，加热 8ps 后升温至 2500K，然后再恒温 8ps

是碳氢聚合物可以极大减缓 ε-CL-20 分解过程的主要原因,从而出现更高的撞击起爆能。由于氢含量不足,氟聚物在此方面的影响很小。模拟结果还发现 ε-CL-20 的势能远高于其聚合物炸药的势能。它随着加热缓慢增加并持续 3ps 后达到最大值,直到分解反应开始,由于生成气态产物的放热而释放能量小。ε-CL-20、CL-20-FL 和 CL-20-VA 的势能比其他聚合物更早地开始下降,这说明放热化学反应发生的时间更早,自加热效果更强。然而,在恒定高温作用下,会发生二次反应进而得到更稳定的小分子,因而所有模拟对象的势能从 8ps 开始大幅降低直到模拟结束。

为了与热分解机理比较,人们还广泛研究了 CL-20 的生物降解和水解,包括微生物(假单胞菌 sp. FA1)、酶(水杨酸 1-单加氧酶和硝基还原酶)和碱水解等通过初始 *N*-脱硝途径降解。如上所述,快速加热下 CL-20 的分解初始化学路径与缓慢光降解非常相似。研究表明,CL-20 的光降解和 Fe^0 介导的降解可通过三种不同的途径发生:*N*-脱硝、*N*-脱硝氢化和生成 CL-20 的单亚硝基衍生物(图 7-26)。在 CL-20 生物转化的第二种机制中,氢氧根离子转移发生在 N—N 键断裂并消除亚硝酸盐上,进而生成脱硝氢化的中间体($C_6H_7N_{11}O_{10}$)。还从分离自梭菌属的脱氢酶 EDB2 和纯化的心肌黄酶观察到该反应途径。在第三个反应途径中,假设这些初始酶反应使 CL-20 分子不稳定并促进环切割,CL-20 的亚硝基衍生物($C_6H_6N_{12}O_{11}$)是通过还原生成的,因此具有两种氧化还原当量。然而,最近的实验结果表明,CL-20 可通过至少两条初始反应途径降解:一种涉及脱硝过程;另一种则涉及在脱硝和环裂解之前发生 N—NO_2 重排还原成相应的亚硝基(N—NO)衍生物。在快速加热下,ε-CL-20 的分解过程也是如此,其中会生成 CP-9 和 CP-10,它们都是生成大量 O_2 的中间体,其在氟聚物的作用下略微阻滞,并且它们由于碳氢聚合物的影响会大量减少,导致生成更多 CP-7 和 CP-8 中间体和更多 NO_2 产物。然而,如图 7-24 和图 7-25 所示,NO_2 不稳定,可以转化为其他化合物,因为它一直存在于孤立的高温体系中。实际上,大部分 NO_2 气体会以较低的温度释放到周围环境,并且很容易被检测出来。不断变化的气态产物有助于样品和环境之间的传质,而这种输运性质则是建立热分解物理模型的主要出发点。

综上所述,本章利用已有的动力学三因子,预测了恒定分解反应速率下温度曲线,并得到了在低温储存时热爆炸的临界半径和等温曲线。在此基础上,比较并阐明了聚合物基体对 RDX、BCHMX 和 CL-20 的热反应性能的影响。根据等温模拟结果,在 82℃下,RDX-C4 和 RDX-FM 的保质期不足 500 天,而其他材料包括 CL-20 和 BCHMX 高聚物粘结炸药则超过 700 天。与模拟的等温曲线不同,当考虑到装药结构特性和热释放时,在任意温度下,RDX-FM 和 RDX-C4 的

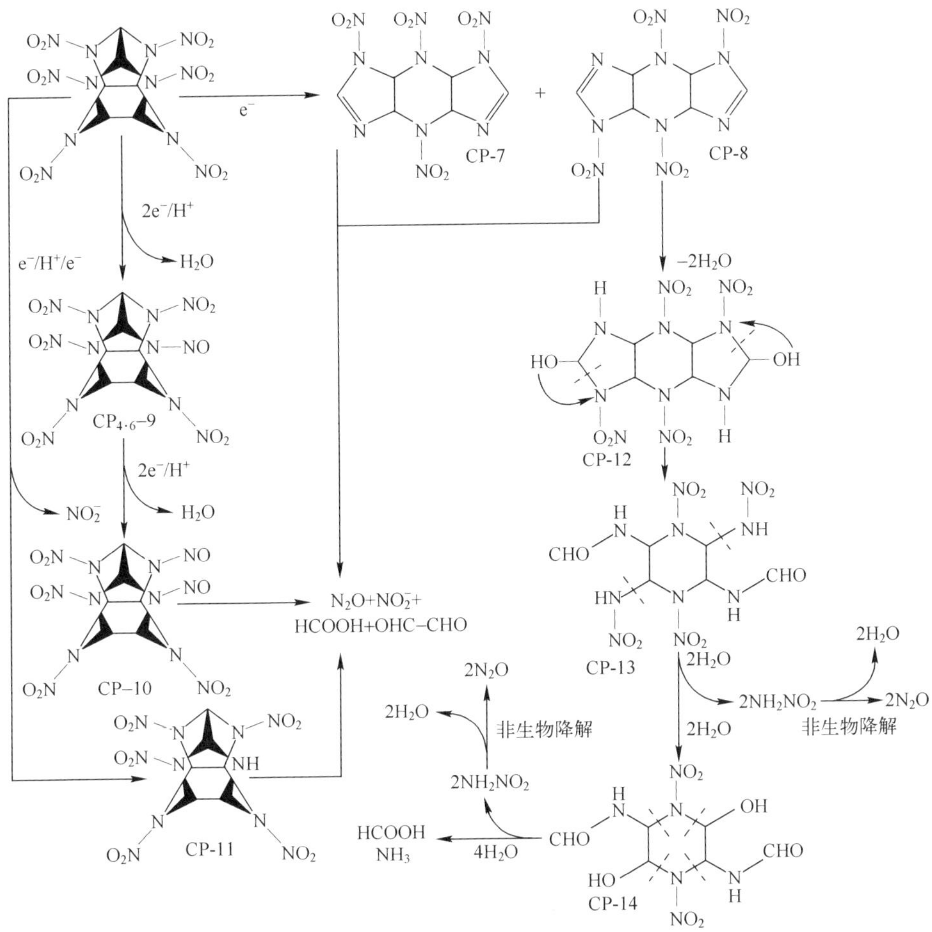

图 7-26　由水杨酸-1-单加氧酶催化的 CL-20 的初始生物转化提出途径，然后是次级分解

存储安全性优于 RDX-SE。在聚合物基体的作用下，CL-20 的保质大幅延长，而 C4 和 Formex 作为粘结剂可使 BCHMX 和 RDX 的保质期减少。在一定温度下，RDX-FM 和 RDX-C4 比 RDX-SE 存储安全，意味着 Semtex 不是 BCHMX 和 RDX 的理想粘结剂。撞击起爆能在很大程度上取决于炸药在液态分解时的热累积时间 t_i。t_i 越长，撞击起爆能则越大，因为 t_i 长的炸药需要有较高热点临界尺寸。然而，撞击起爆能不仅取决于动力学参数，还取决于生成热点的概率和热点的温度，这些热点在炸药固态分解过程中起主导作用。

分子动力学模拟表明，环状硝基胺分解有三种可能途径：①N—N 键的均裂，和—NO_2 基团的消除；②HONO 消除；③开环反应。快速加热条件下，N—N

键均裂和 HONO 消除是纯 RDX 分解的主要化学途径。在烃类聚合物的作用下，该途径可能发生变化，使 N—N 键均裂并实现较高活化能的协同分解。同时，在这些聚合物的作用下，由于分子间氢转移，RDX 可能在环结构解离之前发生更完整的 N—NO_2断裂，导致更多的 NO_2和 HONO 生成。高浓度的 NO_2可以通过生成 NO 来稳定 RDX 的环结构，从而大幅减轻 RDX 的初始控制速率分解，提升撞击起爆能。同样，在 300K/ps 极速加热条件下，N—NO_2的断裂是 BCHMX 热解的初始步骤，其次是由于硝基-亚硝酸盐重排引起的 HONO/HNO 消除。生成大量 HNO、HNO_3和 NO_3，同时发现了 NNO 和 H_2CO 反作用于 BCHMX 的分解。由于存在独特的 C—C 键，可以生成能够吸收自由基的稳定非挥发性化合物，以防止其在溶液中的链增长反应。在碳氢聚合物的影响下，HONO/HON 消除和环状结构崩解发生较早，而对 N—NO_2的断开时间几乎没有影响。这意味着在烃类聚合物的作用下，BCHMX 也可能在环结构解离之前发生更为完整的 N—NO_2断裂。同样条件下，对于 CL-20 而言，从—NO_2基团释放 O 的过程变短，使得 CL-20 更稳定。与氟聚合物相比，碳氢聚合物也可使 ε-CL-20 在笼型结构破坏之前发生更完整的 N—NO_2断裂，因而这两个分解峰出现分离。这可能是碳氢聚合物可以大幅加长 ε-CL-20 的分解历程，使其从一步分解到多步反应的主要原因，而氟聚物则影响甚微。

参考文献

[1] Sikder A K, Sikder N. A review of advanced high performance, insensitive and thermally stable energetic materials emerging for military and space applications[J]. Journal of Hazardous Materials, 2004, 112(1-2): 1-15.

[2] Guo S, Wan W, Chen C, et al. Thermal decomposition kinetic evaluation and its thermal hazards prediction of AIBN[J]. Journal of Thermal Analysis and Calorimetry, 2013, 113(3): 1169-1176.

[3] Keshavarz M H, Moradi S, Saatluo B E, et al. A simple accurate model for prediction of deflagration temperature of energetic compounds[J]. Journal of Thermal Analysis and Calorimetry, 2013, 112(3): 1453-1463.

[4] Roduit B, Hartmanna M, Follyb P, et al. Parameters influencing the correct thermal safety evaluations of autocatalytic reactions[J]. Chemical Engineering Transactions, 2013, 31: 907-912.

[5] Nichols A. Improving the model fidelity for the mechanical response in a thermal cookoff of HMX[C]//AIP Conference Proceedings. AIP, 2012, 1426(1): 551-554.

[6] Cady C M, Liu C, Rae P J, et al. Thermal and loading dynamics of energetic materials[C]//

Proceedings of the Society of Experimental Mechanics Annual Conference. 2009, 2: 1358-1364.

[7] Keshavarz M H. Simple method for prediction of activation energies of the thermal decomposition of nitramines[J]. Journal of Hazardous Materials, 2009, 162(2-3): 1557-1562.

[8] Aurbach D. Characterization of batteries by electrochemical and non-electrochemical techniques[M]. New York: Elsevier, 2007.

[9] Lewis A, Kazantzis N, Fishtik I, et al. Integrating process safety with molecular modeling-based risk assessment of chemicals within the REACH regulatory framework: Benefits and future challenges[J]. Journal of Hazardous Materials, 2007, 142(3): 592-602.

[10] Roduit B, Borgeat C, Berger B, et al. Up-scaling of DSC data of high energetic materials: Simulation of cook-off experiments[J]. Journal of Thermal Analysis and Calorimetry, 2006, 85(1): 195-202.

[11] Chervin S, Bodman G T. Testing strategy for classifying self-heating substances for transport of dangerous goods[J]. Journal of Hazardous Materials, 2004, 115(1-3): 107-110.

[12] Saraf S R, Rogers W J, Ford D M, et al. Integrating molecular modeling and process safety research[J]. Fluid Phase Equilibria, 2004, 222: 205-211.

[13] Kotoyori T. Critical temperatures for the thermal explosion of chemicals[M]. New York: Elsevier, 2011.

[14] 胡荣祖, 史启祯. 热分析动力学[M]. 北京: 科学出版社, 2001.

[15] Yoh J J, McClelland M A, Maienschein J L, et al. Simulating thermal explosion of cyclotrimethylenetrinitramine-based explosives: Model comparison with experiment[J]. Journal of Applied Physics, 2005, 97(8): 083504.

[16] Lee J S, Hsu C K. Thermal properties and shelf life of HMX-HTPB based plastic-bonded explosives[J]. Thermochimica Acta, 2002, 392: 153-156.

[17] Sikder A K, Maddala G, Agrawal J P, et al. Important aspects of behaviour of organic energetic compounds: a review[J]. Journal of Hazardous Materials, 2001, 84(1): 1-26.

[18] Sánchez-Jiménez P E, Pérez-Maqueda L A, Perejón A, et al. Constant rate thermal analysis for thermal stability studies of polymers[J]. Polymer Degradation and Stability, 2011, 96(5): 974-981.

[19] Elbeih A, Pachman J, Zeman S, et al. Detonation characteristics of plastic explosives based on attractive nitramines with polyisobutylene and poly(methyl methacrylate) binders[J]. Journal of Energetic Materials, 2012, 30(4): 358-371.

[20] Elbeih A, Zeman S, Jungová M, et al. Attractive nitramines and related PBXs[J]. Propellants, Explosives, Pyrotechnics, 2013, 38(3): 379-385.

[21] Elbeih A, Pachman J, Trzciński W A, et al. Study of plastic explosives based on attractive cyclic nitramines Part I. Detonation characteristics of explosives with PIB binder[J]. Propellants, Explosives, Pyrotechnics, 2011, 36(5): 433-438.

[22] Sánchez-Jiménez P E, Pérez-Maqueda L A, Perejón A, et al. Generalized kinetic master plots for the thermal degradation of polymers following a random scission mechanism[J]. The Journal of Physical Chemistry A, 2010, 114(30): 7868-7876.

[23] Yan Q L, Zeman S. Theoretical evaluation of sensitivity and thermal stability for high explosives based on quantum chemistry methods: a brief review[J]. International Journal of Quantum Chemistry, 2013, 113(8): 1049-1061.

[24] Yan Q L, Zeman S, Elbeih A, et al. The effect of crystal structure on the thermal reactivity of CL-20 and its C4 bonded explosives(I): thermodynamic properties and decomposition kinetics[J]. Journal of Thermal Analysis and Calorimetry, 2013, 112(2): 823-836.

[25] Yan Q L, Zeman S, Elbeih A. Recent advances in thermal analysis and stability evaluation of insensitive plastic bonded explosives(PBXs)[J]. Thermochimica Acta, 2012(537): 1-12.

[26] Vadhe P P, Pawar R B, Sinha R K, et al. Cast aluminized Explosives[J]. Combustion, Explosion, and Shock Waves, 2008, 44(4): 461-477.

[27] Simpson R L, Urtiew P A, Ornellas D L, et al. CL-20 performance exceeds that of HMX and its sensitivity is moderate[J]. Propellants, Explosives, Pyrotechnics, 1997, 22(5): 249-255.

[28] Bazaki H, Kawabe S, Miya H, et al. Synthesis and sensitivity of hexanitrohexaaza-isowurtzitane(HNIW)[J]. Propellants, Explosives, Pyrotechnics, 1998, 23(6): 333-336.

[29] Nair U R, Gore G M, Sivabalan R, et al. Studies on polymer coated CL-20-The most powerful explosive[J]. Journal of Polymer Materials, 2004, 21(4): 377-382.

[30] Elbeih A, Zeman S, Jungova M, et al. Effect of different polymeric matrices on some properties of plastic bonded explosives[J]. Propellants, Explosives, Pyrotechnics, 2012, 37(6): 676-684.

[31] Elbeih A, Jungova M, Zeman S, et al. Explosive strength and impact sensitivity of several PBXs based on attractive cyclic nitramines[J]. Propellants, Explosives, Pyrotechnics, 2012, 37(3): 329-334.

[32] Yan Q L, Zeman S, Svoboda R, et al. The effect of crystal structure on the thermal reactivity of CL-20 and its C4-bonded explosives(II): Models for Overlapped Reactions and Thermal Stability[J]. Journal of thermal analysis and calorimetry, 2013, 112(2): 837-849.

[33] Walley S M, Field J E, Greenaway M W. Crystal sensitivities of energetic materials[J]. Materials Science and Technology, 2006, 22(4): 402-413.

[34] Lai W P, Lian P, Wang B Z, et al. New correlations for predicting impact sensitivities of nitro energetic compounds[J]. Journal of Energetic Materials, 2010, 28(1): 45-76.

[35] Kossoy A, Akhmetshin Y. Identification of kinetic models for the assessment of reaction hazards[J]. Process Safety Progress, 2007, 26(3): 209-220.

[36] Furman D, Kosloff R, Dubnikova F, et al. Decomposition of condensed phase energetic materials: Interplay between uni- and bimolecular mechanisms[J]. Journal of the American

Chemical Society,2014,136(11):4192-4200.

[37] An Q,Goddard III W A,Zybin S V,et al. Highly shocked polymer bonded explosives at a nonplanar interface:Hot-spot formation leading to detonation[J]. The Journal of Physical Chemistry C,2013,117(50):26551-26561.

[38] Hu Y,Brenner D W,Shi Y. Detonation initiation from spontaneous hotspots formed during cook-off observed in molecular dynamics simulations[J]. The Journal of Physical Chemistry C,2011,115(5):2416-2422.

[39] Van Duin A C T,Dasgupta S,Lorant F,et al. ReaxFF:a reactive force field for hydrocarbons [J]. The Journal of Physical Chemistry A,2001,105(41):9396-9409.

[40] Tarver C M,Tran T D. Thermal decomposition models for HMX-based plastic bonded explosives[J]. Combustion and Flame,2004,137(1-2):50-62.

[41] Maharrey S,Behrens R. Thermal decomposition of energetic materials. 5. Reaction processes of 1,3,5-trinitrohexahydro-s-triazine below its melting point[J]. The Journal of Physical Chemistry A,2005,109(49):11236-11249.

[42] Henson B F,Smilowitz L B. The chemical kinetics of solid thermal explosions[M]. Berlin, Heidelberg:Shock Wave Science and Technology Reference Library,2010:45-128.

[43] Chakraborty D,Muller R P,Dasgupta S,et al. The mechanism for unimolecular decomposition of RDX(1,3,5-trinitro-1,3,5-triazine),an ab initio study[J]. The Journal of Physical Chemistry A,2000,104(11):2261-2272.

[44] Chakraborty D,Muller R P,Dasgupta S,et al. A detailed model for the decomposition of nitramines:RDX and HMX[J]. Journal of Computer-aided Materials Design,2001,8(2-3): 203-212.

[45] Irikura K K. Aminoxyl(Nitroxyl) radicals in the early decomposition of the nitramine RDX [J]. The Journal of Physical Chemistry A,2013,117(10):2233-2241.

[46] Drljaca A,Hubbard C D,Van Eldik R,et al. Activation and reaction volumes in solution. 3 [J]. Chemical Reviews,1998,98(6):2167-2290.

[47] Klärner F G,Wurche F. The effect of pressure on organic reactions[J]. Journal für Praktische Chemie,2000,342(7):609-636.

[48] Davis L L,Brower K R. Reactions of organic compounds in explosive-driven shock waves [J]. The Journal of Physical Chemistry,1996,100(48):18775-18783.

[49] Wang J,Brower K R,Naud D L. Evidence of an elimination mechanism in thermal decomposition of hexahydro-1,3,5-trinitro-1,3,5-triazine and related compounds under high pressure in solution[J]. The Journal of Organic Chemistry,1997,62(26):9055-9060.

[50] Naud D L,Brower K R. Pressure effects on the thermal decomposition of nitramines,nitrosamines,and nitrate esters[J]. The Journal of Organic Chemistry,1992,57(12):3303-3308.

[51] Schweigert I V. Quantum mechanical simulations of condensed-phase decomposition dynamics in molten RDX [C]//Journal of Physics: Conference Series. IOP Publishing, 2014, 500

(5):052039.

[52] Elbeih A,Zeman S,Jungova M,et al. Effect of different polymeric matrices on the sensitivity and performance of interesting cyclic nitramines[J]. Central European Journal of Energetic Materials,2012,9(2):131-138.

[53] Manelis G B. Thermal decomposition and combustion of explosives and propellants[M]. Bocu Raton:Crc Press,2003.

[54] Zeman S. Modified Evans-Polanyi-Semenov relationship in the study of chemical micro-mechanism governing detonation initiation of individual energetic materials[J]. Thermochimica Acta,2002,384(1-2):137-154.

[55] Zeman S. A study of chemical micro-mechanisms of initiation of organic polynitro compounds [M]. New York:Elsevier,2003,13:25-52.

[56] Dong X F,Yan Q L,Zhang X H,et al. Effect of potassium chlorate on thermal decomposition of cyclotrimethylenetrinitramine(RDX)[J]. Journal of Analytical and Applied Pyrolysis, 2012,93:160-164.

[57] Kuklja M M. Thermal decomposition of solid cyclotrimethylene trinitramine[J]. The Journal of Physical Chemistry B,2001,105(42):10159-10162.

[58] Shalashilin D V,Thompson D L. Monte Carlo variational transition-state theory study of the unimolecular dissociation of RDX[J]. The Journal of Physical Chemistry A,1997,101(5): 961-966.

[59] Dlott D D,Politzer P,Murray J S. Energetic materials:initiation,decomposition and combustion[M]. New York:Elsevier,2003,125:192.

[60] Oxley J C, Kooh A B, Szekeres R, et al. Mechanisms of nitramine thermolysis[J]. The Journal of Physical Chemistry,1994,98(28):7004-7008.

[61] Botcher T R,Wight C A. Explosive thermal decomposition mechanism of RDX[J]. The Journal of Physical Chemistry,1994,98(21):5441-5444.

[62] Chakraborty D,Lint M C. Gas-phase chemical kinetics of [C,H,N,O] systems relevant to combustion of nitramines[J]. Solid Propellant Chemistry, Combustion, and Motor Interior Ballistics,2000,185:33-71.

[63] Hsu C C,Lin M C,Mebel A M,et al. Ab initio study of the H+HONO reaction:Direct abstraction versus indirect exchange processes[J]. The Journal of Physical Chemistry A,1997, 101(1):60-66.

[64] Strachan A,Kober E M,Van Duin A C T,et al. Thermal decomposition of RDX from reactive molecular dynamics[J]. The Journal of Chemical Physics,2005,122(5):054502.

[65] Zhang S,Nguyen H N,Truong T N. Theoretical study of mechanisms,thermodynamics,and kinetics of the decomposition of gas-phase α-HMX(octahydro-1,3,5,7-tetranitro-1,3, 5,7-tetrazocine)[J]. The Journal of Physical Chemistry A,2003,107(16):2981-2989.

[66] 刘子如,刘艳,范夕萍,等. RDX 和 HMX 的热分解Ⅲ:分解机理[J]. 火炸药学报,

2006,29(4):14-18.

[67] Zhang L,Zybin S V,Van Duin A C T,et al. Modeling high rate impact sensitivity of perfect RDX and HMX crystals by ReaxFF reactive dynamics[J]. Journal of Energetic Materials, 2010,28(S1):92-127.

[68] Strachan A,van Duin A C T,Chakraborty D,et al. Shock waves in high-energy materials: The initial chemical events in nitramine RDX[J]. Physical Review Letters, 2003, 91 (9):098301.

[69] Bulusu S,Behrens Jr R. A Review of. the Thermal decomposition pathways in RDX,HMX and other closely related cyclic nitramines[J]. Defence Science Journal,1996,46(5):346-360.

[70] Klasovitý D,Zeman S,Růžička A,et al. Cis-1,3,4,6-tetranitrooctahydroimidazo-[4,5-d] imidazole(BCHMX),its properties and initiation reactivity[J]. Journal of Hazardous Materials,2009,164(2-3):954-961.

[71] Elbeih A,Zeman S,Jungová M,et al. Detonation characteristics and penetration performance of plastic explosives[J]. Theory and Practice of Energetic Materials,2011,9:508-13.

[72] Elbeih A,Zeman S,Pachman J. Effect of polar plasticizers on the characteristics of selected cyclic nitramines[J]. Central European Journal of Energetic Materials,2013, 10(3),339-350.

[73] Qiu L,Zhu W H,Xiao J J,et al. Theoretical studies of solid bicyclo-HMX:Effects of hydrostatic pressure and temperature[J]. The Journal of Physical Chemistry B,2008,112(13): 3882-3893.

[74] Chen F,Cheng X L. A first-principles investigation of the hydrogen bond interaction and the sensitive characters in cis-1,3,4,6-tetranitrooctahydroimidazo-[4,5-d] imidazole[J]. International Journal of Quantum Chemistry,2011,111(15):4457-4464.

[75] Yan Q L,Zeman S,Svoboda R,et al. Thermodynamic properties,decomposition kinetics and reaction models of BCHMX and its Formex bonded explosive[J]. Thermochimica Acta, 2012,547:150-160.

[76] Elbeih A,Pachman J,Zeman S,et al. Study of plastic explosives based on attractive cyclic nitramines,part II. Detonation characteristics of explosives with polyfluorinated binders[J]. Propellants,Explosives,Pyrotechnics,2013,38(2):238-243.

[77] Shu Y,Korsounskii B L,Nazin G M. The mechanism of thermal decomposition of secondary nitramines[J]. Russian Chemical Reviews,2004,73(3):293-307.

[78] Chakraborty D,Muller R P,Dasgupta S,et al. Mechanism for unimolecular decomposition of HMX(1,3,5,7-tetranitro-1,3,5,7-tetrazocine),an ab initio study[J]. The Journal of Physical Chemistry A,2001,105(8):1302-1314.

[79] Irikura K K,Johnson R D. Is NO3 formed during the decomposition of nitramine explosives? [J]. The Journal of Physical Chemistry A,2006,110(51):13974-13978.

[80] Zhang J,Cheng X,Zhao F. Quantum chemical study on the interactions of NO_3 with RDX and four decomposition intermediates[J]. Propellants, Explosives, Pyrotechnics, 2010, 35(4):315-320.

[81] Geetha M,Nair U R,Sarwade D B,et al. Studies on CL-20:the most powerful high energy material[J]. Journal of Thermal Analysis and Calorimetry,2003,73(3):913-922.

[82] Ryzhkov L R,McBride J M. Low-temperature reactions in single crystals of two polymorphs of the polycyclic nitramine 15N-HNIW[J]. The Journal of Physical Chemistry,1996,100(1):163-169.

[83] Okovytyy S,Kholod Y,Qasim M,et al. The mechanism of unimolecular decomposition of 2,4,6,8,10,12-hexanitro-2,4,6,8,10,12-hexaazaisowurtzitane. A computational DFT study[J]. The Journal of Physical Chemistry A,2005,109(12):2964-2970.

[84] Xu X J,Xiao H M,Xiao J J,et al. Molecular dynamics simulations for pure ε-CL-20 and ε-CL-20-based PBXs[J]. The Journal of Physical Chemistry B,2006,110(14):7203-7207.

[85] Sorescu D C,Rice B M,Thompson D L. Molecular packing and NPT-molecular dynamics investigation of the transferability of the RDX intermolecular potential to 2,4,6,8,10,12-hexanitrohexaazaisowurtzitane[J]. The Journal of Physical Chemistry B,1998,102(6):948-952.

[86] Patil D G,Brill T B. Thermal decomposition of energetic materials 59. characterization of the residue of hexanitrohexaazaisowurtzitane[J]. Combustion and Flame,1993,92(4):456-458.

[87] Turcotte R,Vachon M,Kwok Q S M,et al. Thermal study of HNIW(CL-20)[J]. Thermochimica Acta,2005,433(1-2):105-115.

[88] Xiao H,Yang R. Study of Hexanitrohexaazaisowurtzitane ion dissociation mechanisms based on mass-analyzed ion kinetic energy spectrum[J]. Journal of Propulsion and Power,2005,21(6):1069-1074.

[89] 宋振伟,严启龙,李笑江,等. 溶剂中ε-CL-20的晶型变化[J]. 含能材料,2010(6):648-653.

[90] Li J,Brill T B. Kinetics of solid polymorphic phase transitions of CL-20[J]. Propellants,Explosives,2007,32(4):326-330.

[91] Ou Y X,Wang C,Pan Z L,et al. Sensitivity of hexanitrohexaazaisowurtzitane[J]. Energetic Materials-Chengdu,1999,7:100-102.

[92] Lee M H,Kim J H,Park Y C,et al. Control of crystal structure and its defect of ε-HNIW prepared by evaporation crystallization[J]. Ind. Eng. Chem. Res,2007,46:1500-1504.

[93] Yang R,Xiao H. Dissociation mechanism of HNIW ions investigated by chemical ionization and electron impact mass spectroscopy[J]. Propellants,Explosives,Pyrotechnics:An International Journal Dealing with Scientific and Technological Aspects of Energetic Materials,

2006,31(2):148-154.

[94] Naik N H,Gore G M,Gandhe B R,et al. Studies on thermal decomposition mechanism of CL-20 by pyrolysis gas chromatography-mass spectrometry(Py-GC/MS)[J]. Journal of Hazardous Materials,2008,159(2-3):630-635.

[95] Isayev O,Gorb L,Qasim M,et al. Ab initio molecular dynamics study on the initial chemical events in nitramines: thermal decomposition of CL-20[J]. The Journal of Physical Chemistry B,2008,112(35):11005-11013.

[96] Qasim M M,Fredrickson H L,McGrath C,et al. Semiempirical predictions of chemical degradation reaction mechanisms of CL-20 as related to molecular structure[J]. Structural Chemistry,2004,15(5):493-499.

[97] Bhushan B,Halasz A,Spain J C,et al. Initial reaction(s) in biotransformation of CL-20 is catalyzed by salicylate 1-monooxygenase from pseudomonas sp. strain ATCC 29352[J]. Appl. Environ. Microbiol. ,2004,70(7):4040-4047.

[98] Bhushan B,Halasz A,Hawari J. Nitroreductase catalyzed biotransformation of CL-20[J]. Biochemical and Biophysical Research Communications,2004,322(1):271-276.

[99] Balakrishnan V K,Halasz A,Hawari J. Alkaline hydrolysis of the cyclic nitramine explosives RDX,HMX,and CL-20:New insights into degradation pathways obtained by the observation of novel intermediates[J]. Environmental Science & Technology,2003,37(9):1838-1843.

[100] Balakrishnan V K,Monteil-Rivera F,Halasz A,et al. Decomposition of the polycyclic nitramine explosive, CL-20, by Fe0[J]. Environmental Science & Technology, 2004, 38(24):6861-6866.

[101] Bhushan B,Halasz A,Hawari J. Stereo-specificity for pro-(R)hydrogen of NAD(P)H during enzyme-catalyzed hydride transfer to CL-20[J]. Biochemical and Biophysical Research Communications,2005,337(4):1080-1083.

[102] Bhushan B,Halasz A,Thiboutot S,et al. Chemotaxis-mediated biodegradation of cyclic nitramine explosives RDX,HMX,and CL-20 by Clostridium sp. EDB2[J]. Biochemical and Biophysical Research Communications,2004,316(3):816-821.

第 8 章　高聚物粘结炸药的安全性能

8.1　高聚物粘结炸药的安全性影响因素

8.1.1　热点起爆理论

含能材料可以由机械作用、热、冲击波、电、光等外界刺激所引发,进而发生爆炸。这些起爆方式总体上可以归为两类:一类是热作用引发;另一类是冲击波作用引发。炸药的热点起爆理论认为,炸药的起爆主要是基于热作用引发,包括冲击波作用下由脉冲波产生的绝热温升。热点起爆理论,是指炸药在外界刺激条件下,机械能等能量均转化为热能,使得炸药内部局部升温并开始发生放热的化学反应,产生的热量又迅速加剧反应。由于外界刺激作用并不均匀,因此产生的热能只集中于炸药局部很小的区间内,在微小区域形成热点,快速升温并引发炸药爆炸。

热点起爆理论是一项广为接受的经典理论,在含能材料领域应用广泛并取得了长足的发展。早在 19 世纪末,人们就对热爆炸现象有了初步的认识,并在 20 世纪初逐步发展了热爆炸理论。实验测得的热点尺寸为 10^{-4} ~ 10^{-3}mm,存在的时间为 10^{-5} ~ 10^{-3}s。一般认为,当炸药热点的数量、尺寸以及温度达到爆炸临界直径时,就可以引发爆炸。多年来,研究人员通过大量理论和实验研究,探索了炸药热点的形成机制,并提出了一些热点形成的原因,主要包括:①炸药内部间隙的空气或微小气泡等在外界刺激作用下受到了绝热压缩;②受到机械作用后,炸药颗粒之间,炸药与其他组分、杂质之间发生摩擦升温,进而发展为热点;③机械作用下,炸药被挤压发生黏滞流动而产生的热点。

英国学者 Bourne 等在炸药起爆的实验研究方面开展了大量工作,建立了多种用于观测压装、浇注型 PBX 炸药起爆微观行为的实验装置和方法,对炸药热点理论的发展起到了很大推动作用。例如,他们在液态含能材料中引入气泡,观察并计算了冲击压缩条件下,气泡的压缩、封闭和喷溅的动态过程。当冲击波作用于气泡后,气泡前端表面受压缩发生形变,并逐渐与后部的气泡表面接触、融合。在较高的冲击压力下,气泡闭合后在两侧出现物质喷溅,并伴随升温、发光现象,印证了热点的气泡压缩模型理论。我国学者 Cai 等通过研究 PETN 单晶和纳米晶在冲击波刺激下的响应,也研究了含能材料热点生成的摩擦剪切模型。他们的研究表明:含能材料在机械刺激下的热点主要由炸药颗粒边界的相互剪切、摩擦而产生,PETN 在冲击下的温度分布及热点的形成、原子结构如图 8-1 所示。

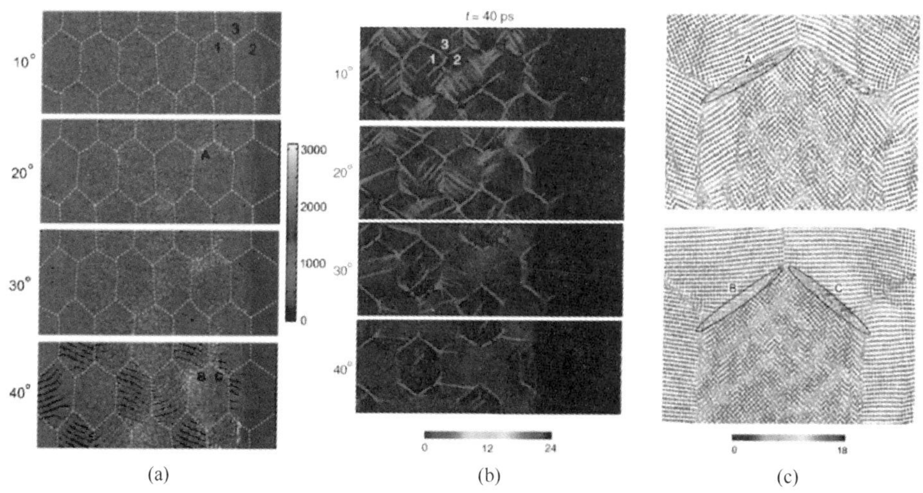

(a)　(b)　(c)

图 8-1　PETN 在冲击下的(a)温度分布;(b)热点的形成;(c)原子结构

针对几种主流热点形成模型,研究人员开展了大量的理论和实验研究来对其进行验证。美国 LANL 实验室 Zuo 等通过研究认为:靠近炸药裂纹内界面的颗粒摩擦可能是最主要的热点形成始源,并发展了考虑摩擦生热效应的起爆模型(SCRAM),利用该模型研究了不同含能材料的起爆过程,如图 8-2 所示。近年来,美国佐治亚理工学院 Barua 等研究了 PBX 在撞击加载下的热力学响应过程,并从介观尺度发展了一种联合有限元方法(CFEM)。他们认为,热点的形成主要有两种因素:一是 PBX 材料内部形变早期的黏弹性耗散;二是形变后期裂纹表面的摩擦生热。他们还在此基础上研究了炸药的各向异性对撞击加载下的温度及应力场演化的影响,并分析了任意方向分布的晶粒滑移特性。

炸药晶体、PBX 内部的杂质、缺陷越多(如晶体位错、孪晶、PBX 孔隙等),热点越容易形成。根据炸药热点起爆理论,在外界机械作用力下,炸药反应产生爆炸的总概率(机械感度)取决于热点产生概率 P_1 和热点传播概率 P_2 的乘积:$P=$

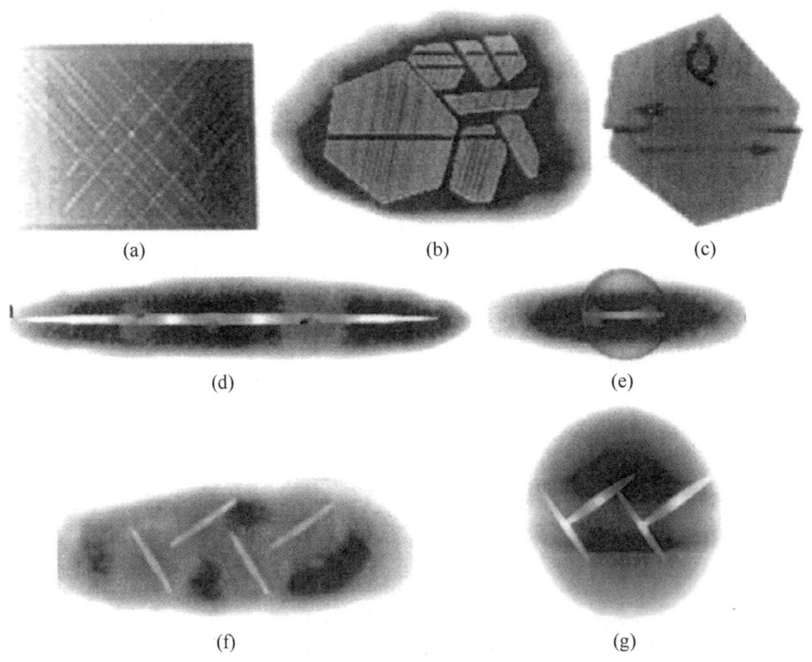

图 8-2 以 HMX 为例的炸药起爆过程 SCRAM 模型

$P_1 \times P_2$。决定 P_1 的最主要因素是炸药晶体在外界机械作用下产生的应力大小，主要由炸药晶体或颗粒的力学性能所决定，为降低 P_1，应设法从炸药晶体、造型粉、药柱几方面采取措施，消除缺陷，提高晶体、颗粒或成型药柱的完整性，减少外力作用下产生的形变或应力集中，从而减少热点形成的数量，具体的措施包括提高晶体纯度，使炸药粒子外观完整、表面光滑、球形度高等。同时，可采用柔软材料对炸药晶体进行包覆（包括聚合物、石蜡、表面活性剂、含能钝感剂等）。炸药微纳米化后，一般机械感度也要降低，多数观点认为是由于纳米化后炸药晶体内缺陷减少，从而导致热点减少的原因。P_2 主要取决于由弹药燃烧到爆轰发展过程的诸因素，即影响燃烧速度及其燃烧转爆轰过程（DDT）的诸因素，若能控制、降低炸药的燃速和 DDT 的发展，则可降低 P_2。例如：加入还原剂尿素、氨基甲酸甲酯等可在一定条件下抑制 RDX 的燃烧；也可采用化学钝感，单纯在表层中含有抑制剂的样品钝感效果最好。总的来说，高聚物粘结炸药的安全性影响因素较多，包括组分分子结构、聚集形态、制备工艺的影响等。

8.1.2 组分分子结构的影响

高聚物粘结炸药中,炸药的分子结构对其感度有最直接的影响,分子结构影响因素包括取代基的种类及特性、分子间弱键的强度及分子构型等。炸药分子中原子之间作用力越强,则破坏这种结构所需要的外界能量就越多,炸药的感度也就越低。例如,高能硝胺炸药中常见的氮硝基($N—NO_2$)比碳硝基($C—NO_2$)更不稳定,因此含有 $N—NO_2$ 的炸药感度均很高,如 CL-20、HMX、RDX。分子内含有氨基(NH_2)的炸药可以形成较强的分子内、分子间氢键,因此一般感度较低,如 TATB、LLM-105、FOX-7。

除了关键基团外,炸药分子的氧平衡(OB)也对其感度有显著影响。Delpuech 等早就研究了多硝基芳香族化合物的撞击感度与 OB 之间的关系,并发现炸药爆炸特性落高(H_{50})的自然对数与 OB 值存在一定线性关系,OB 值越小,H_{50} 就越高。该项研究初步建立了炸药撞击感度与分子结构的关系。

基于炸药分子结构对感度的影响,张朝阳等发展了一些预估炸药感度的新方法,包括硝基电荷法、取代基相互作用能法以及分子堆积模式法。其中,前两者是从分子结构层次,后者主要从晶体结构层次研究炸药感度的影响。硝基电荷法认为炸药的硝基电荷是影响硝基化合物感度的最重要因素之一,并对一系列含能化合物进行了分析,确认了该方法切实有效,如图 8-3 所示。取代基相互作用能法认为,炸药上取代基相互作用能越高,相互排斥越强,分

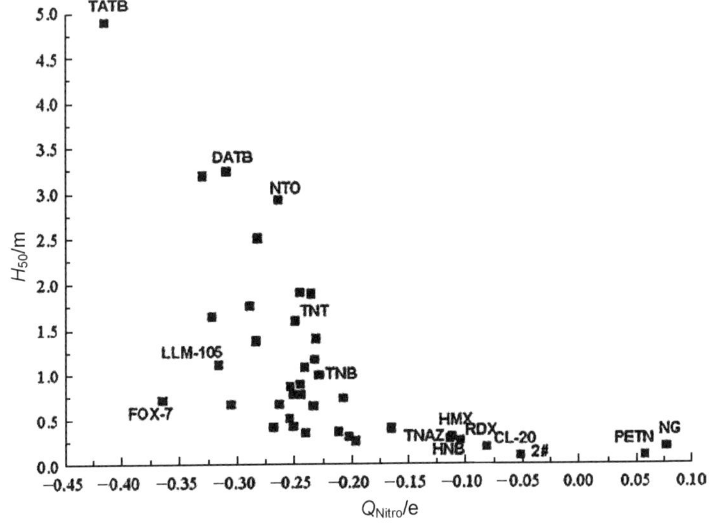

图 8-3　硝基电荷法研究炸药分子结构对感度的影响

子就越不稳定,炸药的撞击感度就越高。该方法可定量描述含能分子中的空间效应、诱导效应、共轭效应、分子内氢键效应。分子堆积模式法主要从晶体层次来研究炸药结构对感度的影响。低感炸药分子(如 TATB、DAAF、NTO、LLM-105、FOX-7 等)一般具有分子大 π 键共轭平面,广泛存在较强的分子内氢键,分子稳定性较强,而较敏感的炸药分子(如 CL-20、HMX、RDX、BTF、ONC 等)大 π 键共轭平面一般较少,缺乏分子内氢键。他们将所有的炸药分子堆积归为四类:面对面型、波浪型、交叉型和混合型,并采用滑移特性很好地解释了炸药的撞击感度。低感炸药属于前三种类型,可以有不同势垒的滑移方向,而敏感炸药的分子滑移是受限的,导致其撞击感度高。分子堆积模式法认为:含分子间氢键的炸药晶体内 π-π 堆积结构对外界刺激具有缓冲作用,因此可避免因分子间和分子内势能增加而导致炸药分解、热点形成和最终爆炸,因此这类炸药的撞击感度低,而不具备该结构的炸药通常感度较高。分子堆积模式法研究炸药结构对感度的影响及其原理如图 8-4 和图 8-5 所示。

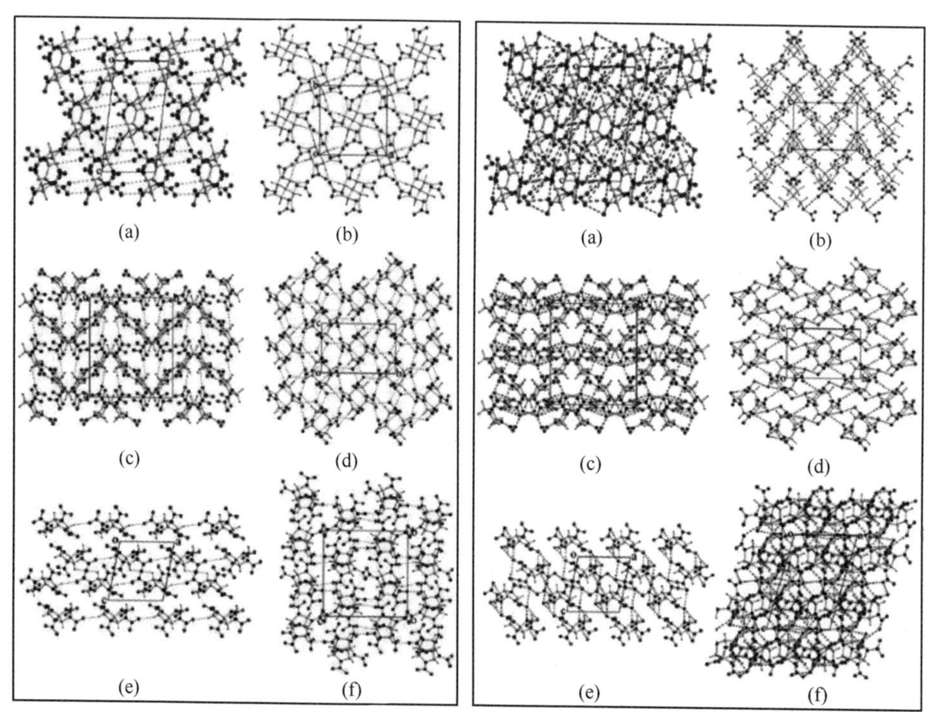

图 8-4 分子堆积模式法研究炸药结构对感度的影响

(a) ONDO;(b) PETN;(c) RDX;(d) β-HMX;(e) BCHMX;(f) ε-CL-20。

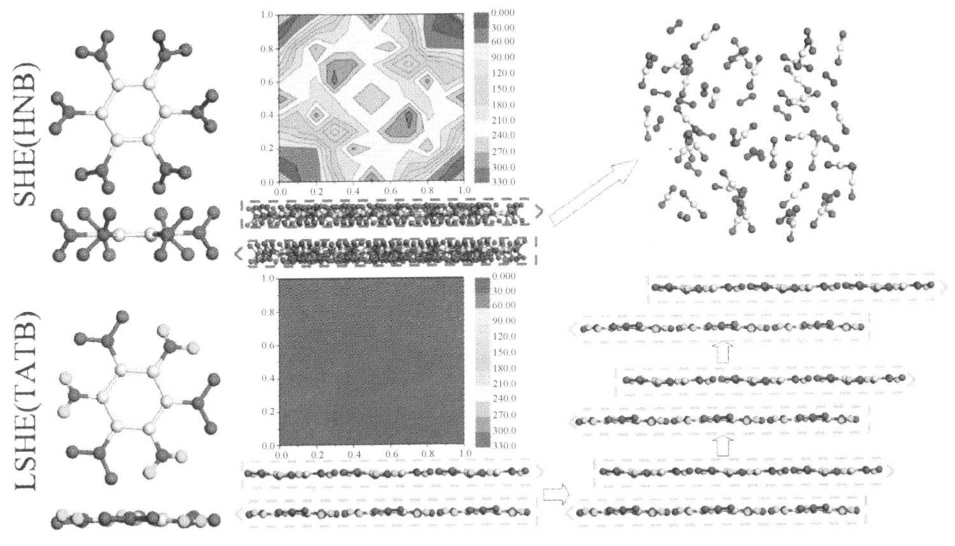

图 8-5　分子堆积模式法原理

8.1.3　聚集形态的影响

炸药的不同尺度研究如图 8-6 所示。从原子、分子结构，到晶体颗粒，再到 PBX 炸药试件。PBX 是炸药使用的最终形式，涉及介观、宏观材料科学。在 PBX 中涉及不同的颗粒聚集形态，这些 PBX 颗粒聚集形态对感度同样有着直接的影响，包括炸药的粒度、晶体品质、PBX 表面包覆效果以及内部孔隙结构等。

对于一般的猛炸药而言，炸药颗粒越小，其撞击感度越低。细小粒子有助于热量传递、表面原子多，化学反应将更加完全、迅速，从而超细炸药更容易稳定爆轰，减小炸药外界机械作用下的热量积累，从而有效降低机械感度。研究表明，调节炸药组分的粒度及粒度分布能够明显改善硝胺类炸药及其混合炸药的安全性能。炸药粒度和粒度分布范围以及分布峰形的差异都会直接影响炸药的感度，因此粒度及其分布对炸药感度的影响研究具有重要的指导意义和应用价值。刘玉存等系统研究了 RDX 粒度对撞击感度和摩擦感度的影响，结果表明：炸药的撞击感度、摩擦感度均随粒度的减小而降低。炸药粒度变化对机械感度影响的机理在于细颗粒 RDX 的比表面积较大、颗粒间的作用力较小、单个空穴的体积较小、材料的导热性能较好，不易形成热点，因此撞击感度、摩擦感度随粒度的减小而降低，如图 8-7 所示。但也有一些含能材料粒度对感度的影响属于例外，例如，高氯酸铵随着粒度的降低，其撞击感度和摩擦感度均急剧上升。目前，制备细颗粒炸药主要的方法有机械研磨法、重结晶法、超临界流体技术、微乳液或乳液合成法、气流粉碎法等。

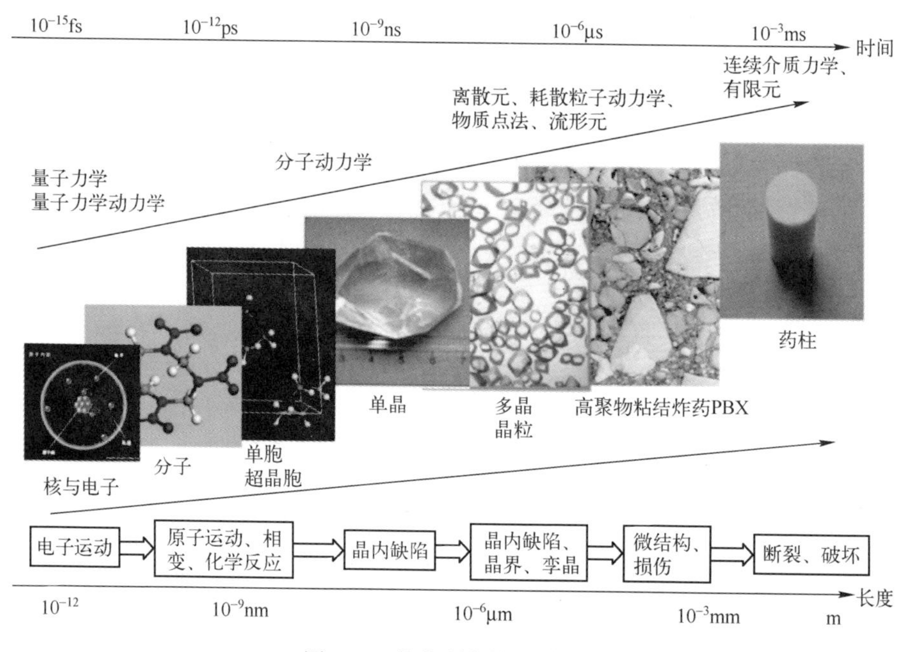

图 8-6　炸药研究的不同尺度

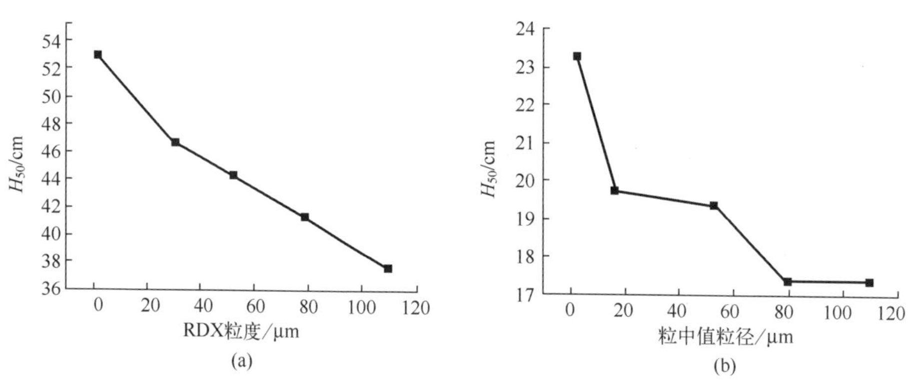

图 8-7　RDX 粒度与撞击感度(a)、摩擦感度(b)的关系曲线

炸药的晶体品质对其感度有明显影响。炸药晶体品质的提升,如降低杂质含量,提升晶体密度,减少晶体空隙、位错、缺陷和孪晶,提高炸药晶体球形化程度等,均有利于降低炸药感度,尤其是冲击波感度的降低十分显著,具体内容已在本书 3.1 节中进行了介绍。

PBX 的各组分的聚集形态，即内部微结构对炸药的感度有重要的影响。高聚物粘结剂、降感剂对炸药表面的均匀、致密包覆，都有利于炸药感度的降低。如何提升 PBX 中炸药表面的包覆度和致密程度，降低炸药的感度，一直是 PBX 领域研究热点之一。此外，PBX 的内部孔隙结构对感度的影响也较大。一般而言，装药密度越高，内部孔隙越少，形成热点的概率也就越低，炸药的感度就越低。

8.1.4　制备工艺的影响

高聚物粘结炸药的制备工艺对其安全性能同样有一定影响，但本质上是因为制备工艺影响了炸药的聚集形态和内部微结构。例如，采用溶剂-非溶剂喷雾结晶制备的微纳米炸药一般比采用机械研磨法制备的纳米炸药具有更低的机械感度和冲击波感度，这是由于喷雾结晶法所得的微纳米炸药是通过晶粒成核，再生长而得到，内部的晶体缺陷较少，而机械研磨所得的微纳米炸药内部缺陷相对较多，因而感度更高。再如，同样是压装型炸药造型粉，采用反相淤浆法一般比普通水悬浮法制备的 PBX 造型粉具有更低的感度，这是因为反相淤浆法中，炸药首先与粘结剂溶液充分作用，表面浸润效果、被包覆效果更佳，造型粉颗粒更密实，界面孔隙也就更少，因而感度相对更低。此外，在机械感度测试过程中，一般采用浇注法制备的 PBX 比压装型 PBX 感度更低，这是由于浇注法制备的 PBX 内部相对密实，且呈相对平面状，而压装型 PBX 造型粉呈颗粒状，颗粒内孔隙相对较多，因此在撞击感度测试过程中容易表现为感度更高。

8.2　高聚物粘结炸药的安全性预测

8.2.1　感度的理论基础

含能材料在受到撞击、摩擦、静电火花或冲击波等刺激时，容易发生燃烧或爆炸，受激发后起爆的难易程度定义为感度。其中撞击感度是评判炸药安全性的主要指标，它在理论和工程应用中都有重要意义。解决炸药感度理论判据问题，仅靠量子化学的方法是不够的。炸药在外界刺激作用下发生爆炸是一个十分复杂的过程，涉及机械、物理和化学等诸多因素。在同类刺激源作用下，由于炸药的摩擦系数、弹塑性、硬度和模量等性质不同，炸药所吸收的机械功也就不同。即使在炸药吸收的机械功相同的情况下，由于炸药的熔点、熔融焓、比热、导热系数等参数的差异，炸药内所产生的热点温度也就不同。只有在热点临界尺寸、温度及持续时间相同的情况下，炸药发生爆炸的难易程度才取决于该分子的反应活性,即可通过量子化学计算的结构参数和热力学数据表征。然而,从事含能化合物设计和制备的科研人员最感兴趣的还是决定安全性能的分子反应活性。肖鹤鸣成功地运用了量子化学方法完成了诸多开拓性的工作。近期对含能混合体系分子间相互作用展开了探索,以期对高聚物粘结炸药或固体推进剂的配方设计提供一定的理论指导。

撞击感度通常采用落锤实验法获得,它以常压室温下,特定重量的落锤作用下含能材料样品的爆炸概率(百分比)或50%爆炸概率下的特性落高 H_{50} 来表征(势能值)。然而此类实验存在一定局限性:①实验具有危险性;②实验结果受外界条件和人为因素影响,重复性较差;③无法通过实验获得尚未合成的新含能材料的撞击感度。因此,完全靠实验来确定含能材料的 H_{50} 已不能满足日益剧增的新型含能分子设计的需要。有必要根据理论方法对含能材料的撞击感度进行预估。首先,物质结构可决定其性质,同时物质性质可反映其分子结构。寻求撞击感度与炸药分子的结构参数之间的关联已成为当前炸药撞击感度理论研究的一个重要方向。国内最初的研究主要以硝基含能材料等简单分子的撞击感度预测为主,提出相关的计算原理和方法。国际上有关撞击感度与结构的研究最早始于 20 世纪中叶,Bowden 等对含能材料撞击感度与其晶体结构之间的关系做了探讨。Delpuech 等首先发现了仲硝基类含能材料的撞击波感度和热稳定性与其分子电子结构及 C—NO_2 或 N—NO_2 键能之间存在重要的关联性。通过多年的发展,形成了以下几种主流的撞击感度理论预测方法。

8.2.2 量子化学方法

量子力学理论的不断完善,尤其是自洽场方法与密度泛函理论(DFT)的建立与完善,高速计算技术的发展,使得人们能够借助高水平量子化学方法在微观结构层面上研究物质结构与性质的内在联系,撞击感度的量子化学理论研究也随之得到了发展。Politzer 等通过对 $C_aH_bN_cO_d$ 炸药量子化学计算,发现了静电势等分子结构参数与其撞击感度存在一定的相关性。近期,他们又发现撞击感度与其晶格的可压缩性或者晶体内自由体积存在重大关联,同时也证实了关于含能材料晶体空穴受撞击压缩时产生热点的起爆理论。Keshavarz 等在此基础上也进行了相关研究,发现 C—NO_2 键区域的静电势在一定程度上反映了其不稳定性,从而用于标识其感度。Liu 等则证实了硝基化合物中硝基的电荷值决定了高能材料的机械感度。Murray 等也发现不含羟基的 18 种硝基芳香化合物的撞击感度与 C—N 键的近似静电势值存在较大相关性。Ren 进一步发现可由分子的静电势获得环状结构炸药分子如硝基环丙烷、硝基环丁烷、硝基环戊烷和硝基环己烷等的撞击感度。Rice 和 Hare 则选取了化学键中点处的静电势近似值作为关联值,用以计算 $C_aH_bN_cO_d$含能分子的撞击感度和爆热。Politzer 等人则认为撞击感度与含能材料的理论最大爆热存在必然联系,而与爆速、爆压的关联性小。根据热点起爆理论,所有的失控化学反应都始于热点引发的分解反应。Zohari 等人研究表明,$C_aH_bN_cO_d$系列含能分子的撞击感度不仅与 H/O 比值有关,还与热分解活化能存在明确的关系。依据这一观点,Mathieu 等通过分解反应速率常数估算了硝基化合物的 H_{50}值,所得结果与实验值非常接近(相关系数约为 0.8)。该结果表明,含能材料的感度取决于在热点分散前分解反应的自蔓延能力。此外,Tan 等人的研究表明,相对上述决定性因素,取决于含能材料分子的化学键与非键耦合(应变能)的分子刚度对其感度的影响最大。

结合以上多种因素,Keshavarz 最近开发了一套可以计算含能材料机械感度的 Visual Basic 程序,对硝基吡啶、硝基咪唑、硝基吡唑、硝基呋咱、硝基三唑、硝基嘧啶、多硝基芳烃、苯并呋咱、硝胺,硝酸脂、含其他官能团硝基脂肪族和硝酸高能化合物的撞击感度计算精度较高。他们的预测结果对 Murray 等人关于 $C_aH_bN_cO_d$ 炸药撞击感度与分子内部电荷不平衡程度的相关性模型给予了支持。Murray 的表面静电势参量模型有 5 个。模型1:采用每个键中点的静电势的近似值来计算感度;模型2:应用等静电势面上正电荷与负电荷平均值的差值来计算感度;模型3:应用与静电势相关的统计参量(平衡参数 ν)来计算感度;模型4:运用单分子量子化学信息来估算其爆热 Q_{det},然后通过爆热来计算撞击感度;模型5:用平衡参数 ν 与爆热结合来计算撞击感度。对于硝胺化合物,在热源、撞击波和机械撞击所引发的分解过程中,虽然在一些情况下会存在其他起主导作用的反应路径,但 N—NO_2的断裂仍然看作初始反应步骤。Edwards 等同样采纳了模型4,并辅以 PM3 和 DFT 两种级别量子化学方法计算了几种硝胺炸药的爆热。他们发现,在 DFT 理论水平,感度随着最高占有轨道(HOMO)和最低空轨道(LOMO)能量的增加呈指数递减。张朝阳等也在 DFT 理论计算的基础上,发现撞击感度与硝基所带电荷之间存在较大的相关性。他们采用广域梯度近似(GGA)的方法,基于 Beck 混合泛函计算了硝基上的 Mulliken 电荷,并与硝基化合物的撞击感度进行关联。结果表明,当硝基上的负电荷小于 0.23 时,该化合物较为敏感,即 $H_{50} \leqslant 40$cm(2.5kg)。因为硝基所带电荷值可用来估算键能、氧平衡和分子静电势等一系列结构参数,且硝基上的 Mulliken 净电荷越多,该分子就越钝感。需要指出的是,他们的方法仅适用于含有弱键 C—NO_2、N—NO_2或 O—NO_2的硝基化合物。

8.2.3 定量结构-性质相关性法

定量结构-性质相关性法(QSPR)通过选用合适的分子结构来描述分子的结构特征,结合各种统计建模工具,研究有机物的结构与其各种物理化学性质之间的定量关系。分子结构可用反映其特征的各种参数来描述,即有机物的各类性质都可以用化学结构的某个函数来表示。通过对分子结构参数和所研究性质的实验数据之间的内在定量关系进行关联,建立分子结构参数和性质之间的关系模型。可靠的定量结构-性质相关模型可用来预测尚未合成的化合物的各种性质。Nefati 等人首次尝试了用人工神经网络方法来预测含能材料的撞击感度。他们选取 204 个含能材料分子作为样本集,同时设置了 3 类共 39 个描述参量来表征其分子结构(包括拓扑参量、几何构型参数和电子参数)。通过分别计算这 204 个含能化合物的 39 个结构参数,并对它们进行自由组合。然后经过多元线性回归(MLR)、偏最小二乘法(PLS)和 BP 神经网络法(BP-ANN)等算法,最终确立了撞击感度的预测模型。研究结果表明,相对传统的线性方法,使用非线性神经网络方法(MLR 和 PLS)可获得更优化的模型。最佳的神经网络模型共采用 13 个参数作为输入神经元,包括隐含层的 2 个神经元。在 Nefati 等人的研究基础上,Cho 等做了进一步的优化和改进,并预测了 234 种含能化合物的撞击感度。Cho 等选取了与 Nefati 不同的参量来描述含能化合物的结构,并根据参数种类和不同组合将它们分成 7 个子集。通过构建 3 层 BP 神经网络结构,对每个描述参量子集进行了建模。结果发现最好的网络结构为 17-2-1,即采用含分子组成及拓扑类型的 17 种分子参量作为输入层变量,神经网络结构隐含层需包含 2 个神经元。他们指出,包含分子组成及拓扑描述符的子集比含有电子参数如 LUMO、HOMO 和偶极矩的子集能获得更精确的预测结果。Wang 等则进一步利用遗传算法和基于电拓扑态指数的人工神经网络方法的 QSPR 模型预测了非杂环硝基化合物的撞击感度,获得的最佳 BP 神经网络结构为 16-12-1,预测结果与实测值最接近。

随后,Keshavarz 等仅选取了 10 个比较重要分子结构特征参数,并利用神经网络算法通过 MATLAB 编程,预测了大量的 $C_aH_bN_cO_d$ 炸药分子的感度。结果表明,该模型通过 275 个实验样本训练后得到了的最优化网络结构,大幅提高了其计算精度,明显优于上述 Rice 的 5 个量子化学模型预测的结果。此外,王睿等选用原子型电性拓扑状态指数,表征了 20 种均三硝基苯类含能化合物。他们采用 MLR 方法进行拟合,所创建的 4 参数线性模型预测效果较好。随后,他们在此基础上采用原子电性拓扑状态指数和基团电性拓扑指数共同来表征包括硝基芳香化合物、硝酸酯和硝胺在内的 41 种含能硝基化合物的分子结构,并采用逐步回归 MLR 法成功建立了 5 变量线性预测模型。初步研究表明,电性拓扑状态指数不仅可以反映硝基含能化合物的拓扑结构,还包含了其分子中电子状态。为了扩大样本数,他们还采用 156 个硝基非杂环含能化合物进行训练标定,形成了基于 MLR、PLS 和 BP 神经网络等三种建模方法的预测模型。结果表明,非线性的 BP 神经网络方法构建的预测模型无论在稳定性、内部及外部预测能力以及泛化性能方面都优于线性方法(MLR 与 PLS)。近来,Morrill 等则利用该软件在 AM1 半经验水平计算了 227 个化合物的结构参数,然后结合软件集成的最优多元线性回归(BMLR)算法,从大量算符中筛选出 8 个并建立线性模型,取得了较好的结果。肖鹤鸣等则采用 HMO、CNDO/2、MINDO/3 和 MNDO 等分子轨道算法,对苯、甲苯、苯胺及苯酚等四类分子的硝基衍生物进行了系统研究。研究表明,对结构相似物,其分子中最弱键的键级(如 π 键、Mullikan 键或 Wiberg 键)或双原子作用能与其撞击感度或热安定性之间往往存在着渐变关系。因而,根据炸药热分解和起爆机理,他们提议以基态分子最弱键的键级或该键所连接的两原子之间的相互作用能作为判据来判别同系物炸药的热安定性或撞击感度的相对大小。其判断同系物炸药的热安定性或撞击感度的相对大小的方法有两种:①由 II 级键估算化学键的离解能来判别;②根据键级和双原子作用能的线性相关性来判断。这些研究对炸药的撞击感度影响因素有更深层次的认识,对炸药其他爆炸性能的预测也有重大的指导意义。

近来,Kim 等根据范德华分子表面(MSEP)静电势(ESP)的定量结构-性质关系(QSPR)更精确地预测含能材料的撞击感度。从 MSEP 衍生的各种三维描述,他们利用总和为正 MSEP 的变化,并结合其他三个参数,确立了新的 QSPR 方程。在此基础上他们建立了如下六种不同精度的模型。

模型 1:$h_{50\%}=a_1+a_2\exp(-a_3\bar{V}_{\mathrm{Mid}})+a_4\bar{V}_{\mathrm{Mid}}$

模型 2:$h_{50\%}=a_1+a_2\exp[-(a_3|\bar{V}_s^+-|\bar{V}_s^-||)]$

模型 3:$h_{50\%}=a_1+a_2\exp(a_3v)$

模型 4:$h_{50\%}=a_1+a_2\exp[-a_3(Q-a_4)]$

模型 5:$h_{50\%}=a_1\exp[a_2v-a_3(Q-a_4)]$

模型 6:$h_{50\%}=a_1+a_2(H)+a_3(\mathrm{HBD})+a_4(\mathrm{PSA})+a_5(\sigma)+a_6(\sigma_+^2)$

式中:$h_{50\%}$ 为采用 2.5kg 落锤时的特性落高;$\bar{V}_s^+$、$\bar{V}_s^-$ 分别为分子表面的平均正负静电势;ν 为平均电势和等表面电势的平衡常数;H、HBD、PSA 分别为氢原子数、氢键供体数和该分子表面极性;σ_{tot} 为范德华分子表面静电势之和;σ_+^2、σ_+^2 分别为 MSEP 的正负方差;Q 为 CHNO 炸药的爆热(即反应热)。

其中

$$\sigma_{\mathrm{tot}}=\sigma_+^2+\sigma_-^2$$

$$\sigma_+^2 = \frac{1}{m}\sum_{i=1}^{m}\left[V^+(r_i) - \overline{V}_s^+\right]^2$$

$$\sigma_-^2 = \frac{1}{n}\sum_{j=1}^{n}\left[V^-(r_j) - \overline{V}_s^-\right]^2$$

$$C_aH_bN_cO_d \longrightarrow \frac{1}{2}cN_2 + \frac{1}{2}bH_2O + \left(\frac{1}{2}d - \frac{1}{4}b\right)CO_2 + \left(a - \frac{1}{2}d + \frac{1}{4}b\right)C$$

从以上表达式可以看出,含能化合物分子表面电荷分布与其撞击感度大体呈指数关系,而大多数 QSPR 研究所得的结论是简单的线性关系。综上所述,量子化学方法可提供精确的结构数据,但是需要耗费大量的 CPU 时间,对计算机硬件要求比较高。而 QSPR 方法则可以系统全面地描述含能材料分子结构参数与其撞击感度之间的内在联系,并建立相应的预测模型。但是,一般采用的描述参量都集中在经验、半经验水平,精度稍差。与此同时,QSPR 方法所需要的实测感度训练数据源差别较大,可靠性不能得到保证,给研究带来了一定的不确定性。在确定新含能化合物的撞击感度后,可以进一步确定其静电火花感度,因为根据热点起爆理论,这两者本质上存在一定的相关性。尽管如此,含能材料的静电火花感度产生机制还有待于进一步验证。

8.3 高聚物粘结炸药的机械感度

8.3.1 撞击感度

炸药的撞击感度是指其在外界撞击作用下发生爆炸的难易程度,是炸药最基本的安全性能之一。如前所述,国内对炸药的撞击感度主要有两种表示方法,即爆炸概率百分数和特性落高 H_{50},而国外更多是采用撞击能量 BAM 来表达撞击感度。

爆炸概率百分数法在国内广泛应用,参考国军标 GJB 772A—97 601.1 方法,它是指将一定质量的炸药置于不锈钢模套中,采用标准重量的落锤在指定高度下自由落体撞击模套,并记录发生爆炸概率的百分数作为撞击感度的结果,典型的撞击感度测试装置如图 8-8 所示。常见使用条件为 10kg 落锤,25cm 落高,样品量 50mg,每组测试 25 发样品。表 8-1 列出了几种炸药撞击感度。爆炸概率法测试撞击感度的优点在于测试过程相对简单,落锤高度固定,测试便捷,同时测试结果直观,但其主要缺点在于定量表达的程度不够,不及特性落高法和撞击能量法。例如,CL-20、PETN 和 HMX 的感度可能都是 100%,这几者的差距就不容易看出,同样 TATB 和 LLM-105 的撞击感度可能都为 0,但实际上 TATB

要比 LLM-105 钝感得多,这也无法通过爆炸概率法所得数据来进行表达。

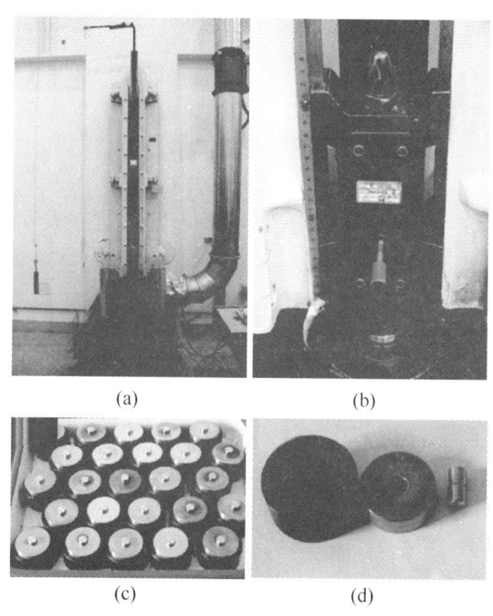

(a) (b)

(c) (d)

图 8-8 爆炸概率法测试炸药撞击感度装置

(a) 撞击感度仪;(b) 落锤;(c) 模套;(d) 模套组成。

表 8-1 几种常见的炸药撞击感度(爆炸概率法)

炸 药	撞击感度/%	炸 药	撞击感度/%
CL-20	100	苦味酸	24~32
PETN	100	特屈儿	50~60
HMX	90~100	BTF	84
RDX	75~85	LLM-105	0~20
TATB	0	FOX-7	0~8
TNT	4~8	TKX-50	0-20

特性落高值 H_{50}法参考国军标 GJB 772A—97 601. 2 方法,同样是将炸药置于不锈钢模套中,采用一定质量的落锤(如 1kg、2kg、2. 5kg、5kg、10kg)在某一高度下进行自由落体撞击,如发生爆炸则将撞击高度往下降,如未发生爆炸则将撞击高度往上升,再经过数学公式计算炸药发生 50%爆炸概率下的落锤高度值,即为 H_{50}。特性落高值法测试一般一组测试需要 25~30 发,在获得有效数据前需要先找到炸药爆与不爆的分界点,测试过程中,如出现连续 4 发爆炸或连续 4 发不爆炸的情况,则视为样品稳定性较差,测试数据无效。除了能够定量给出

H_{50}值外，特性落高法还能根据测试过程中样品的波动同时给出所得结果的置信水平。特性落高法在我国炸药感度测试中也广泛使用。

撞击能量法(Bundesanstalt für Materialprüfung，BAM)在国外广泛使用，尤其是欧洲。美国发展了与之类似的ERL方法。与爆炸概率法、特性落高法所不同的是，炸药的测试量是量取体积(如$10mm^3$、$20mm^3$、$40mm^3$)，而不是称量质量。如此以来，对于不同松装密度的炸药粉体，在模套中样品量是等高的，消除了不同高度对感度测试带来的影响。具体的测试方法为：在某一高度下落锤进行自由落体撞击，如发生爆炸则将落锤高度往下降，如未发生爆炸在这一高度继续测试，直至出现连续6发中有1发爆炸的情况，取所得高度并换算成撞击能量，即为炸药的撞击感度。例如，CL-20的BAM撞击感度一般为4~6J，HMX、RDX一般为5~10J。BAM法测试炸药的撞击感度装置如图8-9所示。在感度测试方法方面，国内外学者也开展了大量的研究。荷兰学者以亚微米RDX、HMX为对象，研究了感度测试方法的可靠性。捷克帕尔杜比采大学发展了一些新的炸药感度测试方法。

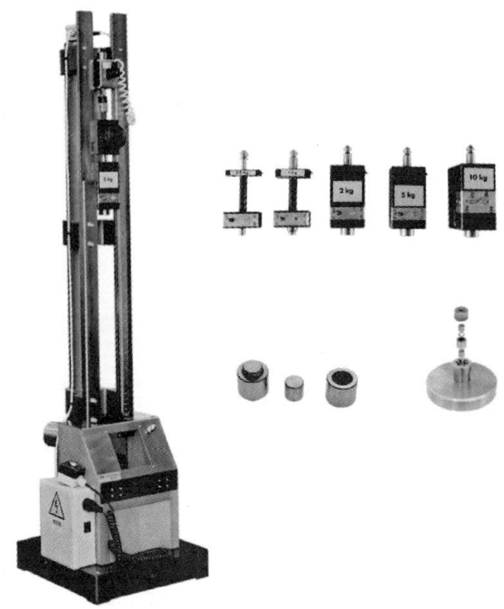

图8-9 BAM撞击感度装置

除了简单的落锤撞击感度外，还有一些大型的炸药撞击感度测试方法。例如，炸药的苏珊试验，是将尺寸为$\phi50mm\times100mm$的药柱装填在炮弹中，将炮弹以不同的速度撞击靶板，并测定某一位置的空气冲击波超压值(图8-10)。与苏珊试验不同的是,同样为大型撞击感度测试的史蒂芬(Steven)试验不是拿炸药去撞击靶,而是将炸药固定,用高速炮弹去轰击炸药,并记录反应程度。苏珊试验和 Steven 试验也是评价钝感炸药的关键安全性能指标的重要试验。相比于普通的落锤撞击感度而言,这些大型撞击感度试验更能够表达真实场景下的炸药部件的安全性能,而普通的落锤撞击感度测试(如测定炸药粉末、压装造型粉的感度),则相对具有一定局限性。

图 8-10　苏珊试验装置及撞击后弹体残骸

8.3.2　摩擦感度

炸药的摩擦感度是指炸药受到摩擦作用下发生爆炸的难易程度,也是炸药最基本的安全性能之一。目前,国内外对炸药的摩擦感度主要有两种表示方法,即摩擦概率爆炸百分数法和 BAM 法。

摩擦概率爆炸百分数法在国内广泛使用,该方法是将一定量的炸药置于模套中,在一定的摆锤下实现撞击摩擦,通过观察爆炸声音、烟雾、击柱的烧蚀痕迹来判定是否发生爆炸,并在一组测试完成之后获得炸药的摩擦感度,以爆炸百分数计。参考国军标 GJB 772A—97 602.1 方法,一般的测试条件为 1.5kg 摆锤,90°摆角,3.92MPa 压力。测试样品一般为 30mg,一组测试 25 发。典型的摩擦感度装置如图 8-11 所示。与撞击感度的爆炸概率法类似,这种测试方法虽然结果直观,但在定量方面有一定的局限性。例如,CL-20、HMX 的摩擦感度均为 100%,TATB 和 LLM-105 的摩擦感度均为 0,而两者之间无法比较出差距。

国外广泛使用的为 BAM 摩擦感度仪,它是由机片、电动机、托架和砝码四部分组成。测试时,炸药置于摩擦棒与板之间,将砝码挂在挂钩上,形成一定的压力,摩擦棒通过往复运动给炸药一定摩擦作用,通过炸药的反应判断是否发生了爆炸。如爆炸则将能量往下降,如未爆炸则继续测试,测定 6 次试验中只发生一次爆炸的最小负载,作为摩擦感度的结果,单位为 N。例如,采用 BAM 法测试的 PETN 摩擦感度约为 60N,HMX 摩擦感度约为 80N。典型的 BAM 摩擦感度仪装置图如图 8-12 所示。

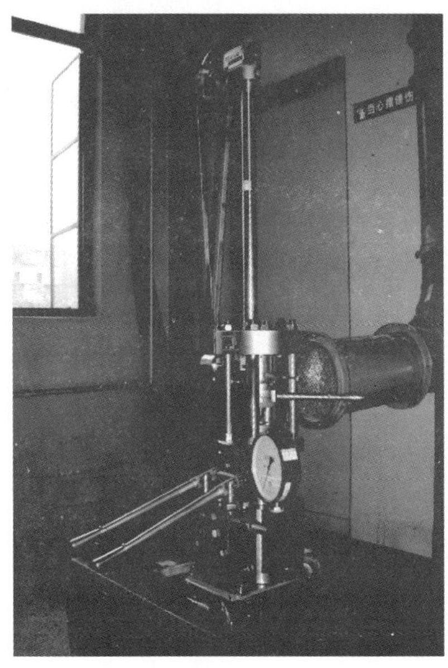

图 8-11　典型摩擦感度装置图(爆炸概率法)

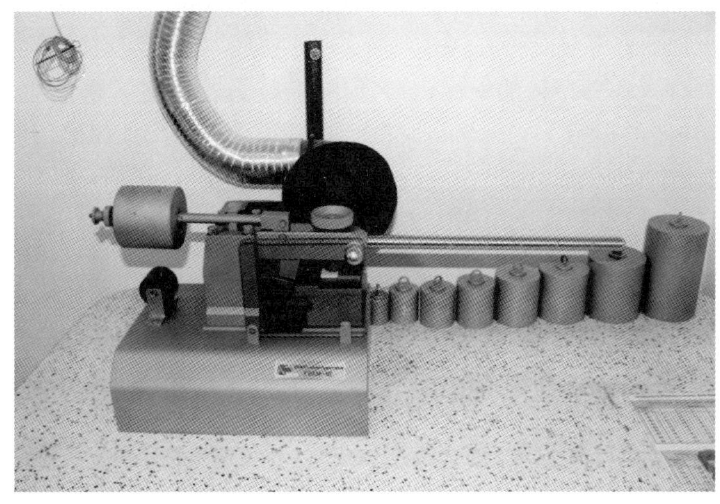

图 8-12　典型的 BAM 摩擦感度装置

为了能够更好地反映炸药在真实场景下的摩擦感度,也有一些其他较为大型的测试方法,如药片摩擦感度。药片摩擦感度仪及典型的炸药测试结果如图 8-13 所示。这种测试方法是将炸药压制成一定尺寸的药柱,再进行摩擦测试,根据爆炸情况记录测试结果,药片摩擦感度也是钝感炸药的安全性能指标之一。

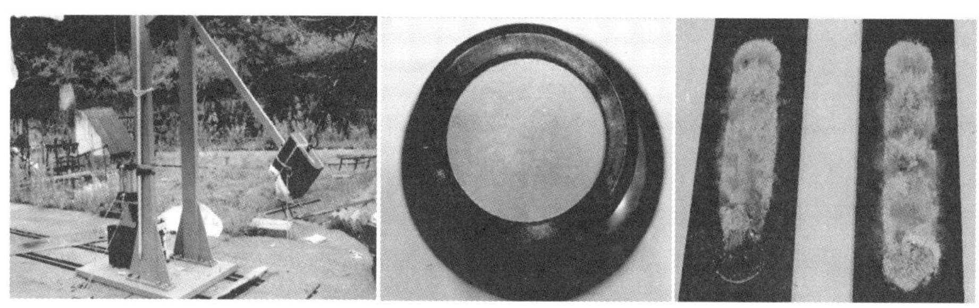

图 8-13　典型的 BAM 摩擦感度装置

8.4　高聚物粘结炸药的冲击波感度

炸药的冲击波感度是指在冲击波的作用下,炸药发生爆炸的难易程度。冲击波感度是衡量炸药安全性能的重要指标之一。根据冲击波的特点,可将其分为高压短脉冲和低压长脉冲两种。高压短脉冲主要是炸药起爆时给予的刺激,常见于火工品中的起爆药。一般而言,炸药颗粒的粒径越细,纳米化程度越高,晶体内微孔越多,则低压短脉冲感度越高。对于炸药的安全性能而言,冲击波感度所指的是其低压长脉冲感度,是用于评估武器装药发生殉爆危险性的一项重要指标,反映了炸药在战场上的生存能力。冲击波感度的测试方法主要有隔板试验法、楔形试验法及殉爆试验法。

隔板试验是测试炸药冲击波最常用的方法,又分为小隔板试验和大隔板试验。它是将主发炸药(产生冲击波的炸药)和受激炸药(被冲击波起爆的测试炸药)间放置隔板(惰性金属、塑料片或空气),常用升降法测试受激药柱 50%爆炸概率下的临界隔板厚度,作为评价冲击波感度的指标。隔板试验装置如图 8-14 所示,典型钝感炸药隔板试验结果如图 8-15 所示。主发药被雷管起爆后,输出的冲击波压力被隔板衰减后传递到被发药柱上,通过观察被发药能否被起爆,改变隔板厚度进行试验,即可获得冲击波感度。

在高聚物粘结炸药中,撞击感度、摩擦感度一般可以通过包覆惰性物质来进行降感,这是由于撞击或摩擦首先作用在炸药的外表面,惰性物质可以通过缓冲、滑移、吸热等方式吸收或转移能量,实现感度降低。然而,表面包覆对冲击波感度的降低效果并不显著,换言之,降低炸药冲击波感度的技术策略比降低机械感度局限得多。冲击波感度更多是与 PBX 中炸药晶体本身特性相关,冲击波的传递也不是由外至内,而是整体上的传播。炸药晶体的密度越高、杂质和缺陷越少,则冲击波感度越低。此外,PBX 孔隙率对冲击波感度的影响十分显著,孔隙率越高,冲击波感度也越高。

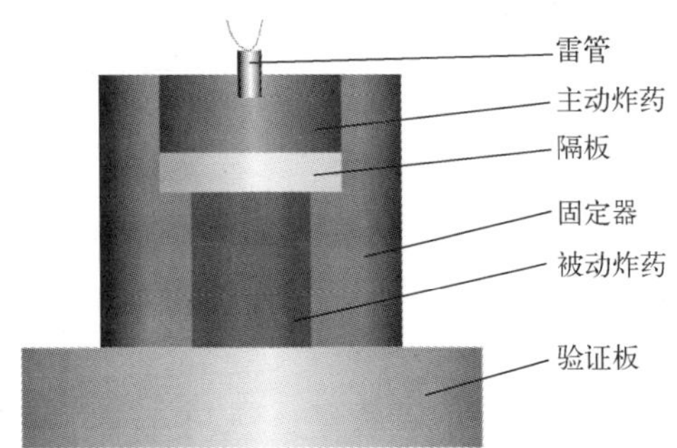

图 8-14 隔板试验测试冲击波感度装置

图 8-15 用于钝感炸药测试的炸药隔板试验结果

对四种不同密度和密度分布的 RDX 样品采用油浸方式制成药柱,进行隔板试验,结果见表 8-2。结果表明,随着晶体颗粒密度的增加,RDX 炸药配方的冲击波感度降低,同时,晶体密度分布越窄,越有利于冲击波感度的降低。

表 8-2 RDX 晶体表观密度与冲击波感度的关系

样　　品	RDX-1#	RDX-2#	RDX-3#
晶体表观密度/(g/cm^3)	1.7961	1.7971	1.7983

近年来,中物院化工材料研究所研究了 RDX、HMX 炸药晶体特性与冲击波感度的关系。在冲击波感度试验中,影响感度的因素不仅包括 RDX 的晶体品质特性,还与粘结剂、药柱的成型方式等有关。如何使制备的药柱尽可能反映 RDX 本身的晶体品质,而不受其他因素的影响,是一个关键的技术问题。针对

该问题,研究人员用液体填充法制备受激药柱。液体填充法的最大的好处是可以不破坏晶体本身的状态。用该装药方式,分别研究了晶体表观密度、粒度和颗粒形貌对冲击波感度的影响。将粒度都在 180μm 以下,晶体密度不同的三种 HMX 样品用油浸方式制成药柱,用标准大隔板进行试验,结果见表 8-3。随着晶体表观密度的增加,即晶体内部空隙率的降低,HMX 炸药配方的冲击波感度降低。晶体内部空隙率与冲击波感度基本成线性关系。

表 8-3　不同晶体颗粒密度 HMX 样品的冲击波感度

测试项目	HMX-1	HMX-2	HMX-3	HMX-4
平均密度/(g/cm^3)	1.8992	1.8992	1.9003	1.9016
密度区间/(g/cm^3)	1.8900~1.9023	1.8962~1.9014	1.8974~1.9018	1.9013~1.9021
密度分布宽度/(g/cm^3)	0.0123	0.0052	0.0044	0.0008
隔板厚度	15.5	14.3	13.7	13.2

8.5　高聚物粘结炸药装药的低易损性

为研究高聚物粘结炸药装药在意外刺激下的低易损性,通常需要开展跌落、快烤、慢烤、枪击、碎片撞击、殉爆、射流等多项试验。英、美、俄等国家把提高弹药装药安全性试验技术作为一项长期战略任务,并在实践中不断总结、发展单项试验方法及其测试技术、试验数据分析,以及试验结果评估技术、试验工装、激励装置、测试装置和综合评价等技术。

8.5.1　跌落试验

试验中,把弹药从一定高度(最低高度 12m,当弹射高度高于 12m 时,以实际弹射高度为试验高度)自由落体到平铺在三种不同倾角混凝土结构的 75mm 钢板上。弹药可能会出现振动、压缩、破损和局部加热,但理想结果是弹药没有任何反应。

8.5.2　快速烤燃试验

美国开展了大量与固体火箭发动机快烤危险性反应有关的研究、开发、试验和评估工作。美国国防部和各大军工企业完成了许多燃油火焰及木火热烤条件下固体火箭发动危险性反应评估工作。在试验中,弹药在液体燃料火焰中被快速加热,使弹药中的炸药分子产生热分解,然后测试弹药壳体或容器在压力达到可爆炸或爆轰的水平时排放气体的能力。

近几年,由于民众对环境保护的意识越来越强,北约国家纷纷研制可以有效减少污染的试验装置,瑞典博福斯试验中心设计了一种利用液化丙烷气体(LPG)作为燃料的小型试验装置(图8-16)。该装置由若干LPG火炉、钢支架、钢丝网、钢杆、点火控制等组成,通过调节钢杆可以实现LPG火炉高度和角度的调整。系统的点火和熄灭采用远程控制。该装置环境污染小、燃料消耗低、安装快捷。

图8-16 LPG火炉试验装置

美国海军空战中心武器开展了可控制热通量燃烧器的设计和研制。该装置(图8-17)能够提供均匀和恒定的热通量水平,对小比例的样品进行加热,以模拟原尺寸设备在燃料着火试验中经历的热流渗透。燃烧室可重复使用。一台5hp(1hp=736W)风扇电动机使空气运送通过直径12cm的不锈钢空气管道,空气质量流率约为0.5kg/s(1.0 lb/s)。燃料通过8个喷射器从位于空气管道尾部的铝进气管注入。

图8-17 可控制热通量燃烧器

我国炸药的快烤试验(火烧试验)所采用的药柱尺寸一般为ϕ50mm×100mm,测试3发。主要用航空煤油对炸药药柱试验弹进行加热,采用热电偶测试炸药内部不同位置的温度变化过程,分析不同测点的升温速率。试验装置如图 8-18 所示。根据炸药快烤试验响应等级判定方法,结合试验中弹体装药反应后的状态及压力信号的结果,确定试样的响应程度,给出快烤安全性能的评价。

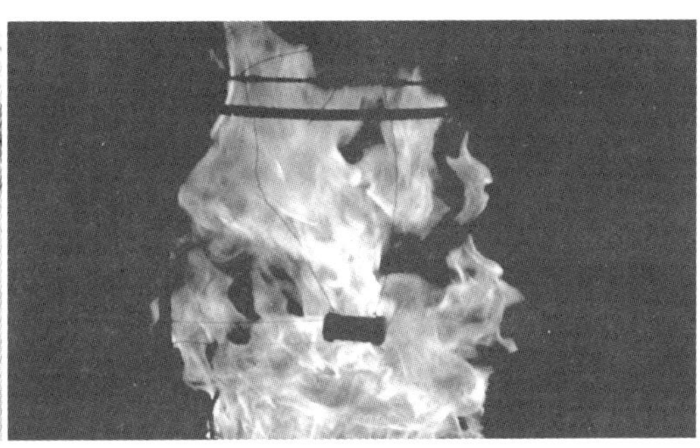

图 8-18　我国炸药快烤试验装置及试验过程

8.5.3　慢速烤燃试验

试验中,弹药经受 3.3℃/h 的缓慢加热升温,直到弹药开始发生反应。慢速烤燃与快速烤燃同样是试验炸药的热分解及转化为 DDT 反应的潜在可能,但前者可能的反应会剧烈得多。美国研制的防爆式慢速烤燃试验设备(图 8-19)包括:①加热管。将一个持续的电热元件螺旋缠绕在加热室外表面,以提供可控热源。热量通过加热室外壁传导到加热室内的空气,形成均匀分布的热流,前部安装的风扇促使空气循环。通过加热室尾部的玻璃窗口可以进行录像。在正式试验之前,采用惰性发动机进行试验,以确认加热室内温度的分布。②发动机支架。发动机放置在燃烧室内的支架上。③风压计。两个箔片断裂量计被放置在发动机纵轴后部 51°处,距离分别为 5m 和 10m。④热电偶。六个 K 型、具有不锈钢护套的热电偶被安装在发动机壳体外部,分别位于发动机前端、中间和尾部轴向位置的顶部和底部。一个控温热电偶被放置在燃烧室中点,距离加热器器壁 20mm。

试验发动机被放置在加热管内,加热管安装在支持块上。一旦加热管被密封,外表面绝热,加热装置就开始工作。当控温热电偶(TC7)达到 143.3℃时,反应开始。装药点火发生,随后整体式放气管和后封头被弹射出。弹药安全发火机构(MSIU)完全工作,在整个试验过程中保持安全状态。MSIU 和前端部件保持在原位,没有被火箭发动机尾部的反应所干扰。放置在离发动机 5m 处的单箔片和双箔片爆炸断裂量计显示,反应发生时爆炸过压在 21~24KPa。喷射处

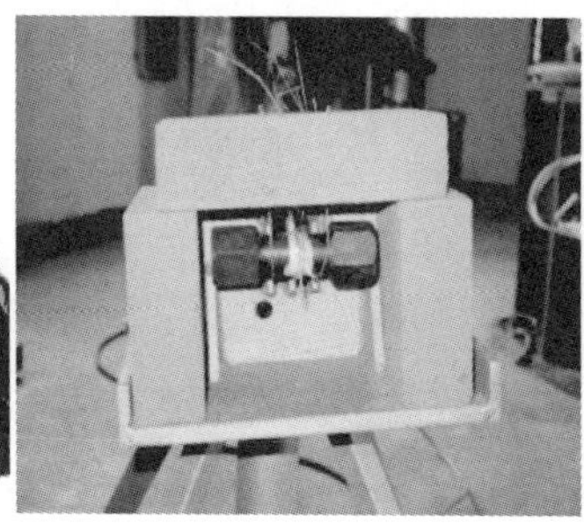

图 8-19　炸药室内密闭爆发器、在爆发器内进行的慢速烤燃试验设置和试验结果收集

的部件飞到了试验组件后部 78m 处。反应导致发动机壳体在加热管内移动了一段短距离,前封头靠在混凝土砌块墙上,发动机尾部仍在加热室内。主推进剂药柱在低压下继续燃烧并排出气体。大约 15s 后燃烧结束。

我国炸药的慢烤试验所采用的药柱尺寸一般为 ϕ60mm×120mm,测试 3 发。试验时,通过电加热带对装药壳体对炸药件以设定的升温速率进行加热,炸药在热刺激作用下发生分解、爆燃爆轰等不同程度的反应,试验过程中通过超压、测温装置、试样件残骸等获得测试结果,从而综合分析炸药件的安全响应特性。慢烤试验装置图如图 8-20 所示。

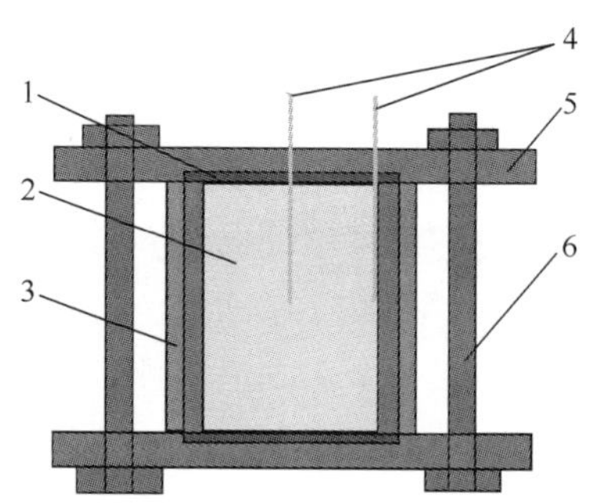

图 8-20　慢速烤燃试验示意图

1—垫层;2—试样;3—电加热带;4—热电偶;5—装药壳体;6—螺栓。

8.5.4　殉爆试验

试验中,在装满同一种弹药的标准托架中,一枚弹药被引爆,用以试验其他弹药在经受强烈振动和多发破片撞击时,出现延迟爆轰现象(SDT)和燃烧转爆轰(DDT)反应的可能性(试验简图及照片见图 8-21)。

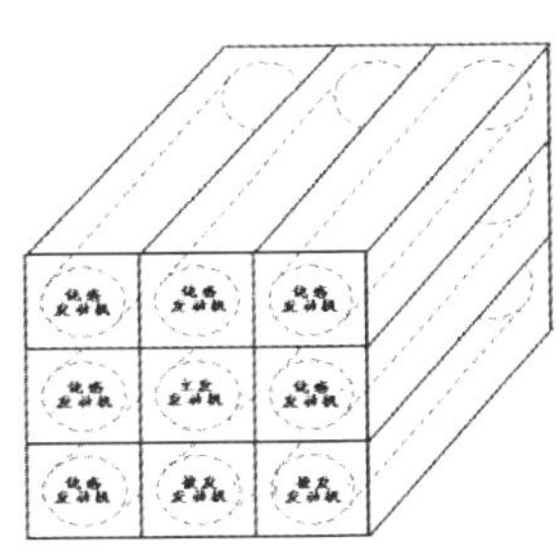

图 8-21　殉爆试验布局

8.5.5　子弹撞击试验

子弹撞击(BI)试验用以确定弹药对轻武器弹药攻击的响应。试验中,受测试的弹药将经受 1~3 发 12.7mm 穿甲弹的射击。子弹撞击试验简图及装置见图 8-22。试验前,将炸药试样装入子弹撞击试验用壳体内,在固定好试验样品后,采用步枪或机枪发射子弹,子弹穿过壳体后对炸药产生撞击、挤压等作用,使炸药样品发生不同程度的反应,试验过程中通过超压、测速装置等获得测试结果,从而综合分析炸药件的安全响应特性。我国子弹撞击试验的标准炸药件尺寸为 ϕ50mm×76mm。

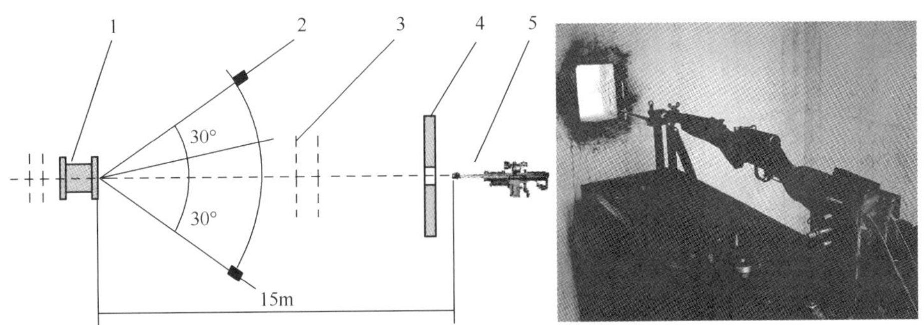

图 8-22　子弹撞击试验简图及装置

1—试验件;2—传感器;3—测速装置;4—掩体;5—枪。

8.5.6　碎片撞击试验

碎片撞击(FI)试验用来模拟空心装药战斗部或动能弹药击穿坦克及装甲车辆装甲板后,形成的射流及装甲背板破片对弹药的影响,以及导致弹药出现撞击起爆和延迟爆轰反应的可能性。图 8-23 为碎片撞击试验设备布置图,图 8-24 为碎片发射装置。

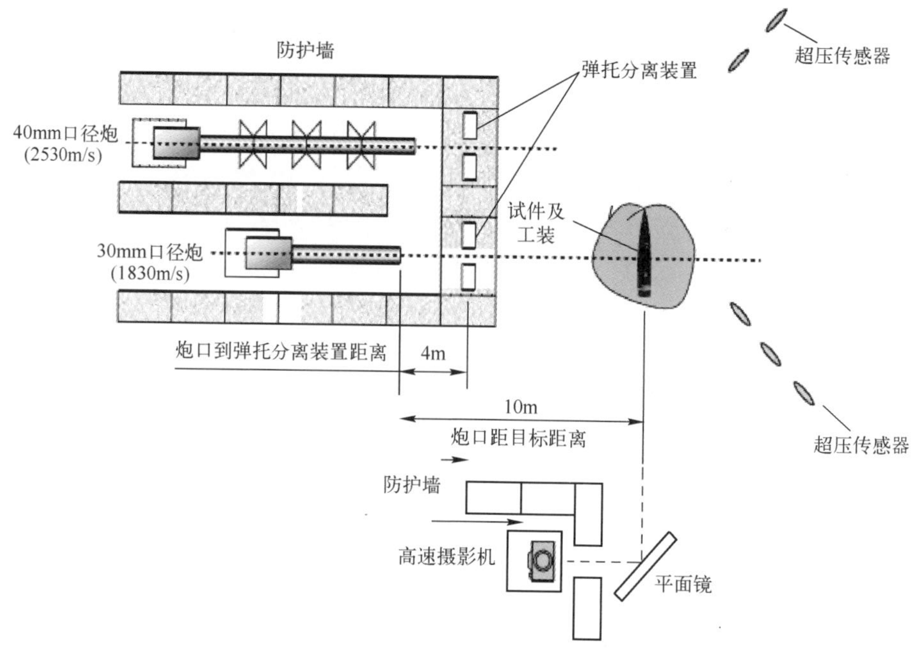

图 8-23　碎片撞击试验设备布置

图 8-24　碎片发射装置

8.5.7　射流撞击弹药试验

聚能装药射流撞击试验(SCJI),通常模拟弹药经受典型的空心装药战斗部的攻击,测试弹药经受局部强烈气流撞击而引发撞击起爆或延迟爆轰的可能性。

其试验原理如图 8-25 所示。

图 8-25　射流撞击试验

射流撞击试验是为了获得炸药在射流撞击作用下炸药的响应状况。我国射流撞击试验主要参考了美国 MIL-STD-2105D 方法,试验采用 ϕ50mm 口径破甲弹产生的射流撞击试验弹样品,通过见证板上的痕迹和爆炸波超压来评估试验弹的反应程度。样品规格及数量为 ϕ50mm×100mm,2 发,射流撞击试验装置如图 8-26 所示。破甲弹与试验弹样品的水平距离为 147mm。破甲弹产生的聚能射流在弹药上的入射位置选择样品中部。底见证板采用 ϕ200mm×100mm 的钢圆柱,侧向见证板采用 2m×1m×3mm 的薄钢板,距离试验弹约 1m。

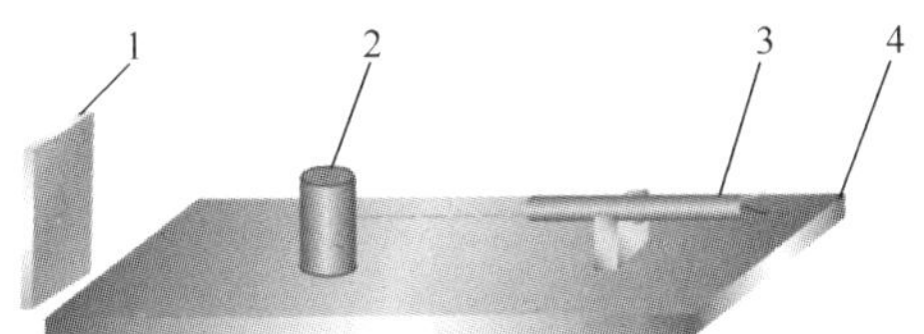

图 8-26　射流撞击试验装置
1—侧向见证板;2—试验弹;3—射流源;4—底见证板。

8.5.8　破片撞击试验

破片撞击试验是为了获得炸药在破片撞击作用下炸药的响应状况。我国破片撞击试验主要参考了美国 MIL-STD-2015D 方法,试验采用破片发射装置产生的破片撞击试验弹样品,通过见证板上的痕迹和爆炸波超压来评估试验弹的反应程度,样品规格及数量为 ϕ50mm×100mm,2 发。破片撞击试验装置如图 8-27 所示,该装置主要由破片发射装置、试验弹、支架、见证板等组成。试验前对试验弹需要对破片撞击的部位进行颜色标识,破片撞击部位选择试验弹装药段的中间位置。试验弹直立放置在支架上,其弹轴线应与发射装置轴线垂直,标记的破片撞击部位正对破片发射装置,高度与破片发射装置轴线高度一致。破片撞击速度不低于 1800m/s,破片质量不小于 16g。

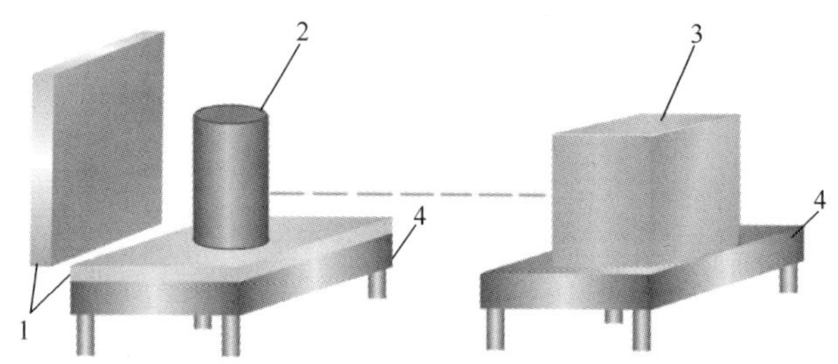

图 8-27　破片撞击试验示意图

1—见证板;2—试验弹;3—破片发射装置;4—支架。

国外破片撞击试验中,由 81mm 的精密成型装药破甲射流撞击 25mm 厚的轧制均质装甲产生射流碎片。精密成型装药和轧制均质装甲距离 147mm。试验件放置在轧制均质装甲后,并仅受到射流碎片撞击影响。在试验件位置上射流碎片密度最小为 4 个/6450mm^2,总数多达 40 个。另外,随着新材料和新技术的应用,钝感弹药的发展逐渐面临新的技术挑战,动力装置(固体火箭发动机)和战斗部的安全性测试和评估都必须进行适时的修改和完善。针对正在发展的超声速/极超声速武器弹药和太空武器弹药,装药评估可能需要增加一系列新的试验项目,包括激光加热试验、光子鱼雷爆炸试验等。

除了上述试验项目外,美军的拦截着陆、热枪烤燃等试验技术均很成熟,并已成标准。通过这些试验项目,美军对其固体火箭发动机和战斗部的整机安全性进行评估,为提高安全性设计水平,避免各种灾难性事故发生提供了保障。

参考文献

[1] Bowden F, Yoffe A. Hot spots and the initiation of explosion[J]. Symposium on Combustion & Flame & Explosion Phenomena, 1948, 3(1): 551-560.

[2] Zinn J. Initiation of explosions by hot spots[J]. Journal of Chemical Physics, 1962, 36(7): 1949-1949.

[3] Kipp M E, Nonziato J W, Setchell R E, et al. Hot-spot initiation of heterogeneous explosives [R]. Sandia National Labs., Albuquerque, NM (USA); Florida Univ., Gainesville (USA), 1981.

[4] Mcgrane S D, Grieco A, Ramos K J, et al. Femtosecond micromachining of internal voids in

high explosive crystals for studies of hot spot initiation[J]. Journal of Applied Physics,2009,105(7):511.

[5] 彭亚晶,叶玉清. 含能材料起爆过程"热点"理论研究进展[J]. 化学通报,2015,78(8):693-701.

[6] Bourne N K,Milne A M. The temperature of a shock-collapsed cavity[J]. Proceedings of the Royal Society A Mathematical Physical & Engineering Sciences,2003,1101(2036):1851-1861.

[7] Bourne N K,Milne A M. Shock to detonation transition in a plastic bonded explosive[J]. Journal of Applied Physics,2004,95(5):2379-2385.

[8] Bourne N K,Milne A M,Biers R A. Measurement of the pressure pulse from a detonating explosive[J]. Journal of Applied Physics,2005,38(12):1984.

[9] Mcdonald S A,Millett J C F,Bourne N K,et al. The shock response,simulation and microstructural determination of a model composite material[J]. Journal of Materials Science,2007,42(23):9671-9678.

[10] Cai Y,Zhao F P,An Q,et al. Shock response of single crystal and nanocrystalline pentaerythritol tetranitrate:Implications to hotspot formation in energetic materials[J]. The Journal of Chemical Physics,2013,139(16):164704.

[11] Dienes J K,Zuo Q H,Kershner J D. IMPact initiation of explosives and propellants via statistical crack mechanics[J]. Journal of the Mechanics & Physics of Solids,2006,54(6):1237-1275.

[12] Zuo Q H,Dienes J K. On the stability of penny-shaped cracks with friction:the five types of brittle behavior[J]. International Journal of Solids & Structures,2005,42(5-6):1309-1326.

[13] Zuo Q H,Dienes J K,Middleditch J,et al. Modeling anisotropic damage in an encapsulated ceramic under ballistic iMPact[J]. Journal of Applied Physics,2008,104(2):1378.

[14] Barua A,Horie Y,Zhou M. Energy localization in HMX-estane polymer-bonded explosives during iMPact loading[J]. Journal of Applied Physics,2012,111(5):399-586.

[15] Barua A, Kim S, Horie Y, et al. Prediction of probabilistic ignition behavior of polymer-bonded explosives from microstructural stochasticity[J]. Journal of Applied Physics,2013,113(18):537-550.

[16] Barua A,Zhou M. Computational analysis of temperature rises in microstructures of HMX-Estane PBXs[J]. Computational Mechanics,2013,52(1):151-159.

[17] Delpuech A,Cherville J. Relation entre la structure electronique et la sensibilité au choc des explosifs secondaires nitrés-critère moléculaire de sensibilité. I. Cas des nitroaromatiques et des nitramines[J]. Propellants Explosives Pyrotechnics,1979,3(6):169-175.

[18] Zhang C,Shu Y,Huang Y,et al. Investigation of correlation between IMPact sensitivities and nitro group charges in nitro compounds[J]. Journal of Physical Chemistry B,2005,109

(18):8978.

[19] Zhang C. Review of the establishment of nitro group charge method and its applications. [J]. Journal of Hazardous Materials,2009,161(1):21-28.

[20] Zhang C. Investigation on the correlation between the interaction energies of all substituted groups and the molecular stabilities of nitro compounds. [J]. Journal of Physical Chemistry A,2006,110(51):14029-14035.

[21] Zhang C,Wang X,Huang H. π-Stacked interactions in explosive crystals:Buffers against external mechanical stimuli[J]. Journal of the American Chemical Society,2008,130(26):8359-8365.

[22] Ma Y,Zhang A,Zhang C,et al. Crystal packing of low-sensitivity and high-energy explosives [J]. Crystal Growth & Design,2014,14(9):4703-4713.

[23] He X,Wei X,Ma Y,et al. Crystal packing of cubane and its nitryl-derivatives:a case of the discrete dependence of packing densities on substituent quantities[J]. Crystengcomm,2017,19(19):2644-2652.

[24] Zohari N,Keshavarz M H,Seyedsadjadi S A. The advantages and shortcomings of using nano-sized energetic materials[J]. Central European Journal of Energetic Materials,2013,10(1):135-147.

[25] Spitzer D,Comet M,Baras C,et al. Energetic nano-materials:Opportunities for enhanced performances[J]. Journal of Physics & Chemistry of Solids,2010,71(2):100-108.

[26] Rossi C. Two decades of research on nano-Energetic materials[J]. Propellants,Explosives,Pyrotechnics. 2014,39(3):323-327.

[27] 刘玉存,王建华,安崇伟,等. RDX 粒度对机械感度的影响[J]. 火炸药学报,2004,27(2):7-9.

[28] Yang Z,Gong F,Ding L,et al. Efficient sensitivity reducing and hygroscopicity preventing of ultra-fine ammonium perchlorate for high burning-rate propellants[J]. Propellants Explosives Pyrotechnics,2017,42(7):809-815.

[29] Yang Z,Li J,Huang B,et al. Preparation and properties study of core-shell CL-20/TATB composites[J]. Propellants Explosives Pyrotechnics,2014,39(1):51-58.

[30] 王睿,蒋军成,潘勇. 硝基含能材料撞击感度的预测研究进展[J]. 工业安全与环保,2010,36(7):19-22.

[31] 董海山. 评介《四唑化学的现代理论》[J]. 含能材料,2002,10(2):95-96.

[32] Zeman S,Jungová M. Sensitivity and performance of energetic materials[J]. Propellants Explosives Pyrotechnics,2016,41(3):426-451.

[33] 房伟,王建华,刘玉存,等. 基于分子基团预测硝基含能材料撞击感度[J]. 火工品,2014(5):34-37.

[34] 刘欢,姜峰,于国强,等. 遗传-神经网络方法在炸药撞击感度预测中的应用研究[J]. 火工品,2010(6):42-45.

[35] 王睿,蒋军成,潘勇,等. 均三硝基苯类化合物撞击感度与电性拓扑指数的 QSPR 研究[J]. 含能材料,2008,16(1):90-93.

[36] 肖鹤鸣,陈兆旭. 四唑化学的现代理论[M]. 北京:科学出版社,2000.

[37] Nefati H,Jeanmichel Cense A,Legendre J J. Prediction of the impact sensitivity by neural networks[J]. Journal of Chemical Information & Modeling,1996,36(4):804-810.

[38] Aleksandr,Smirnov,Oleg,et al. Impact and friction sensitivity of energetic materials:Methodical evaluation of technological safety features[J]. 火炸药学报,2015,3(3):1-8.

[39] 李金山,曾刚,肖鹤鸣,等. 多硝基芳香化合物撞击感度的量子化学研究[J]. 火炸药学报,1997(2):57-58.

[40] Murray J,PatLane,PeterPolitzer. Relationships between impact sensitivities and molecular surface electrostatic potentials of nitroaromatic and nitroheterocyclic molecules[J]. Molecular Physics,1995,85(1):1-8.

[41] Politzer P,Murray J S. Impact sensitivity and crystal lattice compressibility/free space[J]. Journal of Molecular Modeling,2014,20(5):2223.

[42] Keshavarz M H. Prediction of impact sensitivity of nitroaliphatic,nitroaliphatic containing other functional groups and nitrate explosives[J]. Journal of Hazardous Materials,2007,148(3):648-652.

[43] Liu X,Su Z,Ji W,et al. Structure,physicochemical properties,and density functional theory calculation of high-energy-density materials constructed with intermolecular interaction:Nitro group charge determines sensitivity[J]. Journal of Physical Chemistry C,2014,118(41):23487-23498.

[44] Mullay J. A Relationship between impact sensitivity and molecular electronegativity[J]. Propellants Explosives Pyrotechnics,2010,12(2):60-63.

[45] Ren F D,Cao D L,Shi W J,et al. A theoretical prediction of the relationships between the impact sensitivity and electrostatic potential in strained cyclic explosive and application to H-bonded complex of nitrocyclohydrocarbon[J]. Journal of Molecular Modeling, 2016, 22(4):97.

[46] Peter P,Murray J S. Impact sensitivity and the maximum heat of detonation[J]. Journal of Molecular Modeling,2015,21(10):262.

[47] Zohari N,Keshavarz M H,Seyedsadjadi S A. A link between impact sensitivity of energetic compounds and their activation energies of thermal decomposition[J]. Journal of Thermal Analysis & Calorimetry,2014,117(1):423-432.

[48] Mathieu D,Alaime T. Predicting impact sensitivities of nitro compounds on the basis of a semi-empirical rate constant[J]. Journal of Physical Chemistry A,2014,118(41):9720-9726.

[49] 谭碧生,黄明,李金山,等. 一种新的炸药感度判据:非键耦合分子刚柔度[J]. 含能材料,2016(1):10-18.

[50] Keshavarz M H,Motamedoshariati H,Moghayadnia R,et al. Prediction of sensitivity of energetic compounds with a new computer code[J]. Propellants,Explosives,Pyrotechnics,2014,39(1):95-101.

[51] Edwards J,Eybl C,Johnson B. Correlation between sensitivity and approximated heats of detonation of several nitroamines using quantum mechanical methods[J]. International Journal of Quantum Chemistry,2004,100(5):713-719.

[52] 曹霞,向斌,张朝阳. 炸药分子和晶体结构与其感度的关系[J]. 含能材料,2012,5:643-649.

[53] Liu P,Long W. Current mathematical methods used in QSAR/QSPR studies[J]. International Journal of Molecular Sciences,2009,10(5):1978-1998.

[54] Nefati H,Jeanmichel Cense A,Legendre J J. Prediction of the impact sensitivity by neural networks[J]. Journal of Chemical Information & Modeling,1996,36(4):804-810.

[55] Cho S G,Tai K,Eun M,et al. Optimization of neural networks architecture for impact sensitivity of energetic molecules[J]. Bulletin- Korean Chemical Society,2005,26(2):e32004-e32004.

[56] Wang R,Jiang J,Pan Y. Prediction of impact sensitivity of nonheterocyclic nitroenergetic compounds using genetic algorithm and artificial neural network[J]. Journal of Energetic Materials,2012,30(2):135-155.

[57] Keshavarz M,Jaafari M. Investigation of the various structure parameters for predicting impact sensitivity of energetic molecules via artificial neural network[J]. Propellants Explosives Pyrotechnics,2010,31(3):216-225.

[58] 王睿,蒋军成,潘勇,等. 均三硝基苯类化合物撞击感度与电性拓扑态指数的 QSPR 的研究[J],含能材料,2008,16(1):90-93.

[59] 肖鹤鸣,王遵尧,姚剑敏. 芳香族硝基炸药感度和安定性的量子化学研究 I. 苯胺类硝基衍生物[J]. 化学学报,1985,43(1):14-18.

[60] Kim C K,Cho S G,Li J,et al. QSPR studies on impact sensitivities of high energy density molecules[J]. Bulletin- Korean Chemical Society,2011,32(12):4341-4346.

[61] Keshavarz M H,Keshavarz Z. Relation between electric spark sensitivity and impact sensitivity of nitroaromatic energetic compounds[J]. Zeitschrift fur Anorganische Und allgemeine Chemie,2016,642(4):335-342.

[62] Doherty R. Relationship between RDX properties and sensitivity[J]. Propellants Explosives Pyrotechnics,2008,33(1):4-13.

[63] Norbert R,Bouma R H B,Ter Horst J H,et al. On the reliability of sensitivity test methods for submicrometer-sized RDX and HMX particles[J]. Propellants Explosives Pyrotechnics,2013,38(6):761-769.

[64] Šelešovský J,Pachman J. Probit analysis-a promising tool for evaluation of explosive's sensitivity[J]. Central European Journal of Energetic Materials,2010,7(3):269-278.

第 9 章　高聚物粘结炸药的力学性能

9.1　炸药的力学性能基础

高聚物粘结炸药是一种颗粒填充高分子复合材料,其中含能材料颗粒占据了材料的主要成分。高聚物粘结炸药的爆轰性能非常重要,如何满足爆轰性能要求是材料设计的主要任务。但是,对结构设计来讲,其力学性能则是关键问题。因此,在工程应用中,炸药材料结构应该同时满足爆轰和力学的要求。PBX在装药、运输和使用过程中,要承受各种外部应力和内部缺陷的作用,要求其具有良好的力学性能。由于 PBX 本质上是一种炸药颗粒高度填充的高分子基复合材料(固含量通常在 90%以上),会呈现显著的低强度和脆性力学特征。PBX的常规力学性能测试主要包括直接拉伸法、压缩法、间接拉伸(巴西试验)、动态力学试验(分离式霍普金森压杆法)等。

9.1.1　静态力学性能

1. 直接拉伸力学性能

直接拉伸法适用于固体炸药及模拟材料的拉伸应力-应变曲线的测定,其原理为将试样装于材料试验机拉伸夹具之间,施加准静态轴向拉力,直至试样断裂。通过力传感器和装在试样上的电子引伸计分别测量试样所承受的负荷值及相应的形变,经过数据处理,得到试样的拉伸应力-应变曲线。用于直接拉伸试样的尺寸如图 9-1 所示。

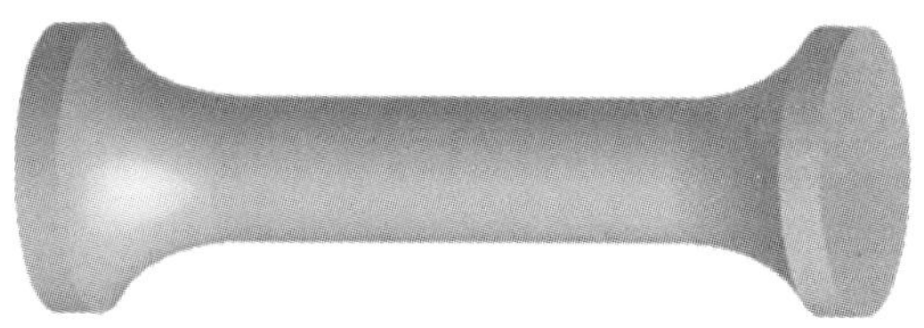

图 9-1　炸药拉伸试样示意图

该法采用长度大于 50mm、哑铃状等较为复杂的试样,需要炸药量较大、加工精度较高且制样周期较长,在高聚物粘结炸药配方前期研究中往往因不能满足这些要求而无法获得其力学性能数据,需要一种小试样、形状简单易于制备,能间接反应炸药拉伸性能的试验方法。

2. 压缩力学性能

适用于固体炸药及模拟材料的抗压强度的测定,原理为将试样置于材料试验机上下压板之间,施加准静态轴向压缩负荷,直至试样破坏,其单位面积上所能承受的最大负荷即为抗压强度。用于材料压缩试验的样品尺寸如图 9-2 所示,样品的直径和高度均为(20±0.065)mm。

3. 间接拉伸性能(巴西试验)

巴西试验一般采用圆盘状样品,通过在截面上沿某一径向施加平衡、对称的载荷,垂直加载方向产生拉应力,使样品中心区域产生拉伸形变直至断裂。20 世纪 80年代以来,它更为广泛地用于测量炸药的力学性能。图 9-3 是平面加载时巴西实验的原理图。在短圆柱体的侧表面沿径向施加两集中载荷,它沿试件的长度均匀分布,则在圆柱体内垂直于加载面的方向上产生拉应力。该力在试件中心一定范围内均匀分布,导致试件劈裂,材料的拉伸强度为

$$\sigma_t = 2P_t / \pi D\delta \tag{9-1}$$

式中:P_t为试样劈裂时的作用力;D 为圆柱形试样直径;δ 为圆柱形试样厚度。

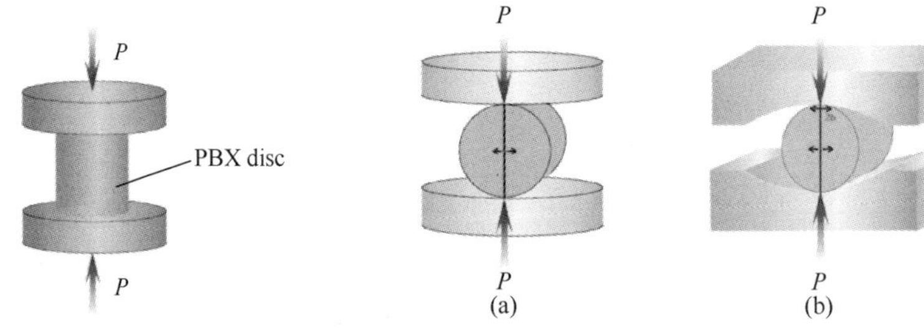

图 9-2　炸药压缩试验示意图　　　图 9-3　巴西试验原理

Johnson 对直接拉伸试验与巴西试验的相关性进行了研究,表明直接拉伸强度与巴西试验得到的间接拉伸强度的线性相关系数为 0.879,从 PBX 巴西试验与直接拉伸试验数据的对比来看,巴西试验结果比直接拉伸试验结果低,有时甚至不到直接拉伸的 1/2,因此试验结果的有效性受到了质疑。针对这一问题,庞海燕等对比分析了的巴西试验与直接拉伸试验的测试结果,发现随着加载载荷的不断增加,在加载末期、破坏之前,加载由图 9-4(a)所示的线载荷变为图 9-4(b)所示的面载荷,样品的非均匀变形导致高度的应力集中,从而导致在此区域发生复杂的破坏。如图 9-5 所示。在加载点附近共有 6 条裂纹,1 号、3 号、4 号和 5 号裂纹相连通,其中 1 号为偏心、贯穿型主裂纹,即裂纹与受压轴线不重合,偏离了

圆心，但又与两端的受压区相接，2号和6号为孤立裂纹。假设样品从中部开裂，样品发生偏心破坏，偏心处受的拉力比中心点受的拉力小，因此可以解释PBX巴西试验结果比直接拉伸测试结果低的原因。

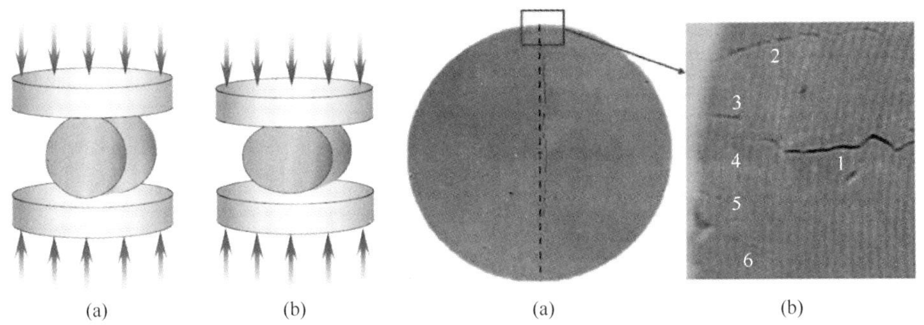

(a) (b)

图9-4 PBX受压变形示意图
(a) 加载初期；(b) 加载末期、破坏前。

(a) (b)

图9-5 炸药巴西试验样品破坏图
(a) 巴西试验破坏；(b) 受压点局部放大。

为了降低或消除巴西试验中刚性板加载引起的应力集中，庞海燕等在刚性板与圆形试样之间放置一块高弹性橡胶作为衬垫进行试验，建立了衬垫巴西试验方法，发现衬垫有效地降低了应力集中的影响，测得的PBX炸药间接拉伸强度值与直接拉伸强度值基本相同，力-位移曲线有效，样品从中心起裂破坏。但增加橡胶垫后又会不便于试样径向应变差动变压器引伸计(LVDT)测试。基于此，温茂萍等采用圆弧压头与LVDT相结合的方法，可以解决炸药巴西试验中应力与应变同时准确测试问题。试验中采用了两种巴西试验装置，一种是Johson提出的炸药巴西试验装置，见图9-6(a)，该装置中采用了平面压头形式，试样的径向变形采用的是LVDT测试。另一种是圆弧压头方法，改进的巴西试验装置，见图9-6(b)，其中圆弧压头包括了1.35倍试样半径和1.25倍试样半径两种圆弧压头形式。进一步通过数值模拟分析在相同径向压缩变形量的情况下，不同压头巴西试验中试样上的应力分布云图，见图9-7，平面压头巴西试验的最大拉应力分布在接近两个压头部位，存在显著应力集中问题，所以造成了试样在较小的应力作用下发生破坏。而1∶1.35、1∶1.25两种巴西试验中最大拉应力分布在试样中部，满足巴西试验间接测试拉伸性能的要求，其中当圆弧压头半径与试样半径之比为1∶1.35时，PBX-HMX巴西试验与单轴拉伸试验结果相近。但采用t检验方法对炸药的巴西试验结果与单轴拉伸试验结果之间的差异进行分析，检验表明这两种方法测试结果存在一定差异，圆弧巴西试验还不能完全替代拉伸试验。

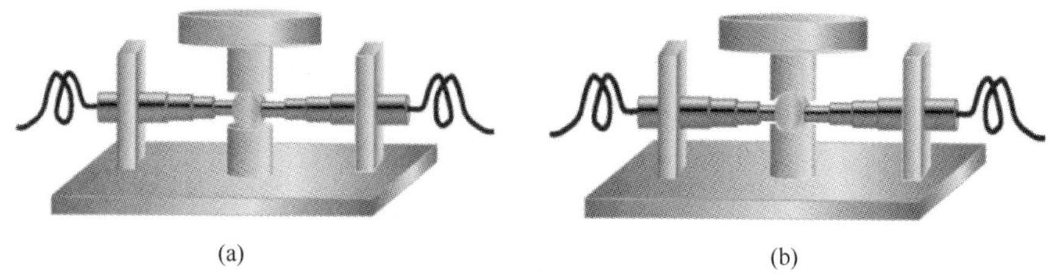

(a)　　(b)

图 9-6　两种巴西试验装置示意图

(a) 平面压头巴西试验装置;(b) 圆弧压头巴西试验装置。

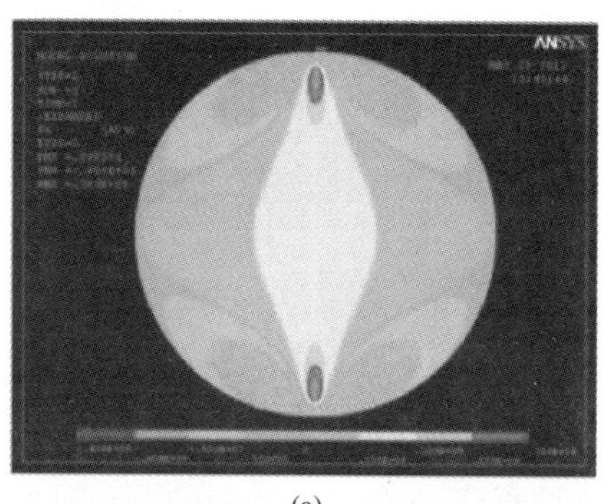

(a)

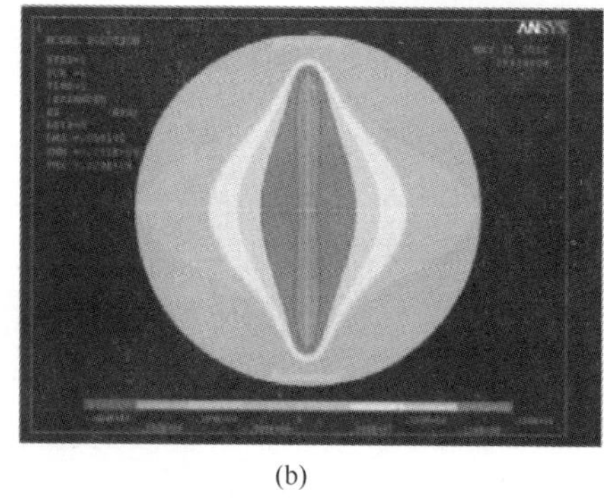

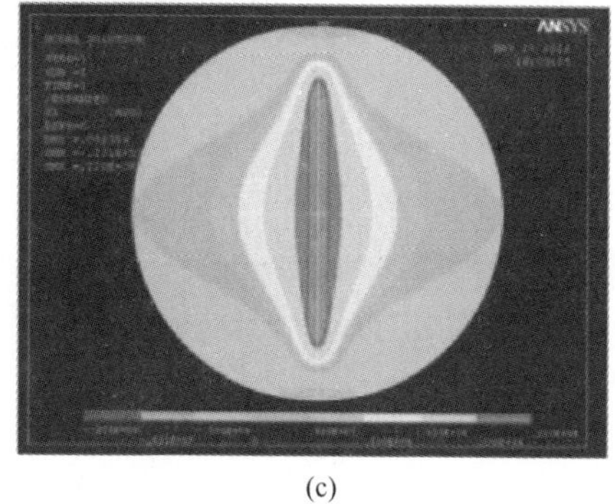

(b)　　(c)

图 9-7　不同压头巴西试验试样在相同轴向压缩量下的应力分布

(a) 1∶∞;(b) 1∶1.35;(c) 1∶1.25。

总之,巴西试验最大的优点就是试样制备和加载简单、所需材料少、试验费用低。可以方便地加工很小的巴西试验试样,从而在显微拉伸台上对试样的变形破坏过程进行实时原位观察,这是开展炸药材料细观力学研究的有力手段。巴西试验试样既可以用压制方法直接制备,也可采用机加的方法得到。它可以用于测量炸药材料的抗拉强度、断裂应变及蠕变等性能,评价炸药和其他材料的相容性及聚合物粘结炸药中新的粘结剂。

9.1.2 动态力学性能

PBX 的静态力学性能目前已经进行了细致和全面的研究,也已建立了标准试验方法。但是对高应变速率下的力学行为研究较少,而且也缺乏标准的试验方法。许多文献表明,PBX 的动态和静态力学性能之间有很大的不同,其力学性能对加载速率也比较敏感。因此,研究 PBX 炸药的动态力学性能对静态力学性能是一种补充,对武器装药的使用、加工和保存具有重要的应用价值。一般采用分离式霍普金森压杆法(SHPB)来研究 PBX 炸药的动态力学试验。

霍普金森压杆法研究 PBX 动态力学性能的方法原理是:通过子弹撞击入射杆产生压缩波对放置在入射杆和透射杆之间的试样进行动态加载。在压杆处于弹性范围内,且压杆和试样基本处于一维应力状态、试样的轴向应力基本均匀的条件下,可根据一维弹性波理论,由入射杆和透射杆上的应变测试结果得到试样中的应力、应变及应变率。试验系统由子弹发射装置、子弹、波形整形器(推荐使用)、入射杆、透射杆、吸收杆、吸收杆缓冲装置、必要的支撑装置、防爆装置及测量系统组成。其中测量系统包括应变计、应变信号放大器、应变信号记录装置、子弹测速装置和照相装置(必要时选用)。试验系统如图 9-8 所示。

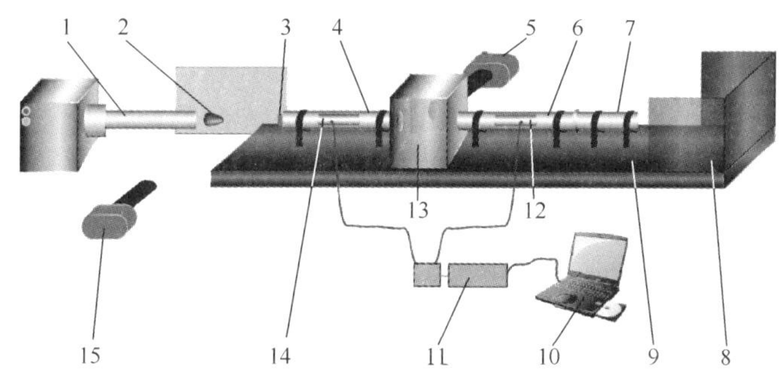

图 9-8　分离式霍普金森压杆示意图

1—发射装置;2—子弹;3—波形整形器;4—入射杆;5—照相装置;6—透射杆;7—吸收杆;8—缓冲装置;9—支撑装置;10—波形存储装置;11—应变信号放大器;12—应变计 1;13—防爆箱;14—应变计 2;15—测速装置。

研究结果表明,PBX 的拉伸强度及压缩强度随着温度的降低和应变速率的增加而增高,如 Gray 的试验结果表明,随着应变率的增加,PBX 的临界压缩应变(压缩强度对应的应变)和弹性模量都会增加。Li 等人利用霍普金森压杆法测试了三种 PBX 炸药的动态压缩性能,发现其压缩屈服强度与加载速率有较强的正相关性,而与温度负相关。赵玉刚等人结合平台巴西试验和霍普金森加载技术建立了动态拉伸试验测试系统,分别通过石英晶体片和数字图像相关法来测量应力及应变信号,得到了 PBX 炸药在应变率 $10^2\ s^{-1}$附近间接拉伸条件下的应力应变曲线,并建立了对应的动态拉伸本构关系模型。结果表明,PBX 炸药的拉伸强度、失效应变和拉伸弹性模量都表现出一定的应变率相关性。

9.1.3 PBX 断裂韧性

由于炸药材料本身及其制作工艺的特殊性,炸药结构件在制作、储存和运输等过程中不可避免地会出现细观或宏观裂纹。当材料构件中出现裂纹后,采用传统的强度理论对结构的安全性进行评估或分析已经不合适,必须采用断裂力学的理论和方法,这其中的断裂韧性是一个重要的材料参数。平面应变断裂韧度(K_{1c})代表了材料抗裂纹扩展的能力,是定量表征材料断裂特性的一个重要参数。

在断裂力学理论中,把材料内部裂纹扩展方式分为"张开型""滑开型""撕开型",任何裂纹的扩展是以上三种形式之一或叠加,其中"张开型"是重要的扩展形式,因此,采用三点弯曲试验。炸药平面应变断裂韧度的计算采用断裂力学理论中相应的计算方法,计算公式为

$$K_{1c}=0.31P_QSY_1(a/w)/(Bw^{3/2}) \tag{9-2}$$

$$Y_1(a/w)=[1.88+0.75\ (a/w-0.50)^2]\sec[\pi a/(2w)]\tan[\pi a/(2w)] \tag{9-3}$$

式中:K_{1c}为平面应变断裂韧度(MPa · $m^{1/2}$);$Y_1(a/w)$为修正函数;P_Q为条件载荷,是根据三点弯曲试验所采集的应力应变曲线而确定的负荷值;S 为弯曲实验跨距;a 为裂纹平均长度;B 为试样厚度;w 为弯曲试样宽度。可以看出,由于测试样品的外形尺寸和裂纹尺寸差别不大,K_{1c}的大小主要取决于条件载中荷 P_Q 的值。样品在三点弯曲试验中能够承受的负荷越大,K_{1c}也就越高,即 K_{1c}值反映了材料抗裂纹扩展的能力。炸药平面应变断裂韧度的测试采用三点弯曲试验方法,三点弯曲试验的测试装置和数据采集系统框图分别如图 9-9 和图 9-10 所示。

断裂后样品尺寸测试以及 P_Q的确定:试样断裂后,需要用显微镜测读断面图中的 a_1、a_2、a_3、a_4、a_5。而 P_Q的确定如图 9-11 所示,图中的曲线是试样的三点弯曲试验中,进行计算机自动数据采集并处理得到的"负荷-裂纹张口位移"曲线,简称 $P-V$ 曲线。直线 1 是曲线起始部分的割线,直线 2 的斜率是直线 1 斜率的 95%。P_Q是直线 2 与 $P-V$ 曲线的交点,简称为条件载荷,P_Q是 $P-V$ 曲线中最大负荷点,简称为最大载荷。

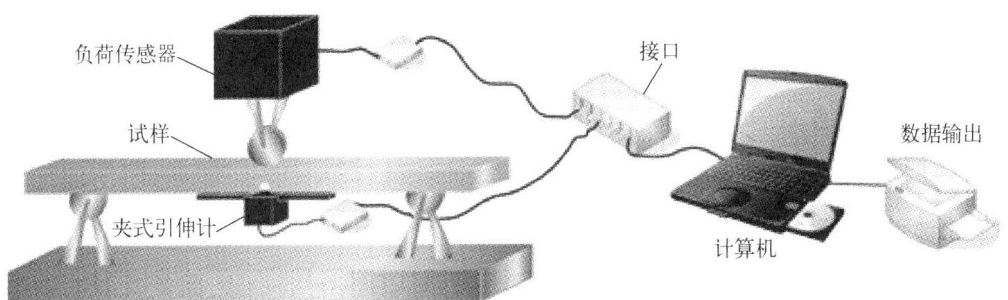

图 9-9　炸药平面应变断裂韧度测试装置

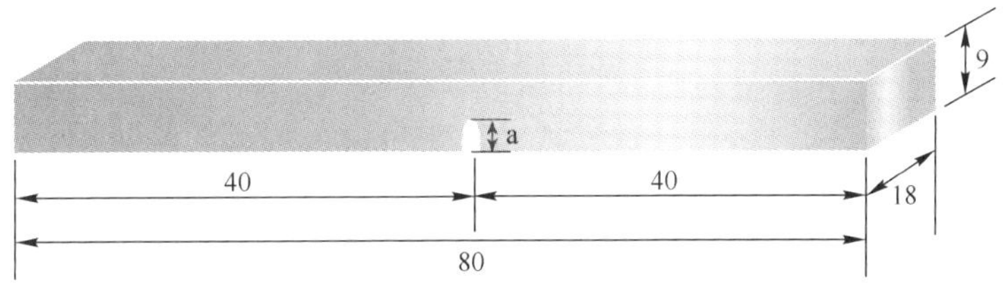

图 9-10　炸药平面应变断裂韧度测试样品尺寸

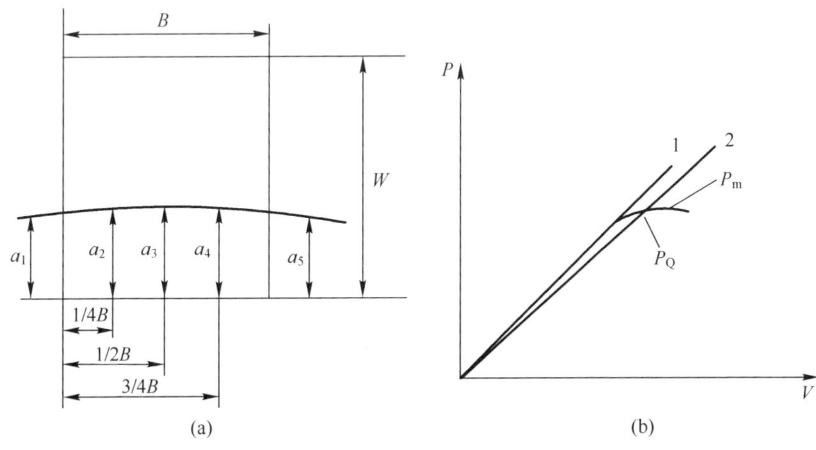

图 9-11　断裂后样品尺寸测试以及 P_Q 的确定

(a) 试样断裂后断面示意图;(b) 确定 P_Q 值过程。

表 9-1 所列为测得的 JOB-9003(Ⅰ)、JO-9159(Ⅱ)、JB-9014 (Ⅲ)三种炸药不同裂纹深度下的 K_{1c}。主要测试条件:试验温度为 15℃;加载速率为 0.5mm/min;负荷传感器为 500N/×5;位移传感器;夹式引伸计(使用量程 0.05mm),试样跨距为 72mm。

表 9-1 三种炸药的平面应变断裂韧度 K_{1c} 测试结果

炸药序号	试件高度 W/mm	试件厚度 B/mm	裂纹平均长度 a/mm	最大载荷 P_{max}/kg	条件载荷 P_Q/kg	断裂韧度 K_{1c}/(MPa·$m^{1/2}$)
Ⅰ	17.95	8.99	4.07	6.50	6.20	0.26
	18.04	9.07	4.90	5.90	5.40	0.25
	18.01	9.03	4.44	6.30	5.70	0.24
	18.00	9.03	5.28	5.50	4.90	0.24
结果	0.24±0.01(P=0.95,V=3)					
Ⅱ	18.20	9.07	3.79	5.20	4.50	0.17
	18.07	9.08	3.74	5.30	4.20	0.16
	18.10	9.22	5.13	4.60	3.46	0.17
	18.08	8.98	5.57	4.50	3.66	0.18
结果	0.17±0.01(P=0.95,V=3)					
Ⅲ	17.96	9.02	3.68	10.20	10.20	0.39
	18.04	8.96	5.00	8.40	7.80	0.36
	18.04	9.06	5.68	7.80	7.50	0.38
	18.05	9.06	6.05	7.30	6.80	0.37
结果	0.37±0.01(P=0.95,V=3)					

上述测试结果可以反映出三种炸药材料抗裂纹扩展的能力,与该三种材料已有的拉伸应力应变曲线、蠕变曲线等力学性能测试结果基本一致,同时也反映出 K_{1c} 值测试结果的正确性。此外,研究发现温度对 PBX 平面应变断裂韧度有一定的影响,具体的影响规律主要是由 PBX 中的高聚物成分及其含量决定的。

但是,用 K_{1c} 来表征 PBX 的断裂韧性也有一定的局限性,只适合于塑性变形较小的脆性材料,当炸药材料塑性或韧性增加到一定程度时,测试曲线往往不能满足其中“最大载荷”与“条件载荷”之比小于 1.10 等相关要求,此时就不能采用 K_{1c} 进行表征,另外,K_{1c} 测试方法比较复杂,对于炸药材料的配方及成型技术研究而言,测试烦琐且周期较长。针对断裂韧性 K_{1c} 表征炸药韧性时存在的局限性,温茂萍等提出了基于应力-应变曲线断裂能量计算的韧性表征参量-断裂能,包括拉伸断裂能和压缩断裂能两种形式。材料的韧性一般表示材料在断裂前吸收能量和进行塑性变形的能力,而材料的 $\sigma-\varepsilon$ 曲线的包络面积正好对应材料单位体积上吸收能量。这种在机械载荷作用下,材料单位体积上吸收的机械能称为断裂能参量。该参量与材料韧性的定性表述的物理意义是相近的,两者在测试值上应该具有较好的相关性。

图 9-12 所示为一种典型的 HMX 基炸药的拉伸、压缩 $\sigma-\varepsilon$ 曲线，炸药压缩破坏强度、压缩破坏应变显著大于拉伸破坏应变与拉伸破坏强度，这是脆性材料的显著特征之一。$\sigma-\varepsilon$ 曲线在达到最大应力后试样开始出现裂纹，应力开始降低，由于试样破裂形式存在不确定性，即使同一组试样的曲线降低部分也会存在较大差异。因此，断裂能部分只计算曲线峰值（ε_b，σ_b）以前的包络面积，即试样开始出现裂纹前单位体积所吸收的能量，如图 9-12 所示的阴影部分。

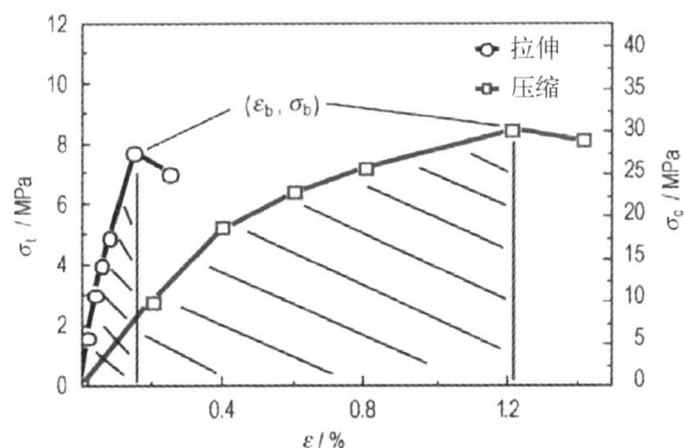

图 9-12　以 HMX 为基炸药的典型拉伸、压缩 $\sigma-\varepsilon$ 曲线

根据测试得到的 HMX-P2 炸药的拉伸、压缩曲线，通过曲线积分计算了不同温度下 HMX-P2 的拉伸断裂能 W_t 和压缩断裂能 W_c，并获 HMX-P2 在不同温度下的断裂韧度 K_{1c}，图 9-13 所示为 HMX-P2 的拉伸断裂 W_t 和压缩断裂能 W_c 与断裂韧性 K_{1c} 变化趋势比较。总体来看，拉伸断裂能 W_t、压缩断裂能 W_c、断裂韧性 K_{1c} 随温度变化趋势化存在较高的一致性。基于 $\sigma-\varepsilon$ 曲线能量计算的断裂能，可以在炸药增韧改性及成型技术研究中作为韧性表征参量。

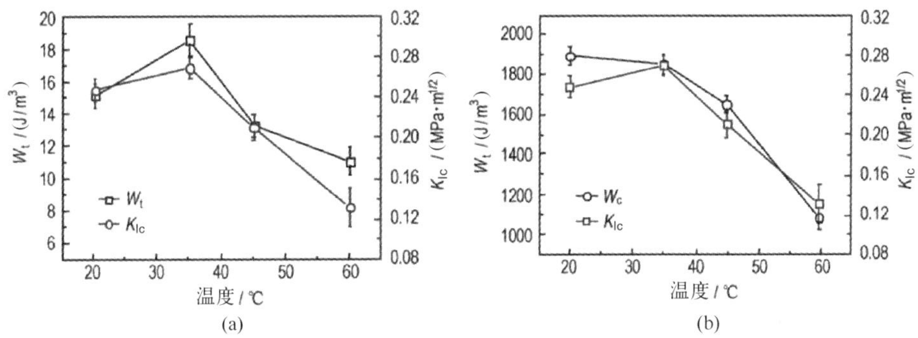

图 9-13　HMX-P2 的 W_t、W_c 与 K_{1c} 随温度变化趋势比较

（a）W_t 和 K_{1c}；（b）W_c 和 K_{1c}。

9.2 影响高聚物粘结炸药力学性能的因素

9.2.1 炸药晶体特性的影响

炸药晶体的断裂强度对 PBX 的最终力学强度有一定的影响。李俊玲等采用巴西试验作为间接拉伸加载方法,研究了某 PBX 炸药拉伸作用下的断裂损伤特性,获得了断裂损伤形貌演变的过程。发现界面脱粘和穿晶断裂是 PBX 主要的两种断裂破坏模式。通过理论计算,得到炸药晶体临界边界脱粘应力为 0.218MPa,也就是说,脱粘断裂可在很小应力条件下发生,而晶体的临界应力强度为 2.47MPa,晶体穿晶断裂的临界应力值与实测的试样拉伸强度较为接近。将理论分析与试验结果进行结合,得到该 PBX 炸药的断裂模式为:受到拉伸加载时,界面脱粘所需的外界应力很小,沿晶断裂是该 PBX 炸药的首要断裂方式;随着外载荷的增加,尺寸较大的晶体颗粒承受的拉伸应力达到其临界断裂应力,晶体颗粒开始发生穿晶断裂;穿晶断裂裂纹沿加载方向迅速传播,试样瞬间发生宏观破坏。也就是说,炸药晶体的断裂强度会决定了整个 PBX 配方的拉伸断裂强度。

9.2.2 聚合物基体的影响

由于 PBX 本质上是一种炸药颗粒高度填充的高分子基复合材料(填充量通常在 90%以上),其力学性能主要取决于内部炸药与粘结剂之间界面特性。虽然粘结剂在 PBX 中的含量很低,一般质量分数在 3%~10%(质量)之间,但是对整个 PBX 的力学性能有着重要的影响。选择改性粘结剂进行配方设计时,有效评估其断裂破坏行为对认识 PBX 整体力学性能和变形破坏机理有着重要的指导意义。针对 PBX 中常用的四种含氟粘结剂,包括 F2311、F2313、F2314、FDH,中物院化工材料研究所的何冠松等首次采用基本断裂功(EWF)的方法(图 9-14)对这四种粘结剂的断裂韧性进行了评估,获得了粘结剂的本征断裂韧性和断裂行为特征,发现分子结构对氟聚合物链的运动能力以及抵抗破坏的能力有较大影响,比基本断裂功 W_e 即断裂韧性,随着氟聚物玻璃化转变温度的降低而逐渐增大,抵抗裂纹扩展能力增加,而比塑性变形功 βW_p 呈现相反的变化趋势(图 9-15)。进一步通过测定选用四种粘结剂的 PBX 断裂能,发现粘结剂的断裂韧性 W_e 与 PBX 的断裂能有较强的关联性(图 9-16),即 PBX 的断裂能随着所用粘结剂的断裂韧性增加而增大。研究结果可以为 PBX 炸药配方设计中粘结剂的选择和改性,以及认识 PBX 整体力学性能和变形破坏机理提供重要依据。

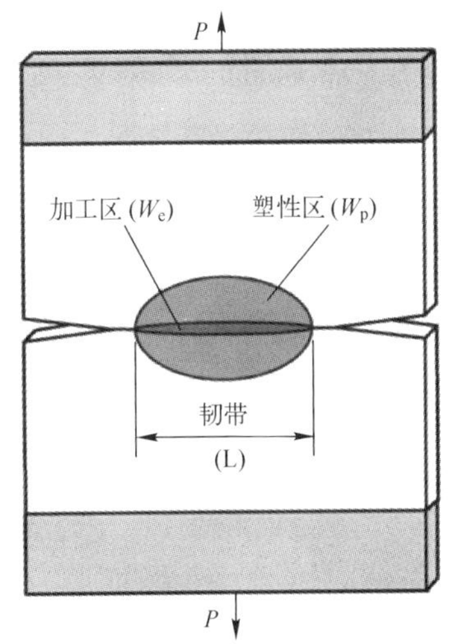

图 9-14　带有双缺口的 EWF 试样示意图

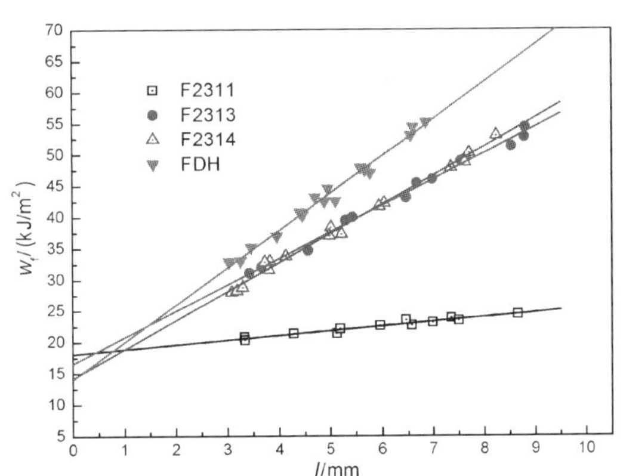

图 9-15　比断裂功 W_f与韧带长度 l 的关系

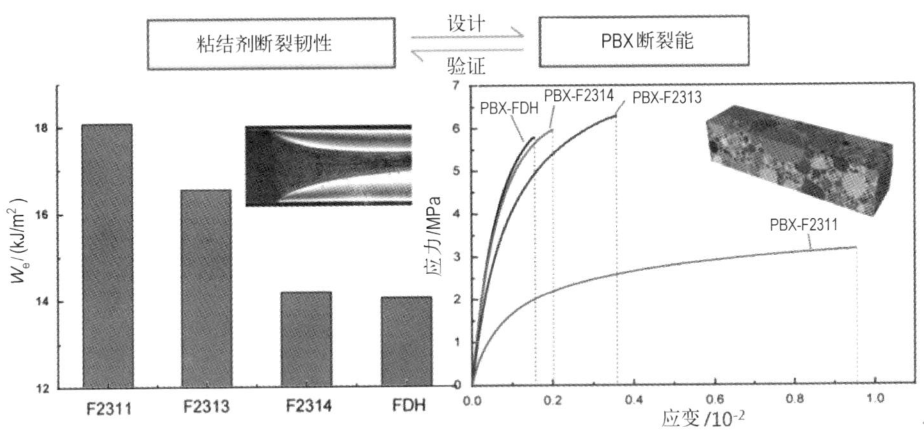

图 9-16　粘结剂的断裂韧性 W_e与 PBX 的断裂能的对比

林聪妹等研究了含氟粘结剂的分子结构对 TATB 基 PBX 的非线性蠕变行为的影响。随着分子结构中三氟氯乙烯(CTFE)含量的增加,含氟粘结剂的模量及玻璃化转变温度 T_g会不断增加,这些结构的变化有助于降低高聚物粘结剂的蠕变变形,应用到 PBX 中,结果显示,PBX 的蠕变变形会得到显著降低。

上述结果表明,在进行 PBX 配方设计时,应充分考虑所选择粘结剂的力学性能,其会对 PBX 的力学性能有很大的影响。

9.2.3 键合剂的影响

PBX配制过程中，粘结剂与炸药晶体的界面作用不强易使造型粉粘结剂包覆不全或粘结不牢，形成初始微缺陷。在压制成型过程中，在较高压力下，PBX颗粒发生破碎，造成损伤和微裂纹，因此PBX在制备过程中已有少量损伤。在随后复杂的载荷和环境下进一步发展成不同形式的损伤。陈鹏万和Palmer在对PBX炸药的径压缩试验实时显微观察中发现了颗粒断裂、界面脱粘、粘结剂基体开裂、变形孪晶及剪切带等多种破坏形式，并从理论上近似分析了PBX炸药发生晶体断裂和界面脱粘的临界应力。而且，炸药晶体临界脱粘应力远小于晶体断裂的应力，即PBX在外界应力作用下会首先发生脱粘，裂纹会沿着晶体与粘结剂的界面扩展，直至最后的晶体断裂。可见界面是PBX炸药最薄弱的部分，脱粘是首要的断裂方式。

在炸药和粘结剂之间引入键合剂是改善界面的常用办法，键合剂的官能团可与炸药表面的硝基或氨基发生氢键作用，另一部分与粘结剂分子形成相互作用，通过“桥梁”增强炸药晶体与粘结剂的界面相互作用。刘永刚等采用接触角法评价硅烷键合剂和复合型键合剂对TATB的改性效果，结果表明，经过硅烷键合剂A151和复合型键合剂LY-2处理后的TATB表面张力及其极性分量都有所提高，可见这两种键合剂的加入能够改善其与粘结剂的极性作用，提高其粘结能力。计算表明，键合剂使TATB与氟聚合物的粘附功有所提高，界面得到改善。刘佳林研究发现硅烷键合剂可改善TATB的界面性质，XPS分析发现在界面处键合剂水解形成的羟基可以与TATB的硝基形成氢键，而且加入微量路易斯酸之后，氢键数量显著增加。刘学涌研究发现偶联技术可改善TATB造型粉的力学性能和氟橡胶对TATB的黏附，其中硅烷键合剂KH550效果最佳，侧基中含有—NH_2，属于路易斯碱，可以与氟橡胶中的F形成氢键作用，明显改善TATB造型粉的力学性能，且程度也最高。其中加入KH550的造型粉压缩破坏强度提高12.4%，巴西间接拉伸强度提高10.3%。李凡等合成了一系列新型含硼键合剂：硼酸三正辛酯（CA-1）、硼酸/KH500混合键合剂（CA-2）、硼酸三乙醇氨酯（CA-3）、脂肪酸二乙醇胺硼酸酯（CA-4），并研究了其对TATB与粘结剂界面的影响。结果发现，硼原子可与粘结剂中的F原子键合，另一端的氨基可与TATB中的—NO_2形成氢键（图9-17），界面粘结性能得以改善。其中一个含硼键合剂体系CA-4可使TATB基PBX的断裂强度提高约6.5%，其他体系（CA-1、CA-2、CA-3），对力学性能几乎没有影响，可见该键合剂对力学性能的改善程度比较有限。

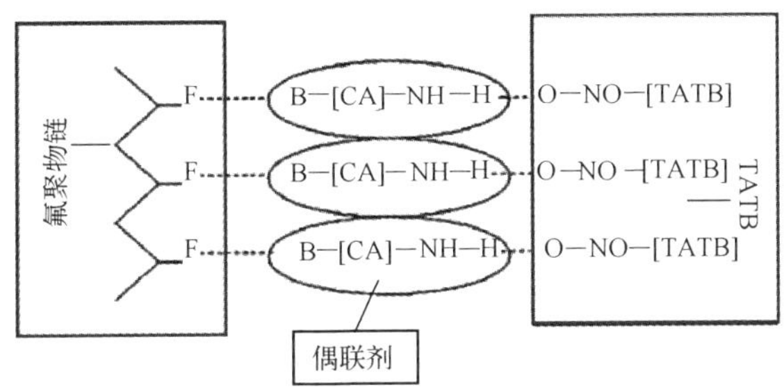

图 9-17　含硼键合剂对氟聚合物与 TATB 界面影响的示意图

一般认为,键合剂加入 PBX 中,存在于 TATB 与粘结剂的界面位置,通过"桥梁"的作用可改善界面粘结。然而,张艳丽报道了不同的研究结果,采用耗散粒子动力学模拟研究了加入键合剂的四种 TATB 基 PBX 的介观结构,并与未加入键合剂的 PBX 进行对比,结果如图 9-18 所示。可以看出,加入键合剂后,粘结剂的分散效果更好,说明其能够改善粘结剂的表面性质,促进了粘结剂与 TATB 的混溶性。研究还得到了键合剂改善 TATB 基 PBX 界面特性的新机理:键合剂并不存在于粘结剂和 TATB 的界面上,键合剂与三氟氯乙烯单元的结合能力很强,同时在与 TATB 混合后将部分偏氟乙烯(与 TATB 亲和力较强的结构单元)推到粘结剂的外围,改善了氟聚合物粘结剂包覆 TATB 的能力,这一发现拓展了对键合剂作用机理的新认识。

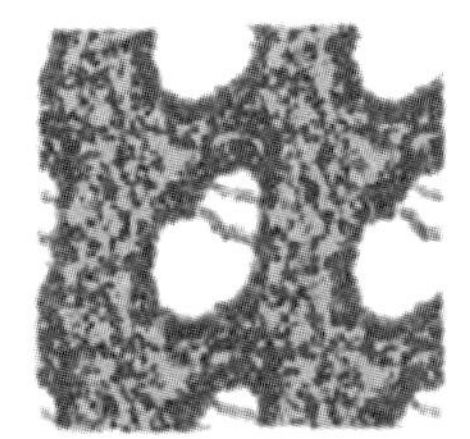

F_{2311}/TATB/KH5501

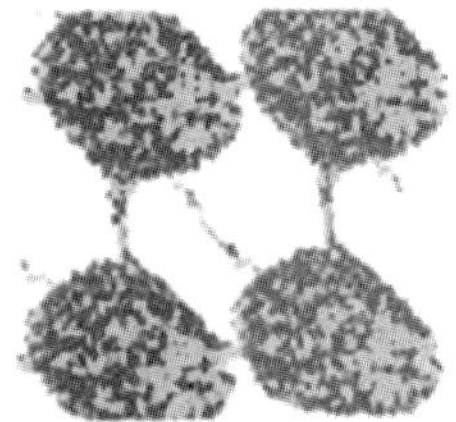

F_{2312}/TATB/KH5501

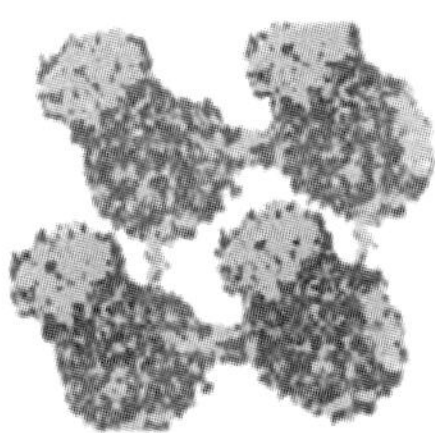

F_{2313}/TATB/KH5501

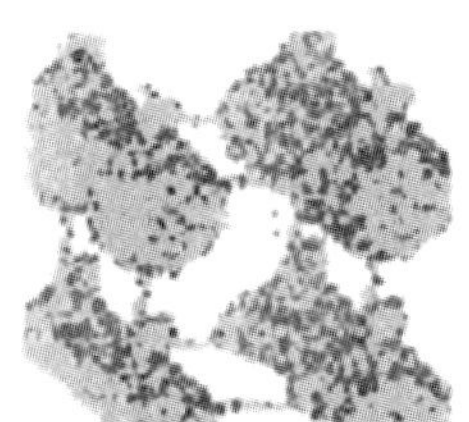

F_{2314}/TATB/KH5501

图 9-18　298K 温度时,键合剂作用下四种粘结炸药的介观结构模拟

通过引入键合剂的手段能够在一定程度上改善 TATB 与粘结剂的界面,提高粘结性能,但是单纯依靠键合剂在界面作用的调节仍然有局限性,氢键的结合强度不高,而且作用机理和能否形成有效的氢键尚存在争议。此外,在 PBX 水悬浮造粒过程中,部分水溶性的键合剂不能完全包覆炸药,键合剂会随着水溶液流失而无法形成有效组分,导致对力学性能的改善效果十分有限。此外,研究还发现,键合剂一般不能对所有炸药均起到良好的键合作用。因此,开发针对性更强,非水溶性、键合效果更佳的键合剂,是未来 PBX 中研究的一个重要方向。

9.2.4 炸药填料的界面作用

如前所述,PBX 本质上作为一种炸药颗粒高度填充的高分子基复合材料,其力学性能主要取决于内部粘结剂和炸药之间界面特性,一旦材料的组成和相形态确定,界面将成为影响高分子基复合材料的决定因素。已有的许多研究表明,炸药颗粒与粘结剂之间的界面作用不强,界面脱粘是诱导 PBX 部件运输和使用过程中发生开裂的主要原因。因此,提高 PBX 力学性能的关键策略是增强粘结剂与炸药界面强度。

近年来,研究人员普遍采用测试接触角的方法对比不同粘结剂与炸药的表面能或极性,筛选与炸药亲和力较强的聚合物作为粘结剂,对炸药与粘结剂的表面特性进行了相关研究。Yeager 采用静态接触角测量法对多种具有应用前景的粘结剂的表面特性进行了研究,表面能和黏附功的测量及计算方法如图 9-19 所示。他发现含氟共聚物 Oxy-461™ 和偏二氟乙烯与三氟氯乙烯共聚物 Kel-F™ 对 TATB 表面的润湿效果最佳,具有最大的黏附功,界面粘结效果最好,再结合 Kel-F800 优异的热物理和力学性能,因此,美国 TATB 基 PBX 炸药配方中一直使用的是 Kel-F800 作为粘结剂。

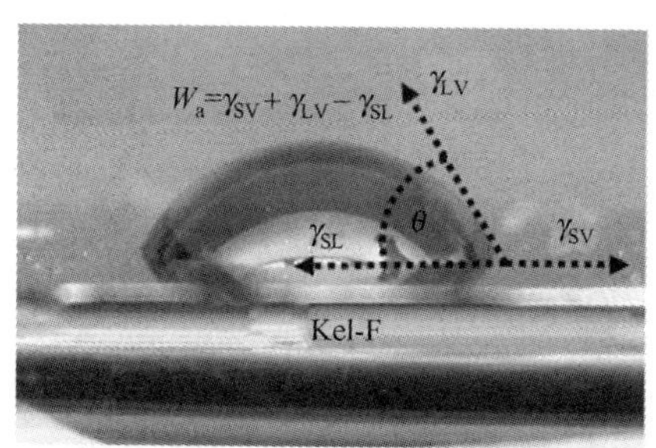

图 9-19 表面能和黏附功的测量及计算方法

美国劳伦斯利弗莫尔实验室(LLNL)的 Gee 采用 COMPASS 力场的方法对四种氟聚合物(Kel-F800、Teflon AF、Hyflon AD 和 Cytop)在 TATB 两个晶面的吸附性能进行了研究,发现所有的聚合物除了 Hyflon 都能够稳定地润湿 TATB 两个晶面,Hyflon 仅仅能够润湿(100)晶面。对于同一种氟聚合物来说,同样发现(100)晶面的黏附效果要比(001)晶面好,认为(100)晶面可以接触的表面要大于(001)晶面。如图 9-20 所示,(001)晶面是一个由诸多 TATB 分子构成的近似平面层,该层内 TATB 分子内和分子间都存在氢键,含氟聚合物只能在一个方向上与 TATB 形成十分有限地相互作用。而(100)晶面由一条条

“槽”构成，与聚合物链形成相互作用的可能性要大于(001)晶面，同时也有利于增大范德华力，有利于加强二者相互作用而使体系能量降低，获得更大的吸附能。

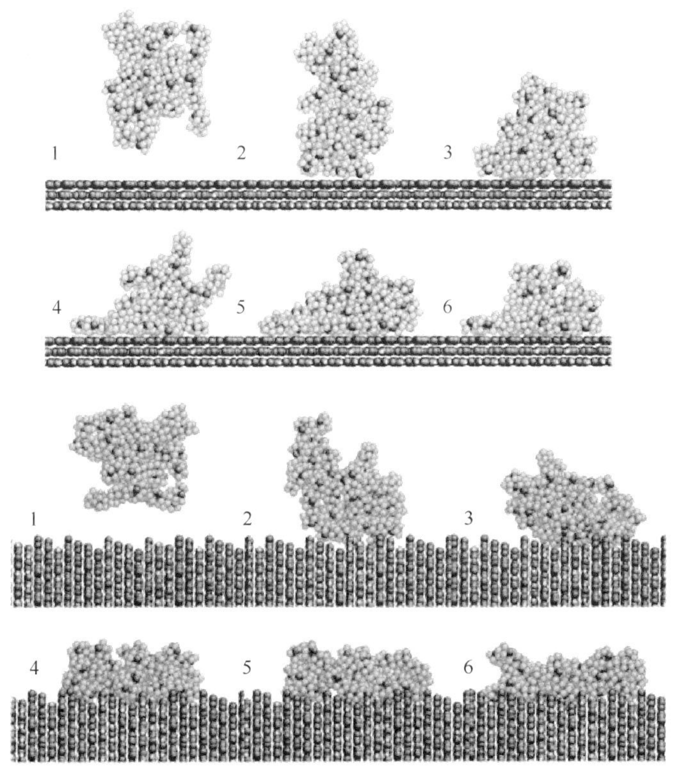

图 9-20　一个 Cytop 分子链以 60ps 为间隔时在 TATB 界面演变的快照
1—0ps；2—60ps；3—120ps；4—180ps；5—240ps；6—300ps。

采用对炸药进行原位反应包覆的方法可以增强其与粘结剂的界面作用。例如，黄亨建等先用偶联剂对 HMX 进行预处理，再将端羟基聚丁二烯、聚叠氮缩水甘油醚等预聚体与异氰酸酯聚合反应，使粘结剂直接在 HMX 表面进行原位反应包覆，如图 9-21 所示，有效地提高了 HMX 与粘结剂的界面相互作用。马凤国等采用羟乙基丙烯酸酯-丙烯酸酯-丙烯腈(PHMA)与异弗尔酮二异氰酸酯的乳液聚合反应对 HMX 进行包覆，其拉伸强度提高了 21%。杨志剑等通过原位聚合法以三聚氰胺、甲醛为原料，用蜜胺甲醛树脂预聚体原位包覆了 CL-20、HMX 和 RDX，提高了界面作用力。

图 9-21 原位聚合包覆 HMX 原理示意图

9.3 高聚物粘结炸药力学性能的理论模拟

9.3.1 高聚物粘结炸药力学性能模拟方法

含能材料数值建模和仿真可以是一维、二维或三维的。目前西方各国已经开发了各种数值模拟和仿真软件代码。国内可以买到的常用流体动力学软件是有限元分析(LS-DYNA)。LS-DYNA 可进行通用物理模型仿真,该程序在军事领域应用广泛,如预测爆炸后弹头运动轨迹。它也可用于模拟非线性材料,如热塑性聚合物的形变。在热力学领域中使用软件包括固体推进剂燃速模型。商业计算流体动力学软件还包括 ANSYS、POLYFLOW、基于 MATLAB 的 Gaussian03 等。美国等北约国家开发了专门用于弹药模拟和仿真的软件"任意拉格朗日-欧拉 3D 多物理场代码"(Arbitrary Lagrangian-Eulerian 3D,ALE3D),该软件主要由劳伦斯实验室牵头开发完成,目前还在持续开发中。该软件主要使用混合有限元和有限体积方程来模拟二维和三维非结构化网格流体和弹塑性响应的问题。该软件的功能强大,将在后续劳伦斯实验室介绍中进一步解读,遗憾的是,这款软件禁止在我国发售。总之,这些软件的开发使得建模和仿真从普通燃烧及热力学研究领域拓展到了含能材料研究领域,如对复合含能材料强度进行多尺度模拟(图 9-22)最为常见。多种软件技术的发展使得含能材料模拟仿真类研究论文在近些年出现了大幅增长。

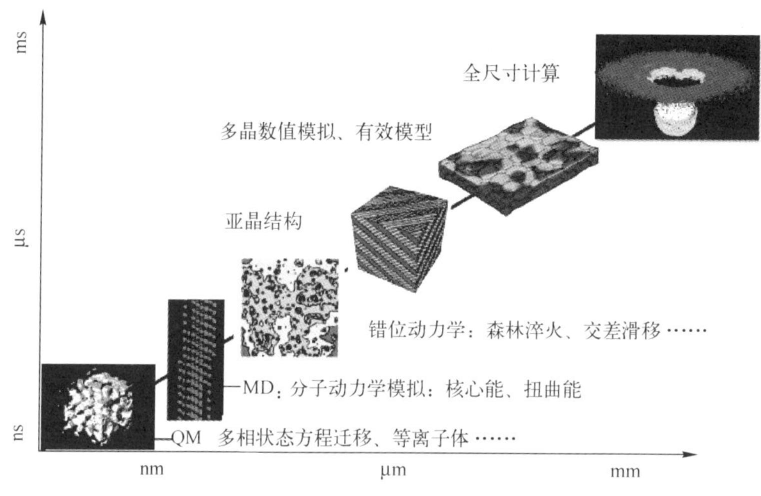

图 9-22　复合含能材料强度多尺度模拟

除了上述有限元方法外，还可以基于密度泛函理论（DFT）进行建模和仿真。DFT 是较常用的量子化学计算方法，用于预测的原子和分子电子轨道结构，特别是分子的几何构型等特性，DFT 用于创建和模拟的原子及分子的模型结构。含能材料领域的另一种常用计算方法是平滑粒子流体动力学法（SPH）。SPH 不同于 DFT，它是一种无网格拉格朗日方法，材料粒子随坐标移动。SPH 将流体划分为一组粒子，从而保证质量守恒。它可以用来计算物质的密度，虽然 SPH 对于提高精度非常有用，但在仿真中需要设计大量颗粒。对于高能炸药爆炸过程模拟，SPH 比 DFT 更受欢迎，因为它是一个无网格方法。火箭军工程大学采用 SPH 方法研究了非理想爆轰波在周围带电球形金属体内的传播。结果表明，通过模拟获得的特征爆轰时间与理论分析结果一致，说明用改进 SPH 方法进行爆炸数值模拟合理可行。此外，还有一种通用的仿真方法是计算流体动力学（CFD），它类似于 SPH。然而，不同于 SPH，它使用了网格化计算。它一般用于湍流燃烧的化学反应和涡耗散概念（EDC）模型的数值模拟（ANSYS CFX10.0 开发的 CFD 代码）。

最小自由能法是在燃烧研究中最普遍的方法之一，可使用此方法来计算气相燃烧产物的浓度。此外，它也可用于燃烧产物模拟，如氧平衡对可燃性气体等推进剂燃烧产物浓度的影响。上述模拟和仿真方法可以用于多个领域，如含能材料撞击感度和冲击波感度模拟、高聚物粘结炸药力学性能模拟等。

显然，晶体堆积力是分子在晶格附近运动的关键因素。晶体堆积力实际上就是固体中分子间作用力，分为排斥和吸引两部分。吸引主要由分子的偶极-

偶极作用引起,在分子力学中用原子点电荷之间的静电作用表示;瞬时偶极引起的部分称为色散作用,它和范德华排斥作用在分子力学中一起构成非静电作用部分。这部分的力场参数,是通过拟合晶体的密度和升华焓得到的。这是拟合非键作用参数的通常做法。不过,由于待拟合参数个数远多于可获得的性质,这个拟合结果多少有一些不确定性。对于高聚物粘结炸药力学性能领域,可以模拟其在外力作用下的形变、裂纹产生过程及失效机理。图 9-23 给出了在冲击波高压作用下聚合物结构变化的多尺度模拟过程。所建立的模型为松弛-快速多尺度模型,其简单描述如下:①快速多尺度模型。采用明确松弛本构关系(如存在)来表示分格的行为(单元级)。②比同期多尺度计算速度更快(例如经连续层压)。③单元配备了最佳的微观结构,表现出最优化且有效行为。④伽玛收敛近似。

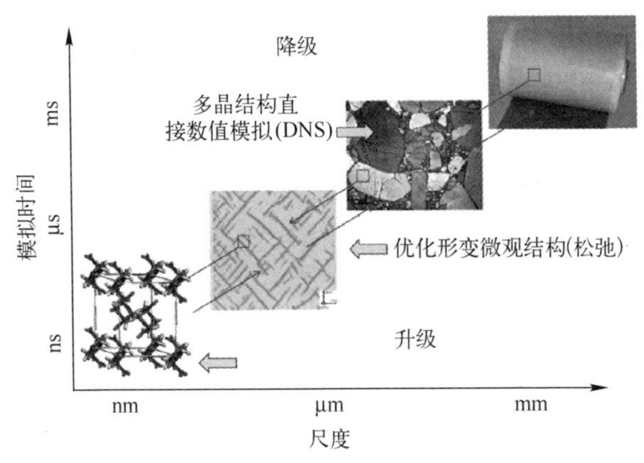

图 9-23 高能炸药撞击波感度模拟

除了上述两种模拟外,还可以用 DFT 模拟含能材料(通常是固体炸药)的相变。它们在常温常压下是稳定的固体,当经受足够强的机械或热刺激时,它们会发生液化和汽化等相变,然后通过化学反应释放其存储的能量。数值模拟可用来模拟从固相到液体再到气体的转变过程,并估算化学反应中释放的能量。除了相变之外,DFT 数值模拟还可以用来优化分子结构。一般采用采用 DFT-B3LYP 或 MP2 的方法优化新设计的含能化合物分子结构。可以预估它们的生成焓、密度,并在此基础上采用 Kamlet-Jacobs 方程进行其爆轰性能估算(也可以用其他代码,如 Explo-5 等,区别是采用的状态方程不同,精度也就不一样)。除了分子结构优化外,DFT 还可进行热力学计算。一般采用 DFT/B3LYP 法确定热力学性质并评估绝热至爆时间。还可以基于莫尔斯电势统计力学方法计算火箭推进剂燃烧热力学性质。通过从头算分子动力学(AIMD)数值建模和仿真可以获得含能化合物可能的分解途径,并确定其相对重要的热分解途径。在爆轰过程热力学数值模拟和仿真过程中,由于采用 CJ 和 ZND 模型,无法达到热力学平衡,不符合热力学基本原则。为了克服这一缺陷,开发了一种新的共轭爆炸模型。在此爆炸模型中,化学反应由撞击波面上发起,并且所释放的能量使得爆炸产物颗粒出现不同取向。每对颗粒与一个颗粒向前移动而另一个向后移动,被称为共轭对。通过关联爆轰波的传播和在微爆时出现并在爆轰波扩散传播中消失的共轭对,确立了共轭爆轰模型。

在复合材料的储能模量模拟及预测方面,不考虑界面相互作用,Sakaguchi 给出了填充聚合物复合材料的储能模量计算公式:

$$E'_{c}=\frac{E'_{f}E'_{m}}{E'_{f}\varphi_{m}+E'_{m}\varphi_{f}} \tag{9-4}$$

式中:φ_{m}为基体的体积分数(%);E'_{m}为基体的储能模量(GPa);E'_{f}为填料的储能模量(GPa)。若考虑强界面作用,则有

$$E'_{c}=\frac{E'_{f}E'_{m}E'_{i}}{E'_{i}E'_{f}\varphi_{m}+E'_{f}E'_{m}\varphi_{i}+E'_{i}E'_{m}\varphi_{f}} \tag{9-5}$$

式中:φ_{i}为界面的体积分数(%);E'_{i}为界面的储能模量(GPa)。基于 Eshelby 方法和 Mori 的工作,并考虑到粒子与聚合物基体之间的界面作用,Liang 提出如下的相对储能模量的公式:

$$E'_{R}=1+\frac{\lambda\varphi_{f}(m'-1)}{1+(1-\varphi_{f})(m'-1)s} \tag{9-6}$$

其中

$$s=\frac{7-5v_{m}}{15(1-v_{m})}$$

Guth 通过引入球形粒子相互作用项的概念,提出扩展的 Einstein 方程:

$$E'_{R}=1+2.5\varphi_{f}+14.1\varphi_{f}^{2} \tag{9-7}$$

9.3.2　炸药件力学强度模拟评估

炸药件是爆炸诱发毁伤类武器的关键部件,其不仅需要向武器系统提供能量,还需作为结构件承受装配、服役环境变化等产生的力学载荷。所以 PBX 炸药的强度理论研究是武器系统安全性与可靠性的重要内容,研究建立 PBX 的强度准则既是评估炸药部件服役过程力学安全性的基础,也是评估炸药件承载能力和结构完整性的基石,是含能材料科学和武器工程技术发展的共同需要。

强度准则是一个评估结构中材料何时发生破坏的基础判据,它旨在明确材料发生强度失效时三向主应力间的函数关系,经典的第一、第二强度理论是针对

拉伸破坏的,而第三、第四强度理论及岩土材料的摩尔-库伦理论都是针对剪切破坏的。一直以来,由于炸药材料的危险性和特殊性,强度研究进展缓慢,工程中现采用单轴强度准则评估其承载能力,即认为某点的最大拉/压应力超过其单轴拉伸/压缩强度时材料失效。该准则在一定历史时期内满足了炸药部件尺寸/工艺设计中的力学评估需求,但随着武器装备技术的发展,强度描述中的精度要求和安全阈度间的矛盾越来越突出,认清炸药材料的强度特性,在保障安全阈度的基础上建立更高精度的强度描述准则十分必要。

国内外学者对此开展了系列工作,取得了一些进展,美国的 Quinson 等采用 Von-Mises 准则对 PBX 用粘结剂的强度进行了研究,获得了能较好描述 Kel-F 800 特性的强度准则,遗憾的是未提出 PBX 的强度准则。国防科技大学的卢芳云等采用 Mohr-Coulomb 准则对三种炸药材料的动态强度失效进行了分析,发现仅一种材料的分析结果满足工程需要。唐维等基于单轴加载技术设计了圆柱试样的端部约束压溃试验,结合试验数据和内部应力场的数值模拟结果,探讨了三个系列的双参数强度准则和工程常用的单轴强度准则在 PBX 强度分析中的适应性。从描述精度角度来说,Mohr-Coulomb 准则最优,Twin-shear 准则和 Drucker-Prager 准则次之,现常用的最大拉应力准则最差。Mohr-Coulomb 准则能够较为准确地描述颗粒性材料的拉压不对称性,Drucker-Prager 准则能够较为准确地描述颗粒材料的压力相关特性,且便于实现数值计算。因此 Mohr-Coulomb 准则和 Drucker-Prager 准则都常用于颗粒材料的失效分析中。

此外,唐维等在 PBX 炸药单轴主要特征破坏参数研究中指出,破坏应力受环境条件因素影响大,不宜单独作为主特征破坏参数,破坏应变受环境条件因素影响小,可作为主特征破坏参数。PBX 材料的破坏应变数值较小(单轴拉伸的破坏应变约为 0.1%),试验测量误差的随机性可能掩盖真实的破坏应变值,同时在围压作用下,PBX 的延展性增加,从而大大增加了破坏应变值。因此实际应用中,常采用综合了各个主应力的总参量作为破坏判据。

9.3.3 炸药件准静态力学性能模拟

武器工业中高聚物粘结炸药的力学性能特别重要。近年来,很多学者对 PBX 在不同温度和应变率下的力学性能或响应进行了研究。结果表明,PBX 的强度随应变率的增加和温度的降低而增加。但迄今为止,还没有比较合理的本构模型对其力学行为进行描述。在静态载荷下,一般采用修正的 Ramberg-Osgood 关系式(9-8)来描述低应变率下 PBX 的力学行为:

$$\frac{\varepsilon}{\varepsilon_0}=\frac{\sigma}{\sigma_0}+0.0436\left(\frac{\sigma}{\sigma_0}\right)^m \tag{9-8}$$

式中:σ_0、ε_0分别为应力-应变关系中初始线性段某处的应力和应变,其弹性模量 $E=\sigma_0/\varepsilon_0$;m 为与应变率及温度有关的参数。用修正的 Ramberg-Osgood 关系可以描述拉伸载荷下 PBX 的应力-应变行为,其中的参数 σ_0、ε_0和 m 并不为材料常数,而是与温度和应变率都有关,且没有确定的关系。因此,必须建立考虑温度和应变率效应的本构关系。

为了研究应变率和温度对金属材料力学性能的影响,Johson 和 Cook 提出了一个热黏塑性模型来描述不同温度和高应变率下金属材料的力学行为,即

$$\sigma=(A+B\varepsilon^n)(1+C\ln\dot{\varepsilon}/\dot{\varepsilon}_0)(1-\widetilde{T}^k) \tag{9-9}$$

式中:A、B、C、n、k 为材料常数;σ 为参考温度和参考应变率下材料的屈服应力;$\dot{\varepsilon}_0$ 为准静态下参考应变率;$\widetilde{T}$为无量纲温度。

在该模型中,第一部分(包含常数 A、B 和 n)反映了材料的应变硬化特征,第二部分描述应变率对材料性能的影响,而第三部分反映温度软化效应。对于受拉伸载荷作用的 PBX,由实验结果可看出,不能直接应用 Johnson-Cook 模型描述不同温度和应变率下材料的力学行为。在室温和参考应变率下,该模型简化为一个简单的指数关系,显然与试验结果有很大偏差。不过,罗景润等借鉴这种方法将修正 Ramberg-Osgood 关系转化为

$$\sigma=A(\varepsilon-B\varepsilon^n)(1+C\ln\dot{\varepsilon}/\dot{\varepsilon}_0)g(\widetilde{T}) \tag{9-10}$$

由此,可得到 PBX 在简单拉伸载荷下的非线性本构关系,于是在室温下由 A、B、n 和 C 这四个常数就可以确定不同应变率的拉伸载荷下 PBX 材料的应力-应变关系。

温度对 PBX 材料的力学行为影响很大。热软化效应即 PBX 的强度随着温度的增加而下降。从工程应用和力学分析角度来讲,一般所关心的温度在-50~50℃范围。根据不同温度下的拉伸实验结果,可以采用如下的函数关系来反映温度影响:

$$g(\widetilde{T})=1-\alpha\widetilde{T}-\beta\widetilde{T}^2-\gamma\widetilde{T}^3 \tag{9-11}$$

式中,无量纲温度$\widetilde{T}$可定义为

$$\widetilde{T}=\frac{T-T_r}{T_r} \tag{9-12}$$

式中:T_r为室温。于是,PBX 在单向拉伸下的非线性本构关系为

$$\sigma=A(\varepsilon-B\varepsilon^n)(1+C\ln\dot{\varepsilon}/\dot{\varepsilon}_0)(1-\alpha\widetilde{T}-\beta\widetilde{T}^2-\gamma\widetilde{T}^3) \tag{9-13}$$

该模型中的系数 A、B、n、C、α、β 和 γ 为材料常数(对确定的 PBX),与温度和应变率无关,其中常数 A 具有应力的量纲,其余皆为无量纲常数。该本构模

型中,第一部分表明参考温度和应变率下 PBX 材料的应力-应变关系及其与简单线性关系的偏离程度(或者非线性程度),第二部分表征应变率(或试验机加载头的运动速度)对 PBX 材料力学性能的影响,第三部分表征热软化效应。

在准静态条件下,罗景润等人采用该本构模型对不同温度和应变速率下 PBX 材料的拉伸载荷应力-应变行为进行模拟,发现与试验结果吻合较好。

9.3.4 炸药件动态力学性能模拟

由 PBX 的成型工艺及材料结构特征可知,PBX 的力学性能不仅与单质炸药和粘结剂有关,还受到各组分含量以及制作过程的影响,其力学特性显得比较复杂,一般主要表现为高能颗粒的弹脆性和粘结剂的黏弹塑性,其力学特性具有明显的非线性,基于试验曲线的特性,本构关系拟合采用修正的 Johnson-Cook 模型:

$$\sigma=(A\varepsilon-B\varepsilon^n)(1+C\ln\varepsilon/\varepsilon_0) \tag{9-14}$$

该模型中,第一部分为应变相关,式中两项分别表征材料的弹性和黏塑性特征,第二部分表征应变率对材料的影响,式中,参数 A、B、n 和 C 为材料常数,由材料组分及制备工艺决定。四个参数中 A、B 具有应力量纲,n 和 C 为无量纲常数。表 9-2 所列为拟合得到的三种 PBX 炸药的材料常数。图 9-24 所示为拟合得到的本构关系曲线。由拟合效果来看,拟合曲线和实验数据吻合较好,表明该模型可以用来描述动态拉伸条件下 PBX 炸药的力学行为。

表 9-2 三种 PBX 炸药的材料常数

材　料	A/GPa	B/GPa	n	C
PBX-1	0.5	0.883	1.153	1.861
PBX-2	6.47	6.993	1.021	1.829
PBX-3	11.37	11.64	1.007	1.813

国防科技大学的陈荣对某含铝炸药进行了准静态和动态压缩试验,建立了材料在不同初始密度、不同应变率下的本构模型:

$$\sigma=\sigma_0\left[\exp\left(\alpha\left(1-\frac{\rho}{\rho_0}\right)\right)+\beta\left(\frac{\dot{\varepsilon}}{\dot{\varepsilon}_0}-1\right)+\gamma\cdot\left(1-\frac{\rho}{\rho_0}\right)\left(\frac{\dot{\varepsilon}}{\dot{\varepsilon}_0}-1\right)\right](A\varepsilon+B\varepsilon^n) \tag{9-15}$$

式中:σ 为试样轴向压缩应力(MPa);ρ_0为材料理想密度;ε_0为参考应变率,取为 $1s^{-1}$;σ_0为理想密度试样在加载应变率为 $1s^{-1}$、温度为 0℃(273.15K)的压缩强度(MPa);ε 为试样轴向压缩应变;α 为密度影响因子;β 为应变率影响因子;γ 为交叉影响项。这四个参数需要拟合得到。参数 A、B、n 是反映材料本质特性

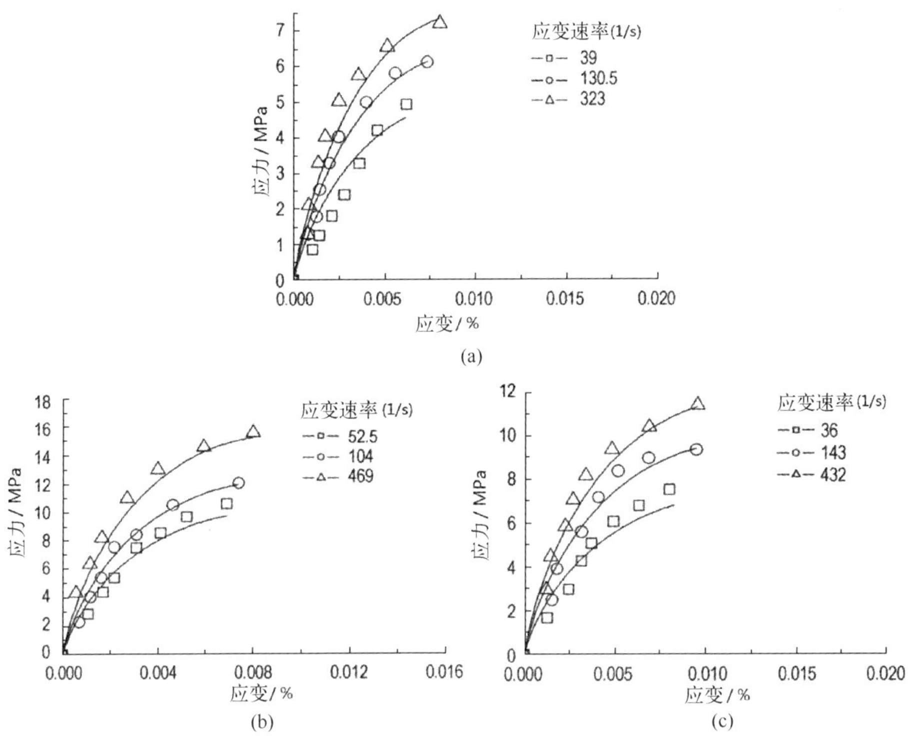

图 9-24　三种炸药的本构关系拟合曲线

(a) PBX-1;(b) PBX-2;(c) PBX-3。

的参数,与初始密度、加载应变率和温度无关,同样需要拟合得到。图 9-25 所示为该压装含铝炸药的本构关系拟合曲线。从拟合情况看,动态情况下,拟合曲线与试验曲线吻合较好,静态的情况吻合不太一致,这是由于在拟合时忽略了应变率对参数 A、B、n 的影响。

林玉亮等在此基础上添加了一个线性影响的温度项,同时考虑本构模型向正温(0℃以上)部分的扩展性,选取如下形式的温度项对本构模型进行修正:

$$f(T)=\left(1-C\frac{T}{T_0}\right) \tag{9-16}$$

式中:T 为试样的温度(K);T_0为参考温度,取为 273.15K;C 为温度影响因子,将上述两个公式结合,则可以得到考虑温度效应的本构模型:

$$\sigma=\sigma_0\left[\exp\left(\alpha\left(1-\frac{\rho}{\rho_0}\right)\right)+\beta\left(\frac{\dot{\varepsilon}}{\dot{\varepsilon}_0}-1\right)+\gamma\left(1-\frac{\rho}{\rho_0}\right)\left(\frac{\dot{\varepsilon}}{\dot{\varepsilon}_0}-1\right)\right](A\varepsilon+B\varepsilon^n)\left(1-C\frac{T}{T_0}\right) \tag{9-17}$$

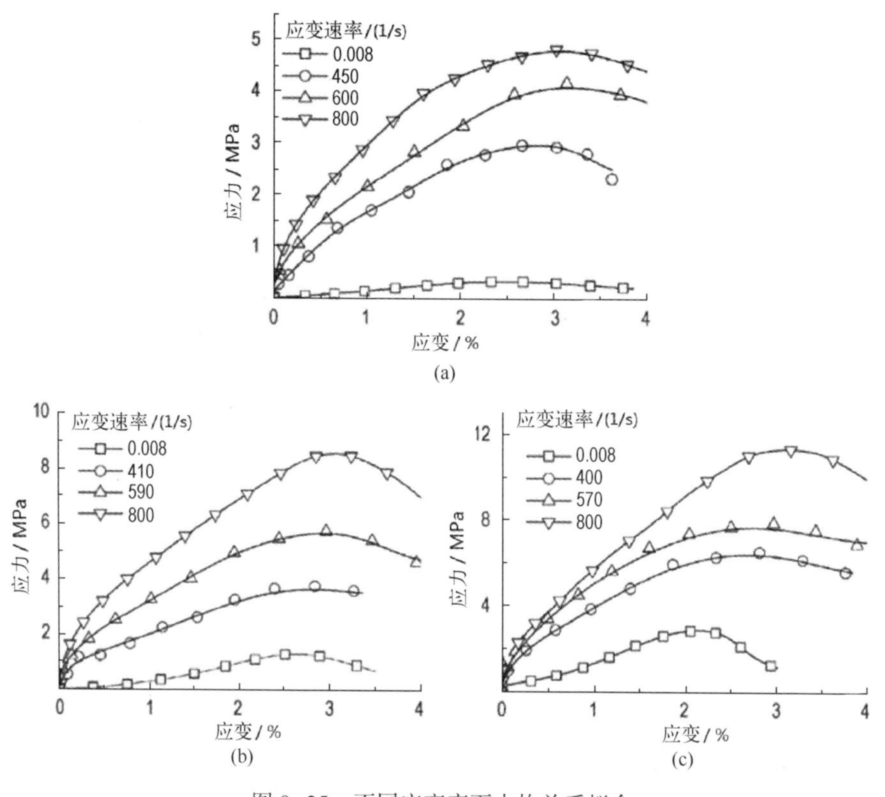

图 9-25 不同应变率下本构关系拟合

(a) $\rho=1.5\mathrm{g/cm^3}$;(b) $\rho=1.6\mathrm{g/cm^3}$;(c) $\rho=1.7\mathrm{g/cm^3}$。

采用上述公式进行模拟计算,可以看出模型结果与试验结果吻合较好(图 9-26)。进一步验证模型在其他温度范围的适用性,计算了室温情况下,密度 $1.7\mathrm{g/cm^3}$的炸药试样在应变率 $800\mathrm{s^{-1}}$的应力应变曲线,见图 9-27,从中可以看

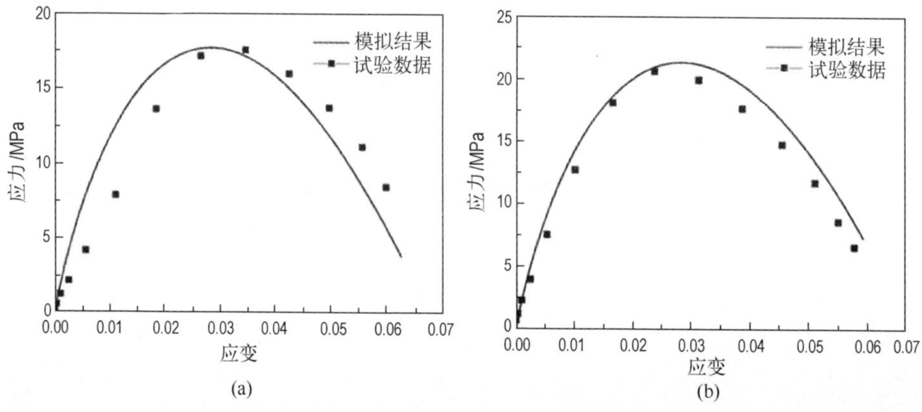

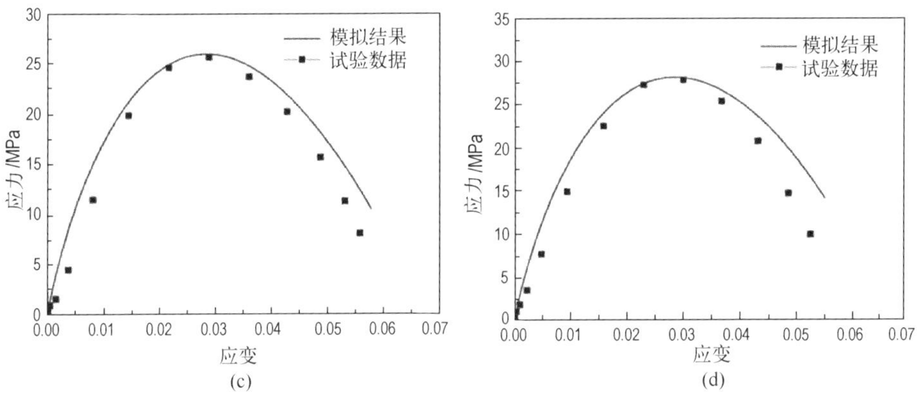

图9-26　不同温度下应力应变曲线模型计算值与试验值的比较

(a) -11℃(262.15K);(b) -29℃(244.15K);(c) -40℃(233.15K);(d) -48℃(225.15K)

出公式给出的模型和参数可以描述该炸药材料在室温下的应力-应变响应,表明该模型有一定的普适性。

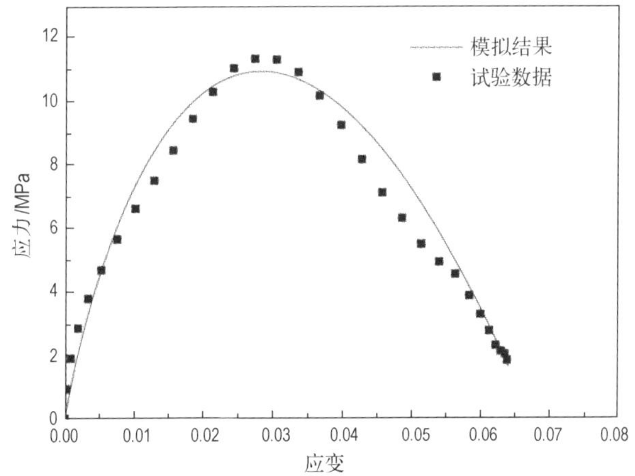

图9-27　常温20℃时应力应变曲线模型计算值与试验结果对比

9.4　改善高聚物粘结炸药力学性能的途径

9.4.1　炸药晶体及粘结剂改性

界面脱粘和穿晶断裂是PBX发生断裂破坏的两种主要模式。前面在炸药晶体对PBX力学性能影响中提到,前期的研究发现炸药晶体的临界应力强度与实测的 PBX 试样拉伸强度较为接近。也就是说,如果能够提高炸药晶体的破坏强度,则会相应地提升 PBX 的拉伸强度和压缩强度。目前,关于同一种炸药,不同晶体强度对 PBX 力学性能影响的文献鲜有报告。但是,不同炸药晶体之间,往往有这样的规律,晶体强度越高,配方的力学强度也越高。

对于 PBX 来说,其力学性能主要由炸药晶体、高分子粘结剂及两者之间的界面来决定。在其他组成不变的情况下,粘结剂对整个 PBX 的力学性能有着重要的影响。提升或改善粘结剂的力学性能,会有助于 PBX 力学性能的提升。此外,还制备了三种不同软硬段含量的聚氨酯粘结剂,应用到 TATB 基的 PBX 当中,发现聚氨酯的硬段含量对 PBX 的蠕变行为有较大的影响,当分子链中的硬段含量从 14%(质量)增加到 34%(质量)时,PBX 在 60℃/3MPa 条件下的蠕变断裂时间可提高 14.6 倍,而在 60℃/1MPa 条件下的蠕变稳态应变速率可降低 52.3%,也就是说聚氨酯分子链中的硬段含量会有助于 PBX 抗蠕变性能的提高。何冠松等采用基本断裂功(EWF)法对四种 PBX 常用氟聚物粘结剂的断裂韧性进行了评估,获得了粘结剂的本征断裂韧性和断裂行为特征。研究发现,粘结剂的断裂韧性 W_e 与 PBX 的断裂能有较强的关联性(图 9-28),即 PBX 的断裂能随着所用粘结剂的断裂韧性的增加而增大,对研究 PBX 整体力学性能和阐明变形破坏机理具有重要意义。

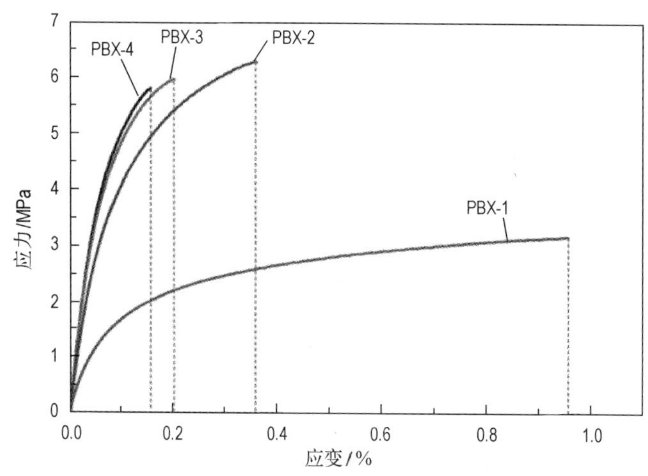

图 9-28 不同粘结剂配方的巴西应力-应变曲线

9.4.2 基于界面增强的力学改进

作为一种本质上炸药颗粒高度填充的高分子基复合材料,PBX 的力学性能主要由炸药晶体、高分子粘结剂及两者之间的界面来决定。当炸药与粘结剂的组成一定时，界面对整个PBX的力学性能有着决定性的影响。大量研究表明，多组分PBX复合材料中，由于炸药颗粒与粘结剂之间的界面作用不强，包覆不完全，界面始终是高填充PBX复合材料中最薄弱的环节，是制约其力学性能的核心本质问题。界面脱粘是诱导PBX部件发生开裂的主要原因，成为影响其力学性能的重要环节。如何增强粘结剂与炸药界面粘结强度是提高PBX力学性能的关键性问题。

通过引入偶联剂对炸药表面进行修饰是改善界面的常用办法。偶联剂的官能团可以与炸药表面的硝基或氨基发生作用，另一部分与粘结剂分子形成相互作用，也就是承担一个桥梁作用，使炸药与粘结剂的界面相互作用更强，以此来提高界面作用。常用的偶联剂有硅烷类、钛酸酯类、铬酸酯类、硼酸酯类和高分子中性键合剂等。Allen、Kineaid等采用不同偶联剂制备RDX和HMX基造型粉，试验结果表明，采用偶联剂能在很大程度上改变RDX或HMX的表面性质，提高它们与粘结剂的相容性，从而提高其力学性能。刘学涌研究发现硅烷键合剂KH550可以改善TATB与氟橡胶之间的界面相互作用，可在一定程度上改善高聚物粘结炸药的力学性能。在此基础上，采用对炸药进行原位反应包覆的方法可以为进一步增强炸药与粘结剂的界面粘结提供一种思路。例如，黄亨建等人利用原位聚合反应，将端羟基聚丁二烯(HTPB)、聚叠氮缩水甘油醚(GAP)等预聚体与异氰酸酯聚合反应，使粘结剂直接在HMX表面进行反应包覆，有效地提高了HMX与粘结剂的界面相互作用。

类似地，复合材料中，Liu等人采用原子转移自由基聚合法在修饰后的炭黑粒子表面接枝了聚丙烯酸丁酯，改性后的碳黑与高分子的界面相容性明显提高。虽然原位反应的高分子能够改善与基体之间的界面相互作用，但这些原位反应都需要建立在表面预修饰引入活性基团的基础之上，没有活性基团，原位反应便无法进行，而且类似偶联剂这样的预修饰剂与无机颗粒之间的作用不强，界面薄弱，对力学性能的提高有限。Chen就利用SiO_2表面的活性基团(—OH、—COOH等)直接作为起始剂，利用引发剂引发甲基丙烯酸甲酯在表面聚合，得到超支化PMMA高分子刷修饰的SiO_2颗粒，用以增强PMMA，结果复合材料的力学性能得到明显提高。对于炸药来说，表面不像SiO_2带有很多活性反应基团，其低表面能及惰性反应的特性会给原位界面设计带来巨大的挑战。所以，为了增强炸药与粘结剂的界面相互作用，提高PBX力学性能，迫切需要在炸药表面设计新的有机-无机界面构造方式，以改善炸药的表面特性。

从仿生设计出发，海洋中生活的各种动植物均可对外部基材进行暂时或永久性的黏附，如贻贝，在巨浪的冲刷下仍紧紧附着于礁石、船体之上而不分离。研究发现，贻贝通过分泌一种黏附蛋白，能强力附着在几乎所有的有机和无机材料表面(图 9-29(a))。黏附蛋白的主要组分是含有邻苯二酚基团的多巴(DOPA)和含有氨基基团的赖氨酸,且黏附性能随着 DOPA 含量的增加而增强,其中 DOPA 中的邻苯二酚官能团是赋予贻贝黏附行为的主要结构。多巴胺(结构见图 9-29(d))作为 DOPA 结构的一种非常重要的衍生物,近年来引起了广泛重视和关注,研究发现,它能在从金属、无机非金属到高分子(包括 PTFE)等各种材料表面发生自身聚合,通过共价键、π-π 共轭、氢键等作用力在材料表面包覆上一层纳米尺度的聚多巴胺薄膜。多巴胺自聚合反应可在水溶液中完成,简单易控,避免了使用有机溶剂对环境造成的污染,且对材料表面的改性一步到位,是一种理想的改性方法。该思路可为 PBX 复合材料中多组分之间的界面设计和调控提供新思路和参考,而且具有良好的优势和应用前景。

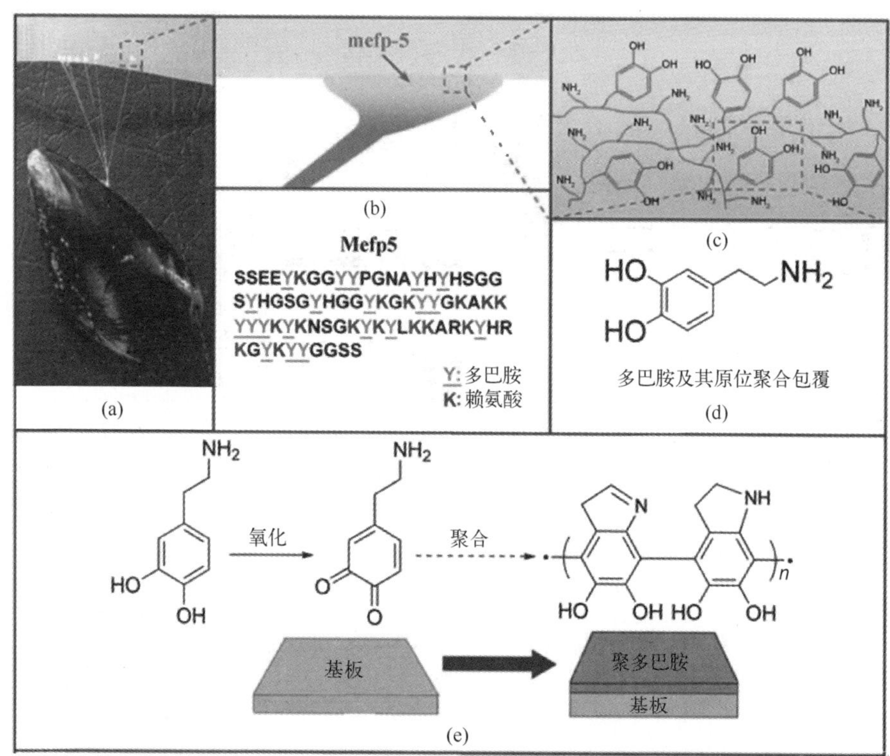

图 9-29 (a) 贻贝在 PTFE 上黏附照片;(b,c)界面粘结足丝蛋白 Mefp-5 和简化分子基团示意图;(d) 多巴胺分子结构;(e) 多巴胺在基体表面自聚合示意图

何冠松等人针对 PBX 中炸药表面能低、包覆不全、炸药与粘结剂界面作用弱的普适性问题,引入仿生界面设计理念,借鉴天然贻贝强黏附蛋白的核心结构,在炸药表面构筑新的聚多巴胺界面层结构(图 9-30),实现对炸药全方位包

覆,增强与粘结剂的界面相互作用。研究表明,通过界面增强,力学改性效果非常显著,其中巴西强度提升 48%、应变提升 96%、蠕变变形降低 60%。该项工作开拓了 PBX 界面及性能调控的新途径,为解决 PBX 中炸药表面能低、包覆不全、与粘结剂界面作用弱的难题提供一种优异的解决方案。

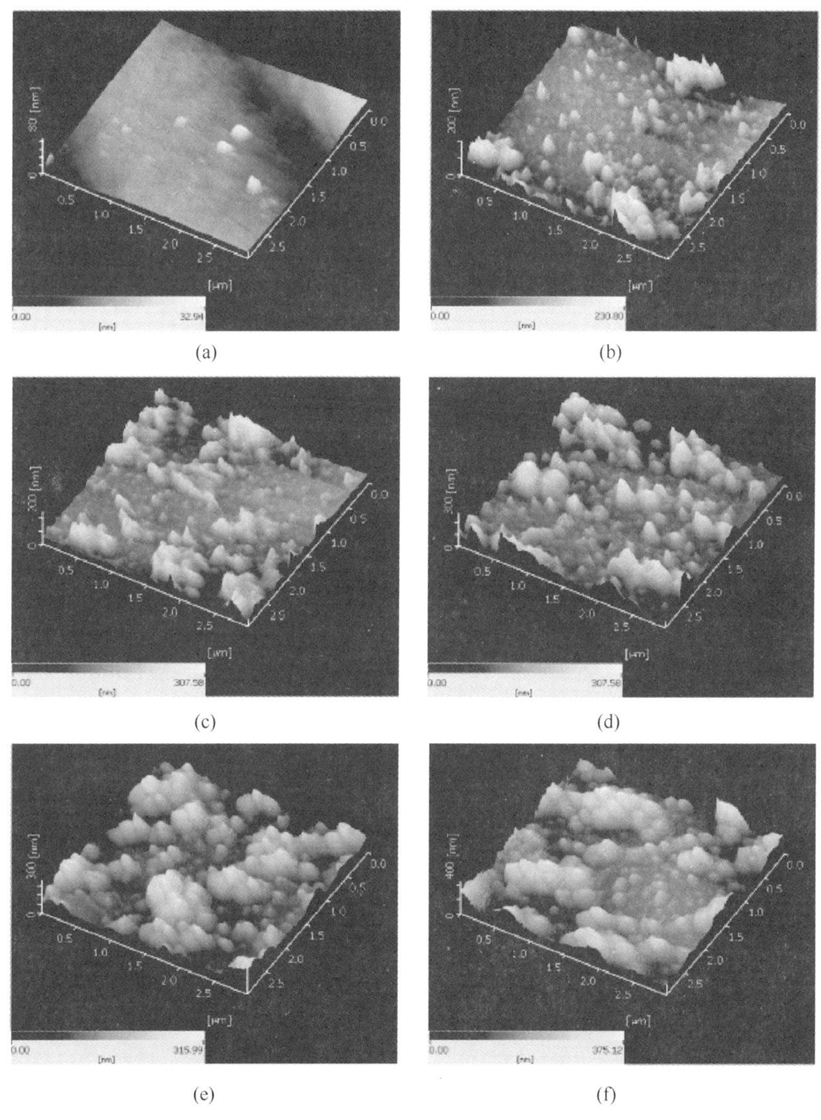

图 9-30　不同反应时间的聚多巴胺在 TATB 表面沉积的 AFM 形貌
(a) 0h;(b) 3h;(c) 6h;(d) 12h;(e) 24h;(f) 48h。

9.4.3 基于填料填充的力学改进

PBX 力学强度低、韧性差、抗蠕变性能不足,应用受到一定的限制,为了提高其性能,需要对它进行改性。基于填料填充改性是增强 PBX 力学性能的主要方法之一,纳米级填料与传统填料相比,因其比表面积高而具有更大的优越性,因此纳米填料作为增强填料填充,可使复合材料的力学性能有显著的改善,可同时提高材料的强度和韧性。填充型复合材料的力学性能主要受填料含量、尺寸、分散状态的影响,其中,与单一球形填料相比,填料的复杂几何结构可以更好地促进颗粒和基体之间的应力传递,通过基体与填料之间的力学耦合产生一个明显的增强效应。一般而言,填充复合材料的强度会随着填料含量的增加而增大,但含量过高,会对材料的性能产生负面影响,适量的填料含量才会对力学性能的改善产生积极的效应。

碳纳米材料中,如碳纳米管(CNTs),碳原子是以 C ═C 共价键相互连接在一起的,而 C ═C 双键键长短、键能大,是自然界最强的化学键之一,因此赋予了 CNTs 很高的轴向强度、韧性和弹性模量。CNTs 的拉伸断裂强度高达 50 ~200GPa,为钢的 100 倍,而密度仅为钢的 1/6。此外 CNTs 还有超高的韧性,在变形量达到 20%时才会发生断裂,远高于碳纤维的 1%。另一种碳纳米材料石墨烯,碳原子以 sp2 杂化轨道排列,除了电学性能优异外,σ 键赋予石墨烯极高的力学性能,富勒烯及 CNTs 极高的物理力学性能正是来自其基本组成单元(石墨烯)所具有的高强度和高模量的特征。石墨烯的抗拉强度为 125GPa,弹性模量高达 1. 1TPa。优异的力学性能使得石墨烯可作为一种典型的二维纳米增强相,在复合材料领域具有极高的应用价值。而石墨烯纳米片(GNPs)是由几层或几十层石墨烯组成的二维纳米石墨烯材料,其既能保持石墨烯的本征特性,又可以维持高长径比分布的特性,广泛应用于复合材料改性中。

为提升 PBX 部件加工、运输、存储及使用过程中的力学性能及蠕变性能,林聪妹等利用三点弯曲蠕变试验研究了一维多壁碳纳米管 MWCNTs 对 TATB 基 PBX 的高温蠕变性能的影响。测试结果表明,在较高的应力状态下(6MPa 和 7MPa)下,仅仅 0. 25%(质量)的 MWCNTs 改性配方的抗蠕变性能得到增强,但进一步增加用量,0. 5%(质量)MWCNTs 改性配方的抗蠕变性能反而比未添加 MWCNTs 配方的还要差,这是由于 MWCNTs 在含量增加时发生了壁间滑移。何冠松等研究了二维 GNPs 对 PBX 力学及蠕变性能的增强效应(准静态巴西和压缩试验结果见图 9-31),发现 GNPs 的加入既能够提高巴西和压缩断裂强度,又能提高断裂应变。根据不同样品的断裂应力应变曲线下包围的面积，计算发现 GNPs 改性 PBX 的巴西断裂能和压缩断裂能得到显著的提升，特别是巴西断裂能，提高程度可达 90%，表明添加石墨烯纳米片可有效提高 PBX 炸药的断裂韧性，增强抗破坏能力。三点弯曲蠕变试验证明，石墨烯纳米片的加入也可以明显提高 PBX 的抗蠕变性能，随着 GNPs 添加量的增加，PBX 抗蠕变性能不断提升，添加量为 0.5%时达到最大值，继续添加至 1%，抗蠕变性能有所下降。采用六元件模型对 TATB 基 PBX 及 GNPs 改性配方的蠕变行为进行了模拟，该模型由 Maxwell 模型和两个 Voigt 模型串联形成，复合材料的总形变可描述为

$$\varepsilon(t)=\varepsilon_1+\varepsilon_2+\varepsilon_3+\varepsilon_4=\frac{\sigma_0}{E_1}+\frac{\sigma_0}{E_2}(1-e^{-t/\tau_2})+\frac{\sigma_0}{E_3}(1-e^{-t/\tau_3})+\frac{\sigma_0}{\eta_4}t \tag{9-18}$$

式中：t 为蠕变时间；$\varepsilon(t)$ 为蠕变应变 ε 随蠕变时间 t 的函数；ε_1 为普弹形变；ε_2、ε_3 为高弹形变；ε_4 为黏性流动形变；σ_0 为初始应力；E_1 为普弹形变的弹性模量；E_2、E_3 为高弹形变的弹性模量；τ_2、τ_3 为松弛时间；η_4 为本体黏度。结果表明，拟合相关系数较高，石墨烯纳米片是通过改变拟合参数中的高弹模量 E_2、E_3 和本体黏度 η_4 来提高改性配方的蠕变行为。而且，GNPs 团聚会降低拟合参数中的本体黏度 η_4，对提升 PBX 的蠕变性能不利。

利用石墨烯纳米片二维和碳纳米管一维形状特性和优点，将二者杂化填充，用于复合材料中，形成三维网状结构。通过它们之间的协同效应，使其表现出比任意一种单一材料更加优异的力学增强效应。基于该思路，Li 等通过在 GNPs 的表面原位生长 CNTs 的策略，制备出一种 CNT-GNP 杂化填料，可促进填料在环氧基体中的分散以及与基体之间的界面相互作用，有利于应力在填料和基体之间的传递（图 9-32）。力学性能测试结果表明，低 CNT-GNP 杂化用量（0.5%（质量））即可达到显著的力学增强效果。相比于纯环氧树脂，拉伸模量提升了 40%，拉伸强度提高了 36%。用作填料增强时，单组分的石墨烯由于片层之间具有较强的范德华力很容易团聚在一起，影响在基体中的分散和增强效果。林聪妹等采用 MWCNTs 与石墨烯杂化填充 TATB 基 PBX，发现 MWCNTs 的存在可以显著抑制石墨烯的团聚和促进分散，使 PBX 呈现更高的储能模量，常温压缩断裂能（W_c）和拉伸断裂能（W_t）分别提高 31.6%和 89.6%。此外，抗蠕变性能也有明显的提高。

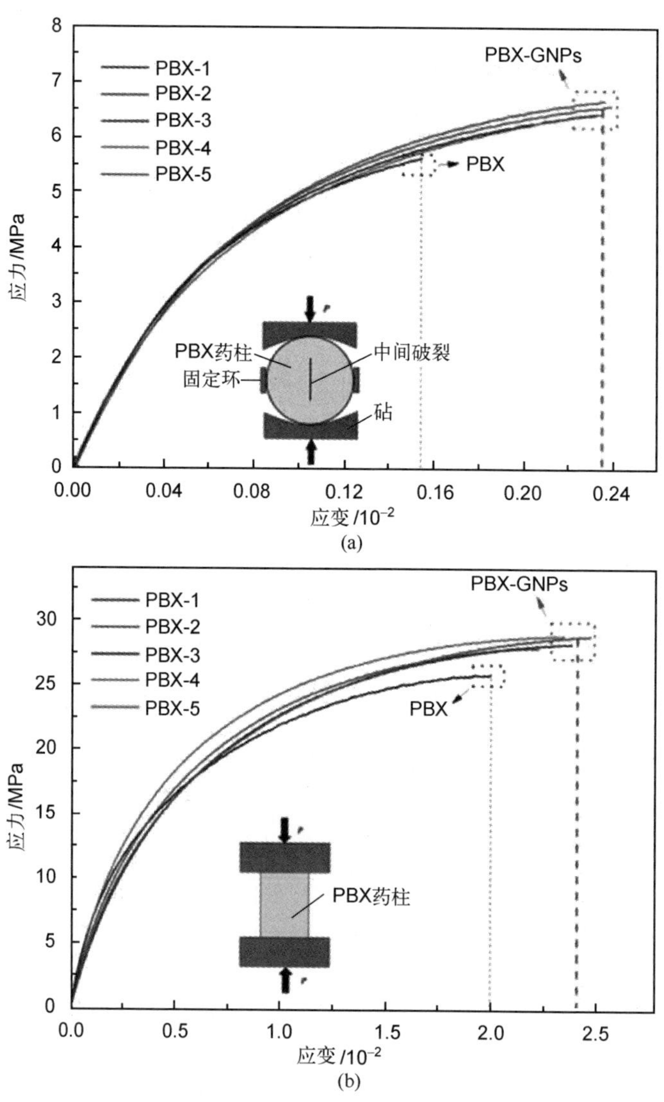

图 9-31 PBX 应力应变曲线

(a) 巴西试验;(b) 压缩试验。

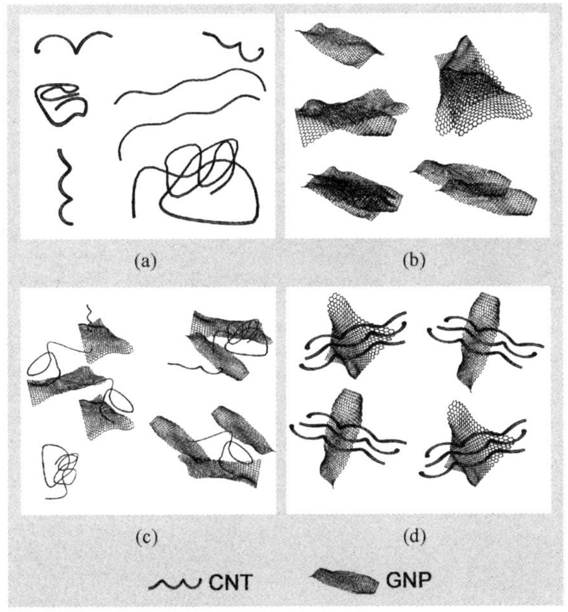

图 9-32　填料在环氧复合材料中的增强分散示意图

参考文献

[1] 罗景润,张寿齐,李大红,等. 高聚物粘结炸药断裂特性实验研究[J]. 爆炸与冲击,2000,4(20):338-342.

[2] Wang X,Ma S,Zhao Y,et al. Observation of damage evolution in polymer bonded explosives using acoustic emission and digital image correlation[J]. Polymer Testing,2011,30(8):861-866.

[3] 陈鹏万,黄风雷,张瑜,等. 用巴西实验评价炸药的力学性能[J]. 兵工学报,2001,22(4):533-537.

[4] 马丽莲. 高能炸药拉伸应力-应变曲线测定方法的研究[J]. 含能材料,1993 ,1(3):28-35.

[5] 宋华杰,郝莹,董海山,等. 用直径圆盘试验评价小样品塑料粘结炸药拉伸性能的初步研究[J]. 爆炸与冲击,2001,21(1):35-40.

[6] 庞海燕,李明,温茂萍,等. PBX 巴西试验与直接拉伸试验的比较[J]. 火炸药学报,2011,34(1):42-44.

[7] 庞海燕,李明,温茂萍,等. PBX 衬垫巴西试验研究[J]. 含能材料,2012,20(3):382-383.

[8] 温茂萍,唐维,周筱雨,等. 基于圆弧压头巴西试验测试脆性炸药拉伸性能[J]. 含能材

料,2013,21(4):490-494.

[9] Gray III G T,Blumenthal W R,Idar D J,et al. Influence of temperature on the high-strain-rate mechanical behavior of PBX 9501[C]//Aip conference proceedings. AIP,1998,429(1):583-586.

[10] Li J,Lu F,Qin J,et al. Effects of temperature and strain rate on the dynamic responses of three polymer-bonded explosives[J]. Journal of Strain Analysis for Engineering Design,2012,47(2):104-112.

[11] 赵玉刚,傅华,李俊玲,等. 三种 PBX 炸药的动态拉伸力学性能. 含能材料,2011,19(2):194-199.

[12] 温茂萍,马丽莲,田勇,等. 高聚物粘结炸药平面应变断裂韧度实验研究[J]. 火炸药学报,2001,24(2):16-19.

[13] 温茂萍,庞海燕,田勇,等. PBX 平面应变断裂韧度随温度的变化规律[J]. 火炸药学报,2005,28(3):63-65.

[14] 崔振源. 断裂韧性测试原理和方法[M]. 上海:上海科学技术出版社,1981.

[15] 温茂萍,庞海燕,唐明峰,等. 基于应力应变曲线的断裂能参数表征炸药韧性[J]. 含能材料,2015,23(4):351-355.

[16] 李俊玲,傅华,谭多望,等. PBX 炸药的拉伸断裂损伤分析[J]. 爆炸与冲击,2011,31(6):624-629.

[17] Guo H,Luo J,Shi P,Xu J. Research on the fracture behavior of PBX under static tension[J]. Defence Technology,2014,10(2):154-160.

[18] He G,Liu J,Lin C,et al. Evaluation of the fracture behaviors of fluoropolymer binders with the essential work of fracture (EWF)[J]. Advances,2015,5(122):100408-100417.

[19] Lin C,Liu S,Huang Z,et al. The dependence of the non-linear creep properties of TATB-based polymer bonded explosives on the molecular structure of the polymer binder:(II) effects of the comonomer ratio in fluoropolymers [J]. Advances, 2015, 5(73): 59804-59811.

[20] Wu Y,Huang F. A micromechanical model for predicting combined damage of particles and interface debonding in PBX explosives[J]. Mechanics of Materials,2009,41(1):27-47.

[21] Ellis K,Leppard C,Radesk H. Mechanical properties and damage evaluation of a UK PBX[J]. Journal of Materials Science,2006,40(23):6241-6248.

[22] 风雷,鹏万. 含能材料损伤理论及应用[M]. 北京:北京理工大学出版社,2006.

[23] Yeager J D,Dattelbaum A M,Orler E B,et al. Adhesive properties of some fluoropolymer binders with the insensitive explosive 1,3,5-triamino-2,4,6-trinitrobenzene (TATB)[J]. Journal of Colloid and Interface science,2010,352(2):535-541.

[24] 刘佳林,张文传,彭宇行,等. 偶联剂与 TATB 相互作用机理的研究[J]. 高分子材料科学与工程,2001,17(4):131-133.

[25] 刘学涌,常昆,王蔺,等. 偶联剂对 TATB 造型粉表面性质及力学性能的影响[J]. 合

成化学,2003,11(5):413-416.

[26] Li F,Ye L,Nie F,et al. Synthesis of boron-containing coupling agents and its effect on the interfacial bonding of fluoropolymer/TATB composite[J]. Journal of Applied Polymer Science,2010,105(2):777-782.

[27] Zhang Y,Ji G,Gong Z,et al. New coupling mechanism of the silane coupling agents in the TATB-based PBX[J]. Molecular Simulation,2013,39(5):423-427.

[28] Drodge D R,Williamson D M,Palmer S J P,et al. The mechanical response of a PBX and binder:Combining results across the strain-rate and frequency domains[J]. Journal of Physics D:Applied Physics,2010,43(33):335403.

[29] Zhou Z,Chen P,Duan Z,et al. Study on fracture behavior of a polymer-bonded explosive stimulant subjected to uniaxial compression using digital image correlation method[J]. Strain,2012,48(4):326-332.

[30] Yeager J D,Dubey M,Wolverton,M J,et al. Examining chemical structure at the interface between a polymer binder and a pharmaceutical crystal with neutron reflectometry[J]. Polymer,2011,52(17):3762-3768.

[31] Gee R H,Maiti A,Bastea S,et al. Molecular Dynamics investigation of adhesion between TATB surfaces and amorphous fluoropolymers [J]. Macromolecules, 2007, 40 (9): 3422-3428.

[32] 黄亨建,杨攀,黄辉,等. 原位聚合包覆 HMX 的研究[J]. 火炸药学报,2007,30(1):40-43.

[33] 马凤国,吴文辉,谭惠民. 硝胺填料 HMX 的聚合-包覆改性及其应用[J]. 北京理工大学学报,2000,20(3):389-393.

[34] Yang Z,Ding L,Wu P,et al. Fabrication of RDX,HMX and CL-20 based microcapsules via in situ polymerization of melamine-formaldehyde resins with reduced sensitivity[J]. Chemical Engineering Journal,2015,268:60-66.

[35] Li J,Zhao X B,Wang C X,et al. Safety analysis on truing process of solid propellant by finite element method[J]. Chinese Journal of Explosives & Propellants, 2009, 32(6): 87-90.

[36] 张伟,樊学忠,封利民,等. 少烟 NEPE 推进剂的表面和界面性能[J]. 火炸药学报,2009,32(3):41-45.

[37] 高可政,马忠亮,萧忠良. 变燃速发射药芯料体积流率波动值的数值模拟[J]. 火炸药学报,2010,33(1):71-74.

[38] 周建辉,孙新利,高巍然,等. 基于修正 SPH 方法的爆轰波绕射传播的数值模拟[J]. 火炸药学报,2009,32(1):66-69.

[39] 贺增弟,刘幼平,何利明,等. 发射药氧平衡对枪口焰的影响[J]. 火炸药学报,2008,31(6):57-59.

[40] 金钊,刘建,王丽莉,等. 适用于 TATB,RDX,HMX 含能材料的全原子力场的建立与验

证[J]. 物理化学学报,2014,30(4):654-661.

[41] Conti S,Hauret P,Ortiz M. Concurrent multiscale computing of deformation microstructure by relaxation and local enrichment with application to single-crystal plasticity[J]. Siam Journal on Multiscale Modeling & Simulation,2007,6(1):135-157.

[42] 居学海,叶财超,徐司雨. 含能材料的量子化学计算与分子动力学模拟综述[J]. 火炸药学报,2012,35(2):1-9.

[43] Sakaguchi R L,Wiltbank B D,Murchison C F. Prediction of composite elastic modulus and polymerization shrinkage by computational micromechanics[J]. Dental Materials,2004,20(4):397-401.

[44] Liang J Z. Viscoelastic properties and characterization of inorganic particulate-filled polymer composites. Journal of Applied Polymer Science,2009,114(6):3955-3960.

[45] 李尚昆,黄西成,王鹏飞. 高聚物黏结炸药的力学性能研究进展[J]. 火炸药学报,2016,39(4):1-11.

[46] Quinson R,Perez J,Rink M,et al. Yield criteria for amorphous glassy polymers[J]. Journal of Materials Science,1997,32(5):1371-1379.

[47] Li J L,Lu F Y,Qin J G,et al. Effects of temperature and strain rate on the dynamic responses of three polymer-bonded explosives[J]. Journal of Strain Analysis for Engineering Design,2011,47(2):104-112.

[48] 唐维,李明,温茂萍,蓝林钢,等. 四种强度准则在高聚物粘结炸药强度分析中的适应性[J]. 固体力学学报,2013,34(6):550-556.

[49] 唐维,颜熹琳,李明,等. 基于间接三轴拉伸破坏试验的某 TATB 基 PBX 强度准则适应性分析[J]. 含能材料,2015,23(6):532-536.

[50] 唐维,颜熹琳,李明,等.TATB 基 PBX 的单轴主特征破坏参数识别研究[J].含能材料,2015,23(8):766-770.

[51] 罗景润,张寿齐,赵方芳,等. 简单拉伸下高聚物粘结炸药的非线性本构关系[J]. 含能材料,2000,8(1):42-45.

[52] 陈荣,卢芳云,林玉亮,等. 一种含铝炸药压缩力学性能和本构关系研究[J]. 含能材料,2007,15(5):460-463.

[53] Elbeih A,Zeman S,Jungova M,et al. Effect of different polymeric matrices on some properties of plastic bonded explosives[J]. Propellants Explosives Pyrotechnics,2012,37(6):676-684.

[54] Lin C,Tian Q,Chen K,et al. Polymer bonded explosives with highly tunable creep resistance based on segmented polyurethane copolymers with different hard segment contents[J]. Composites Science & Technology,2017,146(3):10-19.

[55] Pukánszky B. Interfaces and interphases in multicomponent materials:Past,present,future[J]. European Polymer Journal,2005,41(4):645-662.

[56] Liu Z W,Xie H M,Li K X,et al. Fracture behavior of PBX simulation subject to combined

thermal and mechanical loads[J]. Polymer Testing,2009,28(6):627-635.

[57] Allen H C. Bonding Agent for Nitroamines in Rocket Propellants:US4389263[P]. 1983.

[58] KincaidJ F,Reed R. Bonding Agent for HMX:US4350542[P]. 1982.

[59] Chen F,Jiang X,Liu R,et al. Well-defined PMMA brush on silica particles fabricated by surface-initiated photopolymerization (SIPP)[J]. ACS Applied Materials & Interfaces, 2010,2(4):1031.

[60] Lee H,Dellatore S M,Miller W M,et al. Mussel-inspired surface chemistry for multifunctional coatings[J]. Science,2007,318(5849):426-430.

[61] 陈铭忆,温变英,张扬. 聚多巴胺修饰固体材料表面研究进展[J]. 中国塑料,2013,27(6):7-12.

[62] He G, Yang Z, Pan L, et al. Bioinspired interfacial reinforcement of polymer-based energetic composites with a high loading of solid explosive crystals[J]. Journal of Materials Chemistry A,2017,5(26):13499-13510.

[63] 樊孝玉,孟大维,吴秀玲. 无机纳米填料对填充聚合物性能的影响及其应用[J]. 云南化工,2004,31(4):23-25.

[64] Yu M F,Lourie O,Dyer M J,et al. Strength and breaking mechanism of multiwalled carbon nanotubes under tensile load[J]. Science,2000,287(5453):637-640.

[65] Mylvaganam K,Zhang L C. Important issues in a molecular dynamics simulation for characterising the mechanical properties of carbon nanotubes[J]. Carbon,2004,42(10):2025-2032

[66] Lee C,Wei X,Kysar J W,et al. Measurement of the elastic properties and intrinsic strength of monolayer graphene. [J]. Science,2008,321(5887):385-388.

[67] Yang S Y,Lin W N,Huang Y L,et al. Synergetic effects of graphene platelets and carbon nanotubes on the mechanical and thermal properties of epoxy composites[J]. Carbon,2011, 49(3):793-803.

[68] Lin C,Liu J,Gong F,et al. High-temperature creep properties of TATB-based polymer bonded explosives filled with multi-walled carbon nanotubes[J]. RSC Advances,2015,5(27):21376-21383.

[69] He G,Gong F,Liu J,et al. Improved mechanical properties of highly explosive-filled polymer composites through graphene nanoplatelets[J]. Polymer Composites,2018,39(11): 3924-3934.

[70] Li W,Dichiara A,Bai J. Carbon nanotube-graphene nanoplatelet hybrids as high-performance multifunctional reinforcements in epoxy composites[J]. Composites Science & Technology,2013,74(4):221-227.

[71] Lin C,He G,Liu J,et al. Enhanced non-linear viscoelastic properties of TATB-based polymer bonded explosives filled with hybrid graphene/multiwalled carbon nanotubes[J]. Rsc Advances,2015,5(115):94759-94767.

第 10 章　高聚物粘结炸药的爆轰性能

10.1　炸药爆轰性能测试方法

炸药的爆轰性能主要包括爆速、爆压、爆热、爆容、爆温以及圆筒比动能。爆速是用于表达炸药爆轰性能最常用的指标,单位为 m/s 或 km/s。测试方法主要包括计时法、高速摄影法和导爆索法。计时法是一种较早的炸药爆速测试方法,其测试原理简单,通过仪器测量爆轰波在两点之间传递的时间,用距离除以时间即可获得爆速。该法测量简单,精度较高,被广泛使用。高速摄影法是借助爆轰波阵面的发光现象,利用高速摄影将爆轰波沿药柱传播的轨迹连续拍摄下来,而得到爆轰波传播的距离-时间曲线,进而计算获得爆速的方法。导爆索法是将已知爆速的导爆索两端分别插入炸药试样的 A、B 两个孔中,将导爆索中间部分拉直固定在铅板上,在铅板对应导爆索处刻痕。炸药起爆后,导爆索也被引爆,爆轰波在传输过程中会在铅板上留下炸痕,通过计算即可获得爆速值。

爆压是炸药爆轰时爆轰波阵面的压力,也称为 C-J 压力,与炸药密装药密度的平方成正比。炸药爆压测试的方法包括水箱法、自由面速度法、电磁法和锰铜压力计法。水箱法是通过测量水中冲击波参数来推算出爆压值,试验时,采用同步爆炸闪光光源和高速摄影机记录下水中冲击波的轨迹,通过计算获得爆压值。自由面速度法是通过测量紧贴炸药的金属板自由面的速度来确定爆压,包括探针法、激光干涉仪法等。电磁法是测量埋没在炸药中的 U 形铝箔传感器速度来测得爆压,锰铜压力计法是直接测量爆轰压或测量与炸药接触的金属板中的冲击波压力再反推爆轰压的一种爆压测试方法。

炸药爆热的测试方法主要是通过爆热弹来完成的。典型爆热弹装置示意图如图 10-1 所示。测试时,将一定质量、一定密度的炸药件放置于惰性外壳中,再放置于爆热弹中,装在置有定量蒸馏水的量热计中,测定初始体系温度,待爆炸完成并达到热平衡后,再精确测量体系温度,即可求得炸药的爆热值。值得注意的是,炸药的爆热值需注明测试气氛,在氮气中、空气中测试所得的爆热值差距较大。

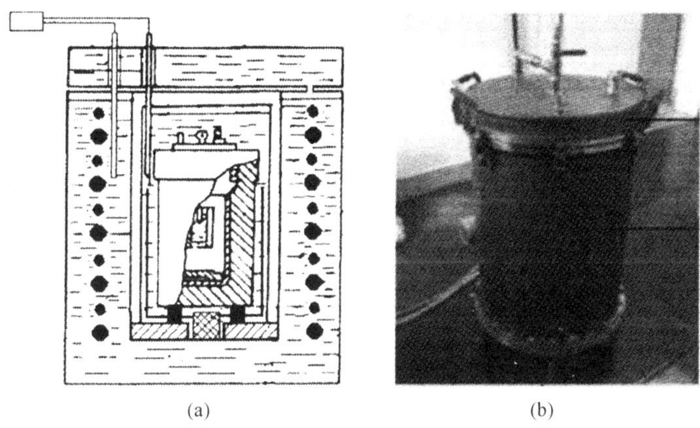

(a)　(b)

图 10-1　典型的爆热弹装置示意图及实物图

炸药爆温、爆容的应用范围较小，试验测试也十分困难，误差较大。爆温可采用色光法测定，爆容可采用压力法进行测定。炸药的比动能表示炸药的做功能力，测定的是爆轰产物膨胀时能量释放和对金属筒壁的加速能力，采用圆筒试验测定。试验时，将炸药药柱置于金属圆筒内，在其一端起爆后，炸药爆轰释放的能量将传递给筒壁，使其不断加速和膨胀，摄下筒壁加速膨胀的运动轨迹，就可了解能量释放和传递及筒壁加速膨胀的全过程。再经过数据处理即可得出筒壁的径向膨胀速度及比动能，单位是 J/g 或 kJ/g。测定炸药比动能的圆筒试验装置图如图 10-2 所示。试验系统包括高压电雷管、传爆药柱 JO-9159，被测试炸药、圆筒、电探针、氩气弹、光学窗口、高速转镜扫描相机等。在被测试炸药第一个药柱和最后一个药柱之间，放置两对电探针，与时间记录仪器相连接，用于测量炸药爆速。设圆筒膨胀距离 $R-R_0$ 与膨胀时间 t 满足四阶多项式函数关系式，即

$$t=a_0+a_1(R-R_0)+a_2(R-R_0)^2+a_3(R-R_0)^3+a_4(R-R_0)^4 \tag{10-1}$$

式(10-1)对膨胀距离 $R-R_0$ 求导，可得到圆筒径向膨胀速度为

$$u=[a_1+2a_2(R-R_0)+3a_3(R-R_0)^2+4a_4(R-R_0)^3]^{-1} \tag{10-2}$$

圆筒的比动能为

$$E=\frac{1}{2}u^2 \tag{10-3}$$

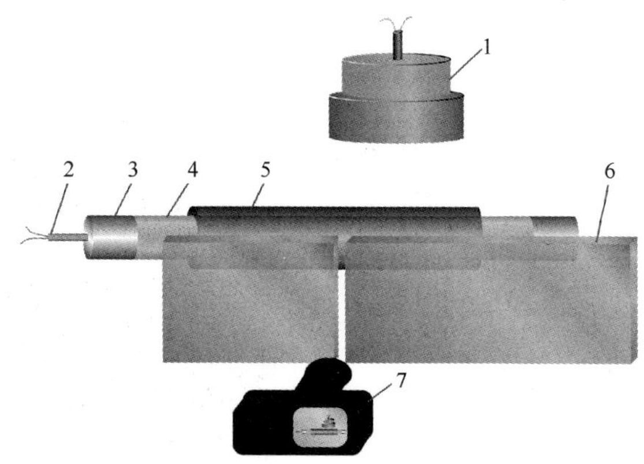

图 10-2 圆筒试验装置

1—氩弹;2—微秒级高压电雷管;3—电探针;4—被测试炸药;
5—铜管;6—钢板狭缝;7—高速转镜式扫描相机。

10.2 炸药爆轰性能理论计算

含能材料的爆轰性能与爆热密切相关,而爆轰过程的反应热可由爆轰反应产物的生成热(HOFs)直接求得。通过选用适当的方法,准确计算含能材料分子的生成热是量子化学的主要优势。最早使用半经验分子轨道方法(如 MNDO、AM1、PM3 等)可以快捷地计算生成热。但这些半经验方法主要依据一些代表性小分子和烃类的热力学和光谱数据进行参数化,对含多种取代基或特殊结构的高能材料(HEDM),生成热的计算往往存在较大误差。一些采用改进的半经验方法如成对距离定向高斯修正法(PDDG)可减少误差。对 622 个含 CHNO 化合物的生成热计算表明,理论值与试验值的绝对误差由 PM3 法的 4.4kcal/mol 下降至 PDDG/PM3 方法的 3.2kcal/mol。

随着计算技术的发展,能够实现对绝大多数 HEDM 的第一性原理计算。因此半经验方法已逐渐被第一性原理方法所代替。但第一性原理只能求分子的总能量,而无法直接计算生成热。这就需要设计等键反应,利用参考物的实验生成热,借助 Hess 定律,求得目标分子的生成热。在等键反应中,反应物和产物的电子环境相近,电子相关能造成的误差可以大部分抵消,可大幅降低计算生成热的误差。在设计等键反应时,通常根据键分离规则(BSR)把分子分解成一系列与所求物质具有相同化学键类型的小分子(已知生成热的参考物)。为进一步减少误差,应尽量保持母体骨架或原有分子的化学键。由下列公式:

$$\Delta H_{298} = \sum \Delta_f H_P - \sum \Delta_f H_R \tag{10-4}$$

$$\Delta H_{298}=\Delta E_{298}+\Delta(PV)=\Delta E_0+\Delta ZPE+\Delta H_T+\Delta nRT \quad (10-5)$$

式中：$\sum\Delta_f H_P$、$\sum\Delta_f H_R$分别为 298K 下等键反应产物和反应物的生成热之和；ΔE_0和 ΔZPE 分别为 0K 时产物与反应物的总能量和零点能（ZPE）之差；ΔH_T为 0～298K 的焓值温度校正项；$\Delta(PV)$在理想状态条件下为 ΔnRT，对于等键反应，$\Delta n=0$，故 $\Delta(PV)=0$。联立上述两式，可由参考物的生成热求得目标分子的气相生成热。第一性原理计算方法很多，但对 HEDM 计算方法并不多。虽然闭合层的限制性 Hartree-Fock 方法可得到准确的分子几何构型，但所得分子能量与试验误差通常在 200kJ/mol 以内，且个别误差高达 700kJ/mol。因 HF 方法忽略了电子相关效应，导致能量值出现系统正误差。为此，可用微扰法（MP2 和 MP4 等）、多组态法（如 CISD、CCSD 和 CASSCF）及 DFT 法（如 B3LYP、B3PW91）校正电子相关效应。微扰法和 DFT 法能量误差通常在 40kJ/mol 以内，而多组态法误差一般小于 5～8kJ/mol。然而，多组态法对中等体系的计算量也非常大，因此通常用 DFT 方法处理电子相关效应。虽然 DFT 方法的能量绝对误差较大（40kJ/mol），但是由于生成热的计算是通过设计等键反应来实现的，反应物与产物的能量误差大部分相互抵消，即生成热的真实误差通常比 40kJ/mol 小得多。关于 DFT 具体泛函的选用，通常要以同类型化合物的准确试验生成热为基准，比较并检验各种泛函计算结果对该类化学物的准确性，以确定最佳方案。

量子化学计算得到的是气相生成热，结合遗传算法（Genetic Algorithm，GA）、静电势法和神经网络法（Neutral Network，NN，例如 Back-propagation Neural Networks，BPNN）等手段，计算固体升华热后即可求得固相生成热。采用上述方法对 72 种笼状和桥环类分子的固态标准生成热计算结果表明，其标准误差约为 5kcal/mol。静电势法因其物理意义明确、结果误差小，在 HEDM 升华热计算中得到了广泛应用。对于有机分子所组成的固体而言，其升华热取决于分子间相互作用能，相互作用能越大则升华热越大。因此，升华热与分子表面静电势有关。由静电势求得升华热的原理及相关公式可参见文献[7]。

值得一提的是，近来基于 1384 个化合物（含 172 化学基团）升华热所建立的 3 层前馈神经网络（Feed Forward Neural Network）计算模型，其升华热计算值与试验结果的相关系数平方、平均误差和均方根误差分别为 0.9854、3.54%和 4.21kJ/mol。后者明显小于静电势法所得结果的误差（11.7J/mol），具有一定的普适性和精确性。但由于样本极少涉及 HEDM 分子，且 HEDM 的特殊性（强分子内基团的相互作用、较大环张力等），该方法是否能准确预测 HEDM 化合物的升华热还有待检验。在获得生成热后，如果已知 HEDM 分子的密度，即可由 Kamlet 经验公式预其测爆速和爆压。此外，基于化合物优化构型，用 Monte-Carlo

方法求得分子周围0.001e/bohr3等电子密度面所包围的体积,即可求得摩尔体积V。因该法求得的体积值波动范围较大,通常要取重复100次以上的平均值。由分子量与平均摩尔体积之比可计算该分子的理论密度ρ。实践表明,在B3LYP/6-31G**水平下计算的理论密度与实测值吻合度较好。将所求得的HOFs及ρ值代入Kamlet公式,即可得到单质含能材料的爆速和爆压。第一性原理计算结合等键反应不仅可求得生成热,还可计算基团相互作用能和环张力,从分子水平阐明结构与性能的关系。当然,计算目的不同,所设计的等键反应也不同。

为了有效地预估新含能材料及其配方的性能,科研人员一直在探索精确计算爆轰参数的算法和软件。除了最早Rothstein(1979年和1981年)和Kamlet(1968年)分别创立的简便方法之外,目前已经发展建立了一系列更精确的状态方程。一般而言,热力学计算比量子化学计算更加便捷、成本较低,且准确性和可靠性也越来越高。比较常用的热力学代码有BKW-Fortran、ARPEGE、Ruby、TIGER、CHEETAH、EXPLO-5、MWEQ、BARUT-X和ZMWNI。虽然在世界上许多研究中心都开发了热化学代码,但相互之间的信息交换较少,且大多数严格保密。目前,美国的TIGER和CHEETAH及欧洲克罗地亚的EXPLO-5是广泛使用的三种预测推进剂和炸药的性能可靠热化学代码。它们都可以由研究人员来增添组分或改变配方,以优化所设计产品性能。最新版本的CHEETAH 7.0是通过美国能源部和国防部与澳大利亚防御局(DSTO)武器发展与防御数据相互交换协议下共同开发的。然而,CHEETAH不仅用于高能炸药的爆轰参数计算,还可以预测许多复杂材料的热力学行为,包括塑料、有机液体混合物、固-液混合物等在冲击波、激光或地球内部等极端条件下的性能。CHEETAH也不断拓展其功能,可以模拟化学和物理动力学。与先进的流体动力联合使用可解决复杂高能材料体系很多应用理论问题。TIGER和CHEETAH都是源于美国的Ruby和BKW。实际上,CHEETAH是由TIGER发展而来,参与开发的实验室包括劳伦斯国家实验室、斯坦福研究所、洛斯阿拉莫斯实验室、圣地亚国家实验室和劳伦斯辐射实验室。目前,美国已经将这两个软件内部合并为CTH-TIGGER。新代码包含了H_2O的最新状态方程和新增200多种离子化合物数据。

EXPLO-5是基于化学方程式、生成热和密度,预测高能炸药、推进剂和烟火药爆炸参数的一款热化学计算程序,最初由克罗地亚的Suceska主持编写。EXPLO-5在含能材料的合成、配方优化和数学建模中是一个非常重要的工具。EXPLO5运用自由能最小化方法在指定的温度和压力下计算平衡组成和热力性质,数据结合Chapman-Jouguet爆炸理论,能够计算爆炸参数,如爆速、爆压、爆热和爆温等。从平衡组成到热力学状态参数和等熵膨胀，软件通过内置拟合程序计算 Jones-Wilkins-Lee(JWL)状态方程中的系数。通过解样品热力学方程和恒压燃烧条件下的守恒方程来预测固体推进剂的燃烧性能，如比冲、推力系数和定容推力等。该程序采用了气态爆轰产物的 Becker-Kistiakowsky-Wilson (BKW)状态方程和 Jacobs-Cowperthwaite-Zwisler (JCZ3)状态方程、理想气体方程、维里状态方程，以及 Murnaghan 状态方程等。EXPLO-5 的现行版本由于应用 JCZ3 EOS 方程，爆炸参数的预测准确性已得到了提高。更新了的数据库增添了新元素、新反应物和产物。EXPLO5 的数据库目前包含了 260 种反应物，超过 330 种产物(包括同一产物的不同相态)，并包含了 32 种元素：C、H、N、O、Al、Cl、Si、F、B、Ba、Ca、Na、P、Li、K、S、Mg、Mn、Zr、Mo、Cu、Fe、Ni、Pb、Sb、Hg、Be、Ti、I、Xe、U 和 W。

除了 EXPLO-5 外，波兰华沙技术大学最近也开发了一款名为 ZMWNI 的热力学软件。它可以计算含能材料的燃烧、爆炸和热力学参数，并确定爆轰产物的 JWL 等熵膨胀曲线和爆轰能等。此外，ZMWNI 代码能够确定不同温度下，配方在非平衡状态的爆轰参数。程序基于最小化学势法计算平衡或非平衡组分的反应性体系。最终数据采集是通过求解线性方程组和最陡降法获得的。气体的物理性质则由 BKW 方程状态描述。上述的 TIGER 和 CHEETAH 都采用了凝聚相组分 OLD 状态方程，用于计算给定条件下 HEDM 的燃烧或爆炸的平衡状态和定容爆轰参数。ZMWNI 热力学软件则不需要给定条件，可以计算非理想状态下的任何参数。总之，在热力学计算领域，我国发展水平相对落后，这在一定程度上制约我国新型含能材料的理论设计、开发和应用。

10.3　常见硝胺高聚物粘结炸药的爆轰参数

RDX 可与 PETN 结合用于比较有名的聚合物炸药 Semtex H，在利比亚战争和中东战争中都有所应用。此外，RDX 与 TNT(Composition B)、RDX 与石蜡(Composition A)、RDX 与硝化纤维素和硝基甲苯等(Composition C)组合形成各种不同的聚合物炸药。此外，RDX 与聚异丁烯(PIB)或其他本书中所述聚合物结合形成新一代聚合物炸药。众所周知，采用 PIB 作为粘结剂还有比较出名的 C-4 炸药。其他常用作 RDX 的聚合物基体有聚苯乙烯、亚乙烯基-氯三氟乙烯共聚物(Kel-F)、聚氨酯橡胶、热塑性聚氨酯弹性体(Estane)和尼龙。表 10-1 总结了本书所研究的几种聚合物炸药的物理性质和爆轰性能。

表 10-1 RDX 及其 PBX 的一些能量性能和感度参数

样 品	M_e	H_c	H_f	VoD_{exp}	d	I_m	F_r	H_{dt}	t_d
RDX	222.14	9522	66.2	8750	1.76	5.58	120	6085	0.12
RDX-FL	244.03	9662	-76.4	8087	1.74	10.8	352	5673	1.62
RDX-VA	244.00	9726	-90.3	8285	1.76	10.6	326	5614	1.61
RDX-C4	243.70	12356	22.0	8055	1.61	21.1	214	5512	4.81
RDX-FM	241.05	14150	3.7	7711	1.56	21.4	258	5070	4.83
RDX-SE	256.5	13093	-15.3	7621	1.54	23.6	278	4955	17.20

注:M_e为分子量(g/mol);H_c为燃烧热(kJ/mol);H_f为生成热(kJ/mol);VoD_{exp}为实验爆速(m/s);d 为密度(g/cm^3);I_m为撞击能量(J);F_r为摩擦感度(N);H_{dt}为爆热(kJ/mol);T_b为当升温速率降至零时的TGA 曲线的起始温度外推的临界温度(℃);$\Delta S^{\#}$为活化熵(J/(K · mol));t_d为恒定速率分解的时间延迟(min)

从表 10-1 可以看出,惰性粘结剂的加入会一定程度上降低爆速。由于氟聚物的密度高,氟聚物对爆速的影响相对较低。由于 Formex 和 Semtex 基体的含量较高,导致这类聚合物炸药的密度大幅降低(<1.6g/cm^3),因此爆速也要低得多。氟聚物粘结剂就像是 RDX 晶体的惰性涂层,它们可以大幅增加 RDX 活化熵。然而,Fluorel 与 Viton A 相比,可以更大幅度地降低其活化熵,这也是 Viton A 和 Fluorel 对 RDX 爆轰过程产生不同影响的主要原因。C4 基体中存在的癸二酸二辛酯使得 RDX 活化熵值增加。RDX-SE 中的芳香族增塑剂可能是其活化熵大幅降低的原因。芳香单元可通过它们 π 电子云(形成络合物)去影响 RDX,而极性增塑剂一般是 RDX 是溶剂。通过使用 C4、Formex 和 Semtex 粘结剂,RDX 的撞击起爆能可以大幅增加,而氟聚物仅有些许提高。然而,氟聚物粘结 RDX 炸药的摩擦感度要低很多。此外,通过使用惰性粘结剂,恒速分解的时间延迟也大幅增加。

HMX 最早于 1930 年合成,随后 1949 年发现,可通过硝化 RDX 来制备 HMX。HMX 几乎都用于军事目的,包括用于核武器的起爆器、聚合物粘结炸药,以及固体火箭推进剂。HMX 与 TNT 混合使用时也可用于熔铸炸药中,也被称为 octols。此外,含有 HMX 的聚合物粘结炸药一般用于导弹战斗部和穿甲弹装药。HMX 也可用于在油气井中射孔弹装药。过去几十年里,也发展了多种基于 HMX 的新型聚合物炸药。表 10-2 总结了本书所涉及的几种 HMX 聚合物炸药的物理性质和爆轰性能。

表 10-2　HMX 及其 PBX 的一些能量性能和感度参数

样　品	Formula	M_e	H_c	H_f	VoD_{exp}	d	I_m	F_r	H_{dt}
β-HMX	$C_4H_8N_8O_8$	296.18	9485	77.3	9100	1.90	6.4	95	6075
HMX-FL	$C_{4.78}H_{8.40}F_{1.08}N_8O_{7.99}$	326.31	9647	-98.7	8398	1.81	10.0	312	5722
HMX-VA	$C_{4.82}H_{8.51}F_{1.02}N_8O_{7.93}$	324.80	9722	-103.3	8602	1.84	10.3	304	5675
HMX-C4	$C_{6.12}H_{11.40}N_{8.00}O_{8.14}$	327.10	12382	2.6	8318	1.67	20.3	193	5564
HMX-FM	$C_{5.49}H_{10.77}N_8O_{8.31}$	321.61	14122	8.8	7986	1.61	18.2	236	5122
HMX-SE	$C_{6.92}H_{12.07}N_8O_{8.30}$	340.16	13070	-14.6	7910	1.59	21.9	269	5076

由表 10-2 可以看出，纯 HMX 的爆速约为 9.1km/s，在粘结剂的作用下，由于能量的稀释，其爆速大幅降低。降低程度大致与惰性粘结剂的含量成比例，约为 10%。与基于 RDX 聚合物粘结炸药相似，氟聚物由于较高的密度而对爆速的负面影响较小。基于氟聚物的 HMX 的撞击起爆能几乎与 RDX 相同，接近接近于 10J，与纯 HMX 和 RDX 在撞击感度上的差异无关。以 C4 和 Semtex 为粘结剂、RDX 和 HMX 为填料的聚合物粘结炸药与上述情况相同，其撞击能量略高于 20J。就摩擦感度而言，氟聚物由于其润滑作用，优于其他粘结剂。

同样作为硝胺炸药，BCHMX 的理论最大密度（TMD）为 1.86g/cm^3，计算的爆速为 9050m/s，爆压为 37GPa，爆热为 6.518MJ/kg。实测装药密度约为 1.79g/cm^3，爆速为 8700m /s。BCHMX 及其聚合物炸药的物理性能见表 10-3 中。

表 10-3　BCHMX 及其聚合物粘结炸药的一些能量性能和感度参数

样　品	M_e	H_c	H_f	VoD_{exp}	d	I_m	F_r	H_{dt}	t_d
BCHMX	294.17	9124	236.5	8700	1.79[b]	2.98	88	6447	26.08
BCHMX-FL	323.56	9379	61.6	8270	1.81	5.4	299	6026	18.72
BCHMX-VA	324.27	9436	48.6	8474	1.79	5.3	283	6006	18.28
BCHMX-C4	326.00	12163	55.3	8266	1.66	11.56	181	5602	20.68
BCHMX-FM	319.06	13858	271.6	7922	1.59	15.8	228	5198	9.16
BCHMX-SE	335.53	12784	125.3	7824	1.57	16.8	253	5220	19.52

如表 10-3 所列，BCHMX 比 RDX 和 HMX 稍微敏感一些。即使在氟聚物的作用下，撞击感度也高于纯 RDX 和 HMX。当它与 C4、Formex 和 Semtex 等粘结剂混合时，其撞击起爆能大于 15J，从而感度大幅降低。当 BCHMX 与聚合物粘结剂接触时，爆速不会像 RDX 和 HMX 降低那么多（小于 10%），尤其是 Viton A 粘结 BCHMX 炸药，甚至与纯 BCHMX 密度一样，爆速也因此变化不大。因为

BCHMX 在固态下分解为局部化学反应，其热分解过程可通过粘结剂作用而加速（尤其是 Formex）。

CL-20 主要用于推进剂和高爆炸药。它比传统的 HMX 或 RDX 具有更好的氧系数。它能量密度比 HMX 基固体推进剂高 20%，因此应用前景广阔。然而，目前 CL-20 由于成本和转晶等问题，还没能应用于现役武器系统中。但是，该硝胺正在进行稳定性、量产和其他武器特性的研究测试。从这一点上来说，CL-20 仍然被认为是一种高能但是非常敏感的炸药（撞击感度 ε-CL-20，4.5J）。多晶型纯 CL-20 的撞击感度早在 20 世纪 90 年代就有报道，数据如下：关于 CL-20 在聚合物粘结炸药中的应用，已经报道了几种新配方的爆轰性能。表 10-4 总结了它们的物理性质。据表 10-4，Viton A 和 Fluorel 可稍微降低 CL-20 的爆速和分解热，而 C4、Formex 和 Semtex 基体作用下降幅则超过 10%。与 RDX 和 HMX 等聚合物炸药类似，这些粘结剂含量较高且密度低，大幅稀释了能量密度，装药密度同样也大幅降低。但这些聚合物都可大幅增加 ε-CL-20 的撞击起爆能量。有意思的是，恒定速率分解的引发延迟时间略微降低，意味着碳氢聚合物虽然可大幅提高 ε-CL-20 的撞击起爆能，但热稳定性没有显著提高。

表 10-4 ε-CL-20 及其聚合物粘结炸药的一些能量性能和感度参数

样　品	M_e	H_c	H_f	VoD_{exp}	d	I_m	F_r	H_{dt}	t_d
ε-CL-20	438	—	372.0	9800	2.04	4.2	64	6465	21.00
α-CL-20	438	—	372.0	9380	1.95	4.9	128	6465	21.16
CL-20-FL	479.52	8634	133.1	8855	1.92	7.2	255	6051	17.72
CL-20-VA	481.28	8661	127.7	9023	1.94	6.9	252	6022	17.60
CL-20-C4	485.40	11452	201.1	8594	1.77	14.2	148	5744	18.76
CL-20-FM	476.96	13016	271.6	8355	1,70	16.2	198	5486	18.68
CL-20-SE	502.16	11992	259.5	8228	1.64	17.9	216	5533	21.92

10.4 爆速与其他参数的相互关系

多硝基芳烃以及硝胺、亚硝胺和硝酸酯的非等温差热分析（DTA，即低温非自催化热解）的能量与爆轰特性的关系已经广泛报道。单质炸药的高破坏力通常与其更尖锐 DTA 放热峰相关联，而采用 DTA 参数评估爆轰性能也正是基于这一点。最近,另一个基于 DTA 的反应活性参数评估方法也被报道,它首先要基于 Kissinger 法,该方法由以下关系式表示:

$$\ln\left(\frac{\varphi}{T^2}\right)=-\left(\frac{E_a}{R}\right)\frac{1}{T}+\ln\left(\frac{AR}{E_a}\right) \tag{10-6}$$

式中:φ 为温升速率;T 为分解放热的峰温;E_a 为活化能;A 为指前因子。根据该关系式,反应活性可表示为斜率 E_a/R。这个特征参数实际上是由修正的 Evans-Polanyi-Semenov 方程发展而来,用于研究主导高能材料起始反应的化学微观机制。最近有文献应用了这个改进型公式,并重点关注了以下关系式:

$$\frac{E_a}{R}=aD^2+b \tag{10-7}$$

众所周知,D^2对应于爆热,单位是 MJ/kg。这种关系属于“感度与性能”之间必然联系,但该关系式仍未得到科学的解释。我们还可发现上述性能的更好表示方法是单位体积炸药的能量(即能量密度),若式(10-7)成立,那么能量密度可用式(10-8)表示。这里 ρ 是给定炸药的密度(这个密度和D^2的乘积可以用来表示爆压)。因此,这里将首次使用改进型方程进行炸药性能评估:

$$\frac{E_a}{R}=\alpha\rho D^2+\beta \tag{10-8}$$

本章介绍将从 TGA 实验曲线中获得E_a/R 值,用以研究硝胺及其聚合物粘结炸药各种感度与爆轰性能之间的相关性,这也作为前期发表工作的延续。Zeman 等指出,爆速、差热分析(DTA)得到的 Piloyan 分解活化能和静电火花感度之间有一定的相关性。研究发现炸药的静电火花感度值(EES)与爆速的平方(D^2)有线性关系。对于具有亚甲基硝胺单元 $CH_2N(NO_2)$ 的化合物分子(如 ORDX、AcAn 和 HMX),或具有更高对称性环硝胺但不具有亚硝酸胺单元(如 DNDC 和 TNAD)等 11 种硝胺,D^2 与 EES 之间也有很好的线性关系。这可进一步解释为硝胺及其聚合物粘结炸药的装药密度与 D^2、撞击起爆能量、摩擦感度和爆炸猛度的对数都具有线性关系。然而,这些材料的 D^2 与动力学参数、临界温度、速率常数和热积累时间之间的关系尚未报道。因此,本节将着重介绍这几种参数之间的相互关系。

10.4.1　爆速和撞击感度的相关性

通常,爆速较高的炸药具有较高的能量密度,导致高撞击感度。类似于分解放热量,也取决于材料的能量密度。前面所述的几种硝胺聚合物炸药的 D^2 与其撞击感度相关性如图 10-3 所示。

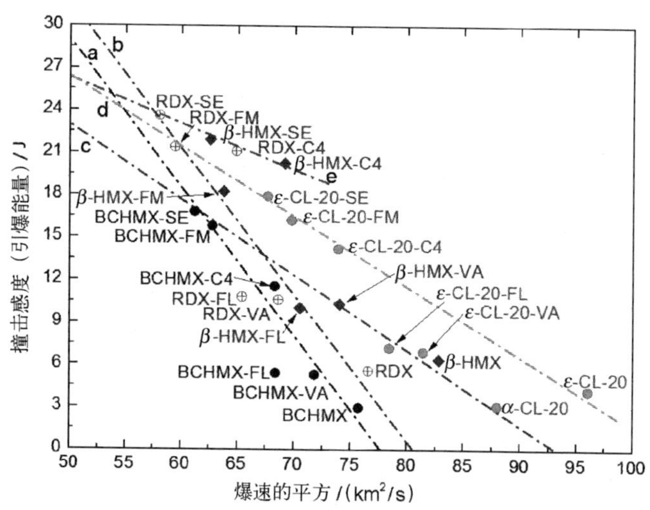

图 10-3　硝胺及其聚合物粘结炸药的撞击能量与 D^2 的相关性

由图 10-3 清楚地看出，所有聚合物炸药可以分为五组，基本关系是高爆速意味着低撞击起爆能（更敏感）。可以看出，即使存在一些差异，基于 RDX 和 BCHMX 的材料也几乎遵循相同的趋势（线 a 和 b 的斜率几乎相同）。有趣的是，HMX-FL 和 HMX-FM 也落在了趋势线 b 上。CL-20 和 HMX 聚合物炸药与另外三组也几乎具有相同的变化趋势。很明显，聚合物基体对 CL-20 和 HMX 的爆速有更高的负面影响，而对 RDX 和 BCHMX 的撞击感度的影响则相当。这意味着聚合物基体可以在不显著牺牲 RDX 和 BCHMX 爆轰性能的前提下，大幅提高其安全性，特别是对于 C4 粘结剂。图 10-3 还显示，所研究的氮杂环状硝胺在撞击起爆时能得到 Semtex 基体很好的保护，而 Viton A 和 Fluorel 则不能提供较好的保护。α-CL-20、CL-20-VA 和 CL-20-FL 数据分别与 HMX、HMX-VA、BCHMX-FM 和 BCHMX-SE 的数据相关。然而，工业级 CL-20（具有较高撞击感度）的数据对应于该烃类聚合物粘结炸药组，趋势线 d。一般而言，氟聚物粘结炸药由于具有更高的装药密度而具有更好的爆轰性能。此外，据报道，从热力学角度来看，在含氟炸药中，氧和氟都可作为氧化性元素。然而，爆轰化学则取决于在反应区中实际形成的产物，F 元素的存在有利于产生更多的气态产物。燃烧热研究表明，含氟量小的氟聚物，所有的氟都以 HF 的形式出现在产物中，而高氟含量配方的燃烧产物的 80%以上以 CF_4 的形式出现。基于键能计算，发现 $C_aH_bN_cO_dF_e$ 炸药爆轰产物含量按降序排列依次为 $N_2>HF>COF_2>CO_2>H_2O>CF_4>O_2>H_2$。普遍认为，在爆炸过程中，来自

PBX 粘结剂中的氟将大部分转化为 HF。在 LX-11-0(80.1%的 HMX 和 19.9%的 Viton A)爆轰产物中仅发现很少的 CF_4。但是,在这种情况下,与 PMMA 和聚二甲基硅氧烷作为粘结剂时在冲击波中形成元素 C 或二氧化碳等产物相比,氟对爆轰性能的提高更为有利。

10.4.2　爆速和临界温度的相关性

除了上述装药性质外,所涉及的材料的动力学参数和热稳定性对于其安全应用也比较重要。前面两个章节已经给出了这些聚合物炸药的活化能和指前因子的对数数据。这里实际上有两个指前因子,一个由 Kissinger 法直接计算得到,另一个则是在 KAS 法计算的活化能均值与经验曲线法获得的反应模型基础上,利用模型拟合法计算得到。分解热则由它们的非等温 DSC 曲线的放热峰积分确定。外推临界温度是根据 4.3 节所述 TG 实验的起始温度计算的。速率常数k_1和 k_2是根据阿伦尼乌斯方程使用不同指前因子计算出来的。所有这些参数与从其他文献中获得的数据汇总在表 10-5 中。

表 10-5　环硝胺及其 PBX 分解的临界温度、分解热和动力学参数

样　品	E_a	$\lg A^{mo}$	$\lg A^{exp}$	k_1	k_2	H_{dc}	T_b
RDX	157.0/205	16.15	14.76	2.73×10^{-2}	1.11×10^{-3}	2269	205.3
RDX-FL	170.3	19.48	16.06	1.85	7.02×10^{-4}	1758	199.9
RDX-VA	174.4	19.81	16.57	1.36	7.83×10^{-4}	1552	191.4
RDX-C4	165.2	17.35	15.57	5.15×10^{-2}	8.54×10^{-4}	1749	178.1
RDX-FM	147.9	17.33	13.49	4.40	6.36×10^{-4}	1788	201.7
RDX-SE	142.1	15.92	13.15	7.73×10^{-1}	1.31×10^{-3}	1808	196.4
BCHMX^{2nd}	186.1	19.01	16.73	2.87×10^{-2}	1.51×10^{-4}	2922	203.1
BCHMX-FL	189.2	20.96	17.61	1.16	5.19×10^{-4}	1393	209.7
BCHMX-VA	183.3	20.43	16.68	1.54	2.73×10^{-4}	1263	216.2
BCHMX-C4^{2nd}	199.4	21.98	18.34	9.09×10^{-1}	2.08×10^{-4}	1938	221.5
BCHMX-FM	221.7	24.25	20.75	5.83×10^{-1}	1.85×10^{-4}	1575	231.4
BCHMX-SE^{2nd}	159.6	18.01	14.50	2.42	7.49×10^{-4}	2301	227.0
β-HMX	227.1/165②	23.28	19.70	4.96×10^{-1}	1.30×10^{-4}	1987	279.9①
β-HMX-FL	211.3	21.55	18.15	4.04×10^{-1}	1.61×10^{-4}	1546	224.7
β-HMX-VA	285.7	28.68	25.30	1.02×10^{-1}	4.26×10^{-5}	1302	229.8
β-HMX-C4^{2nd}	171.9	17.48	14.20	4.25×10^{-1}	2.23×10^{-4}	1213	219.0

（续）

样 品	E_a	$\lg A^{mo}$	$\lg A^{exp}$	k_1	k_2	H_{dc}	T_b
β-HMX-FM	282.2	28.68	22.44	2.36×10^{-1}	1.36×10^{-7}	691	224.7
β-HMX-SE	250.8	25.22	22.20	1.49×10^{-1}	1.43×10^{-4}	612	222.5
ε-CL-20	168.3	18.75	15.48	1.46	7.82×10^{-4}	1348	205.9
rs-ε-CL-20	178.3	19.56	16.59	7.40×10^{-1}	7.93×10^{-4}	2303	209.4
α -CL-20[2nd]	176.0	18.24	15.05	6.35×10^{-2}	4.10×10^{-5}	1288	207.3
ε-CL-20-FL	206.0	22.66	19.20	8.13×10^{-1}	2.82×10^{-4}	1893	210.9
ε-CL-20-VA	184.0	20.27	16.97	8.90×10^{-1}	4.46×10^{-4}	1597	207.2
ε-CL-20-C4[2nd]	175.1	19.59	16.07	1.79	5.40×10^{-4}	2639	214.4
rs-ε-CL-20-C4[2nd]	161.0	17.91	15.62	1.35	6.91×10^{-3}	1477	218.4
ε-CL-20-FM	123.3	14.55	10.95	8.57	2.15×10^{-3}	1583	207.8
ε-CL-20-SE[3rd]	187.3	20.68	17.04	9.89×10^{-1}	2.27×10^{-4}	1757	211.0

注：E_a为 Kissinger 法获得的活化能（kJ/mol）；lg$A$ 为指前因子的对数（min^{-1}）；H_{dc}为分解热（J/g）；k_1、k_2为 RDX 基材料在 190℃下，BCHMX 和 CL-20 基材料在 200℃下，HMX 基的材料的在 230℃使用模型拟合和实验获得的指数因子（min^{-1}）；T_b为从热爆的 TGA 曲线外推得到的临界温度。
① 文献资料[44]的数据；② 数据是文献[45]的平均值

如表 10-5 所列，纯硝胺的活化能是基于动态气氛下非等温 TG 数据计算。挥发（升华）性对活化能影响很大，RDX 和 HMX 挥发（升华）性高，在不同条件下，活化能有所不同。RDX 在气态下的分解活化能（205kJ/mol）要比液态（157kJ/mol）高得多。与聚合物结合，氮杂环硝胺的活化能既可升高也可降低，这取决于晶体与聚合物及其增塑剂的相互作用。由于化学不相容性，Formex 基体会降低 RDX 和 CL-20 的活化能。由于 HMX 聚合物炸药的反应机理随升温速率变化很大，特别是 Semtex、Formex 和 Viton A 作为聚合物基体时，它们的活化能仅由 Kissinger 方法简单地计算，其结果对于动力学预测是不可靠的。为了更好地比较，图 10-4 直观地比较了不同外延临界温度下的速率常数。

如图 10-4 所示，聚合物基体对 CL-20 基材料的临界温度仅有轻微影响。众所周知，纯 ε-CL-20 的热分解过程中发生两步转变：一是在 160～170℃下从 ε-到 γ-晶型的固-固相变，然后是 γ-晶型的热解。在 Viton A 作用下，ε-CL-20 的相变温度从 159.6℃提高到 167.3℃，非常接近纯降感 rs-ε-CL-20（167.1℃）和由 C4 或 Formex 包覆时的状态（约 167.6℃，焓为-18.6J/g）。Fluorel 粘结剂可将该相变温度提高到 161.1℃，这些结果表明，耐热惰性聚合物可通过增加其相变温度来稳定 CL-20 并导致更高的临界温度，其中 C4 粘结剂表现突出。ε-

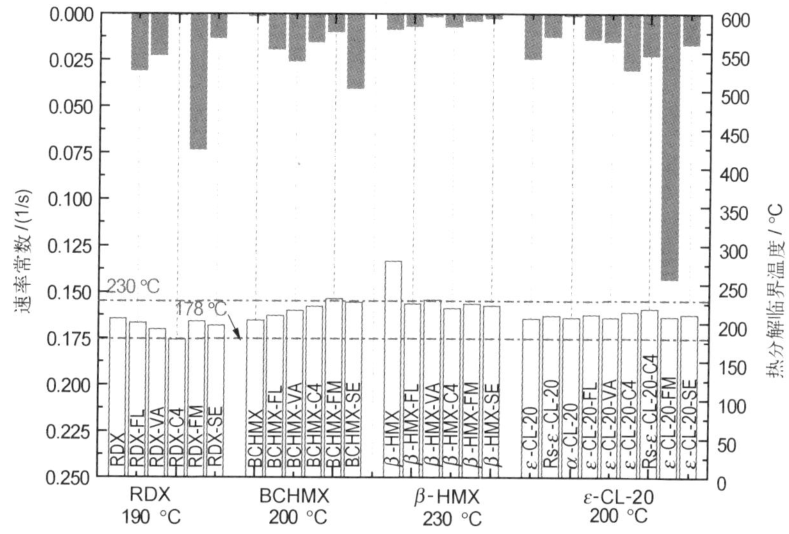

图 10-4　聚合物炸药的速率常数与外推临界温度的比较(计算速率常数的温度：含 RDX 的炸药为 190℃、BCHMX 为 200℃、CL-20 为 200℃、HMX 为 230℃)

CL-20的临界温度也可以通过改善其晶格缺陷来实现，如 rs-ε-CL-20 的临界温度也大幅增加。

BCHMX 也类似，临界温度也可以通过包覆聚合物基体来提高。前面章节已经证实了纯 BCHMX 的单分子分解受到聚合物粘结剂的阻碍，特别是聚合物炸药分解过程中，增塑剂的阻碍作用显著。例如，C4 基体可将 RDX 的分解活化能从 213~217kJ/mol 提高到 268kJ/mol，将 RDX 的撞击起爆能从 5.9J 增加到 24.0J 来稳定。然而，这些聚合物对 β-HMX 的分解过程有很大的负面影响。HMX 存在四种多晶型(α-HMX，β-HMX，δ-HMX，γ-HMX)，而室温下 β-HMX 最为稳定。

研究发现，对于粗品 HMX，在 160~170℃可以清楚地看到其 β 到 δ 相变，而对于高品质 β-HMX，该相变发生在 170~190℃之间。本书描述的都是高品质重结晶 β-HMX，因此得到的转化温度为 180℃左右。纯 β-HMX 的热分解临界温度约为 280℃，非常接近其熔点。然而，在聚合物的作用下，其临界温度大幅降低(从 280℃降到 230℃左右)，尤其是 C4 粘结剂作用最明显，即在聚合物的作用下，HMX 可以在更低温下发生 β 到 δ 的相变，从而热稳定性降低，因为 δ-HMX 容易发生表面加速分解。据推测，所得 δ 相的感度也会增加，主要是由于其显著晶格膨胀和密度从 β 相的 1.90g/cm^3 降低到 δ 相的 1.78g/cm^3[51]，并导致裂纹，从而晶体中出现大量的缺陷，提高了外界刺激下热点的产生概率。对于基于 RDX 的 PBX，与 HMX 相似，聚合物的引入降低了其熔点，因而临界温度也降低，其中具有极性 DOS 增塑剂的 C4 粘结剂对 RDX 的临界温度具有最大负面影响。

如图 10-4 所示，温度略低于临界温度时的速率常数差别很大。对于 RDX 和 ε-CL-20，Formex 聚合物炸药的速率常数最大。氟聚物对 ε-CL-20 晶体表面的修饰可大幅降低其分解速率常数。由于 HMX 晶体在分解前易发生膨胀和裂纹，HMX 基 PBX 的速率常数由于晶格的稳定化效应而远低于其他硝胺及其高聚物粘结炸药。另外三种硝胺以液态或半液态分解，发生局部化学反应，其反应速率较快。为了详细说明分解动力学参数、爆轰性能和感度之间的相互关系，下面将讨论它们中任意两者的相关性。临界温度是指含能材料发生失控化学反应的温度点，它对判断外部刺激反应活性方面有重要作用。爆速与临界温度之间可能存在一定的相关性。相应的相关线如图 10-5 所示。

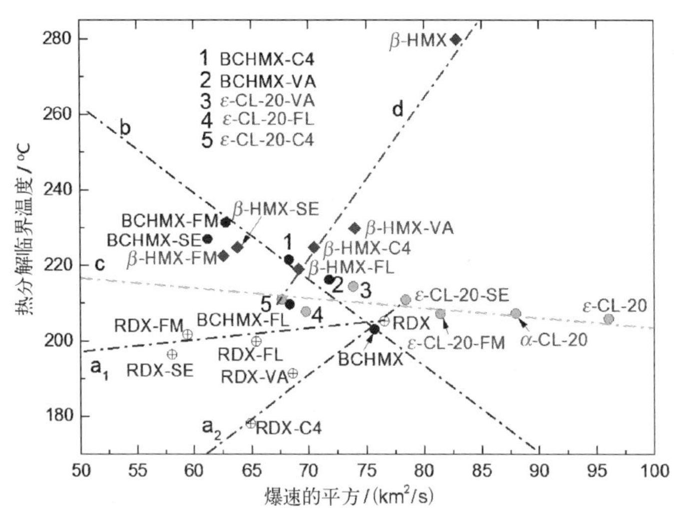

图 10-5 硝胺及其聚合物粘结炸药的临界温度与爆速平方之间的关系

从图 10-5 可以看出，这些含能材料可以分四组。由于能量的稀释效应，惰性聚合物可以降低爆速。对于 BCHMX 和 CL-20 基材料，爆速越高临界温度越低（热稳定性越差）。基于 RDX 的聚合物炸药似乎不符合这种情况，C4 和 Viton A 粘结剂可以显著降低其临界温度，但同时降低其爆速，而其他粘结剂对其临界温度只有少许负面影响。对基于 RDX 的聚合物炸药，由于溶剂化效应，C4 对其热稳定性的负面影响最大。聚异丁烯粘结剂含有较多油性酯（癸二酸酯和己二酸酯），它们可作为 RDX 溶剂，从而使 RDX 在较低温度下熔融。如前所述，

BCHMX 是半液态分解,并发生局部化学反应。极性增塑剂的存在会加剧局部化学反应,这也是 BCHMX-C4 具有最低临界温度的原因。对于基于 HMX 的聚合物炸药,似乎所有的粘结剂对其临界温度都影响很大。在聚合物作用下,HMX 的临界温度由于较低热传导率而大幅降低,出现更严重的自催化效应和热积聚,从而导致较低温度下便发生失控化学反应。

10.4.3　爆速与活化能的相关性

具报道,不同组含能材料的 E_a/R 与爆速的平方也线性相关。硝胺及其高聚物粘结炸药也应该满足这种情况,其依赖性取决于样品的物理性质。根据图 10-6, 这些聚合物炸药根据变化趋势可以分成三组。对于液态分解的炸药,爆速随着活化能的增加而增加(如基于 RDX 聚合物炸药,a 组)。CL-20 和 BCHMX 则与此相反,但是 CL-20-SE、CL-20-C4 和 CL-20-FL 不在相关线 c 上。同时,BCHMX、BCHMX-FL 和 BCHMX-VA 也包含在 CL-20 的这个组中。粘结剂 Semtex 和 C4 含有极性增塑剂,它们使 CL-20 具有更低的活化能,而 Fluorel 具有惰性和高热稳定性,可以提高 CL-20 的活化能。对于 C4 和 Formex 粘结的 CL-20 和 BCHMX,与 BCHMX-VA 和 BCHMX-FL 一起落在趋势线 b 上。对于 HMX 基聚合物炸药来说,似乎并没有明显的趋势,因为动力学参数的计算没有排除强升华的影响,其分解活化能存在较大的误差。

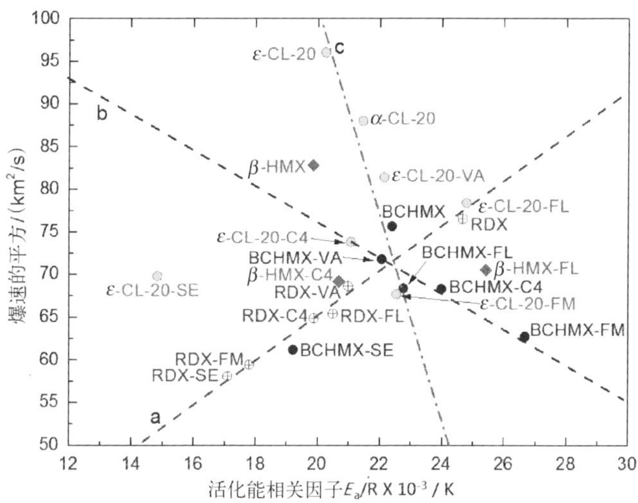

图 10-6　硝胺及其聚合物粘结炸药的 Kissinger 关系式 E_a/R 的斜率与爆速的平方之间的相关性

10.4.4 爆速与分解速率常数的相关性

以阿伦尼乌斯方程给出了活化能与反应速率之间关系为定量基础,速率常数表示在一定温度下分解反应的速率。

这里计算的速率常数都基于略低于外推临界温度点。爆速的平方与速率常数的对应关系如图10-7所示。可以看出,高爆速对应于较高速率常数,这都复合逻辑,因为具有较快反应速率的含能物质通常爆速较高。这只能满足固相分解炸药的情况。若炸药在液态或半液态下分解,似乎趋势是相反的。例如,基于RDX的聚合物粘结炸药,BCHMX、BCHMX-FM和BCHMX-C4都属于a组,其中RDX-C4和RDX-SE由于较高的惰性粘结剂含量(13%)而导致爆速较低,脱离了相关线。由于极性增塑剂的作用,CL-20-C4和CL-20-SE与某些BCHMX基聚合物粘结炸药变化趋势符合另一条规律线c。由于试验误差,Formex粘结的CL-20具有极高反常速率常数。

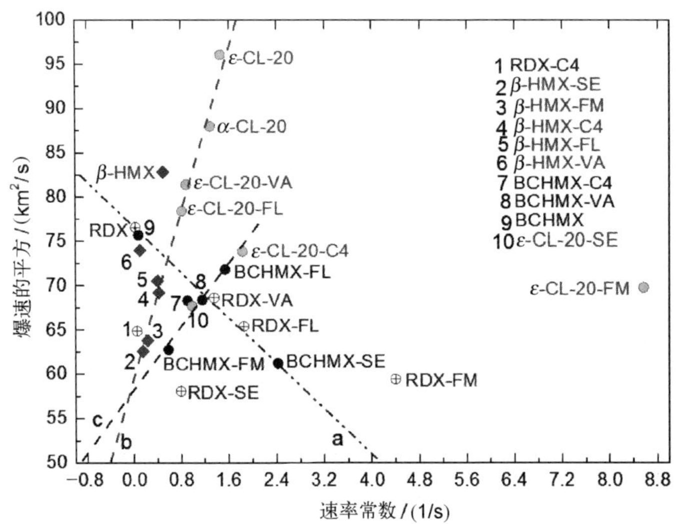

图10-7 硝胺及其聚合物粘结炸药(RDX基材料为190℃,BCHMX为200℃,基于CL-20材料为200℃,HMX基材料为230℃)的速率常数与爆速的平方之间的相关性

10.4.5 爆速与内生热迟滞的相关性

前已述及,具有较长的内部热积累期t_i的材料具有较大的撞击能量。爆速与材料的能量密度有关,因此可能与吸热建立时间有一定的关系,是一个重要的安全参数。这些相关性如图10-8所示。很明显,较高的爆速对应于较低的热

积累时间，这是合理的，因为具有能量较低的材料对热不敏感，因此不容易发生失控的化学反应。对于材料在液态和固态下的分解都是有效的。似乎材料在液态下分解取决于粘结剂含有极性增塑剂与否而分为两组（a_1 和 a_2）。除了CL-20-FM和 BCHMX-FM 之外，CL-20 和 BCHMX 系列聚合物粘结炸药遵循组 b_1，并落入分别包含纯 CL-20 的组 b_2和包括 RDX-C4 和 RDX- SE 的组 a_2。然而，纯 BCHMX 不在这些组中，它分两步分解，第一步发生在没有放热的情况下，导致更大的内部热积累时间。还可以表明，反相聚合物将减少 CL-20 和 BCHMX 的内部热积累时间，而由于固体状态下材料分解的热耗散更差，因此 RDX 的内部热积累时间增加。然而，Formex 对 CL-20 的内部热积累时间影响不大，但对 BCHMX 影响很大，因为 Formex 可以使 BCHMX 一步分解。

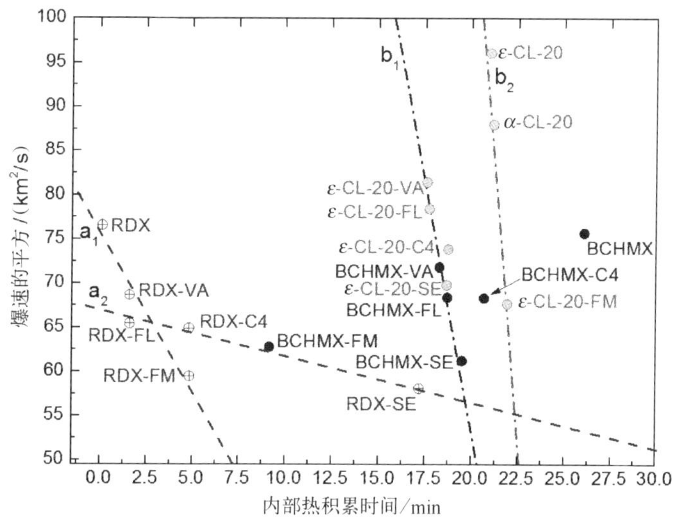

图 10-8　硝胺及其聚合物粘结炸药的热累积时间与爆速的平方之间的相关性

10.4.6　爆速与热分解的相关性

前已述及，通常含能材料分解放热量高预示着较高的能量密度，因此分解热也可能与爆速有一定的相关性，二者建立的初步关系如图 10-9 所示。

在所研究粘结剂体系中，基于 Semtex 和 Formex 的基体的装药密度相对较低，因而爆速也低。a 组材料的分解热的降低爆速反而提高是不合乎常理的。正如第 5 章所述，当放热过快时，非等温 DSC 设备检测到的分解热值也有一定的局限性，该组有可能是这种情况。较高的放热速率导致传感器只能检测到部分热量，本应该对应于较高的爆速。对于基于 BCHMX 和 HMX 的 PBX，它们遵

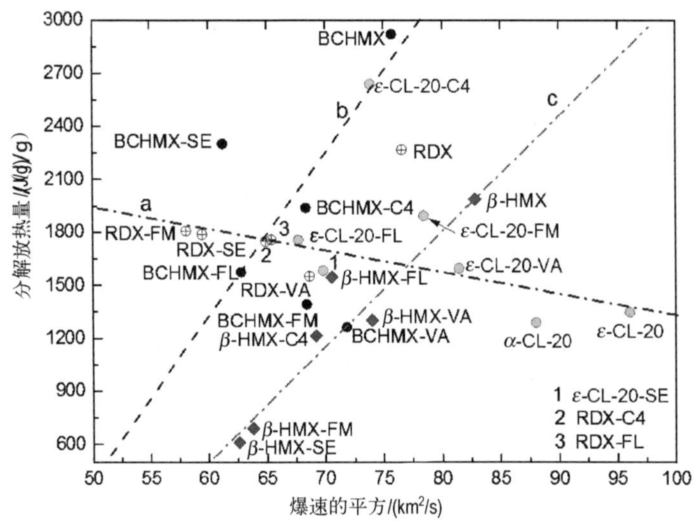

图 10-9 硝胺及其聚合物粘结炸药的分解热和爆速平方的对应关系

循趋势线 b 和趋势线 c。趋势线 b 包括 RDX-SE、RDX-C4 和 CL-20-C4,而趋势线 c 则包括 CL-20-FM 和 BCHMX-VA。

根据感度、爆速、动力学参数和物理性质之间的相关性,可以得出如下几个结论。关于机械感度:①除了氟聚合物粘结炸药外(由于其润滑作用,摩擦感度低得多),撞击感度与摩擦感度呈线性关系。②除了基于 RDX 的 PBX 外,临界温度较高的硝胺类 PBX 一般撞击感度较低,因为 RDX 及其聚合物炸药在液态下分解,所以临界温度与感度相关性差。③聚合物可以提高硝胺在固态条件下分解的临界温度和撞击感度。活化能取决于分子中活性最强的化学位点的键解离能,而键能越高感度越低。④聚合物粘结剂可以降低 CL-20 和 HMX 在固态下分解的速率常数,但会增加在液态或半液态下分解的 RDX 和 BCHMX 的速率常数。随着聚合物包覆,HMX 晶体的膨胀受到阻碍,因此晶格的稳定化作用增强,导致分解速率降低。⑤若炸药在液态下分解,热量散失更好,温度分布更均匀,因此热积累时间 t_i 越长,引发失控化学反应越困难。对于在固态下分解的含能化合物,t_i 对感度的相关性变弱。⑥分解热代表炸药样品的能量密度,一般较高能量意味着较高的撞击感度。

对于爆速来说,较高的爆速对应于较低的热积累时间,这对液态和固态下分解的硝胺炸药都有效。能量较低炸药对热不敏感,不容易发生失控化学反应。较高的爆速则对应于较低的临界温度,但 RDX 基高聚物粘结炸药比较反常。C4 和 Viton A 粘结剂可以显著降低临界温度,同时降低其爆速,而其他粘结剂对其临界温度负面影响有限。对于在液态下分解的硝胺炸药,爆速随着活化能的增加而增大。对于 CL-20 和 BCHMX 等固态分解炸药,其部分聚合物炸药如 CL-20-SE、CL-20-C4 和 CL-20-FL 不在该相关线上。

参考文献

[1] Stewart J J. MOPAC:a semiempirical molecular orbital program[J]. Journal of Computer-aided Molecular Design,1990,4(1):1-105.

[2] Bredow T ,Jug K . Theory and range of modern semiempirical molecular orbital methods[J]. Theoretical Chemistry Accounts,2005,113(1):1-14.

[3] Repasky M P,Chandrasekhar J,Jorgensen W L. PDDG/PM3 and PDDG/MNDO:Improved semiempirical methods[J]. Journal of Computational Chemistry,2002,23(16):1601-1622.

[4] Byrd E F C,Rice B M. Improved prediction of heats of formation of energetic materials using quantum mechanical calculations[J]. Journal of Physical Chemistry A,2006,110(3):1005-13.

[5] Keshavarz M H,Bashavard B,Goshadro A,et al. Prediction of heats of sublimation of energetic compounds using their molecular structures[J]. Journal of Thermal Analysis and Calorimetry,2015,120(3):1941-1951.

[6] Politzer P,Murray J S. The fundamental nature and role of the electrostatic potential in atoms and molecules[J]. Theoretical Chemistry Accounts,2002,108(3):134-142.

[7] Mathieu,Didier. Simple alternative to neural networks for predicting sublimation enthalpies from fragment contributions[J]. Industrial & Engineering Chemistry Research,2012,51(6):2814-2819.

[8] Gharagheizi F,Sattari M,Tirandazi B. Prediction of crystal lattice energy using enthalpy of sublimation:A group contribution-based model[J]. Industrial & Engineering Chemistry Research,2011,50(4):2482-2486.

[9] Kamlet M J,Jacobs S J. Chemistry of detonations. I. A simple method for calculating detonation properties of C—H—N—O explosives[J]. The Journal of Chemical Physics,2003,48(1):23-35.

[10] 邱玲. 氮杂环硝胺类高能量密度材料(HEDM)的分子设计[D]. 南京:南京理工大学,2007.

[11] Azatyan,V. V. Problems of combustion,explosion,and gas detonation in the theory of non-isothermal chain processes[J]. Russian Journal of Physical Chemistry A,2014,88(5):747-758.

[12] Lu J P. Evaluation of the thermochemical code-CHEETAH 2.0 for modelling explosives performance[R]. Defence Science and Technology Organisation Victoria (AUSTRALIA) Aeronautical and Maritime Research Lab,2001.

[13] Vadhe P P,Pawar R B,Sinha R K,et al. Cast aluminized explosives (review)[J]. Combustion Explosion & Shock Waves,2008,44(4):461-477.

[14] Yan Q L,Zeman S,Šelešovský J,et al. Thermal behavior and decomposition kinetics of Formex-bonded explosives containing different cyclic nitramines[J]. Journal of Thermal Analysis and Calorimetry,2013,111(2):1419-1430.

[15] Yan Q L,Zeman S,Zhao F Q,et al. Noniso-thermal analysis of C4 bonded explosives containing different cyclic nitramines[J]. Thermochimica Acta,2013,556(5):6-12.

[16] Yan Q L,Zeman S,Elbeih A,et al. The influence of the semtex matrix on the thermal behavior and decomposition kinetics of cyclic nitramines[J]. Central European Journal of Energetic Materials,2013,10(4).

[17] Zeman,S,Elbeih,A,Yan,QL. Note on the use of the vacuum stability test in the study of initiation reactivity of attractive cyclic nitramines in Formex P1 matrix[J].Journal of Thermal Analysis & Calorimetry,2013,111:1503-1506.

[18] Zeman S,Elbeih A,Yan Q L. Notes on the use of the vacuum stability test in the study of initiation reactivity of attractive cyclic nitramines in the C4 matrix[J]. Journal of Thermal Analysis & Calorimetry,2013,112(3):1433-1437.

[19] Yan Q L,Zeman S,Elbeih A. Thermal behavior and decomposition kinetics of Viton A bonded explosives containing attractive cyclic nitramines[J]. Thermochimica Acta,2013(562):56-64.

[20] Yan Q L,Zeman S,Zhang T L,et al. Non-isothermal decomposition behavior of Fluorel bonded explosives containing attractive cyclic nitramines[J]. Thermochimica Acta,2013(574):10-18.

[21] Zeman S. The relationship between differential thermal analysis data and the detonation characteristics of polynitroaromatic compounds[J]. Thermochimica Acta,1980,41(2):199-212.

[22] Zeman S. A Study of chemical micro-mechanism of initiation of the organic polynitro compounds,in:Energetic materials. Part 2. Detonation,Combustion,(Politzer P.,Murray J. S.,Eds.)[M]. Amsterdam:Elsevier,2003.

[23] Kissinger H E. Reaction kinetics in differential thermal analysis[J]. Analytical Chemistry,1957,29(11):1702-1706.

[24] Zeman S. Modified evans-polanyi-semenov relationship in the study of chemical micromechanism governing detonation initiation of individual energetic materials[J]. Thermochimica Acta,2002,384(1-2):1310-154.

[25] Zeman S. Sensitivities of high energy compounds[M]//High energy density materials. Berlin:Springer,2007.

[26] Armstrong R,Short J,Kavetsky R,et al. Energetics:Science and technology in central Europe[J]. 2011,6(2):15-35.

[27] Zeman S, Yan Q L, Elbeih A. Recent advances in the study of the initiation of energetic materials using the characteristics of their thermal decomposition part II. Using simple differential thermal analysis[J]. Central European Journal of Energetic Materials, 2014, 11(3): 395-404.

[28] Klasovity D, Zeman S, Ruzicka A, et al. Cis-1,3,4,6-tetranitrooctahydroimidazo-[4,5-d]imidazole (BCHMX), its properties and initiation reactivity[J]. Journal of Hazardous Materials, 2009, 164: 954-961.

[29] Torry S, Cunliffe A. Polymorphism and solubility of CL 20 in plasticisers and polymers[J]. Energetic Materials-Analysis, Diagnostics and Testing, 2000, 56(5): 107-116.

[30] Zhang P, Xu J, Jiao Q, et al. Effect of addictives on polymorphic transition of ε-CL-20 in castable system[J]. Journal of Thermal Analysis and Calorimetry, 2014, 117: 1001-1008.

[31] Simpson R L, Utriew PA, Ornellas DL, et al. CL20 performance exceeds that of HMX and its sensitivity is moderate[J]. Propellants Explosives Pyrotechnics, 1997, 22: 2410-255.

[32] Li J, Brill T. Kinetics of solid polymorphic phase transitions of CL-20[J]. Propellants Explosives Pyrotechnics, 2007, 32(4): 326-330.

[33] 欧育湘,王才,潘则林,等. 六硝基六氮杂异伍兹烷的感度[J]. 含能材料, 1999(03): 100-102.

[34] Chen H, Li L, Jin S, et al. Effect of additives on ε-HNIW crystal morphology and IMPact sensitivity[J]. Propellants Explosives Pyrotechnics. 2012, 37: 72-82.

[35] Zeman S. 多硝基化合物的静电火花感度与热分解参数的关联[J]. 含能材料, 2000(01): 18-26.

[36] 汤崭,杨利,乔小晶,等. HMX 热分解动力学与热安全性研究[J]. 含能材料, 2011, 19(04): 396-400.

[37] Turcotte R, Vachon M, Wang R, et al. Thermal study of HNIW [J]. Thermochimica Acta, 2005(433): 105-115.

[38] Sharia O, Tsyshevsky R, Kuklja M M. Surface-accelerated decomposition of δ-HMX[J]. J. Phys. Chem. Lett., 2013, 4: 730-734.

[39] Herrmann M, Engel W, Eisenreich N. Thermal analysis of the phases of HMX using X-ray diffraction[J]. Zeitschrift für Kristallographie-Crystalline Materials, 1993, 204(1-2): 121-128.

[40] Rimoli J J, Gürses E, Ortiz M. Shock-induced subgrain microstructures as possible homogenous sources of hot spots and initiation sites in energetic polycrystals[J]. Physical Review B, 2010, 81(1): 014112.

[41] Henson B F, Asay B W, Sander R K, et al. Dynamic measurement of the HMX β-δ phase transition by second harmonic generation[J]. Physical Review Letters, 1999, 82(6): 1213-1216.

[42] Zeman, S. New aspects of IMPact reactivity of polynitro compounds. Part IV. Allocation of

polynitro compounds on the basis of their IMPact sensitivities[J]. Propellants, Explos., Pyrotech., 2003, 28: 308-313.

[43] Jungová M, Zeman S, Husarová A. Friction sensitivity of nitramines. Part II: CoMParison with thermal reactivity[J]. 含能材料, 2011, 19(6): 607-609.

[44] Friedl Z, Jungová M, Zeman S, et al. Friction sensitivity of nitramines. Part IV: Links to surface electrostatic potentials[J]. 含能材料, 2011, 19(6), 613-615.

[45] Jungová M, Zeman S, Husarová A. Friction sensitivity of nitramines. Part I: CoMParison with iMPact sensitivity and heat of fusion[J]. 含能材料, 2011, 19(6): 603-606.

[46] Zeman S, Jungová M, Husarová A. Friction sensitivity of nitramines. Part III: CoMParison with detonation performance[J]. 含能材料, 2011, 19(6): 610-612.

[47] Atalar T, Jungová M, Zeman S. A new view of relationships of the N-N bond dissociation energies of cyclic nitramines. Part II. Relationships with iMPact sensitivity[J]. 含能材料, 2009 27 (3): 200-216.

[48] McGuire R R, Ornellas D L, Helm F H, et al. Detonation chemistry: an investigation of fluorine as an oxidizing moiety in explosives[R]. Lawrence Livermore National Lab Ca, 1982.

[49] Pedro E Sánchez-Jiménez, Luis A Pérez-Maqueda, Antonio Perejón, et al. Constant rate thermal analysis for thermal stability studies of polymers[J]. Polymer Degradation & Stability, 2011, 96(5): 974-981.

[50] Pedro E SánchezJiménez, Luis A PérezMaqueda, Antonio Perejón, et al. Generalized kinetic master plots for the thermal degradation of polymers following a random scission mechanism [J]. Journal of Physical Chemistry A, 2010, 114(30): 7868-7876.

[51] Yan Q L, Zeman S. Theoretical evaluation of sensitivity and thermal stability for high explosives based on quantum chemistry methods: A brief review[J]. International Journal of Quantum Chemistry, 2013, 113(8): 1-14.

[52] Yan Q L, Zeman S, Sánchez Jiménez P E, et al. The effect of polymer matrices on the thermal hazard properties of RDX-based PBXs by using model-free and combined kinetic analysis[J]. Journal of Hazardous Materials, 2014, 271: 185-195.

[53] Zeman V, Kocs J, Zeman S. 多硝基芳烃静电火花感度与爆速的关系[J]. 含能材料, 1999(03): 127-132, 136.

[54] Zeman V, Kocs J, Zeman S. Electric spark sensitivity of polynitro compounds. Part III: A correlation with detonation velocity of some nitramines[J]. 含能材料, 1999(7): 172.

内容简介

本书从聚合物炸药的配方设计、制备工艺技术、性能测试和评估等方面着重总结了作者及其课题组在聚合物炸药领域的最新研究成果。这些成果所涉及的炸药配方中聚合物基体主要有碳氢聚合物、氟聚物、热塑性弹性体和高氮聚合物等。高能单质炸药填料主要有 TATB、RDX、HMX、BCHMX、CL-20、FOX-7、LLM-105和 NTO 等。采用的制备工艺手段主要有压装和反应固化两种。在聚合物炸药性能评估方面着重介绍了爆轰性能、安全性能、存储老化性能和力学性能等。涉及的性能评价手段包括聚合物炸药样品的分子结构和材料界面表征、爆轰性能测试、热分析、机械感度和静电火花感度测试、冲击波感度测试、抗压强度分析、动态力学性能评估、加速老化试验、易损性评估和分子动力学模拟等。

本书介绍了聚合物炸药的设计制造、应用及性能评估,系统阐述了聚合物炸药的基础科学理论,对聚合物炸药的工程化应用技术理论方面有一定的指导价值。本书读者对象主要包括从事含能材料教学、研究的科研人员、研究生和本科生,以及对火炸药感兴趣的普通读者。

This book summarizes the latest research achievements of the authors and their teams in the field of polymer-bonded explosives (PBXs) from the aspects of formulation design, preparation technology, performance testing and evaluation. The polymer matrix of explosive formulation involved in these achievements mainly includes hydrocarbons, fluoropolymer, thermoplastic elastomer and high-nitrogen polymers. The high-energy explosive fillers are usually TATB, RDX, HMX, BCHMX, CL-20, FOX-7, LLM-105 and NTO. There are two major preparation methods: pressing and reactive curing. Among the performance evaluations of PBXs, detonation, safety, storage, aging and mechanical properties are emphatically introduced. The evaluation methods involved include molecular structure and material interface characterization of PBXs, detonation performance testing, thermal analysis, mechanical sensitivity and electrostatic spark sensitivity testing, shock sensitivity testing, compressive strength analysis, dynamic mechanical properties evaluation, accelerated aging test, vulnerability evaluation and molecular dynamics simulations.

This book introduces the design, manufacture, application, and performance evaluation of PBXs. It systematically expounds the basic scientific theory of PBXs, which has a certain guiding value for the theory of engineering application technology of these explosives. The possible readers may include scientific researchers, graduate students and undergraduates who are engaged in teaching and researching energetic materials, as well as ordinary readers who are interested in explosives.